Lothar Frenz

WER WIRD ÜBERLEBEN?

Die Zukunft von
Natur und Mensch

ROWOHLT · BERLIN

2. Auflage Oktober 2021

Originalausgabe
Veröffentlicht im Rowohlt · Berlin Verlag, Mai 2021
Copyright © 2021 by Rowohlt · Berlin Verlag GmbH, Berlin
Zitat Seite 7 Max Frisch, Fragebogen.
Erweiterte Ausgabe. Herausgegeben von Tobias Amslinger
und Thomas Strässle. © Suhrkamp Verlag, Berlin 2019.
Satz aus der Karmina
bei Pinkuin Satz und Datentechnik, Berlin
Druck und Bindung CPI books GmbH, Leck, Germany
ISBN 978-3-7371-0054-0

Die Rowohlt Verlage haben sich zu einer nachhaltigen Buchproduktion verpflichtet. Gemeinsam mit unseren Partnern und Lieferanten setzen wir uns für eine klimaneutrale Buchproduktion ein, die den Erwerb von Klimazertifikaten zur Kompensation des CO_2-Ausstoßes einschließt.
www.klimaneutralerverlag.de

Inhalt

Prolog: Beziehungsfragen 9
Zur Ouvertüre ein Überlebensspiel 11

I. UNSERE FRONTLINIEN 23

Am Stab Äskulaps 25
Last Minute auf der Arche 41

II. UNSER HANDWERKSZEUG 61

Wie das Kümmern begann 63
Überleben dank Performancekunst 87
Triage oder Die Qual der Wahl 116
Raus mit euch reicht nicht 136

III. DIE WUCHT DER NATUR 157

Erkenntnisse aus Amazonien 159
Experimente schaffen Wildnisse aus zweiter Hand 185
Ein Großversuch: der Chinko im Herzen Afrikas .. 205

IV. VOM WERT DER NATUR 227

Schützen durch nützen? 229
Die Wal-Frage 246
Blühende Angstlandschaften 258
Wozu sind Parasiten gut? 271
Verwirrung der Gefühle 284

V. UNSERE ZUKUNFT ... **299**

Wo steckt eigentlich gerade die Evolution? ... 301
Wohin mit den Aliens? ... 315
Schaffen wir neues Leben nach Maß? ... 332
Haben wir das Ausmaß der Klimakrise
schon begriffen? ... 353

VI. UNSER NEUES SELBSTBILD ALS ART ... **373**

Es gibt noch Wunder auf dieser Welt –
ein persönliches Nachwort ... 389

ANHANG ... **397**

Anmerkungen ... 399
Zum Weiterlesen ... 437
Dank ... 441
Bildnachweis ... 445

Sind Sie sicher, dass Sie die Erhaltung des Menschengeschlechts, wenn Sie und alle Ihre Bekannten nicht mehr sind, wirklich interessiert?

Warum? Stichworte genügen.

MAX FRISCH, FRAGEBOGEN

Prolog: Beziehungsfragen

Mit der Coronapandemie haben erstmals die Auswirkungen der Artenkrise für uns als Spezies Mensch die Folgen der Klimakrise überholt. Die Pandemie stellt unser aller Leben auf den Kopf – weltweit. Dabei kam sie nicht unvorhergesehen. Artenschützer und Seuchenmediziner hatten schon lange gewarnt, dass aus dem Umfeld der Wildtiermärkte Südostasiens wieder einmal ein Virus von einer Tierart auf eine andere überspringen und uns Menschen gefährlich werden könnte, wie es bereits zu Beginn des Jahrtausends mit dem ersten Sars-Coronavirus geschehen war.[1] Es war einfach eine Frage der Statistik, wann sich Ähnliches wiederholen würde. Diese Ursache der Pandemie ist während ihres Verlaufs mit so vielen Toten und wirtschaftlichen Verwerfungen weltweit mehr und mehr aus dem Blickfeld geraten. Corona zeigt, wie fragil unsere Welt ist, von der wir glaubten, wir hätten sie gezähmt. Die Krise sollte uns aber auch bewusst machen, dass wir sie selbst geschaffen haben – ähnlich wie den Klimawandel.

Hinter beidem steckt das gleiche Problem: Wir haben in unserem Handeln die Natur und ihre Prozesse nicht im Blick. Wir prägen die Erde mittlerweile so sehr, dass Wissenschaftler ein neues, nach uns selbst benanntes Erdzeitalter ausgerufen haben: das Anthropozän. Wir haben unseren Planeten in seinen Basisstrukturen bereits so tiefgreifend verändert, dass unsere Spuren in der Erdgeschichte dauerhaft sein werden. Nach Ansicht des Stockholm Resilience Centre, das sich Fragen der Nachhaltigkeit widmet, haben wir dabei längst ökologische Belastungsgrenzen überschritten. Der Verlust an Biodiversität durch das Artensterben gehört dazu. Damit stehen die Grundlagen unserer eigenen Existenz auf dem

Spiel – wie uns das Beispiel Corona vorführt: Durch den internationalen, ausbeutenden Wildtierhandel werden nicht nur viele Spezies in die Ausrottung gedrängt, unsere eigene Art wird durch nie dagewesene Infektionskrankheiten ebenso bedroht. Auch uns ist die Überlebensfrage gestellt. Haben wir diese Wucht, den kommenden Wandel wirklich noch im Griff?

Wir stehen also vor einem historischen Wendepunkt in unserem Verhältnis zur Natur, der Beziehung zu unseren Mitbewohnern, den anderen Spezies. Und das steht im Mittelpunkt dieses Buches. Man könnte es daher auch ein Buch über Beziehungsfragen nennen. Immer wieder werde ich in diesem Sinne einen weiten Bogen spannen, oft ausgehend von eigenen Erlebnissen, manchmal mit überraschenden Abzweigungen und Richtungswechseln. Denn wie oft sind uns die komplexen Folgen unseres Tuns nicht bewusst? Wie oft wissen wir viel zu wenig, wie die Natur funktioniert, wie ihre Abläufe sind? Dafür kann man ein Gefühl entwickeln, das heutzutage dringend nötig ist. Ich möchte Sie daher auf eine Gedankenreise mitnehmen: zu Abenteuern in der Wildnis, Ausflügen in die Genlabore der Zukunft, erfolgreichen Rettungsaktionen aus schier ausweglosen Situationen – und zu einer Vielzahl existenzieller Fragen. Denn es geht um Grundsätzliches, wollen wir die Überlebensfrage für uns entscheiden. Das Funktionieren der Erde, wie wir sie kennen und zum Überleben benötigen, ist mehr als je zuvor zu einer Sache menschlicher Wahl geworden. Wir brauchen daher ein neues Selbstbild für unsere Spezies, damit der Lebensraum Erde für uns Menschen auch im Anthropozän weiterhin eine gute Zukunft bietet.

Lassen Sie uns das Buch doch gleich mit einer wesentlichen *ersten* Entscheidung beginnen!

Zur Ouvertüre ein Überlebensspiel

Und das geht so:

Angenommen, es gäbe nur noch ein einziges Paar Blauwale auf der Erde. Um ihre Art zu retten, müsste ein Paar Menschen sterben. Opfern Sie die Menschen oder die Wale?

Drei Sätze nur. Und schon stecken Sie im moralischen Schlamassel, in einem zutiefst existenzialistischen Endspiel. Diese Ouvertüre klingt nach antiker Tragödie oder Shakespeare'schem Drama: Geht es doch um Sein oder Nichtsein, um Leben oder Tod zweier zugegebenermaßen ausgesprochen ungleicher Paare. Die Alternative lautet also einzig Entweder – Oder. Es gibt keine andere Möglichkeit, keinen Kompromiss, kein Dazwischen. Und dennoch stehen Sie dazwischen. Denn Sie allein entscheiden, welches der Paare eine Zukunft haben darf, Sie allein haben die Macht, Sie allein tragen die Verantwortung. Ein Paar oder eine ganze Art wird sterben – aufgrund Ihrer Entscheidung. Wem erlauben Sie das Überleben? Spüren Sie bereits die Last der Verantwortung? Die kommende Schuld wegen des von Ihnen zu treffenden Urteils? Das Verflixte ist: Sie können nichts dafür, vor diese Wahl gestellt zu sein. Diese Aufgabe ist Ihnen zugeteilt, Sie können ihr nicht entrinnen. Also: Wie entscheiden Sie?

Keine Sorge, bei diesem Auftakt handelt es sich um ein reines Gedankenspiel. Es ist eine Inszenierung, ähnlich wie sie die altgriechischen Dichter Sophokles, Aischylos und Euripides auf die Bühne brachten. Deren handelnde Personen – Ödipus und Antigone, Iphigenie und Elektra – geraten in ausweglose Situationen, in denen sie schuldlos schuldig werden oder sich selbstüberschätzend mit den Alleskönnern messen, den Göttern. Krachend scheitern sie in der

ZUR OUVERTÜRE

Katastrophe. So ähnlich machte es auch William Shakespeare mit seinen Figuren: Ob Macbeth, ob König Lear, Hamlet oder Othello, Romeo und Julia – all seine Geschöpfe verstricken sich in zutiefst menschliche Abgründe von Herrschaft und Macht, Liebe, Rache und Verrat. Sosehr sie versuchen, ihr Schicksal selbst in die Hand zu nehmen: Sie wissen nicht alles, was um sie herum geschieht; sie wissen nicht genug, um richtig entscheiden zu können. So gerät ihr Kosmos aus den Fugen – bis hin zum schlimmstmöglichen Ausgang. Johlend vor Vergnügen, seufzend vor Erschütterung, schaut das Publikum – also wir – dem Spektakel mit behaglichem Grusel zu: Weil wir so gerne der Apokalypse frönen, das verzweifelte Spiel von Aufstieg und Untergang genießen und wie die Welt vor unseren Augen in Stücke geht – wohlgemerkt, nur auf der Bühne. Die gespielte Tragödie, so hofften die Dichter, möge zum läuternden Sinneswandel führen, zur Katharsis.

Zu Zeiten der alten Dramatiker standen die großen Wale unserer Ausgangsfrage noch nicht im Zentrum der Aufmerksamkeit. Erst Herman Melville brachte das Schicksal der Meeressäuger Mitte des 19. Jahrhunderts in die Welt der Literatur. Kapitän Ahabs Feldzug gegen den weißen Wal Moby Dick ist ein Kampf des Menschen gegen die Natur, gegen deren Widrigkeiten, die der rachsüchtige Schiffsführer bezwingen will. Auch Melville erzählt eine Geschichte des Untergangs. Am Ende zieht der von Ahabs Harpune getroffene Wal – ob er stirbt oder überlebt, bleibt offen – nicht nur den Kapitän in die Tiefe, er versenkt auch den Walfänger Peqoud mit der gesamten Besatzung im Ozean. Nur Matrose Ismael klammert sich an einen treibenden Sarg, und als einziger Überlebender der Mannschaft erzählt er uns die Geschichte vom abenteuerlichen Beginn der Globalisierung und der Industriellen Revolution,[1] als Männer aus aller Herren Länder gemeinsam um die Welt segeln, um auf der Suche nach neuen Walfanggründen die letzten Winkel der Ozeane zu erkunden. Denn die gewaltigen Leviathane sind damals begehrt: Ihr

In Herman Melvilles «Moby Dick» sind die Geschicke von Kapitän Ahab und dem Wal untrennbar verbunden – wie unser Verhältnis zur Natur.

Öl erhellt zunächst in «Tranfunzeln» dunkle Wohnstuben. Später wird es als erster in großen Mengen verfügbarer Brennstoff in den Straßenlaternen der wachsenden Städte abgefackelt. Walfette sind Grundlage für Seife, Margarine und Nitroglyzerin; sie schmieren bald die vielen neuen Maschinen, die den Menschen die Arbeit erleichtern, und beschleunigen die technische Entwicklung. Ihr Tran wird unverzichtbar, sodass die erste weltumspannende Industrie auf den Meeren mit schwimmenden Fabriken entsteht. Auf jedem der großen Schiffe können täglich gleich mehrere der riesigen Wale zerlegt werden. Wer weiß, wo wir heute mit unserer Zivilisation stünden, hätte damals nicht das Öl so vieler Wale unseren Fortschritt befeuert und buchstäblich geschmiert. Als Folge des weltumspannenden Schlachtens stehen die großen Meeressäuger Mitte des 20. Jahrhunderts kurz vor dem endgültigen Aus.

Das also ist der reale Hintergrund für unser Gedankenspiel. Jetzt geht es los. Nur sind Sie kein Voyeur im Theater mehr, sondern Akteur. Nun müssen Sie entscheiden. Wen lassen Sie leben: ein Paar Menschen oder das letzte Paar Blauwale? Allerdings geraten Sie in eine missliche Situation voller Fragen, sollten Sie sich für das Überleben der Wale entscheiden. Denn welches Paar Menschen wählen Sie dann? Losen Sie? Oder nehmen Sie Unbekannte aus entlegenen Weltgegenden, damit Sie das Leid der Todgeweihten und deren trauernde Hinterbliebene nicht miterleben müssen? Suchen Sie nach Freiwilligen? Entscheiden Sie sich für jemanden, der sowieso am Ende seines Lebens steht? Mit etwas Glück entdecken Sie ein altes Paar wie Philemon und Baucis und erfüllen deren Herzenswunsch, gemeinsam zu sterben, und retten die Tiere und damit deren Art. Oder opfern Sie sich selbst, um andere zu verschonen? Nur, wen nehmen Sie dann mit sich? Sie machen es sich einfacher, wenn Sie die Wale sterben lassen.

Die Bühne, auf der dieses Endspiel aufgeführt wurde, war unser Wohnzimmer. Acht oder neun Jahre alt muss ich gewesen sein, als ich mit meinem Vater über das Schicksal der beiden ungleichen Paare stritt. Wie wir auf diese hypothetische und doch sehr konkrete Fragestellung kamen, weiß ich nicht mehr. Um die Folgen einer solchen Entscheidung ging es bei uns nicht, denn wir diskutierten grundsätzlich über die Ausgangsfrage. Für mich war die Sache eindeutig. Natürlich stimmte ich für das vermutlich größte Tier, das jemals auf der Erde lebte. Mit bis zu dreiunddreißig Metern Länge kann ein Blauwal viel größer werden als alle bislang gefundenen Dinosaurier. Damals wusste ich noch nichts von Carl von Linné, der das biologische Ordnungssystem der Arten ersonnen und vielen Organismen einen wissenschaftlichen Namen gegeben hat – und der wohl mit speziellem Humor gesegnet war: «Mäuschen-Wal», *Balaenoptera musculus*, hat er den Blauwal getauft, dessen gewaltige Dimensionen mich als Junge so beeindruckten. Ein ungeheures Tier mit einer Zunge groß wie ein Elefant, mit einem Herz von den Ausmaßen eines VW-Käfers und einem Gewicht, das zweitausendfünfhundert Menschen entsprechen kann, ein solches Tier durfte doch nicht verschwinden! Das mussten wir doch retten!

Die Position meines Vaters war ebenfalls eindeutig: Niemals dürfe ein Mensch für ein Tier geopfert werden, hielt er mir entgegen. Auf gar keinen Fall, da ließ er keines meiner Argumente gelten. Mein Vater stufte nicht nur unsere eigene Art, den *Homo sapiens*, als höherwertig ein. Sondern jeder einzelne von uns «verständigen Menschen» – noch so ein Name, den Linné sich ausgedacht hatte – war mehr «wert» als eine ganze andere Spezies, mochte sie auch noch so einzigartig, gewaltig und erstaunlich sein. Als Kind leuchtete mir das nicht ein. Haben die anderen nicht auch ein Existenzrecht? Oder weshalb ist deren Sein weniger wert? Außerdem waren wir doch so viele, da würden zwei weniger nichts ausmachen. Damals, das war Anfang der 1970er Jahre, zählten wir schließlich schon knapp vier Milliarden Menschen.[2]

Unsere Vater-Sohn-Diskussion führte zu keiner Lösung, und es gab keinen «Gewinner», der am Ende recht hatte. Ich denke oft an unseren Disput im Wohnzimmer, weil er so ernsthaft und grundsätzlich war und bis heute voller Anregungen steckt. Neben dem Abwägen, das Moral, aber auch Nützlichkeitsdenken umfasst, beinhaltet der Begriff des «Opferns» eine religiöse Dimension, eine kultische Handlung, die nicht nur archaisch, sondern auch biblisch ist: Ein Vater opfert seinen Sohn, das gehört zum Wesenskern des christlichen Glaubens. Opfern kann ebenso bedeuten, sein eigenes Leben für etwas oder für jemanden hinzugeben; oder sich für etwas oder jemanden ganz und gar einzusetzen.

Wie sagte mein Vater – und betonte damit ausdrücklich einen Unterschied zwischen «die» und «wir»: Für Tiere dürfe nie ein Mensch geopfert werden. Und doch opfern sich Menschen im Einsatz für Tiere und Natur. Indem sie ihr Leben dem Erhalt einzelner Arten widmen. Oder weil sie wirklich ihr Leben hingeben wie jene Ranger, die beim Schutz von Gorillas, Elefanten oder Nashörnern im Kampf gegen Wilderer sterben. Einige von uns handeln nicht nur intraspezifisch innerhalb unserer Art – mitmenschlich also –, sondern ebenso interspezifisch und haben die anderen Spezies im Blick. Wieso tun sie das?

Für mich als Kind ging es damals auch um das Abtragen einer Schuld: Denn schließlich waren die großen Wale durch uns Menschen, durch rücksichtslose Jagd, in diese Lage gekommen. Zu den Hochzeiten des globalen Walfangs wurden im Jahr fast dreißigtausend Blauwale getötet[3] – und das waren nur die in antarktischen Gewässern erlegten Tiere. Von vielleicht dreihunderttausend Blauwalen zu Beginn des industriellen Schlachtens im 19. Jahrhundert waren Mitte der 1960er Jahre bestenfalls noch fünftausend übrig, und die lebten weit verstreut in den Weltmeeren. Die größten Tiere der Erde waren kurz vorm Verschwinden. Hatten wir da nicht etwas gutzumachen?

Hinter der Inbrunst und der Radikalität des Jungen, der ich war, steckte in der Diskussion mit meinem Vater ein klassischer Generationenstreit. Denn schon damals sah ich, was mir die Generationen vorher genommen hatten: So viele aufregende Tiere, die ich nicht mehr erleben konnte – den heimischen Auerochsen etwa oder die Quaggas, jene nur zur Hälfte gestreiften Zebras, den seltsamen australischen Beutelwolf, die riesigen Schwärme der Wandertauben, die über Stunden die Sonne verfinsterten! Sie alle waren weg – wegen der Menschen der vorigen Generationen. Und so steckte in meinem rigorosen Plädoyer für das letzte Paar Blauwale der gesunde Egoismus eines Jungen, der den Älteren entgegenhält: Lasst mir noch etwas übrig! Es wird eine Zukunft geben, die ihr nicht mehr erlebt! Wieso wollt ihr mir eine so viel ärmere Welt hinterlassen?

Die Frage des Überlebens anderer Arten, wer mit uns auf der Erde sein soll oder sein darf, hat mich seither nicht mehr losgelassen. Heute, als ausgewachsener Biologe, ist unsere fiktive Ausgangsfrage allerdings allein schon aus rein biologischen Gründen keine ernstzunehmende Alternative für mich: Blauwalkühe gebären nach elf, zwölf Monaten alle zwei, drei Jahre ein «Kälbchen», von denen manche bei der Geburt mit bis zu acht Meter Länge anderthalbmal so lang sind wie eine Mercedes-Limousine und mit zweieinhalb Tonnen Gewicht so schwer wie ein großer Elefantenbulle. Frühestens mit elf Jahren ist dieses Riesenbaby so weit, dass es selbst für Nachwuchs sorgen kann. Das bedeutet im Klartext: Blauwale vermehren sich viel zu langsam, dass aus nur zwei Tieren noch einmal eine Population entstehen kann. Zudem wären diese Blauwale alle engstens miteinander verwandt und ingezüchtet.[4] In fortpflanzungsbiologischer und genetischer Hinsicht könnte aus einem einzigen Paar Blauwale nie wieder eine Population werden.

Und doch steckt in der Geschichte der Blauwale mittlerweile eine Hoffnung. Noch immer stehen sie auf der Roten Liste der Weltnaturschutzunion (IUCN), aber es sind deutlich mehr als damals, als mein Vater und ich im Wohnzimmer diskutierten. Zwischen zehn- und fünfundzwanzigtausend Blauwale schwimmen wieder durch die Weltmeere. Wie sie gerettet wurden? Dank einer einzigen Entscheidung, für die noch nicht einmal ein Mensch geopfert werden musste: 1966 haben wir beschlossen, die Jagd auf Blauwale einzustellen. Und so haben sie sich wieder vermehrt. Es geht also.

Wir verständigen Menschen haben noch andere «Entscheidungen» getroffen, die zu Populationswachstum führten: Wir selber werden ebenfalls immer mehr. Unsere Zahl hat sich seit Anfang der 1970er Jahre fast verdoppelt – von knapp vier auf 7,7 Milliarden. Nach Voraussagen der Vereinten Nationen wird im Jahr 2050 unsere Bevölkerung mit großer Wahrscheinlichkeit auf knapp zehn Milliarden angewachsen sein, bis zum Jahr 2100 auf elf Milliarden. Besonders rasant werden wir Menschen uns in Afrika vermehren: Von heute knapp 1,3 Milliarden wird sich die Bevölkerung dort auf rund 2,5 Milliarden im Jahr 2050 nahezu verdoppeln, bis 2100 beinahe verdreifachen auf rund 4,3 Milliarden.[5] Wo wird da noch Platz für wilde Tiere sein?

Und längst ist noch mehr «entschieden»: Nicht mehr Naturlandschaften wie die Serengeti besitzen die größte Dichte an Huftieren in der Welt, sondern Landkreise wie im niedersächsischen Vechta, die fast zwanzigmal so viele Großtiere pro Flächeneinheit beherbergen wie die berühmte afrikanische Wildnis.[6] Nur sieht man die großen «Herden» deutscher Tiere kaum: Meist bestehen sie aus Schweinen und Rindern, die ihr Dasein in Ställen fristen, wo sie wegen ihres Fleisches gemästet, wegen ihrer Milch angezapft werden. Sie bringen aber pro Flächeneinheit etwa viermal so viel Gewicht auf die Waage wie die Gnus, Zebras, Elefanten und Giraffen der Savanne. Damit verändern wir nicht nur die Artenstruktur der Erde, sondern auch ganze Landschaften und Ökosysteme. Aus einer Welt der Wildtiere ist eine der Haustiere geworden: Im Jahr 2000 wogen sämtliche domestizierten Landsäugetiere auf der Erde zusammen vierundzwanzigmal so viel wie alle wildlebenden Tiere.[7] Deren Zahl ist um zwei Drittel geschrumpft, seit ich zu Beginn der siebziger Jahre mit meinem Vater das Überleben der Blauwale diskutierte. (Dabei waren die Populationen wilder Tiere in weiten Teilen der Welt schon damals stark dezimiert.) So hoffnungsfroh die zunehmende Zahl an Blauwalen also stimmen mag, für sich allein betrachtet täuscht sie eine Entwicklung vor, die nicht existiert. Die Zahl der Arten, die neben dem Blauwal auf der Roten Liste der IUCN stehen, wächst ständig: Im Juli 2020 sind es über zweiunddreißigtausend Tier- und Pflanzenarten:[8] Jede vierte Säugetierart, jeder achte Vogel, jedes dritte Amphib auf dieser Liste ist vom Aussterben bedroht, insgesamt mehr als ein Viertel der untersuchten Arten. Die tatsächliche Zahl liegt wohl deutlich höher. Diese Entwicklung wird in den nächsten Jahrzehnten weiter zunehmen: Bis 2050 könnten vierzig Prozent aller Arten ausgerottet sein.[9]

Die Menschheit habe längst ein Massenaussterben eingeleitet, vergleichbar mit dem der Dinosaurier, meint der amerikanische Biologe und «Vater der Biodiversität» E. O. Wilson. Damals, vor etwa fünfundsechzig Millionen Jahren, raste ein zehn bis fünfzehn Kilometer großer Asteroid mit einer Geschwindigkeit von siebzigtausend Kilometern in der Stunde auf die Erde zu und schlug in der Nähe der heutigen mexikanischen Halbinsel Yucatán in das damalige flache Meer ein. Gewaltige Beben erschütterten die Erde, Tsunamis wälzten sich durch die Meere. Weite Teile des Planeten gingen in Flammen auf: Der Asteroid war in Gesteine gestürzt, die mit Erdöl getränkt waren – und hatte also ein gewaltiges Brennstofflager in die Luft gesprengt. Viele Tiere, vor allem große, waren wohl bereits kurz nach dem Einschlag tot, global gesehen war das Sterben eine Sache von Tagen oder Wochen. Am Ende waren alle Dinosaurier, Flugsaurier und die Plesiosaurier der Meere verschwunden; über fünfundsiebzig Prozent aller Vogelarten waren verloren; Schlangen und Amphibien hingegen erlitten relativ wenig Artenverluste. Keine Spezies mit mehr als fünfundzwanzig Kilogramm Gewicht überlebte den Einschlag und seine Folgen.

Das damalige Massenaussterben geschah auf einen Schlag, bedingt durch eine kosmische Katastrophe. Was derzeit passiert, ist höchst irdischen Ursprungs – bedingt durch uns, den *Homo sapiens*. Der Unterschied zwischen dem Massenaussterben nach dem Meteoriteneinschlag zu Zeiten der Dinosaurier und dem, was heute geschieht, sei allerdings wie der zwischen einer Herzattacke und einer heimtückischen Krebserkrankung, so E. O. Wilson: «Die Hoffnung liegt darin, dass man diesen Krebs vielleicht noch behandeln kann.»[10]

Es gibt Anzeichen dafür, dass das Wachstum der menschlichen Bevölkerungszahl ein Ende erreichen wird. Ab 2100, so die heutige Prognose, könnte unsere Anzahl auf der Erde wieder abnehmen. Manchen reicht das als positiver Ausblick. Dennoch wird unsere Art noch für einige Jahrzehnte zahlreicher werden. Wer wird dann noch übrig sein von unseren Mitbewohnern? Haben wir die anderen dann alle verdrängt? Aufgegessen? Ausgerottet? Ersetzt durch noch mehr Haustiere?

Wer also darf mit uns überleben? Genau das müssen wir entscheiden – ob wir wollen oder nicht. Wir können dieser Aufgabe nicht entrinnen. Sie ist uns einfach gestellt. Damit sind wir wieder bei unserem Gedankenspiel. Nur ist es jetzt kein Spiel mehr, sondern Ernst. Entscheidungen stehen an, und für diese brauchen wir die richtigen grundsätzlichen Fragestellungen. Ähnlich wie in Max Frischs eingangs zitiertem «Fragebogen» zu den großen Themen der menschlichen Existenz sollen offene Fragen den Gedankengang der folgenden sechs Hauptkapitel dieses Buches vorbereiten. Denn darum geht es: Nach welchen Kriterien entscheiden wir überhaupt? Was wollen wir? Und was können wir? Was steht eigentlich in unserer Macht? Wo sind unsere Grenzen? Denn unsere Ressourcen zur Rettung sind nicht unerschöpflich. Wie also soll unsere Erde aussehen?

I.
UNSERE FRONTLINIEN

Sehen Sie sich als Teil der Natur?

Inwiefern? Stichworte genügen.

Lieben Sie die Natur?

Wenn ja, wie äußert sich Ihre Liebe?

Gibt es eine Grenze zur Natur, also etwa zwischen ihr und Ihnen selbst, und wenn es sie gibt, wo würden Sie die ziehen?

Gibt es unter den Geschöpfen eine Art, der Sie den Zutritt auf die Arche verweigern würden und damit ihr Existenzrecht als Spezies?

Mit welcher Begründung, schließlich gehört diese Spezies doch auch zur Natur?

Am Stab Äskulaps

Charisma hilft, wenn es ums Gerettetwerden geht. Jene «Gnadengabe» sichert den Pandas und Koalas, Schimpansen und Gorillas, Elefanten und Tigern zumindest wohlwollende Aufmerksamkeit in der derzeitigen Artenkrise. Ob das auf Dauer wirklich nützt? Die meisten Kreaturen haben es allerdings ungleich schwerer, einen Platz in unserem Herzen zu ergattern. Der Charme vieler Arten erschließt sich oft erst auf den zweiten oder dritten Blick – und manchmal will das auch gar nicht gelingen. Daher soll gleich zu Beginn ein Blick auf eine jener Spezies geworfen werden, die es einem richtig schwermacht, sie zu mögen. Schon heute zählt sie zu den wohl Seltensten der Seltenen und ist dennoch auf keiner Roten Liste zu finden. Dabei offenbart uns die bloße Existenz dieses Tieres mitsamt seiner für uns fremdartigen Lebensweise, wie sehr uns Menschen der unerbittliche Kampf mit und in der Natur geprägt hat, wie sehr diese Auseinandersetzung unsere eigene Natur ausmacht und wie wenig wir bislang davon wissen. Aber reicht das aus, um uns *für* dieses Wesen zu entscheiden?

Vor wenigen Jahrzehnten lebte diese Art in vielen feuchtwarmen Regionen der Alten Welt – vom tropischen Afrika über den Vorderen Orient bis hin nach Indien und Pakistan. Wo es Wasser gibt, da war sie zu finden. Seither ist ihr Verbreitungsgebiet stark geschrumpft: Im Jahr 2017 gab es noch Berichte aus dem Tschad und Äthiopien, auch im Südsudan soll es Restvorkommen geben. Der Niedergang dieser einzigartigen, weithin unbekannten Spezies wird also gut dokumentiert und vollzieht sich dennoch nahezu unbemerkt von der Weltöffentlichkeit.

Dabei ist dieses Tier durchaus von kulturhistorischer Bedeutung:

Der Äskulapstab, das weltweite Symbol der Ärzteschaft, könnte auf die einzige bekannte Heilmethode gegen den Guineawurm zurückgehen.

«Feurige Schlangen», so heißt es im Alten Testament im vierten Buch Mose (Numeri 21,6), hätten die Israeliten in der Wüste beim Auszug aus Ägypten geplagt, sodass viele von ihnen starben. Gott sprach daraufhin zu Moses, mit einer ehernen Schlange an einem Stab könne er das Volk retten. Auch um den Stab des griechischen Gottes Asklepios, des mythologischen Begründers der Heilkunst, ringelt sich eine Schlange. Bis heute ist der «Äskulapstab» das Symbol der Ärzteschaft – als Logo der Weltgesundheitsorganisation (WHO), des deutschen Hartmannbundes und etlicher weiterer Ärzteorganisationen. Hinter beiden erwähnten «Schlangen», so eine Erklärung vieler Parasitologen, könnte jenes immer seltener werdende Tier stecken. Erstaunlicherweise genügt es aber nicht, *das* weltweit bekannte Symbol der Heilberufe zu sein, um diese Spezies retten zu wollen. Im Gegenteil: Die Kampagne eines Friedensnobelpreisträgers, des ehemaligen amerikanischen Präsidenten Jimmy Carter, rottet diese Art aus – unerbittlich und gezielt, in einem geradezu generalstabsmäßig geplanten Feldzug.

«Berüchtigte Tiere» sind es nämlich, so schreibt es schon Karl May in seiner «Sklavenkarawane». Dieses Wesen «scheint mit dem Trinkwasser in den Menschen zu kommen, wandert durch dessen Körper und verursacht an den Ausbruchstellen dicke Eiterbeulen».[1] Ein deftiges literarisches Denkmal setzt ihm auch der amerikanische Schriftsteller T. C. Boyle in seinem fulminanten Abenteuerroman «Wassermusik»: «Dumpf und deprimiert» siecht dort der Entdeckungsreisende Fred Frair irgendwo auf dem Fluss Niger dahin, denn er ist von dieser Kreatur befallen. Dem Kranken ist «der Gedanke an das blinde Wesen – diesen Wurm, der da in ihm gedeiht, sein Fleisch auffrisst, ihm ins Blut pisst und kackt – einfach unerträglich».[2] Es gibt nur eine Möglichkeit, dieses oft über einen Meter lange Getier aus dem menschlichen Körper zu entfernen: Man muss seinen vorderen Teil zu fassen kriegen, wenn er wie eine Glasnudel aus der Eiterbeule herausbaumelt. Um ihn dann «wie Garn auf eine Spule» langsam auf ein Stöckchen zu wickeln, damit er nicht in den Körper zurückschlüpfen kann. Die qualvolle Prozedur kann sich über viele Wochen hinziehen; sie muss extrem vorsichtig erfolgen. Wenn der Wurm nämlich beim Herausziehen zerreißt, verbleibt sein langer Rest im Körper, stirbt im Gewebe ab und verfault. Und genau das geschieht Boyles armem Entdeckungsreisenden: In seiner Ungeschicklichkeit, seinem Ekel zerrt Frair viel zu heftig und reißt das Geschöpf entzwei. Bald darauf verreckt der Mann, über und über mit Fliegen bedeckt, in der dreckigen Tropenschwüle an den Folgen der Infektion durch den sich zersetzenden Wurm in seinem Körper.

Boyles Beschreibung macht deutlich, weshalb nicht eine Schlange, sondern jene gruselige Existenz hinter dem alten Symbol der Ärzteschaft stecken könnte. Denn jenes Hölzchen, um den sich am Ende der tote Wurm wickelt, ist bis heute die einzige Behandlungsmethode: Keine Medizin hilft, keine Wurmkur treibt den Eindringling aus dem menschlichen Körper heraus, keine Impfung schützt vor ihm. So liegt es nahe, den Äskulapstab als Symbol der Hoffnung, Genesung und erfolgreichen Heilung von diesem Ungetüm zu deuten, das schon lange in menschlichen Leibern haust. Bereits in über dreitausend Jahre alten ägyptischen Mumien wies man diesen Wurm nach.[3]

Ein kleiner Drache und sein erstaunlicher Lebenswandel

Viele Jahrhunderte haftete dieser Krankheit etwas Unerklärliches an. Denn erst wenn plötzlich starke Schmerzen auftreten, bemerkt die befallene Person, dass etwas nicht stimmt. Lange rätselte man, was aus der aufgeplatzten Eiterbeule hängt: abgestorbenes Körpergewebe, austretende Nerven, verlängerte Venen? Erst Carl von Linné erkannte, dass da ein lebender Wurm aus dem menschlichen Körper herauskommt, und machte ihn zum *Dracunculus medinensis*, zum «kleinen Drachen von Medina»,[4] bekannt auch als Guineawurm, weil er ebenso am Golf von Guinea vorkommt. Nur selten erleiden Menschen das Schicksal des armen Entdeckungsreisenden Frair und sterben nach einer Infektion. Den «kleinen Drachen» in sich zu haben, kann dennoch schlimme Folgen haben: Die plötzlich auftretende Blase fühlt sich an «wie mit einer glühenden Nadel gestochen»[5] – was zum Bild der «feurigen Schlangen» aus dem Alten Testament passt. Viele Betroffene können daher während der gut zwei Monate, die eine Extraktion des Wurmes mit der Holzdrehmethode dauert, kaum auftreten und laufen. Noch in den 1940er Jahre litten fast fünfzig Millionen Menschen weltweit unter Guineawürmern, meist in den ärmsten Regionen ihrer Länder.[6] Viele bestellten vor lauter Schmerz ihre Felder nicht mehr oder ließen die Herden unbehütet. Wegen der wirtschaftlichen Verluste nicht nur für einzelne Familien, sondern für ganze Dörfer heißt die *Dracunculiasis* in Mali auch die «Krankheit der leeren Kornkammer»; in Nigeria verringerte sie regelmäßig die Reisernten um zwölf Prozent.[7] In manchen Ortschaften gingen mehr als sechzig Prozent aller Kinder nicht zur Schule, weil sie selbst den Wurm in sich trugen oder weil sie für behinderte Familienmitglieder die Arbeit auf den Feldern verrichten mussten. Deshalb sagte die Weltgesundheitsorganisation 1986 jenem Wurm, der sich wohl um ihr eigenes Symbol, den Äskulapstab, schlängelt, den Kampf an. Im gleichen Jahr begann das Carter Center mit der Ausrottungskampagne. Damals gab es noch jährlich dreieinhalb Millionen Fälle in mindestens einundzwanzig Ländern Afrikas und Asiens.[8] Im Jahr 2018 wurden nur noch achtundzwanzig infizierte Menschen weltweit gemeldet. Das Ziel, so hieß es, sei zu 99,99 Prozent erreicht, der «kleine Drache» stehe demnach kurz vor dem endgültigen Aus.

Wer also will dagegen sprechen, diesen grässlichen Wurm endgültig loszuwerden? Seine Ausrottung scheint vernünftig: ein großer Fortschritt für die Menschheit! Kurz vor seinem Verschwinden lohnt es sich dennoch, einmal einen Blick auf seine ungewöhnliche Lebensweise und unsere spezielle Beziehung zu ihm zu werfen.

Als kleine wurmförmige Larve wartet *Dracunculus* darauf, gefressen zu werden. Erst wenn sie von einem Ruderfußkrebschen der Gattung *Cyclops* verspeist wurde, sich im Inneren dieses «Hüpferlings» durch dessen Darmwand gebohrt und ein-, zweimal gehäutet hat, und erst wenn der winzige Hüpferling von einem Trinkwasser schöpfenden Menschen verschluckt wurde, erst dann hat die Wurmlarve die Chance, sich zu vermehren. Wenn das Krebschen im menschlichen Magen verdaut wird, kommt sie frei, bohrt sich durch die Schleimhaut des Dünndarms in die Leibeshöhle hinein und wandert fortan durchs Bindegewebe. Dort wächst sie innerhalb von drei Monaten zum fortpflanzungsreifen Wurm heran, der nun auf einen passenden Partner für ein Rendezvous im menschlichen Körper treffen muss. Dann paart sich der nur wenige Zentimeter lange männliche Wurm mit dem oft über einen Meter langen weiblichen. Das Männchen stirbt bald darauf, das befruchtete Weibchen hingegen wandert weiter – entlang der Muskeln[9] meist in Richtung Gliedmaßen, zu den Unterschenkeln, Füßen oder Armen. Unterwegs reifen Unmengen von Eiern in ihm heran, Hunderttausende oder sogar Millionen. Erst ein Jahr nach dem Verschlucken des befallenen Hüpferlings bemerkt der Mensch, wen er da die ganze Zeit in sich trug. Dann nämlich begibt sich der befruchtete Guineawurm an die Oberfläche der Haut und erzeugt jene taubeneigroße Blase, die das starke Brennen verursacht und extrem schmerzt. Mittlerweile sind aus den befruchteten Eiern winzige Wurmlarven geschlüpft, die es nach draußen drängt. Weil die entstandene Blase wie «heiße Nadeln» schmerzt, tauchen viele Infizierte die befallenen Gliedmaßen zur Kühlung ins Wasser von Flüssen, Bächen oder Tümpeln. Der wimmelnde Wurmnachwuchs presst sich nun gegen die dünne Haut der Mutter, die platzt auf und mit ihr die entzündete Haut über der Blase: Ein Schwall von Larven schwimmt hinaus. Über Tage hinweg, immer wenn es den befallenen Menschen zum Abkühlen ans Wasser zieht, entlässt die Wurmmutter unter Kontraktionen neue Schwärme von Wurmlarven ins Freie, bis sie irgendwann abstirbt. Nun wartet die nächste Generation von Guineawürmern im Wasser darauf, von Hüpferlingen gefressen zu werden, damit ein neuer Zyklus beginnt, der ein Jahr andauert.

Die unbekannte Seite der Biodiversität

Verborgene, uns kaum bewusste Lebensgeschichten wie diese gibt es viele in der Natur. Denn der Guineawurm gehört zum oft übersehenen Teil der Artenvielfalt: den Parasiten, zu denen schätzungsweise mehr als die Hälfte aller Organismen zählen.[10] Diese Lebewesen beziehen aus anderen Organismen ihre Nahrung, existieren auf deren Kosten und sind eng ans Leben dieser Organismen, ihres Wirtes, oft sogar nur einer einzigen Wirtsart, gebunden. Eine Vielzahl unterschiedlichster, meist hochspezialisierter Lebensformen zählt zu jenen Schmarotzern – Einzeller, Pilze, Würmer, Krebse, Insekten und sogar Wirbeltiere.[11] Parasitismus ist allgegenwärtig in der Natur, auch wenn wir ihn selten bemerken. Jede Spezies kann von mehreren, oft völlig unterschiedlichen parasitischen Arten befallen werden; was erklärt, weshalb sie eine so große Artenfülle besitzen.[12] Allein bei uns Menschen können sich siebzig verschiedene Einzellerarten in unserem Darm, unserem Blut oder anderswo im Körper tummeln; über dreihundertfünfzig «Helminthen» oder «Eingeweidewürmer» wurden in uns lebend nachgewiesen; dazu Hunderte Arten von Gliederfüßern, also Zecken, Läuse, Flöhe, Stechmücken, Milben, die uns meist von außen piesacken und dabei oft noch andere Parasiten übertragen.

Wir Menschen sind wahrscheinlich jene Spezies auf Erden, die

die meisten Parasitenarten beherbergt.[13] Denn im Laufe unserer Evolution und der Wanderungen unserer Vorfahren und Vorgängerarten von Afrika aus um die Welt besiedelten wir nicht nur andere Kontinente mit neuen, oft völlig unterschiedlichen Lebensräumen und Klimazonen, wir kamen auf diesem langen Marsch auch mit vielen anderen Spezies in Kontakt, die wir nicht in unserem ursprünglichen Lebensraum kannten: Wir haben sie gejagt, gegessen, berührt, gestreichelt, uns ihre Felle als Kleidung umgehängt. Dabei sind wir unbeabsichtigt und oft unbemerkt mit ihren Parasiten in Berührung gekommen. Manche sind auf uns umgesiedelt, haben uns als neue Ressource ihres Daseins entdeckt, als neuen Lebensraum. Als Art so viele Parasiten beherbergen zu können, ist daher Zeichen unseres Verbreitungserfolges und zugleich Preis unseres Karrierewegs. Und diese Arten haben uns mehr geprägt, als wir oft ahnen: Sie gehören zu unserer eigenen Überlebensgeschichte.

Dennoch werden Parasiten trotz ihrer Häufigkeit als real existierende und eigenständige Lebewesen neben uns und den anderen Wirtsspezies kaum beachtet; bestenfalls als Krankheitserreger nehmen wir sie wahr. Vielleicht, weil ihr Leben unabdingbar an jenes einer anderen Art gekoppelt ist, ohne die sie nicht existieren können – und diesem anderen nehmen sie etwas weg. Ein Parasit beraubt seinen Wirt, darf ihn aber nicht so sehr schädigen, dass er umkommt. Denn schließlich will der Parasit möglichst lange von und mit ihm leben; da wäre er schlecht beraten, würde er seine eigene Lebensgrundlage vernichten.[14] Wenn Bandwürmer sich von Darmbrei ernähren oder Mücken Blut abzapfen, dann schadet das großen Wirten wie uns Menschen nicht, solange diese Parasiten uns nur kleiner Mengen berauben. Je länger der gemeinsame evolutionäre Weg von Wirt und Parasit ist, desto besser sind beide aufeinander eingespielt, umso weniger sollte ein Parasit seinen Wirt beeinträchtigen.

Eine solche «Koevolution», wenn Arten sich über lange Zeiträume wechselseitig anpassen, kann ein gemeinsamer Weg zum gegenseitigen Nutzen sein – wie man es etwa bei den Blütenpflanzen und ihren Bestäubern findet: Die Pflanzen werden zuverlässig befruchtet und können sich vermehren; dank der Insekten oder anderer Tiere, die den Pollen von einer Blüte zur anderen tragen und energiereichen Nektar zur Belohnung erhalten. Indem sie Leistungen austauschen, profitieren beide Seiten voneinander. Auch zwischen Raubtieren und ihrer Beute finden Koevolutionsprozesse statt – allerdings geht es dabei nicht darum, einander zu nutzen. Räuber entwickeln unterschiedlichste Jagdstrategien, um potenzielle Beute zu überwältigen; die angegriffenen Arten bilden ebenso mannigfaltige Abwehrmechanismen, um zu entkommen. Indem sie besonders schnell rennen; sich unter harten Panzern verstecken, die kaum zu knacken sind; sich mit wehrhaften Hauern verteidigen; ein fieses Stachelkleid oder tödliche Gifte besitzen, die sie vor einem Angriff schützen sollen. Mit immer raffinierteren Tricks und Fähigkeiten schaukeln sich die Spezies in einem gegenseitigen Wettbewerb hoch, um sich gegenüber dem jeweils anderen zu behaupten und nicht unterzugehen.

Der ständige Kampf gegen Eindringlinge

Ähnlich ist es auch bei jenem Heer parasitischer Lebewesen, den Bakterien, Einzellern, Pilzen und Würmern, die auf Organismen einstürmen und sie berauben – mit ebenjenem Unterschied zu den jagenden Raubtieren, dass ein Parasit seinen Wirt am Leben halten und nicht endgültig auffressen möchte. Um die Eindringlinge abzuwehren, haben die Wirte eine Vielzahl von Abwehrmechanismen entwickelt: Dazu zählen mechanische Barrieren wie die äußere Haut und Schleimhäute im Inneren eines Lebewesens, die ein Eindringen verhindern oder zumindest erschweren, aber auch einfache chemische Agentien wie Magensäure, die manchen Eindringling frühzeitig abtöten. Höhere Organismen besitzen ein Immunsystem zum Schutz vor den Einflüssen der belebten Umwelt, das genau zwischen «fremd» und «eigen» unterscheiden kann. Es soll körperfremde Substanzen, vor allem infektiöse Partikel wie Viren, Bakterien, Pilze und weitere Parasiten erkennen und eliminieren. Eine «Kampftruppe» verschiedenster hochspezialisierter Zellen ist im Körper unterwegs, um mit einem Arsenal unterschiedlicher «Waffentypen» Eindringlinge auszuschalten. Das Besondere an dieser Grundausstattung ist: Jedes Individuum schärft im Laufe seines Lebens diese Waffen und richtet sie auf jene Bedrohungen aus, denen es ausgesetzt ist. Bei einem wiederholten Angriff eines Eindringlings «erinnert» sich das Immunsystem und kann dank dieser Erinnerung die Bedrohung noch schneller attackieren und ausschalten. Auf dieser Lernfähigkeit des Immunsystems beruht das medizinische Konzept des Impfens. Das Wechselspiel verschiedener Körperzellen, die eng zusammenarbeiten und ganz unterschiedlich wirkende Stoffe ausscheiden, ist ähnlich komplex wie das Nervensystem samt Gehirn und weit davon entfernt, völlig verstanden zu sein.

Aus dem ungeheuren Repertoire verschiedener Immunantworten auf Infektionen und andere Bedrohungen wählt das Immunsystem also jeweils die Art von Antwort, die für die Bekämpfung eines eingedrungenen Erregers besonders wirksam ist. Einzellige Eindringlinge etwa werden besonders auffällig markiert und können rasch von einer Vielzahl von Fresszellen verspeist werden. Bei größeren Organismen, Würmern etwa, ist das für die kleinen Immunzellen nahezu unmöglich. Weil es nicht gelingt, diese größeren Eindringlinge zu töten oder zu eliminieren, besteht die Strategie des Immunsystems darin, zumindest deren Leben im Organismus und ihre weitere Vermehrung zu erschweren.

Natürlich versucht ein Parasit, im Lebensraum Wirt zu bleiben und dem drohenden Rausschmiss aus dem Körper etwas entgegenzusetzen. Kleine Organismen wie Bakterien können sich dank rascher Fortpflanzungsrate schnell vermehren und sich dabei auch rasant verändern, sodass das Immunsystem ständig neue Mechanismen oder Abwehrmoleküle entwickeln muss, um sie zu bekämpfen. Vielzellige Organismen wie Würmer wehren sich mit allerlei Tricks und Kniffen gegen unser Abwehrsystem: Oftmals manipulieren sie es mit Signalmolekülen, dämpfen es oder schalten es sogar aus. Manche haben eine Reihe von Möglichkeiten entwickelt, erst gar nicht als «fremd» erkannt zu werden – sie haben Schutzkleider gebildet, die im Körper wie Tarnkappen wirken.

Wie Raubtier und Beute stehen Wirt und Parasit in dauerndem Ringen darum, wer die Oberhand behält. Beide überprüfen und verbessern ständig Waffen und Rüstung. Der Vorsprung des einen zwingt den anderen zum Nachrüsten. So entsteht ein Pattzustand ohne dauerhaften Sieger – ein hochgerüstetes Gleichgewicht voller biologischer Waffenarsenale. Diese Art des Zusammenlebens kostet beide viel Energie, obwohl sich von außen gesehen gar nicht viel ändert: Es ist, als ob man rennt und rennt, ohne vorwärtszukommen.[15]

Wenn alte Freunde fehlen

Wir Menschen rennen mit manchen Arten wohl schon lange gemeinsam herum, so auch mit dem Spulwurm (*Ascaris lumbricoides*): Dieser häufigste Darmparasit des Menschen wird bleistiftdick, bis vierzig Zentimeter lang und lebt in uns, meist ohne lebensbedrohliche Schäden anzurichten. Nur wenn er in enge Körpergänge kriecht, kann es für einzelne menschliche Individuen gefährlich werden, oder wenn sich zu viele Spulwürmer vom Eingeweidenahrungsbrei eines Menschen ernähren, sodass dieser selbst nicht mehr genug Energie abbekommt. Würmer wie den Spulwurm in uns zu haben, war während der Menschheitsgeschichte eigentlich der Normalzustand; noch heute tragen ihn weltweit anderthalb Milliarden Menschen in sich. Bis vor hundert Jahren waren in Deutschland wohl die meisten Menschen mindestens einmal im Leben vom Spulwurm oder anderen Würmern, etwa Bandwürmern, befallen.[16] Erst jetzt sind unsere Körper – jedenfalls in den Industrieländern mit höherem Lebensstandard – nahezu wurmfreie Zonen geworden: Wir sitzen in klimatisierten, sauberen Büros an Computern, essen hygienisch einwandfreie Lebensmittel aus dem Supermarkt. Auch die Tiere, die wir züchten und verspeisen, werden tiermedizinisch kontrolliert und enthalten kaum Parasiten. Für die meisten von uns gibt also nur selten Gelegenheit, sich mit den unterschiedlichen Wurmarten zu infizieren. Und wenn doch, so werden wir die Würmer dank moderner, wirkungsvoller Medikamente rasch wieder los.

Diese Errungenschaft unserer Zivilisation ist ein evolutionärer Ausnahmezustand. Denn unsere «Software» hat sich in vielen Jahrhunderttausenden entwickelt und perfektioniert; unser Immunsystem ist weiterhin da: hochgerüstet und ständig abwehrbereit. Sein Arsenal an Waffen liegt nun brach, seine spezielle Fähigkeit, «fremd» von «eigen» zu unterscheiden, ist kaum gefordert. Die Geschütze sind geladen, und sie wollen feuern; dazu genügen kleinste Anlässe. Und das kann nun für eine ganze Reihe von Menschen schwerwiegende Folgen haben: In genau jenen industrialisierten Ländern mit höheren Lebensstandards haben Allergien wie *Asthma bronchiale* und Heuschnupfen, Nahrungsmittelallergien und *Urticaria* stark zugenommen; auch Autoimmunkrankheiten wie Diabetes vom Typ 1, *Morbus Crohn*, *Colitis ulcerosa*, *Lupus erythematodes*, Schuppenflechte und Multiple Sklerose – entzündliche Krankheiten also, bei denen der Körper sich selbst angreift. Bei all diesen Leiden sind – das erstaunt nun nicht mehr – vor allem jene Bestandteile des Immunsystems aktiv, die normalerweise gegen Würmer gerichtet sind. Auch wenn noch nicht genau verstanden ist, wie «arbeitslos» gewordene Immunzellen diese Krankheiten auslösen, ist der ursächliche Zusammenhang mittlerweile offensichtlich: Wenn die eigentlich abzuwehrenden Würmer fehlen, kann unser Immunsystem körpereigene Strukturen angreifen.

Im Umkehrschluss bedeutet das: Jene unangenehmen und Energie raubenden Würmer in uns zu haben, kann uns auch schützen – und zwar vor uns selbst. Um zu überleben, haben diese Würmer in Jahrhunderttausenden die Fähigkeit entwickelt, unser Immunsystem zu manipulieren, herunterzuregeln und die aggressive Immunantwort zu unterdrücken.[17] Wenn sie nicht mehr da sind, fehlen genau jene Regulatoren, an die sich das Immunsystem seit ewigen Zeiten «gewöhnt» hat, es dreht geradezu durch und spielt «verrückt». Manche Mediziner nennen unsere Wurmparasiten daher sogar «alte Freunde»[18], weil wir uns seit Urzeiten miteinander arrangieren. Diese alte Freundschaft hat uns tiefer geprägt, als es uns bewusst ist. Und nun, wo in den Industrienationen diese alten Freunde zunehmend verschwinden, weil sie nicht mehr Teil unseres althergebrachten Lebensumfeldes sind, neigt das Immunsystem vermehrt zu solchen überschießenden Reaktionen. Aus den Gegnern von einst sind Partner geworden, wenn auch «zwielichtige» Partner, die wir auf eine Weise nötig haben.

Wir wollten unsere Welt verbessern, die Lebensbedingungen in der harten Natur erträglicher machen, hässliche und schmerzhafte Krankheiten tilgen. Nun sitzen wir im Bürohochhaus, den matschigen Sümpfen weit entrückt, und glauben, die äußeren Dinge unter Kontrolle zu haben. Doch unvermutet gerät etwas in uns außer Kontrolle, wenn diese alten Freunde fehlen. Wir haben sie entfernt – und unser althergebrachtes Körpersystem gerät aus den Fugen. Wir können die lange Geschichte unserer Evolution mit ihnen nicht ungeschehen machen. Als Art mit unseren Eigenschaften sind wir entstanden aus dem Widerstreit dieser natürlichen Kräfte; wir sind gewappnet gegen sie – und wir sind eingerichtet auf ein Leben mit ihnen. Auch wenn uns das nicht bewusst ist.

Wenn wir die Artenkomposition der Erde verändern, ob «draußen in der Natur» oder in uns selbst, greifen wir in ein komplexes Gefüge ein, ohne zu wissen, woraus es besteht, wie es funktioniert und was wir eigentlich tun. Deshalb steht dieser ungewöhnliche Gedankengang über die weitreichenden Folgen unserer Entscheidungen gleich zu Beginn. Und auch dem Guineawurm kommt noch eine besondere Rolle zu.

Ein Reservat für den grässlichen Wurm?

Auch der «kleine Drache» zählt zu jenen uralten Freunden, die wahrscheinlich seit Hunderttausenden von Jahren, wenn nicht Jahrmillionen mit uns Menschen und unseren Vorgängerarten assoziiert sind:[19] Über dreißig verschiedenste Parasitenarten sind in ihrer eigenen Existenz ganz von uns Menschen abhängig, denn wir sind ihr einziger Endwirt – so auch der Spulwurm und eben *Dracunculus medinensis*. Unsere Koexistenz mit ihm dauert wohl schon so lange, dass unser Immunsystem ihm nichts, wirklich gar nichts mehr entgegenzusetzen weiß. Der Guineawurm ist Meister im Versteckspiel und hält sich so gut verborgen, dass er im Immunsystem keinerlei «Erinnerung» hinterlässt wie andere Krankheitserreger; man kann also keine Immunität gegen ihn erwerben – und daher nicht gegen einen Befall mit ihm impfen. Seine Tarnkappe ist so gut, dass kein Medikament etwas ausrichten kann, während wir den Spulwurm immerhin mit Medikamenten abtöten und loswerden können. Einzig die Hölzchenmethode hilft, ihn aus dem Körper zu bekommen.[20]

Und dennoch steht der Guineawurm kurz vor der Ausrottung.[21] Allein durch hygienische Vorsichtsmaßnahmen gelang es, den Lebenszyklus des Wurmes zu durchbrechen – indem den Menschen in den betroffenen Regionen bewusst gemacht wurde, wie der Weg der Übertragung verläuft. Informationskampagnen hielten sie dazu an, nur gefiltertes Wasser zu trinken. Außerdem wurde weitgehend verhindert, dass infizierte Personen Wasserstellen aufsuchen und so immer wieder neue Larven in Umlauf bringen. Das endgültige Aus für den Guineawurm scheint dank dieser recht einfachen Methode kurz bevorzustehen. Eine gute Nachricht aus Sicht jener Menschen, die nun davor verschont sind, diesen grässlichen Wurm zu beherbergen, die nun nicht mehr mit höllischen Schmerzen geplagt sind und ungehindert der täglichen Arbeit nachgehen können – ein großer Erfolg der Seuchenmediziner.

Man kann den Guineawurm aber auch anders sehen: als erstaunliches Wunderwesen, das uns verständige Menschen inwendig kennt. Denn dieser blässliche Wurm ohne Bewusstsein hat unseren Körper «gehackt» und zwingt uns seinen Willen auf. Wenn er voller Junglarven steckt, die ins Freie zum nächsten Zyklus ausschwärmen wollen, provoziert er mit gezielten Attacken eine Immunantwort, die zum taubeneigroßen, entzündeten Geschwür wird. Als wisse er, dass in den heißen Gegenden, in denen er lebt, Wasser für den Menschen eine kühlende Erleichterung des brennenden Schmerzes ist. So lotst er uns zum Wasser, sodass dort die dicke Blase aufplatzt.

Wie hat er das geschafft? Auf welche Weise hat er unser Immunsystem gezähmt? Immerhin wissen wir, dass der Guineawurm hochwirksame Morphine ausschüttet, sodass wir keinen Schmerz verspüren, während er durch unseren Körper wandert.[22] Er produziert also potente Schmerzmittel, die medizinisch hilfreich sein könnten. Durch seine Tarnkappe wird er nicht als «fremd» erkannt und eliminiert – wie transplantierte Organe, deren Abstoßung mit großem Aufwand verhindert werden muss. Er könnte uns lehren, wie man unser hochgerüstetes Immunsystem in Schach hält, das unserer zivilisierten Welt immer mehr Allergien und Autoimmunkrankheiten beschert. Vielleicht «weiß» dieser fürchterliche alte Freund noch mehr über uns – Erkenntnisse, von denen wir nichts ahnen. Für die Medizin könnte der grässliche Wurm an Äskulaps Stab ein wirklicher Heilsbringer werden.

Wir aber rotten ihn aus. Ist das vernünftig?

Was also tun? Wir könnten die Entscheidung überdenken und den Guineawurm überleben lassen. Nur wer von uns bietet dem Wurm ein Reservat, ein Schutzgebiet im eigenen Körper? Würde ich persönlich gefragt, ob ich mit all diesem Wissen dem Guineawurm Unterschlupf geben möchte, nur für eine Generation, für ein Jahr also, ob ich mich also opfern würde, meine Antwort wäre wohl bei aller Faszination für seine Existenz: Nein, ich möchte lieber nicht.

Wäre das wirklich eine vernünftige Abwägung?

Last Minute auf der Arche

Jeder Partnerwechsel birgt Gefahren, ein Fehltritt kann die Existenz kosten. Aber Jochen Menner hat entschieden, dass eine Veränderung, räumliche Trennung und Neuorientierung zum derzeitigen Zeitpunkt für alle Beteiligten das Beste sind. Einen falschen Schritt kann er sich nicht leisten, erklärt er mir: Einmal stolpern, und der im Leinensack zappelnde Vogelmann könnte entwischen und davonfliegen oder, noch weitaus schlimmer, er würde zerquetscht, sollte Jochen – Beziehungsstifter und Tierpfleger – auf ihn fallen. Dann wäre es wohl um eine ganze Spezies endgültig geschehen. Denn im Kescher aus bunt gebatiktem indonesischem Stoff steckt das weltweit einzige bekannte Männchen der Maratua-Schamadrosseln[23].

Schon zweimal hat der Hahn mit einem Weibchen gebrütet. Es war die weltweit erste Nachzucht dieser schwarz-weiß-roten amselgroßen Vögel in Menschenobhut. Nun soll *sie* eine Ruhepause erhalten und *er* in einer anderen Voliere mit einer weiteren Maratua-Henne erneut Vater werden. Denn nur elf der hübschen Schamadrosseln sind bekannt, und sie leben alle in der 2017/18 gegründeten Prigen Conservation Breeding Ark (PCBA), einer Arche für bedrohte indonesische Tiere im Osten Javas:[24] neben dem einzigen Männchen immerhin sechs Hennen als potenzielle Partnerinnen und vier bereits geschlüpfte Jungvögel, deren Geschlecht noch nicht bestimmt ist. Ob ein weiterer Hahn darunter ist? Dann könnte sich die Zahl der seltenen Singvögel schneller erhöhen. Daher ruhen alle Hoffnungen allein auf jenem Hahn, den Jochen nun mit einer weiteren Henne verkuppeln möchte. Die erste Begegnung stimmt zuversichtlich: Kaum umgesetzt, schon schmettert der

Maratua-Mann beim Anblick seiner frisch Zugewiesenen Liebesgesänge; ohne jegliche Anzeichen von Trennungsschmerz beginnt er mit der Balz. Mit etwas Glück, erklärt mir Jochen, sitze die Henne schon in fünf, sechs Tagen auf befruchteten Eiern.

Ein paar Volieren weiter hat ein Jungvogel der niedlichen Wangi-Wangi-Brillenvögel[25] gerade das Nest verlassen. Als «Ästling» sitzt er im Gebüsch, wo ihn die Eltern weiterhin versorgen. «Wahrscheinlich brüten sie mehrere Male im Jahr», sagt Jochen und verteilt feine Kokosfasern im Geäst. Gleich kommt das Paar herbei und zupft, kopfüber an Zweigen hängend, Flusen aus dem Gespinst, um ein neues Nest zu bauen, für den nächsten Nachwuchs. Auch die seltenen Wangi-Wangis haben sich hier weltweit zum ersten Mal in Menschenobhut vermehrt, doch bereiten sie Jochen Kopfzerbrechen mit ihren regelmäßigen Schwächeanfällen, deren Ursache er noch nicht kennt.

Einer der vom Aussterben bedrohten Wangi-Wangi-Brillenvögel in seinem Nest in der javanischen Singvogelarche.

Noch mehr Raritäten haben zu Beginn des Jahres 2020 bereits in der Arche Platz gefunden: Elfenblau- und Silberohr-Sonnenvögel, Rotstirn- und Schwarzweiß-Häherlinge, smaragdgrüne Java-Buschelstern, Goldzügel-Bülbüls und gleich mehrere Spezies der schwarzen Beos mit den markant gelben Kopflappen – beliebte Käfigvögel, weil sie so perfekt Geräusche und Stimmen aller Art nachahmen. Überall zwitschert, piepst und schwirrt es in den Volieren. Am Rande des Geländes grunzt eine Rotte *Sus verrucosus*, eine Spezies mit dem uncharmanten deutschen Namen Java-Pustelschwein; zumindest die Keiler wären beim Titel «Hässlichstes Schwein der Welt» wohl ganz vorne mit dabei. «Nur weil ihnen Fettgeschwülste wie Stoßdämpfer im Gesicht rumschwabbeln, sind sie doch nicht hässlich; skurril lasse ich aber durchgehen», verteidigt Stephan Bulk seine Schützlinge. Vor zehn Jahren kam der Tierpfleger zur Rettung dieser ungewöhnlichen Schweineart auf die indonesische Insel; zusammen mit Jochen arbeitet er in der Arche. «Was du bei uns versammelt siehst, ist nur die Spitze des Eisbergs», erklärt er mir. «Vom Aussterben bedroht sind viele Spezies. Die hier gehören aber zu den Allerletzten ihrer Art.» Als Kuratoren kümmern sich die beiden mit ihrem indonesischen Team um zweihundertvierzig der seltensten Vögel der Welt und ein knappes Dutzend hässlicher Schweine auf einer überfüllten Insel mit über hundertvierzig Millionen Menschen, deren Hauptstadt am Versinken ist.

Java als Symbol unseres Planeten

Manchmal erscheinen mir die Probleme unserer übervölkerten Welt auf Java wie im Brennglas fokussiert. Noch funktioniert hier alles irgendwie, aber die über tausend Kilometer lange Insel besitzt heute eine der höchsten Einwohnerdichten der Welt. Um 1800 lebten hier nur schätzungsweise drei Millionen Menschen auf einem Drittel der Fläche des heutigen Deutschlands, derzeit sind es fast fünfzigmal so viel. Zu Beginn der Kolonisierung durch die Holländer war das Innere Javas wild und waldreich,[26] heute sind weniger als zehn Prozent der Inselfläche noch bewaldet. Jakarta, Indonesiens Hauptstadt, gilt nach Tokio als größter Ballungsraum der Welt: In der Metropolregion Greater Jakarta lebten 2019[27] über vierunddreißig Millionen Menschen auf der dreifachen Fläche Luxemburgs, im eigentlichen Stadtgebiet über zehn Millionen.

Und als sei das alles nicht genug, sacken in der Hafenstadt manche Regionen um jährlich bis zu fünfundzwanzig Zentimeter ab; große Teile Jakartas stehen regelmäßig unter Wasser. Zum Jahreswechsel 2020 mussten nach starkem Monsunregen – dem heftigsten seit 1866[28] – Zehntausende ihre Häuser verlassen, Hunderttausende waren von den Fluten betroffen. Ein Fünftel der Stadt liegt schon heute unter dem Meeresspiegel,[29] hohe Mauern schützen sie vor den Wassern der Javasee. Um den Bevölkerungsdruck zu mildern, siedelte die indonesische Regierung in den vergangenen Jahrzehnten im Rahmen des Transmigrasi-Programms bereits Millionen Javaner auf andere, weniger dichtbesiedelte Inseln um. Denn mehr als die Hälfte aller Einwohner des riesigen Inselreiches mit seinen über siebzehntausend Inseln (von denen aber nur sechstausend besiedelt sind), zweihundertfünfzig Sprachen und unzähligen lokalen Traditionen und Lebensweisen lebt auf Java – auf nur sieben Prozent der Landesfläche. Im Jahr 2019 hat Präsident Joko Widodo verkündet, er wolle eine neue Hauptstadt bauen[30] und den Regierungssitz nach Kalimantan verlegen, den indonesischen Teil Borneos. Dort gebe es nur ein minimales Risiko für Naturkatastrophen wie Überschwemmungen, Erdbeben, Tsunamis und Vulkanausbrüche. Denn wenn die Klimakrise den Meeresspiegel steigen lässt, wird das in Zukunft die Probleme der bisherigen Hauptstadt noch verschärfen.

Aus den Augen, aus dem Sinn – Mauern verdrängen den drohenden Untergang

All das klingt nach einer apokalyptischen Science-Fiction-Vision: mit Borneo als rettendem Planeten B, auf den sich zumindest ein Teil der Inselbewohner flüchtet, nachdem der Planet A, sprich Java, überfüllt, seine ursprüngliche Natur an den Rand gedrängt und ein großer Teil der Biodiversität zerstört ist, seine Ressourcen erschöpft sind und die Zivilisation in Gestalt der Megametropole Jakarta versinkt: Java wäre darin Sinnbild für unsere Erde. Nur haben wir als Menschheit kein Borneo als Planeten B.

Elisa Sutanudjaja lacht auf, als ich ihr meine – zugegebenermaßen etwas zugespitzte – Sichtweise ihrer Heimatinsel vorstelle. Die Stadtplanerin ist Geschäftsführerin des Think Tanks Rujak[31] in Jakarta, der sich mit den Herausforderungen moderner Megacitys beschäftigt. Den Gedanken verstehe sie, entgegnet mir Elisa, ganz so einfach sei es natürlich nicht; sie klappt ihren Laptop hoch und führt mir in atemraubender Geschwindigkeit eine Graphik nach der anderen vor. Jakarta gehe vor allem aus drei Gründen unter: weil die Stadt auf Schwemmland gebaut sei, das sowieso im Laufe der Jahrzehnte und Jahrhunderte immer dichter werde und absinke; weil sich Gebäude der Stadt mit ihrem Gewicht in diesen weichen Untergrund drücken; und weil für die über dreißig Millionen Menschen so viel Grundwasser abgezapft wird, das im Untergrund gespeichert war und dort nun fehlt, sodass der Boden in sich zusammensackt. Übrigens sei es nur in den Jahren zwischen 1990 und 2007/08 so gewesen, dass manche Stadtteile bis zu fünfundzwanzig Zentimeter pro Jahr absanken. Heute, so scheint es, sei der Untergrund vielerorts so komprimiert, dass es «nur noch» bis zu zwei Zentimeter im Jahr sind.

Kurz gesagt: Die Mauern zum Meer sind derzeit da, weil die Stadt im weichen Untergrund einsinkt. Noch sei der Meeresspiegel nicht bedrohlich angestiegen. Dennoch bedrohe der Klimawandel die Stadt bereits jetzt: durch die in den vergangenen Jahren immer stärker gewordenen Sturzregen im Monsun. Dadurch fiele mehr Wasser in kürzerer Zeit, und das könne in der dicht bebauten, versiegelten Stadt nicht rasch genug abfließen. Deshalb seien zu Beginn des Jahres fünfzehn Prozent Jakartas überflutet gewesen – und das werde wohl in Zukunft noch mehr werden. Schon jetzt seien Deiche gebrochen. Die Stadt sei einfach an der falschen Stelle gebaut. Auf alten Karten zeigt mir Elisa, wie bereits die Holländer das alte Batavia, wie Jakarta zu Kolonialzeiten hieß, immer weiter vom Meer zurückbauten, weil die Gebäude schon damals im weichen Untergrund versanken. Die Holländer wollten den Sumpf, den sie an der Nordküste Javas vorfanden, ähnlich wie in ihrer Heimat entwässern, mit Poldern und Pumpen. Aber die weichen Sedimente aus den hohen Bergen der Insel, die seit Ewigkeiten angeschwemmt und aufgetragen wurden, seien als Untergrund für eine solche Megacity eigentlich nicht geeignet; man könne Jakarta aber nicht einfach so versetzen, genauso wenig wie New York. Dem Präsidenten gehe es mit seinem Vorschlag vor allem darum, nun auch Borneo und seine verbliebenen Wälder zu erschließen. Anders ausgedrückt: Die Regierung nutze Sturzregen und Überflutungen als Vorwand, um eine weitere Insel wirtschaftlich auszubeuten und zu ruinieren.

Auf den ersten Blick, fällt mir während Elisas Vortrag ein, wirkte Java außerhalb der Städte so idyllisch auf mich: Bewässerte Reisfelder prägen die Landschaft, an den Hängen kunstvoll in Terrassen angelegt, dahinter erheben sich am Horizont oft beinahe idealtypische Vulkankegel. Die Feuerberge, viele bis heute aktiv, sind Ursache für die außerordentlich fruchtbaren Böden der Insel. Bei einem zweiten, genaueren Blick jedoch erhält die Idylle schnell Risse: Wo sind die Wasservögel, Enten, Reiher, Ibisse, die von den Schnecken und Würmern, Aalen und Welsen auf den überfluteten Reisfeldern leben könnten? Dort beobachtete ich oft im Matsch watende Reis-

Jakarta mauert gegen den Untergang: Im Stadtteil Muara Baru ist eine Moschee bereits in den Fluten der Javasee versunken.

bauern, mit spitzem Hut als Sonnenschutz – und manche mit notdürftiger Atemmaske im Gesicht. Sie versprühten gerade Insektengifte, deren Auswirkungen nicht nur für die Kerbtiere von Nachteil sind. Ja, denke ich, fast ganz Java ist Kulturlandschaft: nicht nur eines der am dichtesten besiedelten, sondern auch eines der landwirtschaftlich am intensivsten genutzten Gebiete der Erde, in dem es selbst typische Kulturfolger, die sich sonst auf Feldern tummeln, schwer haben.

«Wir haben die Verbindung zur Natur verloren», setzt Elisa in ihrer Erklärung fort. «In der Hafenstadt Jakarta sehen wir unser Wasser meist gar nicht mehr, dabei fließen dreizehn Flüsse durch die Stadt zum Meer. Wir verstecken sie aber.» Später sehe ich, was Elisa meint: Nicht nur das Meer schwappt hinter dicken Betonwällen vor der Nordküste der Stadt. Viele Straßen Jakartas führen an

Mauern entlang, hinter denen meist einer der Flüsse oder Verbindungskanäle fließt. Gelingt mir ein Blick über die hohen Mauern hinweg, geht er jedoch nicht zum Wasser hinunter, wie ich es aus europäischen Städten mit Flüssen und Kanälen kenne: Oft fließt das Wasser dahinter mindestens auf Höhe der Straßen, immer wieder auch darüber. Das ist dann der normale Pegel, kein Hochwasser. Jeder in Jakarta weiß um die Bedrohung der Stadt durch das Wasser. Die Mauern verdrängen das Problem der untergehenden Stadt aus dem sichtbaren Alltag der Menschen – bis zum nächsten großen Regen.

Und auf dieser Insel wollen Stephan und Jochen ein paar seltene Vögel und andere Arten vor dem Aussterben retten.

Vogelliebe bringt den Artentod

Nach einer alten javanischen Lebensregel benötigt ein Mann zu seinem Glück Ehefrau, Kinder, ein Haus, einen traditionellen Dolch und – Vögel im Käfig. Ursprünglich waren es vor allem Zebratauben, Perkutut genannt, die dem Besitzer Segen bringen sollen. Zu Beginn des Jahrtausends wurde es immer populärer, nicht nur Tauben, sondern auch andere bunte Vögel, vor allem Singvögel, in jenen oft verzierten, aber engen Käfigen zu halten, die vor vielen javanischen Häusern wie bei uns Geranienkästen hängen. Besonders hübsche Arten sind längst Statussymbole einer Mittelklasse geworden, die zu Geld gekommen ist. Überall auf Java sind Vogelgesangswettbewerbe in Mode, von der Bedeutung her mit der Fußball-Bundesliga zu vergleichen, nur kann jeder mitmachen: In überdachten Arenen hängen Vogelbesitzer mitgebrachte Käfige mit ihren Vögeln an Haken an der Decke auf. Eine mehrköpfige Jury bewertet dann das Gezwitscher und Gepiepse von manchmal mehreren Dutzend Vögeln nach Melodieführung, Dauer und Lautstärke. Die Sieger erhalten Pokale und vor allem ein Preisgeld. Ein guter Sänger, der mehrfach gewinnt, steigert seinen Wert schnell – und damit das Vermögen seines Besitzers. Selbst in kleineren Ortschaften finden beinahe täglich solche Wettbewerbe statt, zu denen sich vor allem junge Männer mittags oder nachmittags treffen. Besonders beliebte Sänger sind die verschiedenen Arten der Brillenvögel mit dem hellen Ring um die Augen, *pleci*[32] genannt: Allein die Organisation «Plecimania Indonesia» ist auf Java in über sechzig Gemeinden aktiv. Zu ihren größten Gesangswettbewerben erscheinen über zweitausend Teilnehmer, von denen jeder im Durchschnitt vier, fünf Brillenvögel zum Wettkampf bringt. Bei YouTube erreichen eingestellte Clips zwitschernder *plecis* oder anderer Singvögel im Käfig innerhalb weniger Monate zwei bis drei Millionen Klicks[33] – Zahlen wie sonst nur bei Popstars.

Diese besondere Zuneigung der immer zahlreicher werdenden Javaner hat mittlerweile nicht nur ein paar Vogelarten an den Rand ihrer Existenz gebracht. Experten reden längst von einer Singvogelkrise, die weit über Java hinaus ganz Südostasien betrifft und die nicht nur mit Insektiziden und Lebensraumverlusten zu tun hat. Solange nur wenige Menschen diesem Hobby frönten und es auf Java noch größere intakte Lebensräume gab, war die Einzelhaltung in winzigen Käfigen zwar bedauerlich für die eingesperrten Vögel, die sich nicht vermehren konnten und oft rasch starben; aber es war kein Problem für das Überleben ihrer Arten. Heute werden einer Studie von Ornithologen und Naturschützern zufolge zwischen sechsundsechzig und vierundachtzig Millionen Singvögel auf Java in Käfigen gehalten; wahrscheinlich sind es mehr, als noch frei auf der Insel herumfliegen.[34]

Märkte der Ausrottung

Nein, nein, antwortet mir Muhamad Hamin lachend, die Vögel stürben nicht aus. Wenn er in ihre Nester schaue, seien jedes Mal viele

Eier drin. Sie würden sich jetzt nur weiter oben im Bergwald verstecken, weil immer mehr Vogelfänger hinter ihnen her seien. Allein hier in Cowek – einem Ort mit sechstausendfünfhundert Einwohnern und nur wenige Kilometer von der Prigen Conservation Breeding Ark entfernt – würden mittlerweile gut zwei Dutzend Männer regelmäßig den Vögeln nachstellen. Dass er und die anderen Jäger alle Vögel an den unteren Berghängen vielleicht schon weggefangen haben könnten, kommt ihm nicht in den Sinn.

Auf seiner Veranda zeigt mir Muhamad ein paar bereits gefangene Brillenvögel – und eine kleine Eule, die er als Lockvogel nutzt. Mit einem durchsichtigen Nylonfaden bindet er den nachtaktiven Vogel ins Gebüsch und hängt lange, mit klebrigem Pflanzenharz beschmierte Zweige um ihn herum. Weil Eulen im hellen Tageslicht hilflos sind, werden sie tagsüber gerne von anderen, sogar kleineren Vögeln attackiert, die sonst ihre Beute sind. Muhamad versteckt daher einen Recorder im Geäst, mit dem er Gesänge verschiedenster Vogelarten abspielen kann. Sobald ein Vogel durch die Rufe angelockt wurde, zieht Muhamad aus einem Versteck heraus am Nylonfaden – und die Eule muss nun tüchtig flattern und auf ihrem Ast jonglieren, um nicht herunterzufallen. Ihr Gezappel macht den Vogel auf sie aufmerksam, er nutzt die Chance, stürzt sich mit Gezeter auf die verhasste Eule, bleibt an den Leimruten hängen – und Muhamad hat wieder einen erwischt.

An einem guten Tag fange er 25 Vögel, erzählt mir Muhamad, sein Rekord liege bei 170 bei einem Jagdzug. Einen Brillenvogel-Wildfang kann er für 80 000 Indonesische Rupien verkaufen (zum Zeitpunkt meiner Reise im Februar 2020 etwa 4,80 Euro). Wenn diese sich bei Wettbewerben als gute Sänger beweisen, erhält er sogar 300 000 bis 400 000 (18 bis 24 Euro) für einen *pleci*. Bei einem durchschnittlichen Monatsverdienst auf Java von durchschnittlich 3 Millionen Rupien (180 Euro) ist das eine Menge Geld. Daher hat Muhamad schon vor Jahren seinen Job in Surabaya beim großen

Vogelmarkt in Malang: Auf Java zwitschern inzwischen mehr Vögel im Käfig als in der Natur.

Tabakunternehmen Philip Morris aufgegeben. Als Vogelfänger verdiene er deutlich mehr als früher und mit weniger anstrengender Arbeit.

Der Handel mit Singvögeln ist ein großes Geschäft auf Java – mit geschätzten Dutzenden Millionen Dollar Umsatz jährlich. Überall auf der Insel kann man Singvögel kaufen: in kleinen Dorfläden, bei fliegenden Händlern auf Mopeds, die ihre Ware in winzigen Käfigen auf dem Rücken transportieren. In Städten gibt es spezielle Vogelmärkte – ganze Straßenzüge oder sogar große Gebäude voller Vogelhändler: «Märkte der Ausrottung» nennt sie die Organisation Traffic, die den weltweiten internationalen Wildtierhandel untersucht. Als größter Vogelmarkt Javas und wohl auch der Welt gilt der Pasar Pramuka Jakartas: ein dreistöckiges Gebäude mit Zwischengeschossen und weit über hundert enggedrängten Läden. Im Juni 2014 zählten Beobachter von Traffic hier 16 160 Vögel in 180 Arten,[35] die aus vielen Teilen Indonesiens und anderen Ländern stammten. Nur wenige kamen aus kommerziellen Zuchtbetrieben, die meisten waren in der Natur gefangen worden. Das zeigten die schlechte Verfassung vieler Vögel und der Umstand, dass die Händler auf Nachfrage oft die Transportrouten nennen konnten.

Enormer Druck lastet daher auf Indonesiens Singvögeln – wegen der Besessenheit der Javaner. Über tausendsiebenhundert Arten leben auf dem riesigen Archipel – siebzehn Prozent aller über elftausend weltweit bekannten Vogelspezies –, hunderteinunddreißig von ihnen standen 2014 auf der Roten Liste der IUCN. In den verbliebenen Wäldern des Inselreichs ist es oft bereits still. Selbst dort, wo bis heute noch seltenste Großtiere wie Sumatratiger, Orang-Utans, Nasenaffen oder Elefanten überlebt haben, sind Singvögel so gut wie verschwunden.[36] Wichtige ökologische Funktionen der Wälder hängen aber vom Zusammenspiel der Arten ab, bei dem im Laufe gemeinsamer Koevolution eine Fülle von Spezialisierungen und gegenseitigen Abhängigkeiten entstanden ist. So mancher

Schnabel, der Nektar saugt oder Fruchtschalen knackt, ist nur für bestimmte Blüten oder Früchte geeignet – und umgekehrt. Fehlen solche Blütenbestäuber oder Samenknacker und -verteiler, werden Auswirkungen oft erst nach Jahrzehnten sichtbar und spürbar sein, wenn manche Baumarten nicht mehr nachwachsen. Welche ökologischen Folgen das Fehlen der Vögel für diese Lebensräume, für diese Wälder hat, ist also weder absehbar noch überhaupt erforscht.

Über die Situation vieler Vogelarten im Freiland weiß man so gut wie nichts. Ornithologen und Naturschützer können der rasanten Entwicklung kaum folgen – Rote Listen sind daher oft schon beim Erscheinen überholt. Wie aber soll man schützen, wenn grundlegende Daten fehlen? «Oft taucht eine zuvor nicht gehandelte Art wie aus dem Nichts auf den Märkten auf», erzählt mir Stephan. «Dann sehen wir sie dort ein, zwei Jahre häufig, bevor sie genauso schlagartig selten wird und im nächsten Jahr überhaupt nicht mehr zum Verkauf angeboten wird.» Das bedeute nicht, dass diese Spezies aus der Mode gekommen seien; vielmehr sind ihre Bestände erschöpft, sodass die Vogelfänger ein neues Gebiet mit einer anderen Art auftun und diese so lange plündern, bis auch deren Population zusammengebrochen ist. Daher sind Stephan und Jochen regelmäßig auf Vogelmärkten unterwegs, um ein Gefühl für die aktuelle Bedrohungslage zu bekommen: Welche Art ist als Nächstes dran?

Was auf den Märkten geschieht, ist oft illegal. Bestimmt zwanzig Prozent aller Arten dürften gar nicht ohne Sondergenehmigung gehandelt werden. Doch die Behörden kontrollieren kaum. «Sie achten nur auf bestimmte Arten, die international im Blickpunkt stehen, wie Kakadus oder die weißen Bali-Stare. Würden wir auf beschlagnahmte Vögel warten, die uns Behörden bringen, blieben die Volieren in der Arche leer. Und wir würden beim Aussterben zuschauen», sagt Stephan. Daher dienen die regelmäßigen Marktbesuche auch dazu, die Allerletzten einer Art aufzulesen, kurz bevor sie nicht mehr auf den Märkten auftauchen – um mit ihnen in der Arche eine Reservepopulation in menschlicher Obhut aufzubauen.

Wangi-Wangis aus dem Internet

Jochen beobachtet auch das Internet, denn längst hat sich der Markt für echte Raritäten zu Facebook verlagert. Dort sind geschlossene Gruppen, die illegalen Handel betreiben, zwar nicht erlaubt, aber solche Gruppen müssen erst einmal entdeckt werden. Werden sie dann gelöscht, eröffnen die Händler schnell neue – und das Geschäft geht weiter. Regelmäßig stöbert Jochen in solchen Gruppen: «Unser letztes Pustelschwein haben wir ebenfalls über Facebook bekommen. Allein in der vergangenen Woche hat hier ein einziger javanischer Tierhändler eine Reihe seltenster Arten angeboten – ein Paar kleine Malaienbären, einen jungen Orang-Utan, Babys vom Java-Leoparden, Weißhandgibbons, große Kasuare und seltene Ährenträgerpfauen; manchmal findet man hier sogar Rote Pandas aus dem Himalaya.» Für die Spezialisten unter den Vogelliebhabern gibt es eigene Gruppen. Als Jochen dort die Wangi-Wangi-Brillenvögel sah, griff er zu, um die Art zu retten.

Denn Vogelarten mit kleinen Populationen sind besonders vom Aussterben bedroht, so auch die erst 2003 entdeckten Wangi-Wangi-Brillenvögel. Sie stammen von der gleichnamigen, nur hundert Quadratkilometer großen Insel vor dem südlichen Sulawesi. Wangi-Wangi ist eines der aufstrebenden Urlaubsziele Indonesiens mit weißem Traumstrand vor türkisblauem Wasser; der Ausbau der Infrastruktur der Insel wird vom Staat gefördert. Vom ursprünglichen Lebensraum der Brillenvögel ist daher nur noch ein Quadratkilometer übrig. Dazu kommt: In solchen Urlaubsdomizilen arbeiten oft Javaner, und die schmuggeln die begehrten Wangi-

Wangi-*plecis* in Kisten per Schiff auf ihre vogelbesessene Heimatinsel. So sei es oft in Indonesien, erzählt Jochen: Javaner, manchmal schon vor Jahrzehnten umgesiedelt, versorgen die Daheimgebliebenen mit immer neuen Vögeln aus dem ganzen Inselreich.

Ein paar Wangi-Wangis sind bereits in der Arche geschlüpft: «Eigentlich sind sie gar nicht so schwer zu vermehren, aber die Kunst liegt darin, sie fit zu halten.» Denn immer wieder, von einem Tag auf den anderen, sitzen sie gelähmt auf dem Boden, oft mehrere auf einmal. Mittlerweile hat Jochen eine Kur entwickelt, um sie am Leben zu erhalten: Mit einer kleinen Spritze flößt er den Vögelchen eine Nährlösung ein, eine Mixtur aus besonders viel Zucker, Kalk und Vitamin B – und das jede Dreiviertelstunde. Die Krankenstation der Arche wird dann zur ausufernden Intensivpflege.

Die Maratua-Schamadrosseln hat Jochen ebenfalls bei Facebook entdeckt: «Wahrscheinlich haben wir die letzten überhaupt erwischt, die auf Java noch in Käfigen gesessen haben. Denn nach allem, was wir wissen, sind sie bereits zwischen 2015 und 2017 in Freiheit ausgestorben.» Diese Schamadrosseln lebten nur auf der Insel Maratua vor der Nordostküste Borneos, die kleiner als Norderney ist. In den 1990er Jahren waren sie hier zahlreich, 2011 fanden Forscher nur noch wenige. Bei einer weiteren Studie im Jahr 2016 wurden überhaupt keine Hinweise mehr auf die schönen Vögel gefunden. «Wenn sie damals noch da gewesen wären, hätte jeder Vogelkundler ihren auffälligen Gesang gehört.»

Auch beim Horsefield-Brillenvogel[37] weiß niemand, wie es um ihn steht. Sein Lebensraum sind die Mangrovenwälder an den Küsten Nordjavas und Südborneos, von denen viele für Garnelenfarmen abgeholzt wurden. Veranstalter von Vogelexkursionen geben den Teilnehmern längst keine Garantie mehr, diese Art zu sichten; auf den Vogelmärkten ist er nicht mehr zu finden. In der Arche lebt derzeit eine Gruppe von vierzehn Vögeln, aus der heraus sich gerade Brutpaare bilden. Der hochbedrohte Sumatra-Silberohr-Sonnenvogel[38] scheint ebenfalls kurz vor dem Aus zu stehen. Ein Hahn und fünf Hennen sind in der PCBA. «Manchmal sitzen auch sie wie gelähmt am Boden; dann ist es schwer, sie am Leben zu erhalten», sagt Jochen. «Das muss uns erst einmal dauerhaft gelingen, denn noch mehr solcher Intensivpatienten schaffen wir hier kaum. Dennoch müssen wir ihren Bestand, so es irgend geht, dringend aufstocken.»

Regelmäßig fragen sich Stephan und Jochen, um welche Arten sie sich kümmern sollten und kümmern können: Für wen ist es besonders nötig? Was können sie leisten mit ihren begrenzten Ressourcen an Platz, Geld und Arbeitskraft? Auf dem Gelände der PCBA stehen im Februar 2020 hundertneunzehn Volieren für die gefährdeten Singvögel bereit, dazu die große Anlage für die durch Jagd und Lebensraumverlust fast ausgerotteten Pustelschweine und ein soeben fertiggestellter Gehegekomplex für Javanische Larvenroller[39], in den gerade die ersten der seltenen, als Heimtiere begehrten Schleichkatzen eingezogen sind. Weitere Volierenkomplexe für noch mehr bedrohte Vögel und andere Spezies sind in Bau.

Schnittblumen für den Käfig

Stiegenweise kommt frische Ware an. Lagen aus Zeitungspapier zwischen den Körben sollen verhindern, dass die Ausscheidungen Dutzender aufgeregt flatternder Reisfinken nicht auf die Artgenossen im Korb darunter tropfen. Rasch werden sie in Gruppen auf enge, verdreckte Käfige verteilt. «Gunung kotar», sagt Stephan auf Indonesisch, «Schiethügel», und zeigt auf die Stalagmiten aus Kot, die sich in manchen Käfigen fast bis an die Sitzstange herauf türmen, auf der armselige Vögel auf einen Käufer warten. Die meisten sind Wildfänge.[40]

Wir sind für eine «Marktanalyse» auf dem Vogelmarkt von Solo unterwegs, einer Industriestadt in Zentraljava mit sechshunderttausend Einwohnern – ein weitläufiges, doppelstöckiges Gebäude mitten in der Stadt. Die Galerien um einen Innenhof herum hängen voller geflochtener Vogelbauer; in den Gängen ein Vogelhändlerladen neben dem anderen – in jedem Hunderte enger Käfige, vollgestopft mit Vögeln. Fast nur Männer begutachten die Insassen mit prüfendem Blick, diskutieren, feilschen mit den Händlern. Werden sie sich handelseinig, greift der Verkäufer einen Vogel und steckt ihn in eine Papiertüte. «Wie bei uns Brötchen», sage ich zu Stephan. «Nein, eher wie Schnittblumen», entgegnet er. «Nur kommen sie zu Hause nicht in eine Vase, sondern in einen Käfig – und werden ausgestellt, bis sie verwelkt sind. Der Vogelhandel hier ist ein Durchgangsgeschäft mit Massenware zum Einmalgebrauch: ausstellen, verwelken, wegschmeißen, neue kaufen.»

Schon auf dem Markt sitzen viele Vögel apathisch und gerupft herum. Mancher ist bereits «verblüht», aber der Händler lässt den toten Vogel einfach im Käfig liegen, er hat ja so viele und so viel zu tun. «Die haben es dann schon geschafft», sagt Stephan, während wir weiterziehen, vorbei an unzähligen Käfigen voller Elsterstare, Nektar-, Bart-, Brillen-, Blatt-, Flötenvögel, Beos, Häherlingen, Zebratauben und vieler anderer Spezies. «So gut wie jeder Vogel, den du hier siehst, ist bald ein toter Vogel.»

Und plötzlich wird aus unserem Routinebesuch eine existenzielle Entscheidungssituation, als Stephan in einem Geschäft gut drei Dutzend Silberohr-Sonnenvögel entdeckt – jene empfindliche Spezies, deren Bestand sie in der PCBA aufstocken wollen, wenn die nächsten Volieren fertig sind. Wir könnten die seltenen Vögel also gleich mitnehmen – einer wäre für eine halbe Million Rupien zu haben, sagt uns der Händler. Was also tun? Stephan zögert: «Wir wissen ja, wie schwer es ist, sie am Leben zu halten. Wir haben aber so viele Baustellen im Moment und so wenig freie Kapazitäten. Vielleicht sind es aber auch die letzten, die wir sehen werden. Die meisten von ihnen sehen noch recht fit aus.»

Hin und her gerissen verschieben wir die Entscheidung und setzen erst einmal unsere Runde auf dem Markt fort. Dabei entdecken wir immer neue Arten aus entfernten Regionen: Häherlinge aus Thailand und Sumatra, Pitohuis aus Neuguinea – die einzigen giftigen Vögel der Welt, die toxische Stoffe aus Insekten in Federkleid und Muskeln speichern, um selbst ungenießbar zu werden.

«Weil auf Java in den vergangenen Jahren viele Autobahnen gebaut wurden, geht alles schneller. Das hat Auswirkungen auf den Vogelhandel», erklärt mir Stephan. Nun gelangen die Vögel rascher von internationalen Flughäfen, über die sie geschmuggelt werden, oder von kleinen Orten an der Küste, wo sie illegal in Booten anlanden, auf die Märkte. Das bedeutet: Unterwegs sterben nicht mehr so viele von ihnen. Und daher lohnt es sich, auch noch die entferntesten Wälder, noch die kleinsten Inseln zu plündern.

Beim Betrachten der Käfige voller Kotberge und Vogelleichname denke ich daran, wie wohl jede Spezies ihre eigenen Krankheitserreger und Parasiten aus den Wäldern und von den Inseln mitbringt, die so viele Tausende Kilometer entfernt liegen. Es ist Anfang Februar 2020, und von China aus nimmt gerade das neuartige Coronavirus Sars-CoV-2, das wahrscheinlich von Fledermäusen im Umfeld des illegalen Wildtierhandels zunächst auf eine andere Spezies, dann auf den Menschen übertragen wurde, seinen Weg in die Welt. Auch hier sind zwischen den Vögeln andere Tiere in enge Käfige gepfercht: Geckos und Leguane, Schlangen und niedliche Flughörnchen. Oft hängen Flughunde kopfüber von den Käfiggittern; diese Flattertiere sind ebenso als Reservoir für viele fremde Viren bekannt. Zwar werden auf Java die Tiere nicht zum Verzehr gehandelt wie meist in China, doch auf diese Weise übereinandergestapelt, tropfen Kot und Körperflüssigkeiten von Käfig zu Käfig und zwischen den Arten hin- und her. Auch die javanischen Märkte sind daher potenzielle Brutstätten für allerlei Krankheiten – Vogelgrippe- und Paramyxoviren, bakterielle Psittakosen und Salmonellen.⁴¹ Auf den vielen Vogelmärkten der Insel besteht durchaus eine weitaus größere Wahrscheinlichkeit als in natürlichen Lebensräumen, dass sich eine nächste Pandemie zusammenmutiert.

Nach zwei Stunden Rundgang kehren wir zum Laden mit den Silberohr-Sonnenvögeln zurück – und sind zu spät. Denn der Verkauf der seltenen Vögel ist in vollem Gange – und der Käufer scheint sich gut auszukennen: Er nimmt nur die kräftigsten. Das mitanzusehen, fällt Stephan schwer, schließlich könnte es die letzte Chance gewesen sein, noch ein paar Sonnenvögel für die Arche zu bekommen. Rasch reißen wir uns los.

Speerspitze an der Front

War es eine richtige Entscheidung, nicht gleich zugegriffen zu haben? Wer darf überleben, wer nicht? Solche wirklich existenziellen Fragen stellen sich Stephan während seiner zehn Jahre auf Java beinahe täglich: Ständig entscheidet er über Sein oder Nichtsein, ständig muss er Fragen über Leben und Tod ganzer Arten pragmatisch lösen. Woher er seine Motivation nehme, will ich auf der Rückfahrt wissen. Nach einigem Überlegen antwortet er: «An schlechten Tagen voller Rückschläge – und die gibt es oft – frage ich mich dann: Will ich, dass es diese Art morgen noch gibt? Und damit meine ich buchstäblich: den morgigen Tag. Und mache weiter. Es macht hier momentan keinen Sinn zu fragen, was irgendwann einmal sein könnte.» Denn das habe er gelernt: Allzu weit könne man beim Retten der javanischen Singvögel nicht in die Zukunft denken. «Wir kämpfen hier gerade an einer der Frontlinien im Artenschutz. Die PCBA ist dabei eine der Speerspitzen in Südostasien. Ein dauerndes Auf und Ab gehört dazu.»

Zurück in der Arche gibt es Neuigkeiten: Beim morgendlichen Kontrollgang hat Jochen entdeckt, dass die zweite Henne der Maratua-Schamadrosseln auf Eiern sitzt – knapp eine Woche nach dem

Partnertausch. Die Chancen stehen gut, dass das Gelege befruchtet ist. Eine frohe Botschaft also, und dennoch ist er bedrückt: Morgens saßen wieder drei Wangi-Wangi-Brillenvögel paralysiert am Boden ihrer Voliere; am Tag zuvor waren sie noch munter. Eines der Vögelchen kauert in der Krankenstation im Käfig und will auf die Sitzstange hüpfen, schafft es aber nicht. Jochen legt es auf den Rücken, um mir die Kraftlosigkeit des kleinen Vogels zu demonstrieren. Er kann sich noch nicht einmal mehr selbst umdrehen und auf die eigenen Beine stellen. Nun heißt es wieder, neben all der anderen Arbeit in den über hundert Volieren, die drei kranken Wangi-Wangis tagsüber jede Dreiviertelstunde von Hand zu füttern: Jochen flößt dem Vögelchen mit der Spritze Nährlösung in den winzigen Schnabel. «Ihr dürft nicht aussterben!», flüstert er dabei.

II.
UNSER HANDWERKSZEUG

Haben Natur und Unschuld etwas gemeinsam?

Wenn ja, was?

Stellen Sie sich vor, Sie müssten an Noahs Stelle die Arche befüllen. Was nehmen Sie Gott mehr übel: dass er so viele unschuldige Lebewesen ertrinken lässt, nur um die verderbte Menschheit zu bestrafen, oder dass er Ihnen zumutet, an der Rampe zur Arche zu stehen, um zu entscheiden, welche Individuen einer Spezies aufs rettende Schiff dürfen und welche nicht?

Wenn Sie dann wählen: Entscheiden Sie für oder gegen bestimmte Individuen und aufgrund welcher seiner persönlichen Eigenschaften?

Was empfinden Sie für jene, die Sie wegen der begrenzten Kapazitäten der Arche zurücklassen müssen? Eher Mitleid, weil Sie nicht alle retten können, oder ist es doch Schuld aufgrund der Entscheidung, die Sie allein treffen mussten?

Woran erkennen Sie, ob Ihre Entscheidung richtig war?

Wie das Kümmern begann

Was glauben Sie, wie es wohl auf der Arche Noah zuging? Bestimmt haben Sie jenes friedvolle Bild im Sinn: lauter glückliche Pärchen, die in Ruhe darauf warten, das Boot zu besteigen, in dem sie die Sintflut überleben sollen: die Löwen meist zwischen Schafen und Ziegen; dazu Elefanten, Affen und Giraffen, Kamele mit zwei und Dromedare mit einem Höcker, Tiger, Leoparden, Rinder und manchmal sogar Einhörner, außerdem Strauße und Hühner, Gänse und Schwäne und eine ganze Vogelschar, die ebenfalls in Zweierreihen in Noahs gerade fertiggestelltes Schiff einfliegt. Doch so harmonisch ging es keineswegs zu – weder beim Einchecken auf die biblische Kreuzfahrt noch im Schiffsbauch selbst. Ein blinder Passagier, dem – obwohl eine eigenständige Art – der Zutritt zur Arche verweigert wurde, enthüllt Noahs gnadenlosen Auswahlprozess. Denn nur die Fittesten der Fitten sollten mit an Bord, um die Zukunft zu garantieren. Also riss Noah Familien auseinander, ließ Kinder und Alte zurück. Aber auch für die Privilegierten, die es auf das Schiff geschafft hatten, war keineswegs sicher, dass sie nach der Sintflut die Arche wieder lebend verlassen würden: Eine ganze Reihe von Spezies landete während der Sintflut in den Mägen von Noahs hungriger Familie, berichtet jener Zeitzeuge, der sich an Bord geschmuggelt hatte. In Julian Barnes' wunderbar augenzwinkerndem Buch «Die Geschichte der Welt in 10 ½ Kapiteln» rückt ein Holzwurm, der sich in Schiffsplanken versteckt hielt, das Bild von Noah als erstem Naturschützer zurecht: Sammelte er die Tiere ein, weil er sie nicht aussterben lassen wollte? «Weil (...) er es nicht ertragen konnte, nie wieder eine Giraffe zu sehen? Das war absolut nicht der Fall (...) Es war Eigennutz, ja Zynismus: Er wollte etwas zu essen haben, wenn die Sintflut zurückgegangen war.»[1] Das zumindest deckt sich mit den Schilderungen aus dem Alten Testament: In Genesis 9,3 spricht Gott nach der Katastrophe zu Noah und sagt: «Alles Lebendige, das sich regt, soll Euch zur Nahrung dienen. Alles übergebe ich Euch wie die grünen Pflanzen.»

Seit über einer halben Stunde stehe ich nun schon in diesem Stau, mitten in der Wildnis Wyomings. Über einen Kilometer lang schlängelt sich die Autokolonne durchs Tal. Weiterfahren ist derzeit unmöglich. Würde ich das Fenster runterkurbeln und den Arm rausstrecken, könnte ich den Verursachern der Straßenblockade durchs dichte Fell kraulen, so nah ziehen die zotteligen Urviecher am Auto vorbei. Doch in Anbetracht der puren Kraft des Gegenübers lasse ich das lieber und warte, bis die großen Wildrinder sich bequemen, die Straße zu verlassen: In diesem *Bison Jam* zu stecken, einem durch eine Herde Bisons verursachten Stau, ist das Resultat eines der ersten großen Erfolge im Artenschutz und nahezu Alltag in jenem Park, der einst als «Vergnügungsort» gegründet und weltweit wegweisend für ein Naturschutzkonzept wurde – dem Yellowstone-Nationalpark.

Angefangen hat alles zu einer Zeit, als in den USA die stürmische Besiedlung des weiten Landes im Vordergrund stand, als die neuen Siedler immer weiter nach Westen drangen und schließlich den Pazifik erreichten. Im Jahr 1871 waren der Maler Thomas Moran und der Fotograf William Henry Jackson bei der ersten, von der US-Regierung beauftragten Erkundung jenes wilden, damals schwer zugänglichen und kaum erkundeten Landstrichs in Wyoming mit dabei, in dem überall die Erde dampfte. Die bestürzende Schönheit von Morans Zeichnungen und Gemälden aus einer phantastischen Natur voller speiender Geysire und heißer Quellen, bizarrer Felsformationen, tiefer Canyons und hoher Wasserfälle, deren Existenz durch Jacksons Schwarzweißfotos bestätigt wurde, beeindruckte

Friede, Freude, Eierkuchen: Auch auf Aurelio Luinis Fresko der Arche Noah beginnt die Sintflut wie das Einchecken bei einer Kreuzfahrt.

die Mitglieder des amerikanischen Kongresses. Schon im Jahr darauf, am 1. März 1872, unterzeichnete Präsident Ulysses S. Grant den Yellowstone National Park Protection Act, ein Gesetz zum Schutz dieses Wunderlandes: Als «pleasuring ground», so heißt es in dem offiziellen Text, als Vergnügungsort also, solle die Region um die Quellwasser des Yellowstone-Flusses von Verkauf und privater Besiedlung ausgeschlossen sein. Der Park bleibe im Besitz des Staates – als öffentliches Land. Der erste Nationalpark der Welt war geschaffen. Schon ein paar Jahre zuvor war das Yosemite-Tal in Kalifornien zu einem Schutzgebiet erklärt worden. In beiden Fällen sollte vor allem die beeindruckende Landschaft mit ihren Naturschönheiten bewahrt werden, weniger ihre vielfältigen Bewohner.

Es ist durchaus erstaunlich, dass gerade die junge amerikanische Nation, die voller Energie dabei war, den Kontinent endgültig zu erobern und nach europäischen Maßstäben zu «entwickeln», so große Landstriche dem menschlichen Einfluss entzog. Vielleicht lag es aber gerade auch daran, dass man hier in den USA schon während der kurzen Zeitspanne von noch nicht einmal einem Menschenleben die gewaltigen Änderungen verspürt hatte, mit denen der Kontinent völlig umgekrempelt wurde. Herman Melville beschrieb in «Moby Dick» die «Herden buckliger Bisons, die noch vor kaum vierzig Jahren zu Tausenden und Abertausenden die Prärien von Illinois und Missouri bevölkerten, ihre struppigen Mähnen schüttelten und finstere, gewitterumwölbte Blicke um sich warfen, da, wo jetzt an den Flüssen volkreiche Städte stehen und verbindliche Makler einem Land verkaufen».[2] Eine so gewaltige Änderung selbst zu erleben – wie weite Landstriche ursprünglicher Natur erschlossen, zu Stadtlandschaften und Kulturland umgewandelt wurden –, eine solche Erfahrung fehlte in Europa, wo sich dieser Prozess über Jahrhunderte und Jahrtausende hin vollzog. All das war in Nordamerika viel klarer zu erkennen, wo Natur und um sich greifende Zivilisation hart aufeinanderprallten. Die Gründungsväter des Yellowstone-Nationalparks wollten ein Abbild amerikanischer Urnatur erhalten: so wie sie es vorgefunden hatten, so wie es wohl schon seit Ewigkeiten war. Und dabei haben sie ein bis heute erfolgreiches Konzept entwickelt – den Nationalpark: ein großes Naturgebiet, das menschlichem Einfluss weitgehend entzogen ist, um es für die Nachwelt zu konservieren.

Die Schönheit der Natur sollte im Yellowstone-Nationalpark geschützt werden, allerdings nicht *vor* dem Menschen, sondern *für* den Menschen: «For the Benefit and Enjoyment of the People», so steht es konsequenterweise zur Begrüßung der Besucher auf dem 1903 errichteten Roosevelt-Bogen, der Einfahrt am Nordeingang: «Zur Wohltat und zum Vergnügen der Menschen». Und die machen sich seitdem zahlreich auf den Weg hierher. Aus den fünfhundert Besuchern, die schon 1873 in den Park kamen, ein Jahr nach seiner

Thomas Morans Gemälde «The Grand Canyon of Yellowstone» trug 1872 entscheidend zur Schaffung des ersten Nationalparks der Welt bei.

Errichtung, sind heutzutage in manchem Jahr über vier Millionen geworden, die ungezähmte Natur hautnah erleben wollen. Schon zu Beginn des 20. Jahrhunderts begann die touristische Erschließung. 1904 öffnete der «Old Faithful Inn» in der abgelegenen Wildnis – ein Hotel im Blockhausstil, bereits damals mit Strom und elektrischem Licht, Abendessen samt musikalischer Begleitung und anschließendem Tanz an sechs Tagen in der Woche. Von hier aus sind es nur ein paar Schritte zum wohl bekanntesten Geysir der Welt, *Old Faithful,* dem «alten Getreuen». Im Halbrund stehen Bänke um die heiße Quelle herum, die ausgesprochen regelmäßig und im Durchschnitt alle anderthalb Stunden eine kochende, bis sechzig Meter hohe Wassersäule in die Luft schießt. Die Urkräfte der Erde lassen sich auch andernorts in Yellowstone erleben: an den surrealen Sinterterrassen und heißen Quellen von *Mammoth Hot Springs;* am farbenprächtigen *Grand Prismatic Spring,* wo die Mitte der größten

Thermalquelle der USA tiefblau leuchtet, während die Ränder der über siebzig Grad heißen Quelle durch bestimmte Bakterien orangerot oder grün prangen; beim Blick in den Grand Canyon des Parks, den der Yellowstone-Fluss während Jahrhunderttausenden ins gelblichbraune Gestein gefressen hat. Oder eben unterwegs, vor allem im tierreichen Lamar Valley, der «Serengeti Nordamerikas», wo die Besucher oftmals im *Bison Jam* steckenbleiben und warten müssen, bis die Büffel die Straße wieder freigeben.

Dass es solche Staus überhaupt gibt, ist nicht selbstverständlich. Denn die bis zu neunhundert Kilogramm schweren Wildrinder waren einst so gut wie ausgerottet: Die letzten freilebenden Bisons der USA lebten 1894 im Yellowstone-Nationalpark. Weil man sich um deren Schutz kaum kümmerte, hatten Wilderer sechs Jahre später diese Herde auf dreiundzwanzig Büffel reduziert. Es waren die kümmerlichen Reste jener gewaltigen Herden von Steppenbisons[3], die noch wenige Jahrzehnte zuvor durch die amerikanischen Prärien zogen, insgesamt fünfundzwanzig, vielleicht sogar dreißig Millionen Tiere. (Zum Vergleich: Die großen Herden der heutigen Serengeti umfassen etwa anderthalb Millionen Tiere.) Schon 1843 hatte der Naturforscher, Ornithologe und Vogelmaler John James Audubon nicht nur das Verschwinden der großen Herden, sondern des Büffels überhaupt prophezeit.[4] Denn die Bisonjagd war nicht nur ein gewaltiges Geschäft – für Fleisch und später zudem für Felle und Leder, die in großen Mengen auch nach Europa exportiert wurden. Audubon erlebte bei einer Büffeljagd in Missouri ebenso, wie Tausende über Tausende von Bisons «in einem sinnlosen Spiel ermordet» wurden. Wenn überhaupt, dann schnitten die Jäger den erlegten Bisons nur die besten Fleischstücke und die Zunge heraus. Der Rest der Kadaver blieb den Wölfen, Raben und Bussarden oder verrottete. «Die Prärien waren buchstäblich bedeckt mit den Schädeln der Opfer», so Audubon. Die großen Herden wurden rasch kleiner.

Bereits 1873 verabschiedeten beide Kammern des Kongresses der Vereinigten Staaten ein Gesetz zur Rettung des Bisons. Doch trat es nie in Kraft, weil just jener Präsident Ulysses S. Grant, dank dessen Unterschrift im Jahr zuvor der Yellowstone-Nationalpark «zum Vergnügen des Menschen» errichtet worden war, es einfach liegen ließ und seine Unterzeichnung verweigerte. Denn ab Mitte des 19. Jahrhunderts führten die neuen Siedler, angetrieben von der US-Regierung, einen regelrechten Feldzug gegen die Bisons. Nach dem Amerikanischen Bürgerkrieg 1861 bis 1865, so beschreibt es der Biologe und Bisonforscher Valerius Geist,[5] standen die amerikanischen Ureinwohner, für die die Bezeichnung «Indianer»[6] verbreitet ist, der Expansion nach Westen immer mehr im Weg. Weil sie besser kämpften als die neuen Siedler, in den Weiten der Prärien mobil und immer bereit waren, mit ihren Dörfern umzuziehen, um den Büffelherden zu folgen, waren sie kaum zu besiegen. Die US-Armee verfolgte daher eine Taktik der «verbrannten Erde»: Sie wollte die Bisonherden völlig vernichten, um auf diese Weise den Indianern ihre Lebensgrundlage zu entziehen. «Die Zivilisierung der Indianer ist unmöglich, solange es Büffel auf den Prärien gibt», so beschrieb Innenminister Columbus Delano 1873 die Philosophie der Regierung Grant. Um dieses Ziel zu erreichen, unterstützte die Armee professionelle Jäger; sie teilte freie Munition aus, so viel die Jäger verlangten. Der Erfolg kam schnell: 1883 waren die großen Herden endgültig verschwunden, der Bison praktisch ausgerottet.

Dass heute wieder Hunderttausende von Bisons leben, ist vor allem sechs Privatpersonen zu verdanken, die ab Beginn der 1870er Jahre insgesamt achtundachtzig Steppenbisons, vor allem Kälber, einfingen und auf ihren Farmen hielten. Zusammen mit den wenigen überlebenden Büffeln in Yellowstone und ein paar Bisons, die in Zoos lebten, zählen diese Tiere zu den Gründern der heutigen Steppenbisonpopulation. (In Kanada hatten vielleicht zweihundertfünfzig bis fünfhundert Exemplare der Waldbisons überlebt.)

Ob sich wirklich alle dieser verbliebenen Bisons auch vermehrten, ist unsicher: Wahrscheinlich kamen weniger dominante Bullen kaum zum Zuge, während sich starke Bullen öfter paarten und ihr Erbgut überproportional weitergaben. Weil die Zahl der Bisons in Yellowstone durch Wilderei so abgesunken war, sollten einundzwanzig Tiere aus dem Süden den Bestand aufstocken. Sie wurden zunächst in einem Gatter vermehrt und mischten sich später mit den ansässigen Büffeln. Dennoch bleibt Yellowstone der einzige Ort in den USA, an dem seit Menschengedenken immer Bisons lebten.

Nachdem der Krieg gegen die Büffel, der sich eigentlich gegen die Indianer richtete, gewonnen und die Vernichtung der Bisons als strategisches Mittel nicht mehr nötig war, setzten nostalgische Erinnerungen an jene gerade erst vergangene Zeit ein. Ein Umdenken begann: Auch der amerikanische Präsident Theodore Roosevelt – bekennender Jäger und Naturschützer – trat 1905 für den Bison ein: «Dem charakteristischsten Tier der Western Plains (...) darf nicht erlaubt werden auszusterben.» Zusammen mit dem ersten Direktor des Zoos in der New Yorker Bronx, William T. Hornaday, war Roosevelt einer der Gründer der American Bison Society, der wohl ersten Artenschutzorganisation überhaupt, die sich um den Erhalt einer einzigen bedrohten Spezies kümmerte. Bereits 1907 zogen fünfzehn Bisons aus der Zucht des Bronx-Zoos nach Oklahoma ins Wichita National Forest and Game Preserve, 1908 wurde das National Bison Range in Montana gegründet und mit Büffeln versorgt, weitere Freilassungen folgten.[7] Voller Stolz darüber, dass der Bestand an Bisons gesichert war, löste sich die American Bison Society schon 1935 wieder auf. Heute leben wieder etwa eine halbe Million Steppenbisons in den USA. (Von der Unterart des Waldbisons lebten 2009 etwa zehntausendsiebenhundert Tiere.) Die meisten werden auf großen Farmen gehalten.[8] Nur dreißigtausend leben wild in Nationalparks oder anderen geschützten Gebieten – und nach Naturschutzkriterien; in Yellowstone sind es um die fünftausend.

Obwohl sie längst unter Schutz standen, kümmerte man sich erst nach diesem Foto aus Yellowstone von 1894 um die letzten wilden Bisons der USA.

Dass der Bison gerettet werden konnte, war nicht selbstverständlich, wie das Beispiel der Wandertaube zeigt: Zur gleichen Zeit, als die großen Büffelherden durch die Prärien zogen, war sie wahrscheinlich die häufigste Vogelspezies in Nordamerika, vielleicht sogar der ganzen Welt. Im Herbst 1813 erlebte John James Audubon, wie ein gewaltiger Schwarm jener Vögel den Himmel verdunkelte: Hunderte von Millionen, wenn nicht gar eine Milliarde von Tauben zogen über den Vogelkundler hinweg. Der Ornithologe Alexander Wilson schätzte einen anderen Schwarm sogar auf über zwei Milliarden Individuen. Es schien unvorstellbar, dass ein so verbreiteter Vogel einmal verschwinden könnte.[9] Doch die Tauben wurden erbarmungslos gejagt, auch um deren Fleisch in die ständig wachsenden Städte zu liefern, und wurden immer seltener. Daher erließ der Bundesstaat New York bereits 1867 ein Gesetz zu ihrem Schutz, 1870 folgte Massachusetts, 1878 Pennsylvania, 1897 wurde die Jagd auf Wandertauben in Michigan für zehn Jahre verboten – alles vergebens. Die letzte freilebende Taube wurde am 24. März 1900 in Ohio erlegt. Einige lebten noch bei Züchtern und in Zoos, manchmal gelang die Zucht – doch reichte das nicht, um die Spezies zu erhalten. Als am 1. September 1914 im Zoo von Cincinnati Martha starb, die letzte ihrer Art, war es mit der Wandertaube endgültig vorbei.

Weshalb gelingt es, die eine Spezies vor dem Aussterben zu bewahren, und die andere nicht? Weshalb überlebte der Bison, während die Wandertaube zur gleichen Zeit nicht gerettet werden konnte? Vielleicht fanden die letzten freilebenden Exemplare der Wandertaube keine Partner mehr, vielleicht brauchte der Massenvogel aber auch große Kolonien, um überhaupt in Brutstimmung zu kommen. Weil es für sie keine planmäßigen Zuchtversuche gab, ist das im Nachhinein nur schwer zu ergründen.

Die Errichtung des Yellowstone-Nationalparks, die Rettung des Bisons und das Verschwinden der Wandertaube waren prägend für vieles, was später im Natur- und Artenschutz geschah. Es bleibt festzuhalten: Zu Beginn standen eher romantische Gefühle – es ging darum, die Schönheit der Landschaft für den Menschen zu erhalten. Dann kam der Gedanke hinzu, etwas wiedergutzumachen und ein Bild vom «Früher» für die Zukunft zu bewahren. Anders ausgedrückt: Den Anfang des Natur- und Artenschutzes markiert eine Mischung aus Vergnügen und Schuldgefühl.

Geplante Zucht

Die Rettung des Bisons jedenfalls wurde schon bald darauf zum Vorbild: 1923 wurde in Berlin die Internationale Gesellschaft zur

Erhaltung des Wisents gegründet. Ursprünglich war das große Wildrind, das bereits die Römer kannten, bis in den Westen Europas verbreitet. Doch der Wisent verschwand aus den europäischen Wäldern viel früher als sein amerikanischer Verwandter. Je mehr die Menschen die Wälder rodeten und Sümpfe trockenlegten, desto mehr schrumpfte sein Lebensraum. Gejagt wurden die großen Rinder auch: Im Gebiet des heutigen Deutschlands gab es wohl schon zwischen dem 14. und 16. Jahrhundert keine wildlebenden Wisente mehr; nur in Gattern lebten sie als Hegewild. Ihr Rückzugsgebiet wurde immer kleiner. In Ostpreußen starb der letzte Wisent wohl 1755, in Polen und Litauen überlebten die Wildrinder länger, die letzte Herde des Flachlandwisents existierte im polnischen Gebiet von Białowieża; dazu gab es im Kaukasus eine andere Unterart, den Bergwisent.[10] In Jahr 1857 lebten im Wald von Białowieża fast zweitausend der Wildrinder; durch Seuchen und Unruhen bedingt, schwankte ihre Zahl ständig. Zu Beginn des Ersten Weltkriegs waren es nur noch siebenhundertdreiunddreißig, von denen nur wenige den Krieg überstanden. Der letzte wurde am 19. Februar 1921 gewildert.

Hätte es nicht einige Wisente in Zoos, Tierparks und privaten Gattern mehrerer europäischer Länder gegeben, wäre das Wildrind ausgestorben. Schon 1923 schrieb der Frankfurter Zoodirektor Kurt Priemel als erster Vorsitzender der neu gegründeten Gesellschaft, dass Naturschutz Stückwerk bleibe, wenn er «nicht auf dem Boden der Internationalität gedeiht» – und dass er zur Wissenschaft gehöre. Nach einer ersten Bestandsaufnahme hatten 1924 vierundfünfzig Wisente überlebt. Allerdings waren es zur Hälfte Bullen, einige Tiere waren schon so alt, dass sie sich nicht mehr fortpflanzen konnten. Alle hatten ihren Ursprung im Wald von Białowieża – bis auf einen Bullen, der als Kalb 1912 aus dem Kaukasus gekommen und seither immer mit Flachlandkühen verpaart worden war. Er war der einzige Kaukasuswisent in menschlicher Obhut – und ab

Mitte der 1920er Jahre starb im Kaukasus auch der «Bergwisent» aus.

Der Berliner Zoodirektor Heinz Heck übernahm die Führung eines Zuchtbuchs für die Tiere, es war das erste für eine Wildtierart überhaupt. Solche Zuchtbücher – die zuvor schon lange bei Haustieren eingesetzt worden waren, um die Abstammung von Individuen zu verfolgen und eine planmäßige Zucht zu ermöglichen – sind mittlerweile Grundlage bei der Erhaltung vieler bedrohter Arten. Mit ihrer Hilfe soll Inzucht möglichst vermieden werden. Beim Wisent war das besonders wichtig, denn als seine Rettung begann, waren viel weniger Tiere übrig als beim Bison. Eine kleine Gründerpopulation enthält immer nur einen Bruchteil des genetischen Potenzials einer Spezies. Manche potenzielle Eigenschaften sind daher meist schon verloren, und es besteht die Gefahr, dass diese Vielfalt in den nächsten Generationen durch eine «genetische Drift» noch mehr verschwindet – vielleicht weil der Träger dieser Variation unfruchtbar ist, durch einen Unfall ums Leben kommt oder weil seltenere Genvarianten im Zuge der Zufallslotterie bei einer Paarung es nicht in die nächste Generation schaffen. Planmäßige Zucht soll daher die Vielfalt der Gene einer Population erhalten.

Der Wisent war als Spezies bereits viel häufiger als der Bison durch einen «genetischen Flaschenhals» gegangen. Über lange Zeiträume hinweg schwankte die Zahl der Wildrinder stark, wobei schon früh genetische Vielfalt verlorenging. Das setzte sich auch nach der Gründung der Wisent-Gesellschaft fort: Die Zahl der Rinder wuchs bis 1938 auf rund hundert reinblütige Tiere an, doch sank sie in den Wirren des Zweiten Weltkriegs wieder. Nur etwa siebzig Wisente überlebten. Nachdem einige Zuchtlinien in dieser Zeit ausgestorben waren, zeigte eine gründliche Untersuchung der Abstammung aller noch lebender Wisente im Jahr 1959, dass sie auf nur zwölf Ausgangstiere zurückgingen; eines davon war jener

Bulle aus dem Kaukasus. Seither werden zwei verschiedene Linien von Wisenten gezüchtet – reine Flachlandwisente und die «Kaukasus-Hybridlinie». Bereits zuvor, im Jahr 1952, waren die ersten Wisente im Urwald von Białowieża ausgewildert worden – sie entpuppten sich nach der späteren Untersuchung als reine «Flachländer». Das Wisentzuchtbuch von 2018 verzeichnet über siebeneinhalbtausend der Wildrinder, von denen über fünftausend frei in Nationalparks oder ähnlichen Schutzgebieten leben, vor allem in Osteuropa.

Doch die genetischen Flaschenhälse, durch die die Wisente hindurchmussten, zeigen bei manchen Folgen, die sogenannte Inzuchtdepression. Denn wenn immer wieder nahe Verwandte – Geschwister, Vettern und Cousinen – miteinander Nachwuchs bekommen, ist dieser oft krankheitsanfälliger, weniger fruchtbar und häufiger missgebildet. Jedes Individuum besitzt meist zwei Varianten eines Gens, die von jeweils einem der beiden Elternteile stammen. Das ist von Vorteil, weil ein nachteiliges Gen nicht unbedingt zum Tragen kommt, sondern durch das andere ausgeglichen werden kann. Bei Inzucht wächst die Gefahr, dass zwei gleiche Versionen eines Gens zusammenkommen, weil nahe verwandte Individuen mit größerer Wahrscheinlichkeit gleiche Genvarianten tragen. Dann kann eine nachteilige Genvariante nicht mehr ausgeglichen werden – wie im Fall mancher Wisente: Ihre Fortpflanzungsfähigkeit ist dadurch eingeschränkt, und sie sind anfälliger für Krankheiten. Die Flachlandlinie der heute lebenden Wisente ist sogar noch anfälliger, weil ihre genetische Ausgangsbasis besonders schmal ist: Sie geht auf nur sieben der Gründertiere zurück, die Hybridlinie auf alle zwölf.

Inzuchtfolgen können daher sogar zum Aussterben von Tierarten führen: Beim Florida-Panther – so wird die östliche Unterart des amerikanischen Pumas oft genannt – wäre das fast geschehen.[11] Einst waren die Raubkatzen im Südosten der USA weit verbreitet –

von Arkansas, Louisiana, Mississippi, Alabama, Georgia bis nach Florida und in Teilen von South Carolina. Anfang des 20. Jahrhunderts waren sie durch Jagd weitgehend ausgerottet und lebten nur noch an der Südspitze der Halbinsel Florida, wo ihnen zunehmender Verkehr und die Trockenlegung der Sümpfe zusätzlich zu schaffen machten. Anfang der 1970er Jahre waren kaum mehr als zwanzig Katzen übrig, die sich mittlerweile über Generationen hinweg untereinander paarten – Herzprobleme, eine schlechte Spermienqualität und geringe Fruchtbarkeit waren die Folge dieser lang andauernden Inzucht. Trotz strengen Schutzes nahm die Zahl der Pumas in Florida daher nicht zu. Wissenschaftler prophezeiten das baldige Aussterben der Unterart, wenn nichts getan würde. Vor der Ausrottung in weiten Landstrichen und der Urbarmachung der Landschaften waren die Populationen und Unterarten miteinander verbunden gewesen und es gab einen stetigen Austausch von Genen. Doch nun waren die Florida-Panther geographisch isoliert. Um für eine «Infusion neuer Gene» zu sorgen, wurden 1995 acht Weibchen des nahe verwandten Texas-Pumas gefangen und in Florida ausgesetzt. Fünf dieser acht bekamen in den nächsten Jahren etwa zwanzig Nachwuchstiere – Mischlinge mit Floridakatern also. Damit die Texasgene hier nicht die Überhand gewannen, wurden drei der ausgesetzten Katzen wieder eingefangen, die anderen fünf waren an verschiedenen Ursachen gestorben. Die «genetische Auffrischung» durch diese neuen Gründer führte jedenfalls zu einem schnellen Wachsen der Population: Heute leben wieder um die zweihundert Pumas in den Sümpfen und Wäldern Floridas – und sie sind viel gesünder als vor Jahrzehnten.[12]

Das Beispiel der Florida-Panther illustriert anschaulich die Auswirkungen von Inzucht, sogar in freilebenden Populationen – und wie man ihr durch geeignetes genetisches Management entgegenwirken kann. Mehr als tausend Tierarten werden daher weltweit von Zoos in internationalen oder regionalen Zuchtbüchern und

Zuchtprogrammen geführt, um genetische Vielfalt zu bewahren und Inzucht zu vermeiden. Erstaunlicherweise geht Überleben noch knapper als beim Wisent.

Drei genügen

Nur weil ein neugieriger Geistlicher vor über hundertfünfzig Jahren in China über eine verbotene Mauer geschaut hat, können wir heute das Knacken der Gelenke von laufenden Milus hören. Aus heutiger Sicht war es dieser Blick, dem die seltsamen Hirsche mit dem vielfach gegabelten Geweih, dem eselartigen Schwanz, langen Ohren und breiten Hufen es verdanken, dass es sie heute noch gibt. Schon seit Jahrhunderten hatten sie in bestenfalls halbwildem Zustand in menschlichem Schutz gelebt, als 1865 der französische Pater Armand David, der ein paar Jahre später auch den schwarzweißen Panda für die Wissenschaft «entdeckte», die Miluhirsche als erster Europäer erblickte. Obwohl es strengstens untersagt war, wollte der neugierige und zoologisch interessierte Pater einmal über jene Mauer in Nan Haizi südlich von Peking schauen, hinter der sich das zweihundert Quadratkilometer große Wildgehege und Jagdrevier des Kaisers von China befand. Armand David bestach die Wachen, und just in dem Moment, als er den Blick wagte, zog ein Rudel der seltsamen Hirsche vorbei, die ihn zunächst an Rentiere erinnerten. Unerlaubterweise einen solchen Hirsch zu erlegen, würde mit dem Tode bestraft, so hörte er. Und auch, dass es diese Tiere nur hier gäbe. Ein Jahr später erhielt Pater David zwei Felle des Hirschs und verschiffte sie nach Frankreich, wo sie als neue Art erkannt und wissenschaftlich als *Elaphurus davidianus* beschrieben wurde, als Davidshirsch. Nun waren sie bekannt, und das weckte die Begehrlichkeit europäischer Zoos. Bald darauf übergab der chinesische Kaiser mehrere Hirsche als Staatsgeschenke, und so gelangten einige Exemplare in europäische Zoos, wo sie hin und wieder Nachwuchs bekamen. Der Herzog von Bedford, ein großer Hirschfreund, erwarb von der seltenen Spezies immer wieder Jungtiere aus den Nachzuchten, um sie im sumpfigen Park seines Adelssitzes Woburn Abbey auszusetzen – insgesamt achtzehn. Die Hirsche entpuppten sich dort, worauf bereits die breiten Hufe hindeuteten, als Sumpfbewohner: Sie hielten sich gerne in den flachen Teichen des Parks auf und ästen Wasserpflanzen. Offensichtlich fühlten sich die Davidshirsche hier wohl und vermehrten sich gut – zum Glück ihrer Spezies.

Denn bei einer Flutkatastrophe zerstörte der Yongding-Fluss 1895 einen Teil der alten Mauer. Die von den Überschwemmungen getroffene, hungrige Bevölkerung drang in den Park ein, tötete und verzehrte viele der dort gehaltenen Milus – vielleicht zwanzig oder dreißig Davidshirsche überlebten. Dann kamen beim Boxeraufstand im Jahr 1900 ausländische Soldaten in den Park und töteten den verbliebenen Rest der Herde, bis auf ein Weibchen, das 1920 an Altersschwäche starb. Mittlerweile gab es aber in den europäischen Zoos keine Davidshirsche mehr: Zu sehr hatte man sich auf stetigen Nachschub aus China verlassen. Zuchtprogramme für seltene Arten, wie wir sie heute kennen, gab es zu Beginn des 20. Jahrhunderts noch nicht. Zwar hatten sich die Hirsche in den Zoos vermehrt. Die Jungtiere wurden aber an andere Zoos verkauft, weil jeder so eine seltene Spezies ausstellen wollte. So erloschen erfolgreiche Zuchten, als die Paare zu alt wurden oder starben. Nur auf Woburn Abbey hatten die Davidshirsche in einer wachsenden Herde überdauert und später beide Weltkriege mit ihren Nöten überstanden; nach 1945 lebten etwa zweihundertfünfzig von ihnen im herzoglichen Park. Um «nicht alle Eier in einem Korb zu haben», gab der Herzog nun regelmäßig Tiere an andere Zoos ab, zunächst in England, später rund um die Welt. Im Jahr 1957 wurde für die Davidshirsche das zweite Zuchtbuch für eine Wildtierart gegründet.

Schon 1956 kehrten die ersten Davidshirsche aus der Herde von Woburn Abbey nach China zurück, in den Zoo von Peking. 1985 und 1987 wurden weitere Hirschgruppen aus England nach China exportiert. Die erste Gruppe besiedelte das ursprüngliche Jagdrevier, den Park von Nan Haizi, die andere ein Reservat bei Defang, einer Salzwassermarsch im Norden von Shanghai. Durch Ausgrabungen und Fossilfunde war mittlerweile das Ursprungsgebiet der Davidshirsche bekannt: Sie hatten im Schwemmland des Yangtze an der Ostküste Chinas gelebt und wurden dort offensichtlich schon vor Jahrhunderten ausgerottet. Mittlerweile wurden die Milus in weiteren Schutzgebieten angesiedelt, in denen sie frei leben. Einige entkamen nach Überschwemmungen aus ihren Reservaten und haben in den Provinzen Hubei und Hunan völlig wildlebende Populationen gegründet: Jahrhunderte, nachdem sie in freier Wildbahn ausgerottet worden waren.

Dem Kaiser von China und dem Herzog von Bedford verdanken Davidshirsche ihr Überleben. Gerettet wurden sie auf dem englischen Adelsgut Woburn Abbey.

Heute leben wieder fünftausend Davidshirsche – und sie alle gehen auf nur drei Tiere zurück, wie erst digitale Recherchen in alten Archiven weit über hundert Jahre später ergaben: einen Hirsch und zwei Kühe, die am 26. August 1876 aus China in den Berliner Zoo kamen.[13] Demnach sind die Milus also extrem ingezüchtet, und doch weisen sie erstaunlicherweise wenig Inzuchtschäden auf. Dieses Phänomen nennen Biologen *Purging*, weil es so scheint, als sei durch Inzucht das Erbgut einer Spezies von nachteiligen Genvarianten «gereinigt». Potenziell nachteilige Gene können aus einer Population verschwinden, wenn hochingezüchtete Tiere, die zwei solcher negativen Varianten tragen, früh sterben und keine Nachkommen hinterlassen. Die Population hat sich dann selbst optimiert und die schlechten Gene «herausgezüchtet». Vielleicht gingen solche Gene während des Überlebens der Davidshirsche auf Woburn Abbey verloren, wo sie halbwild in sumpfigem Gelände lebten und wegen kalter Winter und Hungerperioden auch einigen Aspekten der natürlichen Selektion ausgesetzt waren. Auf *Purging* soll man sich bei der Zucht bedrohter Arten jedoch nicht verlassen: Die Nachfahren jener drei Davidshirsche aus dem Berliner Zoo haben da offensichtlich genetisches Glück gehabt.

Je größer also die Gründerpopulation einer bedrohten Art, desto einfacher wird es sein, sie auf Dauer zu erhalten. In vielen Fällen – sonst wäre eine Spezies ja nicht selten – sind aber nur wenige Individuen übriggeblieben. Dann kommt es darauf an, die Tiere nicht nur zu vermehren, sondern ihre Zahl möglichst rasch zu vergrößern: um die Konsequenzen individueller Schicksalsschläge wie Krankheit oder plötzlichen Tod zu vermeiden. Wenn der letzte Hahn der Maratua-Schamadrossel stirbt, ist es egal, ob noch sechs Hennen in der Voliere sitzen. Um die Art ist es dann geschehen. Zusätzlich kommt es aber darauf an, den Genpool einer Spezies möglichst vollständig und vielfältig zu bewahren und den Genverlust durch genetische Drift zu minimieren.

Bei den erwähnten drei klassischen Beispielen fand die Rettung der Spezies vor allem mit Tieren statt, die in Menschenobhut gehalten wurden – *ex situ*, wie es in Fachkreisen genannt wird, außerhalb des eigentlichen Lebensraums der Art. Wisent und Davidshirsch lebten sogar nur noch *ex situ*, der Milu schon seit vielen Hunderten von Jahren. Vom Bison hatte zumindest eine kleine Population *in situ* überlebt – im Yellowstone-Nationalpark als natürlichem Lebensraum – und wurde immer weiter gewildert. Erst nach strengem Schutz und Unterstützung durch zusätzliche, gezüchtete Tiere wuchs die Population wieder.

Es gibt aus jenen Anfangsjahren des Natur- und Artenschutzes auch Beispiele, bei denen sich Arten «kurz vor Schluss» *in situ* erholten und bis heute überlebten. Wesentlich dafür war jeweils, dass die Gefährdungsursache ausgeschaltet war – in den allermeisten Fällen übermäßige Jagd. Die Südlichen Breitmaulnashörner, die einst im ganzen südlichen Afrika verbreitet waren, wurden gegen Ende des 19. Jahrhunderts bereits für ausgerottet gehalten, nachdem sie von europäischen Siedlern dezimiert worden waren. Dann entdeckte man in Natal am Umfolozi-Fluss noch zwanzig bis fünfzig Tiere und stellte sie unter strengen Schutz. Heute leben wieder ungefähr zwanzigtausend von ihnen – eine erstaunliche Wiederkehr bei so großen Tieren mit so geringer Geburtenrate: Ist eine Population aber erst einmal auf eine gewisse Größe gewachsen und vermehrt sich weiter, dann nimmt die absolute Zahl an Tieren schnell zu. Auch andere Südafrikaner wurden so kurz vor Schluss durch konsequente Schutzmaßnahmen vor dem Aussterben bewahrt: Vom Buntbock, dem Kap-Bergzebra und dem Weißschwanzgnu gab es bestenfalls nur noch ein paar Dutzend Tiere. Hätten sie nicht wie der Buntbock Asyl auf privaten Farmen gefunden oder wären sie nicht geschützt worden, wären sie ausgestorben. Für den

Blaubock, eine weitere südafrikanische Antilope, und das seltsame Quagga, das nur zur Hälfte gestreifte Zebra, kamen Bemühungen zu spät.

Auch der Nördliche See-Elefant galt schon als ausgestorben: Die gewaltigen Robben, von denen die Bullen eine aufblähbare Nase besitzen und bis zu zweieinhalb Tonnen wiegen können, lebten einst entlang der gesamten nordamerikanischen Westküste zu Hunderttausenden. Im 19. Jahrhundert wurden die fettreichen Tiere wie viele Robben in Massen geschlachtet, um deren Tran zu gewinnen. Dann wurde gegen 1900 eine kleine Kolonie auf der mexikanischen Insel Guadalupe wiederentdeckt, es waren wohl gerade einmal hundert Robben, wahrscheinlich deutlich weniger. Auch sie wurden streng geschützt. Im Jahr 2014 wurde ihre Zahl auf über zweihunderttausend Tiere geschätzt, die sich schon wieder bis an die kanadische Küste ausgebreitet haben. Dass die Spezies einmal durch einen sehr engen genetischen Flaschenhals ging, scheint ihr bislang nicht geschadet zu haben. Wahrscheinlich ist ihre genetische Vielfalt aber stark geschrumpft.

Nur weil diese Arten absoluten Schutz genossen hatte und die Jagd eingestellt wurde, gelang ihnen ein so eindrucksvolles Comeback. Nicht immer ist das möglich.

Die Weltherde

Die Meldungen waren alarmierend. Anfang des Jahres 1961 hatte eine motorisierte Jagdtruppe aus Qatar mindestens achtundvierzig Exemplare der seltenen Arabischen oder Weißen Oryx in ihrem letzten Rückzugsgebiet abgeschossen. Im Februar hieß es, die Wilderer seien zurück und hätten vielleicht alle Überlebenden getötet. Es war im April 1961, als eine Expedition – angeregt durch die britische Fauna Preservation Society, heute Fauna and Flora International – auszog, um vielleicht noch überlebende Antilopen zu finden, sie einzufangen und in Gefangenschaft zu retten. Das schien die letzte Chance für das hübsche Tier zu sein, in dem manche das Urbild des fabelhaften Einhorns sehen. Denn von der Seite betrachtet, wenn sich die bis zu einen Meter langen Hornspieße der weißen, nicht ganz pferdegroßen Antilopen überlagern, kann man sich wirklich an das märchenhafte Wesen heutiger Kleinmädchenträume erinnert fühlen.

Einst war die Weiße Oryx auf der Arabischen Halbinsel weit verbreitet – bis nach Syrien und in den Irak hinein. Ein Wüstentier, das sogar in einem der heißesten, lebensfeindlichsten und unzugänglichsten Gebiete der Erde überlebt: der Rub al Khali, dem «Leeren Viertel» der Zentralarabischen Wüste. Elf Monate hält die Oryx es ohne zu trinken aus. Ihre verlässlichste Wasserquelle ist die Feuchtigkeit, die sie mit der Nahrung aufnimmt. Wenn im Frühling oder Herbst Nebel vom Arabischen Meer in die Wüste zieht und sich auf Oberflächen niederschlägt, leckt sie morgens die kondensierten Tröpfchen von Steinen oder aus dem Fell der Artgenossen. Riecht sie frische Weidegründe oder gar Wasser, läuft sie bis zu fünfundvierzig Kilometer in einer Nacht – um dann bis zu einem Fünftel des eigenen Körpergewichts auf einmal zu trinken. Tagsüber kann ihre Körpertemperatur bis auf Höchstwerte von sechsundvierzig Grad Celsius ansteigen. Aber die Oryx kühlt das erhitzte Blut bereits bei der Passage durch die feuchten Nasenschleimhäute, bevor es ins Hirn strömt. So überlebt sie Temperaturen, bei denen andere Tiere schon längst mit Hitzeschock gestorben wären. Ihr weißes Fell reflektiert außerdem die Sonnenstrahlen und vermindert noch höhere Erwärmung. Anders als sandfarbene Gazellen, Füchse und Kamele leuchtet die Oryx daher weit in die Wüste hinein: «Die Sichtbare» nennen arabische Beduinen die Antilope deshalb. Die großen, weit spreizbaren Hufe vermindern das Einsinken im Sand. Die Oryx sind daher keine schnellen, aber ausdauernde Läufer. So wurde die Oryx gerade wegen jener Eigenschaften, die sie wüstentauglich machen, zu einer leichten Jagdbeute. Ihr Fleisch und ihr Fell waren begehrt, und die Antilope wurde vom Pferd oder Dromedar aus mit Bogen und Speer gejagt. Nachdem die Europäer Millionen von Gewehren in den Nahen Osten gebracht hatten, war die Oryx bereits nach dem Ersten Weltkrieg in weiten Teilen Arabiens verschwunden. 1935 gab es sie nur noch in der Nafud-Wüste im Norden der Arabischen Halbinsel und im Südosten, in der Rub al Khali im Oman. Als Geländewagen mit Vierradantrieb aufkamen, wurde die Jagd noch einfacher: 1960 war die Oryx deshalb auch aus der Nafud verschwunden. Nur wenige hundert sollten im Süden der Rub al Khali überlebt haben. Gut ausgerüstete Jäger könnten diese Letzten in wenigen Tagen niedermetzeln, das war die Befürchtung von Naturschützern.

Vielleicht war das aber auch bereits geschehen, befürchteten die Teilnehmer der «Operation Oryx» 1961. Über eine Woche lang hatten sie schon in der heißen Wüste nach Hufabdrücken überlebender Antilopen gesucht und endlich Fährten gefunden, denen sie folgten. Elf Tiere fanden sie, aber nur vier konnten sie einfangen: Drei Männchen und ein Weibchen waren ein kümmerlicher Grundstock für eine Erhaltungszucht, vor allem als bald darauf noch ein Männchen an Verletzungen starb. Doch zum Glück gelang es den Naturschützern, noch weitere Tiere aufzutreiben – ein Weibchen aus dem Londoner Zoo und mehrere andere aus arabischen Haltungen. Mit diesen Tieren wurde die sogenannte Weltherde gegründet. In menschlicher Obhut, so der Plan, sollten sich die Antilopen wieder vermehren und später ausgewildert werden. Insgesamt dreizehn Weiße Oryx verfrachteten die Naturschützer 1964 in zwei amerikanische Zoos: nach Phoenix in Arizona, wo ein ähnliches Klima wie in der arabischen Wüste herrscht, und nach Los Angeles. Ungeduldig warteten sie darauf, dass die Tiere Nachkommen zeugen.

In den Zoos von Phoenix und Los Angeles vermehrten sich

die Antilopen ganz gut, allerdings nicht ganz so wie erhofft: Die ersten sieben dort geborenen Kälber waren allesamt männlichen Geschlechts. Ein dummer demographischer Zufall, der gerade bei kleinen Populationen das Ende einer Art bedeuten kann – und beweist, dass auch unwahrscheinliche statistische Ereignisse eintreten können. Wären sieben weibliche Kälber geboren worden, hätte man sie als erwachsene Tiere mit jenen Oryxbullen verpaaren können, die nicht ihr Vater waren. Das hätte die Zahl der seltenen Antilopen schneller erhöht, die genetische Drift verringert und das Bangen der Pfleger vermindert, dass die Art aussterben könnte, obwohl sie sich gut vermehrte. Endlich kam im September 1966 das ersehnte weibliche Kalb zur Welt, wenige Monate später ein zweites. Die Hoffnung zur Rettung der Oryx wuchs mit jedem weiteren Jungtier, vor allem, als 1972 zum letzten Mal eine Weiße Oryx in der Natur gesichtet worden war. Jedenfalls wuchs ab da die kleine Population stetig. Bereits vierzehn Jahre später lebten mehr als hundert Tiere in den USA und einigen europäischen Tiergärten. Was die damaligen Naturschützer nicht wussten: Neben der Weltherde aus den sechziger Jahren hatten auf der Arabischen Halbinsel noch weitere Oryx-Antilopen in Privatzoos von Scheichs überlebt – und auch dort wurden die kostbaren Antilopen vermehrt. So gab es später also wertvolle andere «Blutlinien», die Inzucht vermeiden halfen. Denn eines der Gründertiere der Weltherde war unfruchtbar gewesen, ein anderes besonders vermehrungsfreudig, seine Gene waren also in der kleinen Population überrepräsentiert. Nun kam «frisches Blut» dazu.

Lange Zeit hat die Weltnaturschutzunion die Oryx unter der Kategorie «in der Wildnis ausgerottet» geführt. Heute ziehen wieder rund tausend Weiße Oryx im Oman, in Saudi-Arabien, Israel, Jordanien und den Vereinigten Arabischen Emiraten frei umher. Als die Antilope 2011 in der Roten Liste der bedrohten Arten als «gefährdet» eingestuft wurde, war das ein Sieg, wie es ihn in der

Geschichte des Naturschutzes selten gibt: Noch nie war es einer fast verschwundenen Tierart gelungen, auf der Liste wieder so weit nach oben zu rücken. Die «Operation Oryx» war die erste große SOS-Aktion in der Geschichte des Artenschutzes, prägend für vieles, was danach kam.

Überleben dank Performancekunst

Wie «eine surreale Form von Performancekunst» erscheine ihm allmählich, was unsere Art alles anstelle, um das Überleben der anderen zu unterstützen, so der amerikanische Journalist Jon Mooallem in seinem Buch «Wild Ones».[14] Als ich das las, hatte ich sofort jene Pandapfleger vor Augen, die sich ein schwarzweißes Pandakostüm überstreifen und sich mit Pandaurin besprenkeln, bevor sie in der Zuchtstation im chinesischen Wolong die Gehege ihrer seltenen Schützlinge betreten, damit sich die zur Auswilderung bestimmten Jungtiere nicht an den Anblick von Menschen gewöhnen.[15] Manchmal führen sie den paarungsunwilligen Pandas sogar Pandapornos vor, um sie zum Fortpflanzen anzuregen. Lonesome George, die einsame Galapagos-Riesenschildkröte von der Insel Pinta, hatte sogar eine eigene menschliche Praktikantin: Monatelang stimulierte sie Tag für Tag den Sexmuffel, damit er sich zumindest mit Weibchen einer verwandten Unterart paart. Ihre Handarbeit war leider vergebens; zwar bekam George irgendwann eine Erektion, aber der letzte bekannte Pinta-Schildkrötenmann, das lebende Symbol ausgerotteter Spezies, starb 2012, ohne Nachwuchs gezeugt zu haben. Und die deutsche Forscherin Corinna Hölzer hielt auf Neuseeland regelrechte Angstseminare für die schreckfreien und deswegen beinahe ausgestorbenen Takahe-Rallen ab. Um den lächerlich zahmen Vögeln Furcht und Fluchtimpuls vor eingeschleppten Räubern wie Wiesel und Hermelin einzuimpfen, erschreckte sie die bunten flugunfähigen Vögel so lange mit den ausgestopften Raubtieren, bis die Rallen schon beim Anblick der Präparate schreiend in Deckung gingen.

Die Liste solcher skurrilen Darbietungen scheint nahezu beliebig

Maskerade zum Überleben: So sollen sich auszuwildernde Pandas erst gar nicht an den Menschen gewöhnen.

erweiterbar: Naturschützer tragen nachts Frösche und Kröten in Eimern über Straßen, weisen in Ultraleichtfliegern amerikanischen Schreikranichen und europäischen Waldrappen, die in menschlicher Obhut geschlüpft sind, den Weg in neue Winterquartiere. Artenretter rennen schreiend auf nachgezüchtete Kalifornische Kondore zu, damit sich die kostbaren Vögel nach der Auswilderung vom *Homo sapiens* fernhalten. Tierärzte versenken ihren ganzen Arm im Anus von Elefanten und Rhinozerossen, um deren Eierstöcke zu betasten. Andere betreiben in regelrechten Datingagenturen Brautschau für seltene Tiere, schicken sie auf Hochzeitsreisen, richten einen *Frozen Zoo* ein, in dem sie die Zellen der Seltensten einfrieren, um sie dereinst wieder zum Leben zu erwecken, sollten die richtigen Methoden entwickelt sein. Mal sind Naturschützer Sexarbeiter und Kuppler, mal Eingliederungsbeauftragte und Bewährungshelfer, mal eine Mischung aus einfühlsamen Sozialpädagogen und vorausschauenden Science-Fiction-Visionären. So absurd oder lächerlich es erscheinen mag, was diese «Verrückten» tun: Sie wollen so viele Arten wie möglich vor dem Aussterben bewahren. Denn in der «surrealen Form von Performancekunst» steckt das Know-how vieler Jahrzehnte: Methoden, die immer weiter reifen, Überlebenstherapien, maßgeschneidert für jede Spezies, ein reiches Rüstzeug zur Behandlung, in kurzer Zeit entwickelt – erste, zweite, manchmal dritte Hilfe zum unterstützten Überleben in einer sich rasant ändernden Welt.

Gewagter Eierraub

«Wir haben einige Schlachten gewonnen, wir haben ein paar verloren, und wir haben dabei eine Menge gelernt.» Der neuseeländische Naturschützer Don Merton zeigt mir eine Reihe von Erinnerungen an solche Kämpfe – oft genug Entscheidungsschlachten: Anfang der 1960er Jahre hatte er die ungewöhnliche Große Neuseelandfledermaus, die bestenfalls flattern konnte und meist am Waldboden umherhuschte, sowie den Waldschlüpfer, einen mäuseartigen Singvogel, fotografiert. Beide einst auf Neuseeland weitverbreiteten Spezies hatte er auf ihrem letzten Refugium, der Insel Big South Cape, noch selbst erlebt. Hilflos musste Don mitansehen, wie sie in kürzester Zeit auch dort verschwanden, als Ratten auf die Insel gelangten und die beiden kleineren Spezies auffraßen. Auf anderen Bildern ist Don bei jenen «Ausrottungsaktionen» zu sehen, die er bald darauf gegen die Ratten und andere Säuger entwickelte, die auf vielen Inseln für das Aussterben verantwortlich waren: 1964 gelang es erstmals, die zwei Hektar große Maria Island mit vergifteten Ködern von den erst 1959 eingewanderten Nagern zu befreien, die für die dort brütenden Sturmvögel das Ende bedeutet hätten. «Nie hätten wir gedacht, dass es gelingen könnte.» Die Methoden wurden bald effektiver: Dank Dons Einsatz wurden später die Round Island vor Mauritius von Kaninchen und die Seychelleninseln Curieuse und Fregate von Ratten befreit. Maßgeblich war Don auch an der Rettung des seltsamen flugunfähigen Eulenpapageis beteiligt, wovon mehrere Porzellanfiguren des plumpen Vogels in seinem Wohnzimmer zeugen. Der durch Douglas Adams' und Mark Carwardines Buch «Die Letzten ihrer Art»[16] berühmt gewordene Kakapo, der in Erdhöhlen brütet, galt schon als ausgestorben, weil er sich gegen die von englischen Siedlern eingeführten Wiesel und Hermeline nicht wehren konnte. Als bei Suchexpeditionen unter Dons Führung im abgelegenen Fjordland noch achtzehn Kakapos aufgespürt wurden, war die Hoffnung groß. Aber dann waren es alles Männchen. Schließlich wurden auf Stewart Island noch mehr überlebende Eulenpapageien gefunden, darunter weibliche Vögel. Einige wurden eingefangen und auf räuberfreien kleinen Inseln vor Neuseelands Küste angesiedelt. Durch strengen Schutz und viele weitere Bemühungen sind aus den nur einundfünfzig im Jahr 1995 lebenden Kakapos wieder über zweihundert geworden, nicht zuletzt dank Dons Einsatz.

Einen besonderen Platz in seinem Wohnzimmer nimmt das gemeinsame Foto mit «Old Blue» ein, dem letzten fruchtbaren Weibchen des Chatham-Trauerschnäppers. Dieser winzige schwarze Vogel, auch Black Robin genannt, lebte Mitte der 1970er Jahre nur noch auf einem schroffen, sturmumtosten Felsen vor den Chatham-Inseln. Die Vorgeschichte war, wie so oft: Mit der Besiedlung der Inseln, die über sechshundert Kilometer von neuseeländischem Festland entfernt liegen, kamen mit dem Menschen weitere gebietsfremde Arten: Ratten und Mäuse, Katzen, Schweine und Schafe. Sie zerstörten die Vegetation oder fraßen die einheimischen Tiere, die diese Feinde nicht gewohnt waren. Schließlich blieb den kleinen Black Robins nur ein winziges Rückzugsgebiet auf jenem schroffen Felseneiland. Als auch dort der Wald immer kümmerlicher wurde, weil eingeschleppte Kletterpflanzen die heimischen Bäume abwürgten, gelang es den letzten Vögelchen nicht mehr, genug Junge zum dauerhaften Überleben der Spezies aufzuziehen. Von Jahr zu Jahr wurden sie weniger. Die Naturschützer um Don Merton entschieden schließlich, die Vögel auf der stürmischen Insel einzufangen und auf der benachbarten Mangere Island freizulassen. Da waren es nur noch fünf Robins, darunter zwei Weibchen: Green, benannt nach den grünen Markierungsringen an ihrem Bein, ein Weibchen, das aber Jahr für Jahr erfolglos versuchte, Küken großzuziehen. Und Old Blue, benannt nach den blauen Markierungsringen, die mit neun Jahren die normale Lebensspanne der Trauerschnapper bereits verdoppelt hatte und ebenfalls mit ihrem alten Partner schon lange keine Küken hochgebracht hatte. Es waren keine guten Voraussetzungen zum Überleben der Art. Genauer gesagt: Die Lage war so gut wie aussichtslos.

«Manchmal hatte ich das Gefühl, Old Blue war die Dringlichkeit bewusst», erzählt mir Don. «Normalerweise bleiben Black-Robin-Paare ein ganzes Leben lang zusammen, doch warum auch immer: Nach dem Umzug wechselte Old Blue ihren Partner, mit dem es schon lange nicht mehr geklappt hatte, und nahm den jungen Yellow als Gatten.» Die beiden Neuvermählten bauten ein Nest, und Old Blue legte zwei Eier. Angesichts ihres fortgeschrittenen Alters war das wohl die allerletzte Chance der Trauerschnäpper, dachte sich Don und besann sich eines alten Vogelzüchtertricks, der Fremdpflege: «Als Junge habe ich schon Eier von wilden Stieglitzen den Kanarienvögeln meiner Großmutter untergeschoben, und die haben die fremden Küken ausgebrütet und großgezogen», erzählt er mir. In fast allen Fällen legen die eigentlichen Eltern rasch ein zweites Gelege, manchmal auch ein drittes. Mit dieser Methode ließe sich die Zahl der aussterbenden Robins schneller erhöhen, so Dons Kalkül. Wenn das allerdings nicht klappte, dann würde ihm die Schuld am endgültigen Aussterben gegeben, das wusste er.

Dennoch «raubte» er Old Blue die beiden frisch gelegten Eier, legte jeweils eines in ein Nest einer anderen Vogelart, der kleinen Langschnabelgerygone (*Gerygone albofrontata*), und zerstörte das alte Nest, aus dem er die Eier stibitzt hatte.

Sein Plan ging auf: Als Old Blue das zerstörte Nest sah, begann sie bald darauf ein zweites zu bauen und zwei neue Eier hineinzulegen, die sie selbst bebrütete. Die Ammen setzten sich ebenfalls ohne Zögern auf die fremden Eier, brüteten sie aus und versorgten die Küken. Doch weil die Gerygonen so viel kleiner waren und wohl nicht genug Nahrung herbeischafften, starb eines der wertvollen Küken nach kurzer Zeit. Was also tun? Don setzte das zweite Küken zurück in Old Blues Nest, ihre beiden frischen Eier verteilte er wieder: Eines bekamen die Gerygonen, die immerhin zum Ausbrüten taugten, das andere Ei legte er in Old Greens Nest. Was würde wohl geschehen? Als Old Blue zu ihrem Nest zurückkehrte, in dem gerade eben noch zwei Eier lagen und nun ein hungriger Jungvogel sein Maul aufsperrte, wirkte sie kaum irritiert, sondern begann sofort, das Küken mit dicken Larven zu füttern. Dons Trick hatte funktioniert. Das nächste Junge, das bei den Gerygonen schlüpfte, kam rasch zurück in Old Blues Nest. Old Green versorgte «ihr» adoptiertes Küken selbst. Don unterstützte die Aufzuchtbemühungen der beiden Robinweibchen, indem er zusätzliche Insektenlarven anbot. So wurden in diesem Sommer drei Black Robins groß – die Zahl der seltenen Vögel war damit auf acht angestiegen. Zum ersten Mal seit Jahren war die Population der Trauerschnäpper angewachsen.

In den nächsten Jahren wuchs der Bestand auf neunzehn Vögelchen; statt der Gerygonen wurden die größeren Maorischnäpper (*Petroica marcrocephala*) als Ammen eingesetzt. Erstaunlicherweise war Old Blue weiter mit dabei und legte munter Eier: Sie starb erst im hohen Schnäpperalter von über dreizehn, vielleicht sogar vierzehn Jahren. Ohne den Zufall ihres langen Lebens, ohne den

Nur das enge Zusammenspiel zwischen den zutraulichen «Black Robins» und Don Merton rettete den kleinen Vogel vor dem Artentod.

plötzlichen Partnertausch und ohne Dons mutige Entscheidungen würden heute auf den Chatham-Inseln nicht wieder über zweihundertfünfzig Trauerschnäpper in mehreren Populationen leben. Der Tod Old Blues, die ihre Art gerettet hatte, machte Schlagzeilen auf der ganzen Welt, Don Merton wurde zum wohl populärsten Naturschützer Neuseelands. Er war ein hohes persönliches Risiko eingegangen, das allerdings durch Erfahrung aus Jugendzeiten und Fachwissen unterfüttert war. Sein hoffnungsvolles Credo erklärt er mir so: «Wenn der seltenste Vogel der Erde gerettet werden kann, dann muss bei gutem Willen und menschlicher Anstrengung keine Tierart aussterben.»

Tricks und Kniffe

«Ich habe immer die Meinung vertreten, dass es keine Tierart gibt, die nicht mit Erfolg unter kontrollierten Bedingungen gehalten und gezüchtet werden könne, vorausgesetzt, man hat den ‹Trick› entdeckt»,[17] so drückte es ein weiterer Natur- und Artenschutzpionier aus. «Was ich damit meine, ist ganz einfach und erscheint fast zu simpel (...) Der Trick kann alles Mögliche sein: Das Finden des richtigen Geschlechtspartners, der geeignete Raum für die Geburt, die richtige Ernährung, die angemessene Nahrungsmenge (...) Der kleine Trick hilft immer; der Phantasie und dem Einfallsreichtum des Menschen bleibt es überlassen, ihn zu entdecken.» Zu einer Zeit, als nur wenige Zoos sich um solche Fragen kümmerten, entwarf der englische Tierfänger, Autor und spätere Zoodirektor Gerald Durrell ein integriertes Natur- und Artenschutzkonzept, das damals und heute viele inspirierte und wegweisend wurde. Um seine Idee umzusetzen, gründete er eigens 1958 einen Zoo auf der Kanalinsel Jersey.

In seinem Buch «Das Fest der Tiere» erzählt Durrell von der «facettenreichen Methode»[18] seines Jersey Wildlife Preservation Trust[19], die in drei Phasen gegliedert sei: In der ersten werden jene Arten ausgewählt, von denen der Trust meint, dass «sie am meisten von der Hilfe profitieren». Dann werde versucht, eine Zuchtkolonie auf Jersey zu etablieren – eine Reservepopulation in menschlicher Obhut. Haben sich die Tiere vermehrt, werden «Satellitenkolonien» in anderen Zoos errichtet, um die Zahl schneller zu erhöhen und das Risiko von Krankheiten zu mindern. Während dieser zweiten Phase sollen außerdem schon Kolonien im Heimatland der Tiere errichtet werden, nicht zuletzt, damit die Menschen vor Ort die Spezies kennen- und schätzen lernen – und Know-how zum Umgang mit der Spezies erwerben. In der dritten Phase sollen Tiere der gezüchteten Arten wieder ausgesetzt werden – in ihrem ursprünglichen oder einem geeigneten Lebensraum. Dabei gehe es auch um die Wiederherstellung gestörter Lebensräume.

Zielstrebig, mit Humor und handfestem Charme setzte Durrell sein Konzept um und züchtete in seinem Zoo eine Reihe oft wenig beachteter, vom Aussterben bedrohter Tierarten, von denen er viele selbst bei Expeditionen aus ihren Ursprungsländern holte. Vor allem gefährdete Inselspezies sind bis heute besonderer Schwerpunkt des Trust, etwa die Rosataube aus Mauritius, ein Skink, ein Gecko und eine Boa, die nur auf der kleinen Insel Round Island vor Mauritius lebten (wo der Trust später mit Don Merton zusammenarbeitete), diverse Papageien aus der Karibik, die Madagaskar-Moorente und andere mehr. Seine langfristig angelegten Projekte waren immer auf das Überleben der Spezies ausgerichtet – letztlich mit einer engen Verzahnung von *Ex-situ-* und *In-situ*-Maßnahmen.

Ob es in Assam irgendein Tier gäbe, das er für ihn auftreiben solle, wurde Gerald Durrell eines Tages von Captain Johnny Tessier-Yandell gefragt, einem englischen Teepflanzer aus Indien, der zu Besuch auf seiner Heimatinsel Jersey war. «Ja, bringen Sie mir doch ein Zwergwildschwein», antwortete Durrell spontan.[20] Von den kleinsten Wildschweinen der Welt (*Porcula salvania*), bei denen die größten Exemplare eine Schulterhöhe von kaum dreißig Zentimetern haben, hatte der Captain noch nie gehört. Das war kein Wunder, denn sie galten in ihrer Heimat, dem nordindischen Assam, längst als ausgestorben, vor allem weil ihre natürliche Umgebung komplett verändert worden war. Denn ihr Lebensraum voller hohem Elefantengras, zwischen dessen Halmen sich die winzigen Wutzen vor Feinden versteckt hielten, wurde regelmäßig abgebrannt, um Ackerland zu gewinnen. Durrell allerdings glaubte, dass es sie noch geben könne, nur habe eben noch keiner richtig nachgeschaut. Tessier-Yandell versprach, sich umzuhören, und meldete sich bald darauf aus Assam: Das Zwergwildschwein existiere noch. Drei Paare konnten 1971 eingefangen werden, als wieder einmal mit

Feuern Grasland abgefackelt wurde. Die indische Ministerpräsidentin Indira Gandhi persönlich erlaubte deren Ausfuhr zu Zuchtzwecken. Doch das britische Landwirtschaftsministerium genehmigte den Import nicht, aus Angst, den gesunden britischen Tierbestand vielleicht mit eingeschleppten Krankheiten anzustecken, allen voran der Schweinepest. Nach zähen Verhandlungen gab es folgenden Kompromiss: Wenn ein anderer europäischer Zoo die Schweine ein halbes Jahr ohne Krankheitsanzeichen hielte, dürften sie danach nach Jersey importiert werden. Der Zoo Zürich erklärte sich bereit, die seltenen Schweine aufzunehmen. Doch wegen innerindischer Spannungen zwischen dem Bundesstaat Assam und der Zentralregierung wurde nach langem Hin und Her von Seiten Assams nur die Ausfuhr eines einzigen Paares genehmigt – viel zu wenig, um auf einer soliden genetischen Basis eine Spezies zu erhalten, aber vielleicht zumindest ein Beginn. Als das Paar 1976 endlich in die Schweiz kam, warf die Bache bald fünf Ferkel. Leider waren es vier Eber und nur ein weibliches Tier. Dann folgte ein Schicksalsschlag dem nächsten: Das Elternpaar starb und bald auch das Weibchen, zurück blieben vier junge Eber. Das Projekt zur Rettung des Zwergwildschweins schien vorbei, bevor es richtig begonnen hatte. Doch Durrells Trust gab nicht auf und schickte seinen wissenschaftlichen Mitarbeiter William Oliver nach Assam, der in den Jahren darauf beobachtete, wie sich die Situation für das Zwergwildschwein dramatisch verschlechterte: Im November 1984 wurde das kleine Schwein von der IUCN zu einer der zwölf am meisten bedrohten Arten gekürt.

Weiterhin behinderten viele diplomatische und tierseuchenmedizinische Schwierigkeiten den Import der Tiere; die Einfuhr anderer Schweinearten nach Europa wurde wegen der Schweinepest immer schwieriger. Wieso also nicht gleich vor Ort in Assam Reservepopulationen aufbauen? Oliver setzte im überbürokratisierten Indien das Pygmy Hog Conservation Program durch, ohne das es die Zwergwildschweine wahrscheinlich heute nicht mehr geben würde.[21] Endlich wurden 1996 sechs Schweine – zwei Eber und vier Bachen – aus der letzten überlebenden Population im Manas-Nationalpark eingefangen, ganz bewusst zu jener Zeit im Jahr, in der die Bachen trächtig sein könnten. Mit diesem Trick sollte die genetische Basis der Gründerpopulation vergrößert werden – und es funktionierte. Denn drei der Weibchen waren wirklich schon tragend, als sie gefangen wurden, und brachten folglich mit großer Wahrscheinlichkeit das Erbgut weiterer Eber in die Gründerpopulation ein. Zwölf Ferkel wurden in diesem Jahr groß, und schon drei Jahre später hatte sich der Bestand an Zwergwildschweinen in der Zuchtstation verzehnfacht. Mittlerweile haben sich die kleinen Schweine so gut vermehrt, dass neue freilebende Populationen aufgebaut wurden, sowohl im Manas-Nationalpark selbst als auch in weiteren Schutzgebieten.

Züchten in Zoos

Es waren Pioniere wie Don Merton und Gerald Durrell, die das Instrumentarium der Tricks und Kniffe im Artenschutz enorm vergrößerten. Sie zeigten nicht nur, was erreicht werden kann, sondern ermunterten auch dazu, solche Methoden weiterzuentwickeln, neue auszuprobieren – ob *in situ*, ob *ex situ*. So erweiterte vor allem Durrells Trust die Rolle moderner zoologischer Gärten im weltweiten Artenschutz. Nach der Rettung von Bison, Wisent und Davidshirsch hatten die Bemühungen der Zoos grundsätzlich zugenommen, seltene Tierarten vor dem Aussterben zu bewahren. Statt der in früheren Menagerien üblichen Einzel- oder Paarhaltung von Tieren wurde mehr und mehr auf die sozialen Bedürfnisse jeder Spezies geachtet. Längst waren Zoos bei vielen Arten zu «Selbstversorgern» geworden, um sich selbsterhaltende Populationen in Menschenobhut aufzubauen und somit die Bestände in der Natur zu schonen. Das Zuchtgeschehen in Zoos und Tierparks wird daher heute international organisiert. Europäische und amerikanische Zuchtprogramme und Zuchtbücher koordinieren aus praktischen Transport-, aber auch Quarantänegründen den genetischen Pool verschiedener Spezies auf ihren Kontinenten. Für mehr als tausend Tierarten werden weltweit internationale oder regionale Zuchtbücher und Zuchtprogramme geführt,[22] für in der Natur ausgestorbene Urwildpferde, Nashörner und Okapis, bedrohte Unterarten des Tigers und des Leoparden, für Hawaiigänse und Krontauben, seltene Antilopen, Fasane und Schildkröten. Zuchtbuchführer bestimmen, welche genetisch möglichst fernstehenden Tiere am besten miteinander zu verpaaren sind. So ist ein regelrechter Hochzeitstourismus entstanden, der immer wieder Schlagzeilen macht, wenn etwa ein neuer Gorillamann aus Hunderten von Kilometern Entfernung angereist kommt, in eine neue Gruppe erwartungsfroher Weibchen integriert wird und aller wohlmeinender genetischen Algorithmen zum Trotz sich kein Nachwuchs einstellen will: weil vielleicht die «Chemie» zwischen den Partnern nicht stimmt.

Auch deshalb kommen bei Nashörnern, Gorillas und anderen Tieren mittlerweile oft Nachkommen per künstlicher Befruchtung zur Welt, wenngleich das immer Eingriffe in das natürliche Reproduktionsverhalten der Tiere sind. Die genetischen Vorgaben von Zuchtbuchführern sind aber leichter zu bewerkstelligen, wenn nur Phiolen eingefrorenen Spermas transportiert werden müssen und nicht ein ausgewachsener Gorillamann oder ein tonnenschwerer Nashornbulle. So wurde 2014 im Zoo von Buffalo ein Panzernashornkalb zehn Jahre nach dem Tod des Vaters geboren. (Auch andere Methoden der Fortpflanzungsmedizin wie Embryonentransfers per *In-vitro*-Fertilisation, sogar zwischen verschiedenen Spezies, und die Klonierung bedrohter Säugetierarten wurden schon angewandt, sind aber bislang die Ausnahme bei der Vermehrung seltener Spezies.)

Große Pandas galten lange als besonders schwer zu züchten: Die Weibchen hatten oft keine Lust, mit dem zugeteilten Mann zu kopulieren, denn Pandabärinnen haben ausgeprägte Vorlieben und Antipathien. In der Natur wählen sie meist unter mehreren Bewerbern aus, die oft heftig um ein Weibchen raufen müssen. Weil die Männchen deshalb zur Paarungszeit aufs Kämpfen eingerichtet sind, kommt es im Zoo bisweilen zu Übersprungshandlungen. Ist kein Nebenbuhler da, attackieren sie das unwillige Weibchen – das daraufhin erst recht keine Lust mehr auf den Grobian verspürt. Außerdem bemühen sich Pandamännchen mehr, wenn sie Mitbewerber in der Nähe wissen. Ein Konkurrent muss ja nicht im gleichen Gehege sein, aber wenn man ihn sieht, riecht oder hört, strengt sich ein Pandamann vielleicht mehr an. Daher werden in chinesischen Zuchtstationen paarungsunwilligen Pandas manchmal Videos kopulierender Artgenossen vorgespielt, weil zumindest die Geräusche die Bären zur Werbung stimulieren. Doch die Bambusbären sind Einzelgänger und teilen sich nicht gerne dauerhaft ein Gehege. Andererseits sind die Bärinnen nur an drei Tagen im Jahr empfängnisbereit. Wann also bringt man potenzielle Partner zusammen? Viel Erfahrung und Fingerspitzengefühl gehören dazu, in menschlicher Obhut den genauen Termin zu erwischen. Verpasst man ihn, ist die nächste Gelegenheit, zu Pandanachwuchs zu kommen, erst ein Jahr später. Dank regelmäßiger Hormontests werden die fruchtbaren Tage der Weibchen erkannt, in denen ihnen ein Pandamann zugeführt wird oder an denen sie künstlich befruchtet werden. Mittlerweile macht man das sogar parallel: Weil Pandas oft Zwillinge gebären, ist in Zoos manchmal einer von beiden ein Produkt einer natürlichen Paarung, der andere aus künstlicher Befruchtung mit Pandasperma entstanden.

Sexmuffel Lonesome George

Nicht immer helfen solche Tricks. Ein ganz besonderer Sexmuffel war Lonesome George, der einsame Schildkrötenmann von der Galapagosinsel Pinta. Er war der letzte seiner Unterart. Auf Walfängern und anderen Schiffen kamen einst die Schildkröten als lebender Proviant an Bord, gleichzeitig machten sich eingeschleppte Schweine über die Gelege der Reptilien her. Von geschätzten zweihundertfünfzigtausend Schildkröten auf den Inseln des Galapagos-Archipels waren zu Beginn der 1970er Jahre nur noch etwa dreitausend übrig – und George war die einzige von der Insel Pinta. Im Jahr 1972 wurde er in die nach Charles Darwin benannte Forschungs- und Zuchtstation auf der Insel Santa Cruz gebracht. Hier schlüpften in den Jahrzehnten zuvor bereits Tausende von Schildkröten verschiedener Unterarten aus Eiern und wurden später auf ihren Ursprungsinseln im Archipel wieder ausgesetzt, sobald sie groß genug waren. Lange hoffte man, für George vielleicht doch noch ein passendes Weibchen seiner Unterart[23] zu finden, um sie ihm beizugesellen und die Pinta-Schildkröten zu vermehren und zu retten, wie es mit den Unterarten der anderen Inseln gelungen war. Als immer deutlicher wurde, dass Lonesome George wohl wirklich so einsam war, wie sein weltweit bekannter Name damals schon signalisierte, wollten die Naturschützer zumindest einen Teil der Pinta-Gene erhalten. Sie brachten den Schildkrötenmann mit Weibchen der nahe verwandten Unterart von der Insel Isabela zusammen. Aber Lonesome George zeigte keinerlei sexuelles Interesse an ihnen.

Als die junge Schweizerin Sveva Grigioni 1993 für ein Praktikum auf die Station kam, versuchte sie, Sperma von ihm zu gewinnen, mit dem man die Damen befruchten wollte. Bald brachte Sveva andere Riesenschildkrötenmänner innerhalb einer halben Stunde mit der Hand zum Erguss, nur bei Lonesome George hatte sie nur begrenzten Erfolg. Immerhin führten ihre Versuche, ihn mit dem Vaginalsekret seiner beigesellten Partnerinnen zu stimulieren, irgendwann bei ihm zu Erektionen, doch Sperma konnte Sveva bis zum Ende des Praktikums nicht gewinnen. Jahre später machte George doch noch erfolgreiche Annäherungsversuche an seine Weibchen, allerdings waren die von ihnen gelegten Eier unbefruchtet. Am 24. Juni 2012 wurde Lonesome George morgens tot in seinem Gehege gefunden – ohne Nachkommen hinterlassen zu haben. Zu diesem Zeitpunkt war er ungefähr hundert Jahre alt. Riesenschildkröten können aber leicht doppelt so alt werden. Mit diesem frühen Tod hatte niemand gerechnet.

Hoffnung, auf Eis gelegt

Nicht nur auf der Charles-Darwin-Station war der Schock groß, auch im San Diego Zoo, weltweit bekannt für seine Artenschutzbemühungen. Das zooeigene Institute for Conservation Research hat einen gekühlten Raum mit großen Tanks aus rostfreiem Stahl, in dem Tausende kleiner Phiolen in flüssigem Stickstoff bei minus hundertsechsundneunzig Grad Celsius lagern. In jedem der kleinen Behältnisse sind Millionen von Zellen eingefroren – Keimzellen oder Zellkulturen von über eintausendeinhundert Arten und Unterarten von Säugetieren, Vögeln, Reptilien, Amphibien. Der Zoo auf Eis, der *Frozen Zoo*, enthält das Erbmaterial von über zehntausend Individuen, auch von bereits ausgestorbenen Spezies wie dem Po'ouli oder Weißwangen-Kleidervogel aus Hawaii. In diesem einzigartigen genetischen Archiv der Tierwelt, dem größten weltweit,[24] fehlten aber just die Zellen von Naturschutzikone Lonesome George, dem Symbol ausgerotteter Spezies, der bis eben noch gelebt hatte. Weil der Schildkrötenmann noch so jung schien, hatte man es verpasst, sein Zellmaterial einzufrieren. Nun musste es rasch gehen. Auf der Charles-Darwin-Station hatte man den Leichnam kühl gelagert, dennoch war keine Zeit zu verlieren, bevor die Zellen abgestorben waren und die Zersetzungsprozesse begannen. In weniger als vierundzwanzig Stunden saßen zwei Mitarbeiter des *Frozen Zoo* im Flieger auf die Galapagosinseln, mit dabei zwei Tanks voll flüssigen Stickstoffs. Gerade noch rechtzeitig gelang es, von George Zellen zu entnehmen und für die Zukunft zu konservieren. Denn vielleicht taucht ja doch noch ein Pinta-Weibchen auf, oder mit seinen Zellen werden Hybride gezüchtet. Jedenfalls waren seine Gene erst einmal gerettet, auch für die spätere Forschung.

Wenn ein – meist seltenes – Tier gestorben ist, dann ist das für die Mitarbeiter des *Frozen Zoo* die letzte Gelegenheit, noch Zellen von ihm einzufrieren. Die Proben der Tiere stammen aus dem eigenen Bestand, aus anderen Zoos oder Sammlungen, seltener von Wildtieren. Manchmal werden lebenden Tieren Proben entnommen, etwa wenn sie sowieso tierärztlich untersucht werden. Mal sind es Keimzellen – also Eier oder Spermien –, meist aber werden aus Haut- oder anderen Gewebeproben Fibroblasten gewonnen. Das sind Bindegewebszellen, die zunächst kultiviert werden, was schon eine Kunst für sich ist. Denn auch Zellkulturen wachsen ganz verschieden – abhängig vom Zelltyp und von der Spezies, von der die Zellen stammen. Sobald sie sich ausreichend vermehrt haben, werden die Zellkulturen in mehreren Portionen in den kleinen Phiolen eingefroren – als potenzielle Quelle für spätere Untersuchungen oder Zuchtversuche. Bei Mäusen ist es bereits gelungen, aus Fibroblastenkulturen pluripotente Stammzellen zu züchten. Dabei wurden die Bindegewebszellen «reprogrammiert», sodass wieder Stammzellen entstanden, die sich zu jedem Zelltyp entwickeln können. Im Labor konnte man aus solchen reprogrammierten Fibroblasten Embryos gewinnen, die heranreiften und als Mäuse zur Welt kamen.

Für manche Tiere könnte diese Methode die Möglichkeit zu einer Wiederauferstehung sein: Im *Frozen Zoo* lagert etwa eine potenziell

Schöne neue Rettungswelt: Eine Hauspferdamme gebar im August 2020 Klon Kurt. Vierzig Jahre lang lagerte das Fohlen des seltenen Urwildpferdes als Fibroblast im Frozen Zoo von San Diego. Die Bindegewebszellen, aus denen er «reprogrammiert» wurde, entstammen einem Hengst, der schon 1998 starb.

zwölfköpfige Herde der Nördlichen Breitmaulnashörner; genauer gesagt sind es Fibroblasten von zwölf Individuen dieser so gut wie ausgestorbenen Unterart, von der es derzeit nur noch zwei unfruchtbare Weibchen gibt. Die Hoffnung ist, mit sich entwickelnder fortpflanzungsmedizinischer Technologie irgendwann vielleicht auch deren Fibroblasten zu Stammzellen reprogrammieren zu können – und die daraus entstandenen Embryonen von Kühen der Südlichen Breitmaulnashörner als Leihmütter austragen zu lassen. Schon heute könnte dank eingefrorener Spermienportionen mit Hilfe künstlicher Befruchtung neue Vielfalt in genetisch verarmte Populationen gebracht werden – ohne gleich Tiere auszusetzen, wie es beim Florida-Panther geschah.

Besondere Archen

Ähnliche genetische Archive – für die Forschung, vor allem aber auch als Sicherheitsnetz zur Bewahrung seltener Spezies – gibt es für Pflanzen. Die bekannteste der über eintausendeinhundert Samen- oder Genbanken ist wohl das Svalbard Global Seed Vault, das Saatgutgewölbe auf Spitzbergen. Hier können bei minus achtzehn Grad Celsius bis zu viereinhalb Millionen Proben Saatgut eingelagert werden. Allerdings ist das Saatgutgewölbe reserviert für die Wild- und Zuchtformen der für den Menschen nützlichen Kulturpflanzen – etwa für Weizen, Hafer, Reis, Kartoffeln, Maniok, Sorghum, Bohnen, Mais, Sojabohnen, Erdnüsse, Alfalfa. In der weltweit größten Samenbank für Wildpflanzen, der Millennium-Samenbank im Royal Botanic Garden in Kew in London, lagert heute schon das genetische Material von über achtzehntausend Spezies.

Ähnlich wie zoologische Gärten, aber oft weniger beachtet, sind auch botanische Gärten im Artenschutz aktiv. In ihren Sammlungen und Gewächshäusern vermehren sie seltene Spezies aus aller

Welt unter kontrollierten Bedingungen. Und manchmal finden sich dort sogar überraschende Überlebende. So galt die südafrikanische Wirbelheide[25], eine bis zu zwei Meter hohe Verwandte unserer Heidekräuter, seit den 1950er Jahren als ausgestorben. Sie war zuvor nur von wenigen Standorten in Kapstadt bekannt; als die Stadt wuchs, wurde ihr Lebensraum zerstört. Das letzte Material, das von der Wirbelheide für Herbarien gesammelt wurde, stammte aus dem Jahr 1908. Durch Zufall bemerkte man 1984 im Protea Park Pretorias in einer Sammlung südafrikanischer Pflanzen eine Heide, auf die die Beschreibung der Wirbelheide zutraf – und nach genauer Begutachtung konnte das bestätigt werden. Daraufhin schaute man in den botanischen Gärten der Welt und anderen Sammlungen nochmals genauer auf die dort jeweils kultivierten Heidegewächse – und so wurden weitere Exemplare gefunden, gezielt vermehrt, sodass nun wieder erste Wirbelheiden in botanischen Reservaten um Kapstadt herum wachsen.[26]

Auch im Botanischen Garten Bonn machte man eine erstaunliche Entdeckung.[27] Jahrelang wurde dort ein kleiner Baum in den Gewächshäusern gepflegt, aber kaum beachtet, obwohl auf seinem Namensschild «*Sophora toromiro*» stand. Erst 1988 wurde er dort «entdeckt», und es bestätigte sich: Das war wirklich ein Toromiro-Baum, der einzige Baum, der bis in historische Zeit auf der Osterinsel heimisch war. Aber als die Insel nach Ankunft der Europäer von Rindern und Schafen überweidet wurde, kamen dort keine Sämlinge mehr hoch, der Baum galt seit Jahrzehnten als ausgestorben. Der norwegische Entdeckungsreisende Thor Heyerdahl war wohl der Letzte, der ein Exemplar am Kraterrand des Vulkans Rano Kao sah und ein paar Samen davon nach Europa brachte. Auch dieser Toromiro, so Heyerdahl, war schon stark geschädigt und verkrüppelt. Die mitgebrachten Samen wurden ein paar Jahre nach seiner Rückkehr im Botanischen Garten von Göteborg zum Keimen gebracht; später entdeckte man noch Toromiros in botanischen

Gärten Chiles und in Melbourne. Wahrscheinlich geht das Bonner Exemplar ebenfalls auf Heyerdahls Mitbringsel zurück. Jedenfalls wurden die seltenen Bäume in diesen botanischen Gärten durch Stecklinge vermehrt und einige von ihnen wieder auf die Osterinsel gebracht. Wirbelheide und Toromiro sind nur zwei Beispiele für die Rolle, die botanische Gärten als Archen im Artenschutz spielen.

Ging es zunächst bei der Rettung bedrohter Spezies mehr um die eindrucksvollen, großen Tiere – Huftiere, Menschenaffen, Nashörner, Großkatzen oder auch die Riesenschildkröten von Galapagos –, so hat sich der Blick, nicht zuletzt dank Pionieren wie Merton und Durrell, auf kleinere, unscheinbare, weniger bekannte Arten gerichtet. Für viele Gruppen gibt es mittlerweile spezialisierte Zuchtzentren, oft konzertierte Aktionen von zoologischen Gärten mit anderen Organisationen. So werden etwa im Internationalen Zentrum für Schildkrötenschutz (IZS) im Allwetterzoo Münster gut zwanzig seltenste asiatische Schildkrötenarten gezüchtet. In dieser bislang einzigartigen Kooperation werden Einsatz, Leidenschaft und Wissen einer Privatperson mit den Möglichkeiten einer großen zoologischen Einrichtung verbunden.[28] Mehrere hundert seltene Schildkröten sind hier bereits geschlüpft, von denen manche Art in der Natur wohl ausgestorben ist.[29]

Die Singvogel-Arche im javanischen Prigen ist ein ähnlich kreatives internationales Naturschutzprojekt:[30] Artenschutz betreiben, direkt vor Ort, *ex situ* und unter kontrollierten Verhältnissen, allein im Rahmen der klimatischen Verhältnisse und ohne künstliche Regulation, betrieben mit dem Know-how deutscher Tierpfleger, die ihr Wissen an javanische Kollegen vor Ort weitergeben – was die täglichen Bedürfnisse der Pfleglinge, aber auch was die Tricks und Kniffe bei der Zucht und genetisches Management angeht. So sind immer mehr «Spezialarchen» entstanden, Zusammenschlüsse von Spezialisten, oft angegliedert an offizielle Einrichtungen. Es gibt solche Archen für die durch den Chytrid-Pilz bedrohten Froscharten, für seltene Fische oder auch für Insekten. Forschungseinrichtungen wie das Mount Albert Research Centre in Auckland züchten in dunklen, klimatisierten Kellerräumen mehrere Arten neuseeländischer Langfühlerschrecken, die urtümlichen Wetas. So ist aus einem Männchen und zwei Weibchen der seltenen Stoßzahn-Wetas[31] von der kleinen Insel Mercury eine kleine Population geworden – und einige Schrecken wurden schon wieder auf der Heimatinsel ausgesetzt.[32] Selbst um Schnecken wird sich gekümmert.

Lonesome George, der Zweite

Ein knapp fünfzehn Meter langer, grüner Container mit weißen Fensterrahmen auf der Insel O'ahu ist das Herzstück des Snail Extinction Prevention Program Hawaiis,[33] der Spezialarche für die bedrohten Weichtiere des Archipels. Einst gab es hier über siebenhundertfünfzig, vielleicht sogar über tausend Schneckenarten: Es ist ein wunderbares Modell für die Evolutionsforschung, wie aus wenigen Ursprungsarten, die vor Millionen von Jahren auf die abgelegene Inselgruppe gelangten, so viele unterschiedliche Spezies entstehen konnten. Mit der Vielfalt war es jedoch rasch vorbei, nachdem James Cook 1748 die Inseln erreicht hatte. Die bunten, oft hübsch gemusterten Gehäuse der hawaiianischen Schnecken galten als «Juwelen des Waldes», wurden in Massen gesammelt und um die Welt geschifft. Viele der Arten lebten in Bäumen und hingen dort «wie Weihnachtsschmuck» in den Ästen, so der Biologe David Sischo, der die verbliebenen Schneckenspezies erforscht. Wie viele Arten schon verschwunden sind, weiß er gar nicht genau. Ihr Lebensraum wurde abgeholzt oder durch eingeschleppte Schweine und Ziegen zerstört, die Populationen der bunten Schnecken fragmentierten immer mehr, der genetische Austausch nahm kontinuierlich ab, Inzucht war die Folge. Eingeschleppte Ratten und

Chamäleons fraßen viele Schnecken. Der schlimmste Räuber aber war ein Verwandter: *Euglandina rosea*, die Rosige Wolfsschnecke, war zur biologischen Schädlingsbekämpfung ausgesetzt worden. Sie sollte die ebenfalls eingeschleppte Afrikanische Achatschnecke vertilgen, die Gärten und Plantagen leer fraß, weil sie auf Hawaii keine Feinde hatte. Doch das misslang gründlich: Anstatt sich über die Achatschnecke herzumachen, dezimierte die Raubschnecke die kleineren hawaiianischen Spezies.

Seit Jahren kümmert sich David Sischo um das Überleben der hawaiianischen Weichtiere, seine Arbeit ist eine Geschichte voller Erfolge und Misserfolge. Im Jahr 2014 entdeckte er mit Kollegen sieben Exemplare einer bereits verloren geglaubten Art, die ersten seit den 1980er Jahren. Doch weil die Containerarche zu diesem Zeitpunkt noch nicht fertig war und sie ansonsten keinen Platz zum Unterbringen hatten, mussten sie die seltenen Tiere schweren Herzens auf dem Baum lassen. Zwei Jahre später kamen die Wissenschaftler zurück: «Wir haben jedes verdammte Blatt an diesem Baum abgeschnitten, aber keine Schnecke mehr gefunden», so Sischo. «Das wird mich wahrscheinlich für den Rest meines Lebens verfolgen.»[34]

Heute sind im Container des Snail Extinction Prevention Program sechs spezielle Klimakammern eingerichtet, mit Dutzenden von Plastikterrarien für die ausgewachsenen Schnecken darin und noch mehr Kunststoffbechern für deren Nachwuchs. Schnecken sind nämlich nicht einfach zu halten. Zum Überleben und zur Vermehrung braucht jede Art spezielle Temperaturen und Feuchtigkeit; die Klimakammern sorgen für die jeweils nötige Wärme, Nebelmaschinen befeuchten die schleimigen Gehäuseträger in ihren Behältnissen. Beim Saubermachen ist besondere Umsicht nötig: Jedes einzelne Blatt muss abgesucht werden, um keine Schnecke beim Reinigen zu übersehen und versehentlich zu entsorgen. Das ist Geduldsarbeit: Schon die erwachsenen Schnecken sind oft nur

Hawaiis «Juwelen» des Waldes: Von Achatinella apexfulva blieben nur Zeichnungen und Gehäuse, A. fuscobasis überlebt in der Schneckenarche

zwei Zentimeter groß. Jedes Blatt wird daher doppelt, also von zwei Personen, inspiziert, bevor es ausgetauscht wird.

Insgesamt ist der Schneckencontainer ein Erfolg: Mittlerweile leben hier über dreitausend Schnecken aus fast vierzig Spezies, und Sischo hat die Hoffnung, zumindest einige von ihnen einmal an sicheren Orten wieder auszusetzen. So lebt etwa von *Achatinella fuscobasis* wahrscheinlich die gesamte Weltpopulation im Container; vor ein paar Jahren hatten sie sechs überlebende Exemplare in der Natur gefunden, so Sischo. Die hätten sich immerhin auf vierzig vermehrt; das sei noch kein großer Erfolg, aber immerhin. Nicht immer gelingt hier das Überleben. So starb am Neujahrstag 2019 ein weiterer Lonesome George im Container: Die nach der Pinta-Schildkröte benannte Schnecke war ebenfalls die letzte einer Art, sogar einer besonderen: Denn *Achatinella apexfulva* wurde 1789 als erste Schnecke des Hawaii-Archipels wissenschaftlich beschrieben und bekam wegen ihrer gelben Gehäusespitze den Artnamen «apexfulva». Damals war sie auf der Insel O'ahu weit verbreitet. 1997 kamen die letzten zehn, die von dieser Spezies gefunden wurden, in ein Institut an der Universität von Honolulu – den Vorgänger der Schneckenarche. Sie brachten ein paar Jungschnecken zur Welt, aber warum auch immer starben fast alle von ihnen – bis auf George. Dabei war sie gar kein Männchen, denn Schnecken sind Zwitter, können sich aber nicht selbst befruchten. Immerhin vierzehn Jahre lang lebte Schnecke George, aber es fand sich kein weiterer Artgenosse. Wie alle gestorbenen Schnecken in der Arche endete Lonesome George der Zweite in einem Gläschen mit Alkohol – verewigt für spätere Forschungen. Trotz aller Kämpfe und Liebesmüh ist nicht jede Schlacht zu gewinnen. Manchmal fördert das Bemühen sogar noch das Aussterben.

Zu Tode gerettet?

Sumatra-Nashörner waren schon immer meine Lieblingsnashörner. Mit ihrem Fell am ganzen Körper erinnerten sie mich an die Wollnashörner der Eiszeit. Nahezu unverändert leben Sumatra-Nashörner bereits seit zwanzig Millionen Jahren auf der Erde – gut sechzigmal so lange wie der *Homo sapiens*. Noch vor zweihundert Jahren gab es sie in großen Teilen Südostasiens. Doch schon als Schüler las ich, dass wahrscheinlich kaum mehr als tausend Tiere die Jagd nach ihrem Horn überlebt hatten. In Zoos waren sie nur ganz selten gelangt. Als ich 1991 in den New Yorker Bronx Zoo kam, hatte ich vorher gehört, dass es hier eines der extrem seltenen Nashörner geben solle. Im Zoo angekommen fragte ich sogleich, wo denn das Sumatra-Nashorn sei. Die nette Frau am Informationstisch wies mir den Weg und sagte: «Sie heißt Rapunzel.»

Wunderbar, dachte ich: Rapunzel mit den langen Haaren in der Stadt der großen Türme. Und wirklich hingen ihre Haare in rotbraunen Strähnen von den Ohren herab; wuscheliger Flaum bedeckte ihre Flanken. Von keinem Foto war mir ein Sumatra-Nashorn mit so langen rotbraunen Haarbüscheln in Erinnerung. Und ich freute mich über den Hintersinn ihres Namens. Denn Grimms Märchen über das Mädchen mit den langen Zöpfen ist auch eine Geschichte über Fortpflanzungserfolg nach anfänglichen Schwierigkeiten: Die Eltern bekamen das hübsche Mädchen erst nach dem Verzehr von Feldsalat, also Rapunzeln. Das Nashorn Rapunzel war nämlich Teil einer internationalen Anstrengung von Naturschützern und zoologischen Gärten, die zu jener Zeit versuchten, eine *Ex-situ*-Population der seltenen Rhinozerosse aufzubauen und sie ebenso zu züchten, wie es mittlerweile bei den anderen drei in Menschenobhut gehaltenen Nashornspezies gut gelang.[35]

Die – naheliegende – Idee damals war, vor allem Sumatra-Nashörner aus solchen Waldgebieten zu fangen, in denen sie auf lange Sicht keine Chance zum Überleben hatten: weil es dort nur noch zu wenige Tiere gab und die sich kaum mehr fanden; weil ihre Wälder bald gerodet würden. So war auch Rapunzel 1989 in einem Wald auf Sumatra gefangen worden, der für eine Palmölplantage abgeholzt wurde. Diesem Projekt lag der Gedanke zugrunde, die wenigen intakten Bestände zu schonen und versprengte Einzeltiere aus Populationen, deren Untergang bevorstand, zusammenzuführen. Insgesamt wurden zwischen 1984 und 2005 fünfundvierzig solcher schon vereinsamten Sumatra-Nashörner eingefangen und auf Zoos und Zuchtstationen in den USA, Großbritannien, Malaysia und Indonesien verteilt. Abgesehen von diversen diplomatischen Schwierigkeiten bei der Rettung, die dazu führten, dass das Zuchtprogramm viel langsamer und kleiner startete als geplant, hatte es ausgesprochen geringen Erfolg: Viele der gefangenen Tiere starben rasch. Außerdem wurden seither erst fünf Sumatra-Nashörner in menschlicher Obhut geboren.

Dabei hatte man erwartet, dass sich bald ähnliche Zuchterfolge einstellen würden wie bei den anderen Spezies. Einige der gefangenen Nashörner waren falsch ernährt worden, etwa mit Gras und Getreide; dabei brauchen die tropischen Urwaldbewohner vor allem Laub zum Fressen; einige Tiere starben aufgrund der falschen Diät an Darmverschlingungen. Das Hauptproblem aber war, dass einfach kein Nachwuchs zur Welt kommen wollte. Auch Rapunzel wurde nicht trächtig, obwohl man sie zwischendurch nach Cincinnati zu einem Sumatra-Bullen geschickt hatte. Die Forscher waren sich nach Untersuchungen sicher, dass Rapunzel in der Natur schon Junge geboren hatte. Aber sie war wohl bereits zu alt, als sie in Gefangenschaft kam.[36] Mit dieser Diagnose war Rapunzel kein Einzelfall: Viele der Nashörner aus «verlorenen» Populationen waren schon älter – und wahrscheinlich hatten die meisten von ihnen bereits Jahre vorher keinen Nachwuchs mehr bekommen. Wo sie lebten, war es einfach schwer geworden, einen Partner zu finden. Und das hatte Folgen für ihr ganzes Reproduktionssystem. Die Nashörner waren unfruchtbar, eben weil sie in der Natur nicht mehr trächtig geworden sind: Viele der Weibchen hatten oder entwickelten bald pathologische Wucherungen, Zysten oder Gebärmuttertumoren; die meisten der älteren Bullen hatten außerdem nur eine geringe Spermiendichte. Mit nicht fortpflanzungsfähigen Tieren ließ sich natürlich kein Zuchtprogramm aufbauen. Erst im September 2001 kam im Zoo von Cincinnati das erste Kalb zur Welt, nach mehreren Fehlgeburten des Weibchens, die später durch regelmäßige Gaben des Hormons Progesteron verhindert wurden. Zwei weitere Geburten folgten, dann starb das Zuchtweibchen Emi.

Zumindest hatte man in dieser Zeit wesentliche Informationen über den Fortpflanzungszyklus der Nashörner gewonnen. Nach dem Fehlschlag dieser Bemühungen sollte die Zucht in Schutzgebieten in möglichst natürlichem Umfeld versucht werden. Daher wurden die wenigen noch in den Vereinigten Staaten und Großbritannien lebenden Nashörner nach Sumatra zurückgebracht, wo im Way-Kambas-Nationalpark eine Zuchtstation mit großen Waldgehegen errichtet wurde.[37] Mit Hormonuntersuchungen und Ultraschall werden die Weibchen hier regelmäßig überprüft, ob sie empfängnisbereit sind. Dann können die einzelgängerisch lebenden Rhinozerosse zusammengesperrt werden, um sich fortzupflanzen. Zwei der fünf seit Beginn des Projekts geborenen Nashörner kamen hier zur Welt.

Mittlerweile geht man davon aus, dass es weniger als hundert freilebende Sumatra-Nashörner gibt, wahrscheinlich sind es nur noch um die achtzig Tiere. In einer vom indonesischen World Wide Fund for Nature (WWF) finanzierten Studie aus dem Jahr 2017 haben John Payne und K. Yoganand die Aussichten für das Überleben der Sumatra-Nashörner analysiert.[38] Ihre Schlussfolgerung ist ernüchternd: Das urtümliche Nashorn steht kurz vor dem Aussterben. Alle Versuche, die Rhinozerosse vor Ort zu schützen oder in menschlicher Obhut zu züchten, waren ohne durchschlagenden Erfolg, die Zahl der Tiere und der überlebensfähigen Populationen sank immer weiter. Nur in drei Nationalparks auf Sumatra gebe es noch Populationen mit über zwanzig Tieren, die sich vermehren können – in Gunung Leuser, in Bukit Barisan Selatan und eben in Way Kambas. Ein paar kleinere Populationen bestünden aus zwei bis höchstens fünf Tieren, bei denen es fraglich sei, ob sie noch fortpflanzungsfähig seien. Natürlich bedrohen weiterhin Lebensraumverlust und Wilderei die restlichen Nashörner. Viel wesentlicher sei aber, dass sich potenzielle Partner aufgrund der geringen Zahl nicht mehr beggenen und viele Weibchen bereits unfruchtbar sind. Je länger Nashörner in der Natur verbleiben, desto weniger werden sie zum Überleben ihrer Art beitragen.

Die Autoren der Studie schlagen daher vor, möglichst alle verbliebenen Sumatra-Nashörner einzufangen und in Stationen wie Way Kambas zusammenzubringen und Rhinozerosse aus Borneo dazuzunehmen, auch wenn diese einer anderen Unterart angehören. Vor allem gehe es darum, die halbwegs jungen, noch fortpflanzungsfähigen Nashörner in den Gehegen zu vermehren. Sonst begehe man den gleichen Fehler wie vor Jahrzehnten. Aber auch im Fall der alten Nashörner, die wohl lange keinen Nachwuchs mehr hatten, solle man versuchen, sie mit Hormongaben oder sonstigen Methoden irgendwie am Fortpflanzungsgeschehen zu beteiligen. Und sei es, dass man ihre Eizellen, ihr Sperma oder andere Zellen

Delilah, geboren 2016, ist das zweite Sumatra-Nashorn, das in der Zuchtstation Way Kambas zur Welt kam. Reicht das zum Überleben ihrer Art?

wie Fibroblasten einfriert. Wenn das nicht geschehe, seien die Sumatra-Nashörner bald verschwunden und jeder weitere Rettungsversuch vergeblich.

Drei mögliche Entscheidungen stellen die Autoren zur Wahl: es so zu machen wie vorgeschlagen, wobei die Nashörner in staatlichem Besitz bleiben; die letzten Tiere engagierten Landbesitzern und Privatpersonen zu überlassen, ähnlich also, wie einst Bison und Wisent gerettet wurden oder wie Farmer in Südafrika Breitmaulnashörner züchten; oder alle weiteren Rettungsbemühungen einzustellen und das Aussterben der Sumatra-Nashörner einfach geschehen zu lassen.

Mittlerweile hat die indonesische Regierung erklärt, möglichst viele Sumatra-Nashörner einzufangen und auf Zuchtstationen zu verteilen. Leider beschränkt sie sich in ihren Ankündigungen wieder nur auf jene verstreuten Einzeltiere und lässt die verbliebenen, sich noch vermehrenden wilden Populationen unangetastet. Das bedeutet konkret: Wider besseres Wissen versucht sie einen Weg, der bereits über Jahrzehnte erfolglos blieb, viel kostete und Rapunzels Spezies nicht retten wird.

Triage oder Die Qual der Wahl

Es gibt einen Punkt, an dem die Wahrscheinlichkeit, eine Art noch retten zu können, schwindet, obwohl einige Exemplare überleben. Manchmal gelingt es, eine Spezies über diese «Ausrottungsschwelle», *extinction threshold*, zu hieven, wie beim kleinen Black Robin, bei dem die letzten Vögel immerhin nahe beieinander waren. Oder wie beim Davidshirsch, bei dem man erst Jahrzehnte nach seiner Rettung herausfand, dass alle heute lebenden Individuen auf nur drei Tiere zurückgehen. Beim amerikanischen Heidehuhn (*Tympanuchus cupido cupido*), auch Cupidohuhn genannt, einer ausgestorbenen Unterart des Großen Präriehuhns, hat es nicht geklappt: Wie Bison und Wandertaube war der hübsche Vogel, der bei der Balz zwei orangefarbene Luftsäcke seitlich am Kopf aufpumpte, im 19. Jahrhundert übermäßig bejagt worden und aus vielen Teilen seines Verbreitungsgebietes verschwunden. Ende des Jahrhunderts lebten noch höchstens fünfzig Vögel auf der Insel Martha's Vineyard vor Massachusetts.[39] Dank strengen Schutzes vermehrten sie sich wieder auf mehrere tausend Exemplare. Dann brannte 1916 ein gewaltiges Feuer während der Brutsaison große Teile ihres Schutzgebietes nieder. Im folgenden strengen Winter starben viele der Überlebenden; eingeführte domestizierte Truthähne schleppten Krankheiten ein: Die letzten bekannten Küken schlüpften 1924. Der allerletzte Cupido, ein Männchen namens Booming Ben, starb 1932. Dabei schien es zwischendurch, als sei das Heidehuhn gerettet. Doch just die Art und Weise des Schutzes führte zur Katastrophe. Denn im für die Heidehühner errichteten Reservat wurden aus Sorge um sie kleine Brände unterdrückt, wie sie in den Prärien üblich sind. So wuchs dichtes Unterholz heran, das in einem trockenen Sommer wie Zunder abfackelte und in einem flammenden Inferno den gesamten Lebensraum der letzten Heidehühner zerstörte. Mit dem Wissen von heute wären kontrollierte Feuer gelegt worden, um das Geschehen wie auf den Prärien nachzuahmen.

Kann es – mit solchen Erfahrungen im Blick – denn überhaupt noch gelingen, das Sumatra-Nashorn zu retten? Sein Fall stellt Fragen, die über die Tricks und Kniffe, also das erst zu entwickelnde Handwerkszeug der Naturschützer, und die Fehler und Versäumnisse bei den bisherigen Rettungsversuchen hinausgehen. Dazu gehört auch ein Gedanke, der weit über eine einzige Spezies hinausreicht: Ein so großes und einst weitverbreitetes Tier wie das haarige Rhinozeros hatte für Jahrmillionen prägende Auswirkungen für seinen Lebensraum, von denen wir bislang kaum etwas wissen: Es hat mit seinem massigen Körper Wege in den dichten Wald gebrochen, Suhlen angelegt und mit großer Wahrscheinlichkeit Samen ganz bestimmter Bäume verteilt. Was aus diesen Wäldern wird, wenn ein so großes Tier fehlt, mag sich erst in Jahrzehnten zeigen. Es gilt dabei auch, Opportunitätskosten zu berücksichtigen – potenziellen, entgangenen Nutzen in der Zukunft.

Geben wir also irgendwann eine Rettung auf, weil es aussichtslos erscheint? Wann engagieren wir uns noch und wann nicht mehr? Lassen wir manche Arten bewusst aussterben, weil sich die Mühe der Rettung nicht mehr lohnt? Wen wollen wir erhalten, wenn nach Voraussagen die Hälfte aller Arten bis 2100 verschwunden sein soll? Können wir alle retten, die bedroht sind? Oder reichen unsere Ressourcen und Fähigkeiten nicht für alle «Patienten» aus?

Diese Fragen erinnern an klassische Triage-Situationen, wie wir sie aus Kriegen kennen oder jüngst von Intensivstationen voller Covid-19-Patienten: Wenn zwei Schwerstverwundete in ein Feldlazarett an der Front kommen, es viel zu wenig Medikamente gibt, kaum Morphium zum Schmerzstillen, wenn die Drogen bestenfalls für einen von beiden reichen: Wen wählen Sie? Den älteren

Familienvater mit kleinen Kindern oder den jungen Mann, gerade achtzehn Jahre alt, der sein Leben noch vor sich hat? Wenn alle Beatmungsmaschinen auf einer Intensivstation belegt sind und ständig neue Covid-19-Patienten angeschlossen werden müssen: Entfernen Sie den Fünfundachtzigjährigen von der Lungenmaschine, wissend, dass er daraufhin bald sterben wird, damit der Fünfundfünfzigjährige überleben kann?

Solche extremen Ausnahmesituationen werden häufig mit dem Begriff der Triage verbunden. Das Wort stammt vom französischen Verb *trier* und bedeutet auswählen, sortieren, auslesen. Oft sind medizinische Triage-Situationen nicht ganz so existenziell. Es geht meist um das Aufteilen eingelieferter Patienten nach Dringlichkeit: In der Notaufnahme eines Krankenhauses kommt ein Mann mit akutem Herzinfarkt oder eine ältere Frau, die Schmerzen in der Blinddarmregion verspürt, eher an die Reihe als der Jugendliche mit gebrochenem Arm: Wem es am schlechtesten geht, ist als Erstes dran. Anders bei jenen Kriegs- oder Katastrophensituationen; da dient die Triage dazu, strukturierte Entscheidungen zu treffen – so, dass bei begrenzten Mitteln möglichst viele überleben. Bei den anderen kann man bestenfalls versuchen, Schmerzen zu lindern.

Retten wir ökologische Zombies?

«Sollten einige Arten aussterben dürfen?», so fragte im März 2018 auch die Journalistin Jennifer Kahn im «New York Times Magazine».[40] Sie berichtet von Rettungsbemühungen für einen «Vogel in Not», den dreizehn Zentimeter langen grauweißen Weißkehl-Kleidervogel oder Akikiki[41] von der hawaiianischen Insel Kaua'i. Einst besaß der Archipel mindestens drei Dutzend Spezies von Kleidervögeln, deren Vorfahren Finkenvögel waren, die irgendwann – vielleicht von einem Sturm – vom amerikanischen Kontinent aus hierhergeweht worden waren und aus denen sich im Laufe der Evolution eine Vielfalt unterschiedlicher Kleidervögel entwickelt hatte. Weit über ein Dutzend von ihnen sind mittlerweile ausgerottet – wegen der Zerstörung ihres Lebensraums und durch invasive Arten wie Schweine und Ratten. Außerdem bedrohen eingeschleppte Krankheiten, die Vogelpocken und die Vogelmalaria, übertragen durch ebenfalls eingeschleppte Moskitos, die letzten Spezies dieser Vögel. Sie sind diesen Erregern nicht gewachsen und leben mittlerweile nur noch in bergigen Regionen der Inseln, die zu kühl für die Stechmücken der Spezies *Culex quinquevittatus* sind.

So sind auch die Bestände des Akikiki innerhalb von zehn Jahren um über achtzig Prozent geschrumpft. Bereits seit dem Jahr 2000 steht er auf der Roten Liste der IUCN als «kritisch bedroht»; seit 2010 wird er unter dem amerikanischen Endangered Species Act geführt. Nach diesem Gesetz von 1973 ist die Regierung dazu verpflichtet, jedem Aussterben vorzubeugen und alles zu tun, dass sich die Bestände einer Spezies erholen können, bis sie den Schutz durch das Gesetz nicht mehr braucht. Nur vierhundertachtundsechzig Vögel waren übrig, als 2015 die Regierung ein Zuchtprogramm in menschlicher Obhut begann. So entstand das Kaua'i Forest Bird Recovery Project. Den wilden Weißkehl-Kleidervögeln werden Eier aus dem Nest genommen, die in einer Zuchtstation ausgebrütet werden, damit ein *Ex-situ*-Bestand aufgebaut werden kann. Die wilden Eltern werden voraussichtlich ein zweites Gelege legen.

Das klingt erfolgversprechend, weil schon bei anderen Vögeln beschrieben und erfolgreich durchgeführt. Jennifer Kahn schildert auch die Mühsal einer solchen Aktion: Um an die Eier zu kommen, müssen die Naturschützer erst einmal ein Nest des winzigen Vogels finden. Dafür wandern sie kilometerweit durch steiles Gelände, dessen Abfolge von Tälern und Hängen an eine Anordnung von «Akkordeonfalten» erinnert, durchqueren knietiefe Bäche, schlittern rutschige Abhänge herunter. Haben sie eines der vielleicht sechs Zentimeter langen Nester im Wipfel eines schlanken Ohia-Baumes entdeckt, geben sie den Standort an einen Hubschrauber durch, damit dieser herbeifliegt und eine gut dreizehn Meter lange Aluminumleiter abwirft. Die muss nun im dichten Regenwald auf schlammigem Untergrund an dem manchmal dünnen, oft verzweigten Brutbaum gestellt, präzise ausbalanciert und mit Seilen an umliegenden Bäumen festgezurrt werden. All das, so beschreibt Kahn das mühselige Unterfangen, um zwei winzige und höchst zerbrechliche Eier aus dem Baumdach zu holen. Manchmal dauere ein solcher Vorgang zwei Tage oder, wie eine der Wissenschaftlerinnen es beschreibt, einhundertdreißig Personenstunden. Die Eier werden dann in einem beheizten Behälter ausgeflogen und zu einer speziellen Brutmaschine gebracht.

Bislang lässt sich das Programm zur Rettung des Akikiki gut an: Aus über vierzig aus dem Wald geholten Akikiki-Eiern schlüpften Küken, die von Experten von Hand großgezogen wurden. Mittlerweile haben sich die ersten Paare gebildet. Und im Jahr 2018 haben ein drei Jahre altes Männchen und eine zwei Jahre alte Henne, die in menschlicher Obhut schlüpften, ihre ersten beiden Küken selbst großgezogen, ganz ohne weitere menschliche Unterstützung.

Trotz dieser ersten Erfolge fragt Jennifer Kahn: Lohnt sich solches Engagement denn? Sollten wir dem Akikiki nicht erlauben auszusterben? Denn jede Kreatur erhalten zu wollen, sei «unrealistisch und ineffizient». Viel Energie und Geld werde in weniger wichtige Arten gesteckt – Mittel, die dann bei der Rettung anderer fehlten. Kahn stellt die Frage nach dem Wert von Arten: Wie entscheiden wir, ob der Wolf oder der Schneeleopard wertvoller ist? Und sie schaut sich den Weißkehl-Kleidervogel noch einmal genauer an. Ja, als Insektenfresser pickt er viele Kerbtiere von den Zweigen. Dennoch scheine es, als spiele er in seinem Lebensraum keine besonders wichtige Rolle. Schon vor Jahrzehnten habe er sich vor den Moskitos in die Berge zurückgezogen – genauer gesagt: Nur die höheren Lagen der Insel sind ihm als Lebensraum noch geblieben. Ist sein «verlassenes» Verbreitungsgebiet im Tiefland nun so viel ärmer ohne ihn? Ist seine ökologische «Leistung» dort noch nötig, oder hat sich der Lebensraum ohne ihn schon zu sehr verändert? Ist der Akikiki nicht längst ein «ökologischer Zombie», der nur noch in kleiner Zahl ohne messbare Funktion herumschwirrt? Und sie zitiert die rettenden Naturschützer: Selbst die meisten Hawaiianer hätten sein Verschwinden nicht bemerkt, und für die vielen Touristen sei die Insel sowieso einfach nur voller bunter exotischer Vögel – etwa der eingeführten mexikanischen Grünwangenamazonen, schrillen Papageien mit roter Krone, oder der Dreifarbennonnen, einem indischen Finkenvogel. Kahn nennt den Hawaii-Archipel eine «Petrischale für invasive Arten» aus beinahe allen Kontinenten, gegen die heimische Spezies meist wehrlos seien; Hawaii habe daher den Ruf der weltweiten «Hauptstadt des Aussterbens». Wenn es gelinge, die Zahl der Moskitos zu verringern, durch das Aussetzen steriler Moskitos, nur dann habe der Akikiki vielleicht wieder eine Chance, aus eigener Kraft zu überleben.

Wonach entscheiden?

Was also tun? Ist jede Art an sich nicht gleich wert und rettungswürdig? Oder heißt es eher, frei nach George Orwell: Alle Arten sind gleich, aber manche sind gleicher als andere? Schon auf der Arche Noah wurden schließlich nicht alle Arten gleichbehandelt. Auch wenn wir das Bild einer langen Schlange von vor dem Schiff stehenden Tierpärchen im Kopf haben – selbst Gott hat die von ihm geschaffenen Spezies unterschieden: «Von allen reinen Tieren nimm dir je sieben Paare mit, und von allen unreinen je ein Paar» (Genesis 7,2).

In der javanischen Singvogelarche PCBA werden die zu rettenden Arten ausgewählt nach der Frage: Wer braucht unsere Hilfe gerade am dringendsten? Gerald Durrell mit seinem Trust wählte für seine Rettungsaktionen jene aus, die wohl am meisten von der Hilfe profitieren würden. Jede Artenschutzorganisation, die sich für eine bestimmte Spezies oder Artengruppe engagiert, trifft eine solche Entscheidung, aus welchen Gründen auch immer. Darin steckt zugleich die ebenso bewusste Entscheidung, sich für andere nicht zu engagieren. Welche Vielfalt also wollen wir bewahren? Gibt es dafür allgemeingültige Kriterien? Eine systematische Herangehensweise, die über die Rote Liste hinausgeht und hilft, Prioritäten zu setzen?

Evolutionäre Besonderheiten

Kennen Sie den Attenborough-Langschnabeligel? Oder den Nasengrabfrosch? Haben Sie schon einmal vom Hispaniola-Schlitzrüssler gehört?[42] Diese herrlich skurrilen Tiere haben nicht nur gemein, dass sie alle nach ihrer besonders geformten Körperspitze benannt sind. Das eierlegende Säugetier aus Neuguinea, der purpurfarbenbraune, unterirdisch lebende indische Frosch und der karibische Insektenfresser mit seiner langen Nase, eines der wenigen giftigen Säugetiere überhaupt – sie alle stehen auch in den Top 10 des EDGE-Programms für das Jahr 2020. Alljährlich stellt die Londoner Zoologische Gesellschaft eine Reihe evolutionär einzigartiger und global gefährdeter Arten in den Vordergrund (*Evolutionary Distinct and Globally Endangered*), die am Rande des Aussterbens stehen und deren Schutz die höchste Priorität genießen sollten, weil sie so besonders sind und oft kaum nähere Verwandte mehr im Tierreich haben. Über zweitausend solcher Arten haben die Wissenschaftler charakterisiert, vierhundertfünfundzwanzig von ihnen in mehreren Prioritätslisten angeordnet: Top-100-Listen für Säuger, Vögel, Reptilien und Amphibien, eine Top-25-Liste für Korallen – und eine gemeinsame Top-100-Liste für alle EDGE-Spezies. Würden diese

Spezies aussterben, wäre ein unverhältnismäßig hoher Verlust einzigartiger Evolutionsgeschichte zu beklagen; sehr viel an biologischer Vielfalt und Potenzial für zukünftige Entwicklung ginge verloren.

Was also bringt den Attenborough-Langschnabeligel auf die Liste? 1961 wurde er anhand eines einzigen Exemplars wissenschaftlich beschrieben, später aber im abgelegenen Neuguinea nicht mehr von Wissenschaftlern gesichtet. Erst 2007 wurden bei einer Expedition Anhaltspunkte für sein Überleben aufgespürt – Löcher im Boden, die der nachtaktive Langschnabeligel bei der Suche nach Würmern mit seiner Nase vielleicht hinterlassen hat.[43] Er gilt als ein «lebendes Fossil». Dieser Begriff allerdings wird fälschlicherweise oft so gedeutet, als befände sich eine Spezies am Ende ihres Artenlebensweges. Dabei hat eine solche Art im Gegenteil viel mehr Katastrophen und Gefahren auf der Erde überstanden als die meisten anderen – und damit gerade ihre Überlebensfähigkeit über lange Zeiträume bewiesen. Aber wenn das skurrile und seltene Tier nur in abgelegenen Bergen lebt, ist es nicht vielleicht doch einer dieser «evolutionären Verlierer», deren Zeit abgelaufen scheint – aus Unvermögen, in der modernen Welt zu bestehen? Was bedeutet das aber? Das wie ein Koloss aus der Urzeit wirkende afrikanische Spitzmaulnashorn – unter den Top 100 der EDGE-Liste auf Platz 9 – lebte noch vor über hundert Jahren zu Hunderttausenden in den Savannen Afrikas. Übrig geblieben sind derzeit knapp fünftausend – die meisten von ihnen wurden gewildert, weil ihrem Horn in der traditionellen chinesischen Medizin heilende Wirkung bei fiebrigen Krankheiten nachgesagt wird, wofür es keinerlei Anhaltspunkte gibt.[44] Haben die Rhinozerosse also verpasst, sich rechtzeitig an diese modernen Zeiten anzupassen? Nein, das Einzige, was sie in den vergangenen hundert Jahren nicht gelernt haben: abergläubischen Gerüchten und Gewehrkugeln zu trotzen. Aber wer kann das schon? Oder was ist mit dem seltsamen Schuhschnabel auf Platz 33, einem Vogel, der mit seinem ungewöhnlichen Schnabel vor allem bestimmte Schneckenarten in afrikanischen Sümpfen knacken kann und daher wahrscheinlich, auch wenn man das noch nicht genau erforscht hat, eine wichtige Rolle in diesen Lebensräumen spielt? Ohne den Einfluss des Menschen, der viele Feuchtgebiete zu Ackerland umwandelt, würde er weiter gut gedeihen.

Den Erstellern der EDGE-Liste geht es nicht darum, anderen Arten Ressourcen aus bestehenden Projekten wegzunehmen, sie wollen auf wenig beachtete Arten aufmerksam machen. Es ist ein Ansatz von Forschern, um wissenschaftlich-evolutionäre Entscheidungskriterien zu entwickeln. Die Idee hinter ihrer Prioritätenbildung ist, eine möglichst große genetische Vielfalt zu bewahren: Eine Spezies, die wenig lebende Verwandte hat, unterscheidet sich von ihrer genetischen Ausstattung her stärker vom Rest als zwei nahe verwandte Arten. Deutlich wird der Gedankengang mit einem

Der Wissenschaft ist nur ein Exemplar vom Attenborough-Langschnabeligel aus entlegenen Bergen Neuguineas bekannt. Zuletzt haben Einheimische den «Payangko» 2005 gesehen.

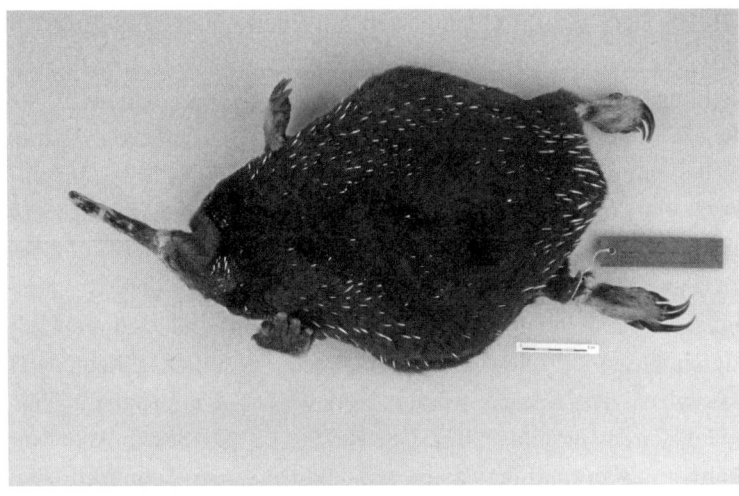

anderen Beispiel: Angenommen, man könnte nur hundert Arten retten, mehr nicht. Wählt man jeweils zehn Arten von Säugern, Vögeln, Kriechtieren, Amphibien, Fischen, Weichtieren wie Schnecken und Tintenfischen, Käfern, Ameisen, Bienen und Würmern, dann hat man aufgrund der unterschiedlichen Verwandtschaftsgrade eine viel größere genetische Vielfalt ausgewählt, als wenn man sich für hundert Vogelarten entscheidet.

Auf der EDGE-Liste fehlen daher einige der «üblichen Verdächtigen» – Tiger und Afrikanische Elefanten etwa. Die Tiger sind in Asien hochbedroht, doch weil es noch andere und nahe verwandte große Katzenarten gibt, etwa Löwen und Leoparden, würde durch das Verschwinden der Tiger nicht so viel genetische Besonderheit verlorengehen.[45] Die Bestände des Afrikanischen Elefanten sind zwar durch Wilderei stark gesunken, doch ist die Art mit mehreren Hunderttausenden von Exemplaren nicht unmittelbar vom Verschwinden bedroht; sein asiatischer Verwandter hingegen ist viel seltener und findet sich dementsprechend auch auf der EDGE-Liste.

Flaggschiffe, Schlüssel und Schlusssteine

Beide – Tiger und Elefanten – sind jedoch prominente und beliebte, sprich öffentlichkeitswirksame Spezies, mit denen sich leichter Spendengelder für Naturschutzprojekte eintreiben lassen als mit den unbekannten, oft schrägen EDGE-Arten. Meist handelt es sich bei diesen «Flaggschiffarten» um große, spektakuläre oder besonders niedliche Spezies, wie auch eine Studie aus dem Jahr 2017 zeigt, die eine Rangordnung der zwanzig charismatischsten Tiere der Erde erstellt hat:[46] Ganz oben auf der Liste steht der Tiger, dann kommen Löwe, Elefant, Giraffe, Leopard, Panda, Gepard, Eisbär, Wolf, Gorilla, Schimpanse, Zebra, Flusspferd, Hai, Krokodil, Delfin, Nashorn, Braunbär, Koala und Wal. Bei dieser Studie sollten Testpersonen jeweils zehn Tiere identifizieren, die für sie am charismatischsten sind, und sie mit ein bis sechs Merkmalen verknüpfen (selten, gefährdet, hübsch, niedlich, beeindruckend und gefährlich). Zudem richtete man sich bei der Liste danach, dass die wilden Tiere auf den Internetseiten der Zoos in den hundert größten Städten der Welt und auf den Filmplakaten aller Disney- und Pixar-Filme zu sehen waren, wobei in beiden Fällen davon ausgegangen wurde, dass die charismatischsten Arten ausgewählt wurden, um die Zuschauer anzulocken. Siebzehn der Tiere sind große Säuger, nur der Koala ist kleiner; und mit Krokodil und Hai haben es nur jeweils zwei andere Tierklassen, Reptilien und Fische, in die Top 20 geschafft. (Bei einer solchen Studie heute würde vielleicht die Honigbiene als Insekt auftauchen, die an Popularität in den vergangenen Jahren gewonnen hat.)

Genau solche globalen Flaggschiffarten, mit denen für Zoos und Filme Werbung gemacht wird, funktionieren ebenso als Mittel bei der Beschaffung von Geldern im Naturschutz – wie der Große Panda als weltweit bekanntes Symbol des WWF seit vielen Jahren beweist. Andere Tiere können ebenfalls regionale Flaggschiffe sein wie der tapsige und Kult gewordene flugunfähige Eulenpapagei Kakapo Neuseelands, auch wenn er in keinem Zoo der Welt zu sehen ist, oder die letzten Sumatra- oder Java-Nashörner Indonesiens. Nicht immer muss eine Spezies unmittelbar vom Aussterben bedroht sein, um für Natur- und Artenschutz zu werben, wie etwa die Delfine. Weil es sich bei Flaggschiffarten aber oft um Spezies handelt, die einen großen Lebensraum brauchen, schützt man, wenn man sich um sie kümmert, gleich eine ganze Reihe nicht so bekannter Spezies mit. Die Flaggschiffe sind dann zugleich «Schirmarten», weil unter ihrem Schutz auch andere gedeihen, was eine weitere Studie bestätigt.[47]

Artenschutzmaßnahmen lassen sich auch nach jenen Spezies ausrichten, die eine Schlüsselrolle in einer Lebensgemeinschaft haben. Solche «Schlüsselarten» müssen nicht besonders große oder besonders häufige Spezies sein – wichtig ist die grundlegende Funktion in ihrer Lebensgemeinschaft. Die englische Sprache drückt das noch deutlicher aus und bezeichnet sie als *keystone species*: Der *keystone* ist der Schlussstein in der Mitte eines Torbogens, ohne den der Rest zusammenbrechen würde. So war der Bison zu seinen besten Zeiten eine solche Spezies. Als viele Millionen der großen Büffel durch die Prärien zogen, hielten sie die Landschaft offen. Nur bestimmte Grasarten konnten hier wachsen, solche, die das ständige Beweiden durch so viele so große Tiere aushielten – und auch das Gewicht der riesigen Herden von mit harten Hufen ausgestatteten Wildrindern. Wenn Bisons im Staub badeten, schufen ihre massigen Leiber Senken, in denen sich Wasser sammelte. So prägten sie weite Bereiche Nordamerikas – und bestimmten damit, welche Arten mit ihnen auf den Prärien leben konnten.

Was das Fehlen eines solchen Schlusssteins bewirken kann, zeigte sich in besonderer Weise im Nordpazifik vor der amerikanischen Küste. Hier hatte der Pelzhandel im 19. Jahrhundert einen ökologischen Großversuch in Gang gesetzt. Als dort die Seeotter wegen ihres feinen Pelzes fast ausgerottet waren, brachen die Kelpbestände zusammen. Die Unterwasserwälder dieser Riesenblattalgen bilden aber wichtige Brutstätte vieler Meerestiere – von Fischen, Krebsen, Muscheln, Schnecken, die ihrerseits Nahrung für viele andere Fische und Vögel sind. Die dichtstehenden Riesenblattalgen dämpfen auch Wellenschlag und Brandung an den Stränden.

Was hat aber der Riesentang nun mit den vergleichsweise wenigen Ottern zu tun, die sich bislang in seinen Wäldern entlang der Küsten tummelten? Andere Lebewesen sind nämlich viel häufiger im Unterwasserwald. Die Leibspeise der bis anderthalb Meter langen Seeotter sind Seeigel. Nachdem die Otter fast ausgerottet waren, explodierten deren Bestände. Seeigel weiden gerne die unteren Stammteile des Kelps ab, die den Tang am Boden verankern. Der größte Teil der Riesenalge driftet dann weg und stirbt ab. Zurück bleiben Unterwasserwüsten voller Seeigel: keine Otter, kein Kelp, weniger Küstenschutz. Erst als die Jagd auf Seeotter verboten wurde und sie sich wieder vermehrten, nahmen auch die Kelpbestände wieder zu. Wer also den Seeotter – der aufgrund seiner Verspieltheit und Niedlichkeit natürlich ebenso als charismatische Flaggschiffart taugt – schützt, der tut etwas für die Funktionsweise und das Fortbestehen einer ganzen Lebensgemeinschaft. Fehlt diese Schlüsselart, bricht alles zusammen.

Nicht nur einzelne Spezies auszuwählen, sondern gleich auf ganze artenreiche und schützenswerte Ökosysteme aufmerksam zu machen, darum geht es beim Konzept der Biodiversitäts-Hotspots: Arten sind nicht gleichmäßig auf dem Planeten verteilt. Bestimmte Gebiete haben eine besonders große Anzahl endemischer Spezies, die nirgendwo anders zu finden sind. Viele von ihnen sind stark durch den Verlust von Lebensräumen und andere menschliche Aktivitäten bedroht. Sechsunddreißig solcher Brennpunkte der Artenvielfalt hat die weltweit operierende Naturschutzorganisation Conservation International bislang auserkoren, darunter die Guineischen Wälder Westafrikas, die Kapflora Südafrikas, den Mittelmeerraum, die zentralasiatischen Bergzüge Kirgistans und Tadschikistans, den Himalaya, den Atlantischen Regenwald an der Ostküste Südamerikas und die Karibischen Inseln. Um als solcher Hotspot zu gelten, muss eine Region zwei Vorgaben erfüllen:[48] Es müssen dort erstens mehr als eintausendfünfhundert endemische Gefäßpflanzenarten wachsen; und das Gebiet muss zweitens so bedroht sein, dass es nur noch dreißig Prozent oder weniger seiner ursprünglichen Vegetation besitzt. Das Konzept dieser ökologischen Brennpunkte vereint also die Aspekte der genetischen Vielfalt und evolutionären Besonderheit von Arten mit ihrer Funktion in einem Lebensraum. Was nicht darin vorkommt: Es gibt wichtige und bedrohte Lebensräume wie die Mangrovenwälder entlang vieler tropischer Küsten, die sich nicht unbedingt durch besonderen Artenreichtum auszeichnen, wo aber durch Trockenlegung und Garnelenzuchten nicht nur die Spezies dieses Lebensraums gefährdet sind. Wenn die Mangroven weg sind, entfällt auch der naturgegebene Schutz der Küsten mitsamt Dörfern und Städten vor Erosion und Sturmfluten. Dennoch hat das Hotspot-Konzept viele Initiativen anderer Naturschutzorganisationen geprägt, die schutzwürdige Gebiete nach Artenreichtum, Endemismus, evolutionärer Besonderheit und Seltenheit auswählen. Der WWF etwa hat in seinem Konzept der Ökoregionen eine ganze Reihe von Hauptlebensraumtypen (*major habitat types*) definiert, um auf dieser Grundlage die Auswahl verschiedener Gebiete vergleichbar zu machen und Schutzstrategien entwickeln zu können.

Auch das Konzept der «Leitart» schaut letztlich auf zu schützende Lebensräume und ihre Veränderungen: Eine Spezies mit besonderen Ansprüchen, die empfindlich auf Änderungen reagiert, macht auf besonders wertvolle Biotope aufmerksam. Das können Muscheln in Flüssen sein, die besonders klares Wasser benötigen, oder der Sonnentau, eine insektenfressende Pflanze in Mooren. Weil sie auf Änderungen empfindlich reagieren, sind sie gute Indikatoren dafür, wenn sich in einem Lebensraum etwas grundlegend ändert. Kümmert man sich um sie, hilft das auch anderen Spezies dieser besonderen Biotope.

Eine Frage des Geldes

Wen also schützen? Ob Flaggschiff, Schlussstein oder Schirm, ob evolutionär besonders oder ob gleich eine Region mit allen Arteninsassen als schützenswert deklariert wird: All das sind Kriterien, die Entscheidungen erlauben. Es sind auch Kriterien, die einer Organisation jeweils ermöglichen, finanzielle Mittel passend zu ihrem Profil aufzutreiben – ökologische Nischenbildung sozusagen.

Was aber würde es wohl kosten, die gesamte gefährdete Biodiversität zu schützen? Diese Frage stellte sich ein internationales Autorenteam in einer Studie, die 2012 in «Science», einem der angesehensten Wissenschaftsmagazine der Welt, veröffentlicht wurde.[49] Sie ermittelten die Kosten zum jährlichen Erhalt von über zweihundert bedrohten Vogelarten, was knapp zwanzig Prozent aller bedrohten Vögel auf der Roten Liste entspricht. Da gab es Arten wie den Kalifornischen Kondor oder den Kakapo, deren Schutz schon jeweils einige Millionen Dollar gekostet habe, erklärte mir der Freiburger Ökologe Martin Schäfer, Mitautor der Studie und mittlerweile Geschäftsführer der Artenschutzstiftung Jokotoko in Ecuador; die meisten anderen Spezies zu erhalten, habe deutlich weniger Geld gekostet. Die Forscher ermittelten also einen Durchschnittswert und berechneten mit diesem, was es kosten würde, jede der über tausendeinhundert bedrohten Vogelspezies um jeweils eine Kategorie auf der Roten Liste zu verbessern – etwa von «in der Natur ausgestorben» zu «regional ausgestorben» oder von «stark gefährdet» zu «gefährdet». Diese Summe bestimmten sie für alle auf der Roten Liste versammelten Spezies – mit dem Ergebnis, dass die Kosten zum Erhalt von Vogelarten deutlich höher liegen als bei den meisten anderen Arten, die oft ein kleineres Verbreitungsgebiet haben, «mit Ausnahme der Säugetiere möglicherweise», wie es in der Studie heißt. So seien in Neuseeland die Ausgaben für bedrohte Vögel (wo kaum einheimische und schützenswerte Säuger leben) etwa viermal so hoch wie die Durchschnittskosten für die anderen gefährdeten neuseeländischen Arten – vor allem Amphibien, Reptilien, Wirbellose, Gefäßpflanzen, Moose und Pilze.

Dann ermittelten sie auf ähnliche Weise, welche finanziellen Mittel für den Erhalt der wichtigsten Lebensräume aufgewendet werden müssten. Sie berücksichtigten dabei, dass sich Verbreitungsgebiete von Arten häufig überlappen – die Kosten zum Lebensraumschutz addieren sich also nicht unbedingt. Am Ende bezifferten sie die Gesamtkosten auf sechsundsiebzig Milliarden Dollar, die jährlich aufzubringen wären, um das Aussterberisiko aller bedrohten Arten weltweit zu mindern. Ausgegeben würden aber nur einundzwanzig Milliarden Dollar[50] im Jahr.[51] «Da klafft also eine große Lücke. Die Investitionen zum Erhalt der Biodiversität sind überhaupt nicht ausreichend», erklärt mir Martin Schäfer. Und fügt hinzu: Die Größenordnung des benötigten Betrages entspräche immerhin dem Bruttoinlandsprodukt eines Landes wie Kenia im Jahr 2017[52] – oder einem Fünftel der globalen Ausgaben für alkoholfreie Erfrischungsgetränke (so der Vergleich am Ende der Studie). Würden wir also auf zwanzig Prozent unserer Softdrinks im Jahr verzichten, könnten mit diesem Geld alle Arten auf der Roten Liste eine Stufe besser dastehen.

Das rückt die Triage-Diskussion bei Naturschutzfragen nochmals in ein anderes Licht. Wen retten wir also bei beschränkten Ressourcen, und wie beschränkt sind sie überhaupt? Entscheidungssituationen im Naturschutz gleichen nicht denen von Triage-Notfällen in Kriegseinsätzen. Es gibt einen wesentlichen Unterschied: In der Notfallmedizin geht es bei wichtigen Entscheidungen oft um Minuten – und zudem können Ressourcen vor Ort wirklich begrenzt sein, wenn Sanitäter am Unfallort nicht genug Material für alle dabei haben. Im Natur- und Artenschutz ist – zumindest in den meisten, auch dringenden Fällen – mehr Zeit da, oftmals handelt es sich um Jahre. Das sind Zeitspannen, in denen wir entscheiden können, ob vielleicht noch mehr Geld aufzutreiben ist.

Wenn nur einer will

Und doch gibt es Momente, da stehen andere Entscheidungen an: Noch mehr Geld und Einsatz zu investieren, könnte heißen, nötige Mittel und Energie «zum Fenster rauszuwerfen». Selbst viele Naturschützer glaubten Ende der 1970er Jahre, es sei zu spät für den

Mauritiusfalken. Zu jenem Zeitpunkt gab es nur noch zwei wilde Paare in der Natur und ein paar Vögel in Gefangenschaft. Neben dem Verlust des Lebensraums nach der großflächigen Entwaldung der Insel im Laufe des 18. Jahrhunderts, neben den eingeschleppten Affen, Mungos, Katzen und Ratten, die sich vor allem über die Eier und Küken in den Nestern hermachten, war es vor allem der massive Einsatz des Insektenvernichtungsmittels DDT, der die kaum fünfundzwanzig Zentimeter langen Falken an den Rand des Aussterbens gebracht hatte. Der WWF und der International Council for Bird Preservation (ICBP) kümmerten sich vor Ort um die Vögel, waren aber kurz davor, das Projekt wegen Aussichtslosigkeit aufzugeben.

Dann kam 1979 Carl Jones im Alter von vierundzwanzig Jahren auf die Insel. Er hatte sich in den Kopf gesetzt, den seltensten Falken der Welt zu retten, nachdem er mit zwanzig Jahren den Ornithologen Tom Cade getroffen hatte. Der hatte ihm im Gespräch klargemacht, dass kein Greifvogel aussterben müsse, weil wir sie züchten und zurück in die Natur bringen könnten, das Know-how gäbe es ja längst. Und zeigte dem jungen Mann ein Bild des Mauritiusfalken.[53] Carl Jones hatte als Schüler im heimatlichen Wales selbst schon Turmfalken gezüchtet, nun hatte er seine Aufgabe gefunden. «Mit dem Enthusiasmus und der Arroganz der Jugend», so hatte er es der Schimpansenforscherin Jane Goodall einmal erzählt, sei er sich sicher gewesen, das zu schaffen, woran die anderen gescheitert waren.[54]

Auf Mauritius begann es aber schlecht. In Jones' erstem Jahr wurden alle gefangenen Vögel krank und starben schließlich. Später stellte sich heraus, dass die gezüchteten Mäuse, mit denen die Falken gefüttert wurden, voller DDT waren, das gegen die Malaria übertragenden Mücken auf Mauritius versprüht worden war.[55] Die Falken waren also alle vergiftet. Jones gab nicht auf und wollte jene Methoden, die er als Junge mit seinen Turmfalken gelernt hatte, auf die wilden übertragen: Eier stehlen, künstlich ausbrüten, eine Population in menschlicher Obhut aufbauen, später junge Falken zurück ins Nest der wilden setzen. Zugleich wollte er den freilebenden Falken zusätzliches Futter reichen, sodass sie nach Wegnahme des ersten Geleges ein zweites ausbrüten konnten. Jones baute ihnen mungosichere Brutkästen, damit die gegen Schlangen auf die Insel eingeschleppten Schleichkatzen nicht noch mehr Eier und Küken raubten.[56] Der WWF und der ICBP indes hatten andere Vorstellungen: Sie wollten eher die Wälder schützen und damit den Lebensraum, so Jones, und hätten auf diese Weise die Falken sich selbst überlassen.[57] Die beiden Organisationen stiegen bald aus dem gemeinsamen Projekt aus. Jones wurde fortan vom Jersey Wildlife Preservation Trust[58] und von Tom Cades Peregrine Fund unterstützt; er gründete auf der Insel die Mauritian Wildlife Foundation. Einheimische und internationale Freiwillige halfen ihm, oft schliefen er und sein Team vor den Brutkästen mit den inkubierten Eiern, falls etwas schiefgehen sollte, oder bewachten die Nester der Wildvögel. Schon im ersten Jahr schlüpften vier Küken aus den «gestohlenen Eiern» – und die Eltern draußen brüteten weiter.

Dank dieses intensiven Managements gelang es, eine Population in menschlicher Obhut aufzubauen und die Vögel draußen zu vermehren. Um junge Falken auszuwildern, nutzte Jones zwei Methoden: Zwei Wochen alte Jungvögel kamen in ein Nest wilder Eltern – und diese zogen die Kleinen groß. Oder er wilderte sie mittels «Hacking» aus, jener «Wildflugmethode», die in der Falknerei weitverbreitet ist. Im Alter von etwa dreißig Tagen kamen die noch nicht flugfähigen Jungfalken in einen Nistkasten in ihrem neuen Lebensraum, von Jones' Feldassistenten versorgt und vor Mungos und streunenden Katzen geschützt. Solange die Jungfalken ihre Muskeln und Flügel trainierten, schließlich fliegen lernten, wurden sie unterstützend mit Nahrung versorgt, bis sie sich eigenständig von kleinen Reptilien und Vögeln, Insekten und eingeschleppten

Mäusen ernährten. Drei Viertel aller so freigelassenen Jungvögel wurden auf diese Weise selbständig.

Dank Jones' Einsatz wurde schließlich nicht nur der Mauritiusfalke auf der Roten Liste immer weiter heruntergestuft: von «vom Aussterben bedroht» im Jahr 1994 zu «gefährdet» im Jahr 2000.[59] Auf Mauritius rettete Carl Jones mit Hilfe von Gerald Durrells Trust auch die Rosataube und den Mauritiussittich vor dem Aussterben. Heute leben wieder einige hundert Mauritiusfalken in mehreren Populationen in den Wäldern der Insel. Die Gefahren für die Spezies sind noch immer da. Die Bedrohung durch DDT ist zwar mittlerweile entfallen, aber die eingeschleppten Arten und der Lebensraumverlust bedrohen die kleinen Falken weiter. Eine der ausgewilderten Population ist bereits wieder ausgelöscht. «Schon als ich auf die Insel kam», erinnert sich Carl Jones, «wurde mir klar, dass man eine Art nicht in fünf Jahren retten kann; oft werden es mehr als fünfzig Jahre.» Es brauche jedenfalls mindestens zehn Generationen dieser Spezies, um sie so weit aufzupäppeln, dass sie als einigermaßen gerettet gelten können. Selbst wenn die «akute Therapie» beendet ist, muss der «Patient» dauernd weiter überwacht werden.

Dass es den Mauritiusfalken heute noch gibt, sei allein der «Sturheit» von Carl Jones zu verdanken, der «genial, aber irre», leidenschaftlich besessen sei, so Douglas Adams und Mark Carwardine in ihrem Buch «Die Letzten ihrer Art».[60] Man kann es auch anders ausdrücken: Solange es jemanden gibt, der in persönlicher Entscheidung sich mit Haut und Haar dafür einsetzt, eine Art zu retten, Zeit und Geld dafür opfert, so lange kann niemand anderes bestimmen, dass man diese Art doch besser aussterben lässt.

Der amerikanische Evolutionsbiologe Stuart Pimm argumentiert vehement gegen Triage-Entscheidungen im Naturschutz: «Triage bringt die Sicht der Dinge nicht voran.»[61] Sie bedeute einfach: Wir packen schwierige Aufgaben gar nicht erst an. Sondern schreiben

Dinge ab, die unbequem oder zu kompliziert erscheinen, indem wir sagen, dass wir einfach nicht die Kapazität dafür haben. Mit dieser Haltung, so Pimm, hätten viele nützliche Lektionen über das Management gefährdeter Arten nicht gelernt werden können.

Raus mit euch reicht nicht

«Wiedereinbürgerung ist mehr als nur das Öffnen der Transportkiste und das Freilassen der Tiere», so Mark Stanley Price, der die Auswilderung der geretteten Arabischen Oryxantilopen leitete. 1980 lebten bereits mehr als hundert Tiere in den Zuchtzentren der Vereinigten Staaten – genug, um sie wieder in der alten Heimat anzusiedeln. Noch im gleichen Jahr bringen Naturschützer die ersten achtzehn Oryx in die Steinwüste Jiddat al Harasis im Oman. Schon bei der Rettung der Bisons und Wisente erfolgte deren Freilassung oft schrittweise in Gattern, zumindest in Schutzgebieten – bei den Oryx gab es einiges mehr zu bedenken: Zwar lebten die in Amerika gezüchteten Tiere in Südkalifornien und Arizona unter ähnlichen klimatischen Verhältnissen wie in ihrer Heimat. Dennoch mussten sie sich in den Wüstengebieten Arabiens erst einmal akklimatisieren – und hier wurde ihnen die Nahrung nicht vorgesetzt, sie mussten die spärlichen Gräser selbst suchen. Außerdem konnten sich die Tiere in der unbekannten und großen Wüste schnell verstreuen und bald sterben. So bereiteten sie sich zunächst ein paar Monate in kleineren Gehegen, dann bis zu zwei Jahre in einem größeren umzäunten Gebiet auf die Freiheit vor.

Als nach der Ankunft aus Amerika die ersten Antilopen aus den Transportkisten stiegen, wurden sie ungläubig von den dort lebenden Harasis-Beduinen bestaunt: «Für die alten Menschen war es die Rückkehr eines Teils ihrer Vergangenheit, für die jüngeren die Verkörperung eines mystischen Elements ihrer Kulturgeschichte», erinnerte sich später Ralph Daly, der die Regierung des Oman in Naturschutzfragen beriet. Das war wichtig für den Erfolg der Rückführung. Denn Mitglieder des kleinen Volkes der Harasis-Beduinen, das die Wüste und das Leben dort bestens kennt, sollten die freigelassenen Antilopen als Wildhüter begleiten.

Rasch gewöhnten sich die in den USA geborenen Antilopen an die Hitze und die dürre Vegetation. 1982 wurde eine erste Gruppe in die Wildnis entlassen, weitere folgten später. Die Antilopen waren mit Sendern ausgestattet, die Harasis-Beduinen zogen ihnen von Weidegrund zu Weidegrund hinterher – und profitierten selbst von den zurückgekehrten Tieren. Denn für ihre Wachdienste wurden sie von den Naturschützern bezahlt und konnten so weiter ihre nomadische Lebensweise pflegen. Das Streifgebiet der Oryx vergrößerte sich zunehmend. Dank ihrer guten Nase witterten sie, wo frische Weidegründe waren, wo es vielleicht geregnet hatte und neues Gras spross; bis zu fünfundvierzig Kilometer legten sie, wie erwähnt, auf der Suche nach Nahrung in einer Nacht zurück und lernten auf diese Weise ihre neue Umgebung – die alte Heimat ihrer Art – kennen. Erstaunlicherweise gab es nur wenige Verluste; auch die Sterblichkeit der Jungtiere war ähnlich wie unter Zooverhältnissen. So zogen 1996 bereits wieder vierhundertfünfzig der weißen Antilopen durch die Wüste. Die «Operation Oryx», so schien es, war ein Erfolg. Doch dann kam ein Rückschlag: Kaum waren die Antilopen in größeren Herden unterwegs, machten Wilderer schon wieder Jagd auf die Tiere. Sie fingen vor allem Junge und Weibchen lebend ein, um sie auf Märkten an Privatleute zu verkaufen. Denn viele reiche Araber wollten eines dieser mythischen Tiere besitzen, das im ganzen Orient für seine Schönheit und Anmut berühmt ist. Zahlreiche dieser gewilderten Oryx starben bereits beim Fang vor Stress und Erschöpfung, andere während des Transports oder in Gefangenschaft. 2007 lebten nur noch fünfundsechzig Tiere im Reservat. Die Weiße Oryx drohte im Oman ein zweites Mal zu verschwinden. Zum Glück war die Antilope mittlerweile auch an anderen Stellen ihrer alten Heimat angesiedelt worden: Über tausend Weiße Oryx streifen mittlerweile in Saudi-Arabien, Israel, Jordanien und den Vereinigten Arabischen Emiraten in wilden Herden umher. Dazu kommen ungefähr siebentausend Tiere, die in Gefangenschaft oder in großen Gehegen leben.

Zu verdanken hat die Antilope ihr Comeback einer ganzen Generation von Biologen, Forschern und Naturschützern, die über ein halbes Jahrhundert hinweg für ihr Überleben kämpften. Die «Operation Oryx» war eines der ersten großen Wiederaussetzungsprojekte einer in der Natur schon ausgerotteten Tierart, auch wenn der Rückschlag durch die Wilderei im Oman allen deutlich vor Augen führte: Eine Wiederansiedlung kann nur erfolgreich sein, wenn sichergestellt ist, dass Ursachen des Verschwindens beseitigt oder zumindest unter Kontrolle gehalten werden können. Es müssen biologische Faktoren berücksichtigt werden, die mit der jeweiligen Spezies, ihren Bedürfnissen und den Naturgegebenheiten vor Ort zu tun haben: Wie lernen die auszuwildernden Tiere ihren neuen Lebensraum kennen? Hat dieser sich vielleicht verändert? Prinzipiell gehören Huftiere dabei zu den eher einfacheren Kandidaten. In der Wüste war es sowieso leichter, die Antilopen auszuwildern, weil hier keine Landwirtschaft betrieben wird. Hier plündern die Zurückgebrachten keine Felder, knabbern nicht an Bäumen, fressen keine Vorräte von Bauern. Die Oryx haben sich gut geschlagen und sich erstaunlich rasch selbst zurechtgefunden.

Freiheit will gelernt sein

Nicht allen Spezies gelingt das so gut und so schnell. Diese Erfahrung machten Artenschützer bei einem weiteren, heute als klassisch geltenden Auswilderungsprojekt. Zu Beginn der 1970er Jahre lebten kaum mehr als hundertfünfzig Goldgelbe Löwenäffchen in der Natur – in kleinen und verstreuten Populationen. Denn ihre Heimat, der Atlantische Regenwald an der Küste Brasiliens, wurde zunehmend abgeholzt. Außerdem waren die niedlichen Äffchen

Die Legende lebt: Die fast ausgerottete Arabische Oryx wandert wieder durch die Wüsten des Vorderen Orients.

– kaum größer als eine neugeborene Katze, mit goldgelbem Fell und verstrubbelter Mähne am Kopf – im weltweiten Tierhandel begehrt. Aber auch in Menschenobhut gab es vielleicht keine hundert Äffchen mehr – und diese züchteten nicht besonders gut. 1972 taten sich zoologische Gärten zu einem Zuchtprogramm zusammen, um das Löwenäffchen zu retten und mit Hilfe eines Zuchtbuchs seine genetische Vielfalt zu bewahren. Erst als man anfing, die Sozialstruktur der Tiere zu verstehen, vermehrten sie sich besser: Hält man sie in größeren Gruppen, pflanzt sich nur das ranghöchste Weibchen fort; die anderen helfen bei der Aufzucht der Jungen. In der Natur sind es daher meist Familiengruppen von einem Elternpaar mit Jungtieren verschiedenen Alters, die die Eltern unterstützen. Mit diesem Wissen veränderte man die Zusammensetzung der Gruppen in den Zoos – und die Zahl der Äffchen stieg: 1991 lebten fünfhundert in menschlicher Obhut. Bereits 1983 begann man mit den ersten Wiedereinbürgerungsversuchen im Reservat Poço das Antas bei Rio de Janeiro. Die im Zoo geborenen Äffchen wurden zunächst in großen Käfigen gehalten, um sie ans Klima zu gewöhnen, bevor vierzehn von ihnen 1984 freigelassen wurden. Doch dieser Versuch ging richtig schief.

Die Löwenäffchen kamen mit der Freiheit nicht zurecht. Sie wussten nicht, was sie fressen sollten, oder sie fanden geeignetes Futter nicht, sodass sie abmagerten und starben. Außerdem zeigte sich, dass sie nicht gut klettern konnten: In den Zoos waren ihre Gehege mit festsitzenden, gut verschraubten Klettermöglichkeiten versehen. Wacklige, dünne Zweige in den Wipfeln, die im Wind hin und her schwankten, verschreckten sie. Um das zu vermeiden, liefen die ausgewilderten Äffchen, die eigentlich ein Leben in den oberen Etagen des Waldes führen sollten, lieber über den Boden zum nächsten Baum: Eines wurde dort von einem wilden Hund gefasst, ein anderes von einer Schlange. Die Sterblichkeit war viel höher als etwa bei den ausgewilderten Oryxantilopen. Also fing man nach einem Jahr die überlebenden Tiere wieder ein.

Seither übte man mit auszuwildernden Löwenäffchen vorher die Freiheit. Sie wurden lange in halbnatürlichen Gehegen gehalten, in denen die Zweige schwankten wie in der Natur; sie bekamen Nahrung, die sie auch draußen im Wald finden konnten. Vor allem zeigte sich, dass es besser ist, junge, lernfähige Äffchen zu trainieren und freizulassen – und keine erwachsenen Tiere. Solche Trainingsmaßnahmen funktionierten. Aus den über hundertfünfzig in Zoos geborenen Äffchen, die ausgewildert wurden, sind mittlerweile rund tausend Tiere in mehreren Populationen geworden, sodass seit dem Jahr 2000 keine weiteren mehr freigelassen werden. Noch immer besteht aber das Problem, dass die Lebensräume der Äffchen entfernt voneinander liegen, wodurch es kaum genetischen Austausch zwischen den Populationen gibt. Ideal wäre es, wenn es gelänge, solche Regenwaldinseln miteinander zu vernetzen, um das Überleben der Löwenäffchen – und vieler anderer Arten in diesen Wäldern – zu sichern.

Die Erfahrungen mit diesen beiden klassischen Auswilderungen von Oryx und Löwenäffchen waren wegweisend. Auch die Richtlinien der Weltnaturschutzorganisation IUCN zur Wiedereinbürgerung von Arten, 1998 erstmals verfasst, später überarbeitet und ausgeweitet, basieren unter anderem darauf.[62] Demnach sollen Auswilderungen immer und mit wissenschaftlicher Begleitung in mehreren Phasen stattfinden: Es gilt, den Zustand des Auswilderungsgebietes zu überprüfen, die Einstellung der Bevölkerung zu den Tieren, die zurückgebracht werden sollen, ebenso wie die genetische und physische Konstitution der Arten zu berücksichtigen, die Individuen auf die Aussetzung und späteres Monitoring vorzubereiten. Trainingsmaßnahmen sind – gerade mit diesen Erfahrungen – direkt auf die jeweilige Spezies und die «Vorkenntnisse» der auszuwildernden Individuen abgestimmt. Freizulassende Tiere müssen viel lernen, oder zumindest das, was in ihnen angelegt ist, ausreichend üben.

Mit dem Flugzeug Richtung Süden

Auch der Waldrapp (*Geronticus eremita*) hatte sich in Zoos gut vermehrt. Der etwas schrullig aussehende Ibisvogel mit dem schwarzen, leicht metallisch schimmernden Gefieder, dem korallenroten, sichelförmigen Schnabel, dem nackten Kopf mit schwarzem zerzaustem Schopfgefieder war im Mittelalter weit verbreitet – in Europa, dem Nahen Osten von der Türkei bis nach Nordafrika. Seine Jungvögel galten als Delikatesse – schon vor vierhundert Jahren waren die auch Schopfibis genannten, gänsegroßen und bis anderthalb Kilogramm schweren Vögel in Europa ausgerottet. Seither ging die Zahl der Waldrappe ebenso in den anderen Regionen zurück; nur kleine Brutkolonien und Einzeltiere überlebten in der Türkei,

Marokko und Syrien. Dank der koordinierten Erhaltungszuchtprogramme europäischer Zoos hatten sich die in der Natur immer seltener werdenden Vögel aber wieder auf über tausend Exemplare vermehrt, sodass längst die Idee entstanden war, sie dort wieder heimisch zu machen, wo sie einst lebten: in Mitteleuropa.

Das Problem war nur: Im Sommer fanden die kuriosen Ibisse hier genug Nahrung – Insekten, Würmer und Schnecken, auch kleine Säuger, Kriechtiere und Amphibien. Doch im Winter zogen die Waldrappe – wie viele andere Vögel – nach Süden. Der mitteleuropäische Waldrapp war also ein Zugvogel – und dieses Wanderverhalten lernten die Jungvögel normalerweise von ihren Eltern. Wie also sollte man zoogeschlüpften Ibissen die richtige Wanderroute wieder beibringen?

Es entstand eine verwegene Idee: Werden junge Waldrappe von Menschen aufgezogen, entwickeln sie eine enge Bindung. Die Jungvögel vertrauen ihren Zieheltern und folgen ihnen, wohin sie auch geführt werden. Könnten sie die handaufgezogenen Vögel mit einem Flugzeug, einem Ultraleichtflieger vielleicht, über die Alpen nach Süden führen und ihnen den Weg weisen? So wie es früher erwachsene Artgenossen gemacht haben?

Nahezu parallel wurde Ähnliches in Nordamerika mit dem Schreikranich[63] versucht. Wahrscheinlich war der elegante weiße Stelzvogel mit der roten Färbung am Kopf, dessen laute Rufe kilometerweit zu hören sind, nie eine besonders häufige Spezies gewesen. Die Umwandlung von Feuchtgebieten in landwirtschaftliche Flächen und auch Jagd ließ ihre Zahl schrumpfen, sodass Anfang der 1950er Jahre kaum zwei Dutzend von einst vielleicht kaum mehr als zehntausend Vögeln überlebt hatten. Die verbliebenen Kraniche brüteten im Sommer im kanadischen Wood-Buffalo-Nationalpark und flogen im Herbst zum Überwintern viertausend Kilometer nach Texas ins Aransas National Wildlife Refuge. In der bekannten Mischung aus strengem Schutz vor Ort und dem Aufbau einer Population in menschlicher Obhut, durch das Wegnehmen eines Eis aus den Nestern wilder Eltern, gelang es, den Bestand der Kraniche zu vermehren. Um die Küken nicht auf den Menschen zu prägen, wurden die Vögel von Pflegern in schneeweißen Kranichkostümen betreut.

Weil ein einziger Sturm, ein Seuchenzug die verbliebene Kranichpopulation mit einem Mal hätte auslöschen können, sollte schon in den 1970er Jahren eine zweite Population freilebender, ziehender Schreikraniche gegründet werden. Eier aus dem Wood-Buffalo-Nationalpark wurden in die Nester der viel häufigeren Kanadakraniche gelegt, die in einem Schutzgebiet in Idaho brüteten und in Florida überwinterten. Zunächst ließ sich das Programm gut an: Die Pflegeeltern zogen die junge «Schreihälse» groß, und die folgten brav ins Überwinterungsgebiet der Zieheltern in New Mexico. Doch weiter passierte nichts. Die so aufgewachsenen Schreikraniche kamen nicht zu Paaren zusammen, sie pflanzten sich also nicht miteinander fort. Vielleicht weil sie sich als Kanadakraniche fühlten? Daher wurde das Programm 1989 eingestellt – und von den so geschlüpften Schreikranichen hat sich keiner vermehrt und überlebt.

Zu Beginn der 1990er Jahre baute man dann endlich die zweite Population der wertvollen Kraniche auf: mit jenen Vögeln, die in Menschenobhut geschlüpft und von kostümierten Pflegern betreut worden waren. Sie wurden in Florida angesiedelt und leben dort ganzjährig – nicht als Zugvögel. Später wurde eine zweite Population von Nichtziehern gegründet – in Louisiana. Doch die Idee, eine weitere ziehende Population zu gründen, gaben die Kranichschützer nicht auf: Im Jahr 2001 begann die «Operation Migration». Frisch geschlüpfte Küken wurden von Menschen in Kranichkostümen großgezogen; sobald sie flugfähig wurden, lernten sie, einem Ultraleichtflugzeug zu folgen, in dem die verkleideten Pflegeeltern saßen. So wurden sie vom Necedah National Wildlife Refuge im Zentrum Wisconsins über zweitausend Kilometer nach

Florida geführt, ins Chassahowitzka National Wildlife Refuge. Nun hatten sie den Weg gelernt – und im nächsten Frühjahr flogen sie ganz allein nach Wisconsin zurück; im Jahr 2006 zählte diese Population schon sechzig Kraniche. Insgesamt lebten 2018 über achthundert Schreikraniche in Nordamerika, davon mehr als sechshundert Vögel in diesen vier wildlebenden Populationen.[64]

Die Waldrappe sollten auf ähnliche Weise in Europa wieder zum heimischen Zugvogel werden. Und so bekamen ab 2003 erstmals auch die komischen Ibisse Flugstunden. Per Hand aufgezogene Jungvögel folgten ihren Zieheltern überallhin. Schon in den Jahren zuvor hatten die Forscher herausgefunden, dass die enge Bindung zum Menschen bei den Schopfibissen – anders als bei den Schreikranichen – keinerlei verhindernde Auswirkung auf die Partnerwahl hatte: Sobald die Waldrappe erwachsen und geschlechtsreif sind, paaren sie sich normal mit Artgenossen und ziehen die Küken groß, wie es sich für ihre Spezies gehört. Vielleicht, weil sie Koloniebrüter sind und die Forscher darauf achten, sie in Gruppen großzuziehen, sodass sie immer von Artgenossen umgeben sind – und nicht wie bei den Schreikranichen eine fremde Kranichart als ihre ansehen?

Die kleinen Waldrappe werden intensiv betreut – inklusive Flugunterricht, bei dem sie lernen, dass ihre Zieheltern sich mit einem Ultraleichtflieger in die Luft erheben und sie ihnen folgen sollen. Schon als Küken bekommen sie dessen Fluggeräusche vorgespielt – denn gute Kindheitserinnerungen sind auch für Vögel wichtig. Die erste Begegnung mit dem Ultraleichtflieger löst bei den jungen Waldrappen dennoch erst mal einen Schreck aus, nicht zuletzt, weil sich beim Start ein Gleitschirm aufbläht, der in der Luft wichtig ist, damit der Flieger nicht zu schnell für die wandernden Vögel ist. Doch das Vertrauen in die Zieheltern ist so groß, dass sie dem seltsamen Gerät irgendwann folgen. Nach einer Reihe von Testflügen in der näheren Umgebung geht es dann gegen Herbst jeweils im

Fliegen lernen Waldrappe von selbst, aber einer muss ihnen zeigen, wo es langgeht: Gezüchtete Schopfibisse auf dem Weg ins Winterquartier.

Trupp von meist um die dreißig Jungvögeln auf die Reise in die Toskana zur Laguna di Orbetello, einem wichtigen Überwinterungsgebiet für rund zweihundert europäische Vogelarten, darunter Tausende von Flamingos. In täglichen Etappen bis dreihundert Kilometer folgen die Jungvögel dem Ultraleichtflieger bis in dreitausend Meter Höhe über die Alpen. Immer wieder gehen dabei Vögel verloren: Verirrte, von Winden davongetragene Waldrappe können wiedergefunden werden, weil sie einen Sender tragen; manche fallen in Italien aber noch immer wildernden Vogeljägern zum Opfer; andere sterben an Stromschlägen an ungesicherten Masten.

Schon in den ersten Jahren zeigte sich, dass die in der Toskana überwinternden Vögel den Weg alleine zur Heimatkolonie zurückfanden und dort bald anfingen zu brüten. Mittlerweile sind vier migrierende Brutkolonien im Voralpenraum angesiedelt: In

Deutschland zunächst im bayerischen Burghausen, dann im baden-württembergischen Überlingen, in Österreich erst in Kuchl bei Salzburg, und jüngst begann auch die nicht migrierende Kolonie in Rosegg in Kärnten mit dem Zug. Schon 2011 folgte zum ersten Mal ein Jungvogel, der in der Burghausener Brutkolonie geschlüpft war, seinen Eltern auf den Weg nach Süden. Der vom Menschen gelernte Zugweg wurde also an die nächste Generation weitergegeben. Viermal startete die menschengeführte Migration per Ultraleichtflieger von Burghausen aus, seither ziehen die Waldrappe samt Nachwuchs eigenständig im Herbst gen Süden. 2019 kehrten bereits hundertvierzig der Ibisse in die vier Kolonien zurück. In der Kuchler Kolonie nutzten im Frühjahr 2020 einige nach der Rückkehr nicht nur die künstlichen Brutmöglichkeiten, sondern sogar die natürliche Felswand dahinter: Die Waldrappe beginnen, sich zu emanzipieren, auch wenn ihr Bestand weiter gemanagt werden wird. Noch immer stirbt aber etwa ein Drittel der Waldrappe an ungesicherten Strommasten auf dem Zugweg – ein Problem, das viele größere Vögel betrifft. In Deutschland gibt es da nur wenige Verluste, weil bereits über neunzig Prozent der Masten mit Kunststoffummantelungen gesichert sind.[65]

Kotzende Kondore

Wenn sich solche Maßnahmen nicht umsetzen lassen, hilft manchmal nur ein geradezu psychotherapeutischer Trick: unerwünschte Verhaltensweisen mit unangenehmen Reizen zu koppeln und dadurch schädliches Verhalten zu vermindern. Wegen tödlicher Stromleitungen bekommen auszuwildernde Kalifornische Kondore vor ihrer Freilassung eine Aversionstherapie – durch leichte Stromschläge. Das ist ihr Preis dafür, dass die großen Vögel nicht «in Würde aussterben» durften. Denn im 20. Jahrhundert wurden die gewaltigen Aasfresser durch Jagd und Umweltgifte immer seltener. Ihre große Zeit schien manchen sowieso vorbei: Als zu Eiszeiten noch elefantenähnliche Mastodonten durch Amerika zogen, als später die gewaltigen Bisonherden über die Prärien trampelten, da gab es noch genug Kadaver in der Landschaft. Aber in der aufgeräumten, modernen Agrarlandschaft bleibt für sie immer weniger zu fressen übrig. Als die Zahl der Kondore trotz strengen Schutzes immer mehr abnahm, entschied man sich in den 1980er Jahren, alle noch lebenden Tiere einzufangen und die letzten siebenundzwanzig in Gefangenschaft zu vermehren. Von 1987 bis 1992 galt der Kondor in der freien Wildbahn als ausgestorben; dann wurden schon die ersten Nachzuchten freigelassen.

Von diesen wertvollen ersten ausgewilderten Kondoren starben einige schon bald nach Kollisionen mit Stromleitungen oder weil sie auf Masten landeten und mit ihren Flügeln von fast drei Meter Spannweite zwei Drähte gleichzeitig berührten, sodass tödlicher Strom durch sie hindurchfließen konnte. Also fing man die überlebenden Vögel wieder ein[66] und baute in ihren Gehegen Strommasten auf. Sobald die Kondore darauf landeten, erhielten sie einen leichten Sechs-Volt-Schlag, der sie nicht verletzte, aber so unangenehm erschreckte, dass sie die Berührung fortan vermieden. Vögel, die eine solche Therapie hinter sich hatten, setzten sich nach der Freilassung nicht mehr auf die Masten und mieden die Stromleitungen zwischen ihnen. Und so wie es scheint, folgen in der Natur geschlüpfte junge Kondore dem Beispiel ihrer Eltern.

Andere ausgewilderte Kondore hatten keine Scheu vor dem Menschen. Sie landeten auf Häusern und Garagen, bettelten an Picknickplätzen um Futter. Was bei kleinen Singvögeln niedlich sein mag, kann bei einem großen Vogel mit scharfem Hakenschnabel unangenehm werden. Um möglichst viele Eier auszubrüten, hatte man den Kondorpaaren das gelegte Ei weggenommen und die Jungen in menschlicher Obhut aufgezogen. Nach den ersten Erfahrungen mit menschengeprägten ausgewilderten Jungkondoren gingen deren Pfleger zunächst dazu über, die Vögel zu erschrecken. Zuerst reagierten die Kondore kaum, wenn mehrere Pfleger schreiend und mit den Armen fuchtelnd auf sie zustürmten; schließlich wichen sie dann doch den Menschen aus. «Ein guter Tag für uns war», so erinnert sich Mike Wallace, der Leiter des Kondorteams im Zoo von San Diego, «wenn ein Kondor sich beim Anblick eines Menschen übergab und vor Schreck sein Futter rauswürgte.» Denn dann würde der Vogel nach seiner Freilassung Abstand von den Menschen halten.

Nach diesen Erfahrungen zog man die Küken, um sie nicht auf Menschen zu prägen, mit Handpuppen groß, die Kondoren ähnelten. Allerdings musste man feststellen, dass die herangewachsenen Jungvögel dann dennoch nicht mit ihresgleichen umzugehen wussten. Weil die Zahl der Kondore relativ rasch durch gute Zuchterfolge angestiegen war, ging man wieder dazu über, die Küken möglichst von ihren Eltern großziehen zu lassen und jene, die freigelassen werden sollen, im Alter von mehreren Monaten mit anderen Gleichaltrigen und älteren «Mentoren» in großen Volieren zu pflegen, damit sie das Sozialverhalten der Älteren lernen und mit den Gleichaltrigen einüben.

Im Jahr 2003 schlüpfte erstmals seit 1981 wieder ein Kondorküken in der Natur. Mittlerweile gibt es mehrere Populationen, die Kondore breiten sich aus – sogar bis nach Mexiko. Doch besteht eine häufige Todesursache für die wiederangesiedelten Vögel nach wie vor: Viele von ihnen sterben, weil sie Blei von Tieren verschlucken, die von Jägern geschossen wurden. Die starken Verdauungssäfte der Aasfresser lösen die Kugeln auf und vergiften die Vögel. Zumindest in Kaliforniens Kondorgebieten ist daher bleihaltige Munition mittlerweile verboten. Über fünfhundert Kalifornische Kondore leben heute wieder auf der Erde, die Hälfte in freier Wildbahn. Ihr Beispiel zeigt – gerade im Vergleich mit den zuvor beschriebenen Arten –, dass für jede Spezies ein eigener Weg zur

Aufzucht und Wiederansiedlung gefunden werden muss. Bis heute werden die freigelassenen Kondore weiter überwacht und betreut, jeder von ihnen trägt ein «Nummernschild» auf seinem Flügel, mit dem er persönlich identifiziert werden kann – wie in einem klassischen Zuchtbuch. So werden die Kondore Arizonas, die am Grand Canyon fliegen, möglichst einmal jährlich zu einem Gesundheitscheck eingefangen, allein schon, um sie bei einer möglichen Bleivergiftung rechtzeitig zu behandeln.

Viele wiederangesiedelte Spezies bleiben nach erfolgreicher Rettung bedroht und davon abhängig, dass wir uns kümmern: Populationen und deren genetische Vielfalt müssen oft auch nach der Auswilderung gemanagt werden. Etwa weil vorhandene Lebensräume nicht groß genug sind, dass sich ein möglichst umfangreicher Genpool bewahren kann, oder weil Populationen zu weit voneinander entfernt leben, als dass ständiger Austausch zwischen ihnen möglich wäre. Dieser muss dann vom Menschen initiiert werden.[67] Ebenso müssen Bedrohungen für das Überleben einer ausgewilderten Art, wie am Beispiel der Waldrappe oder Kondore geschildert, im Blick behalten werden. Im Jargon der Natur- und Artenschützer sind das *conservation-reliant species* – Arten, die auf weitere Maßnahmen und Management angewiesen bleiben. Auch genesene Krebspatienten müssen regelmäßig zur Nachsorge. Wie ein Onkologe nach einer Therapie bleiben Artenschützer im Habachtmodus, immer bereit einzugreifen, falls erforderlich – selbst bei höchst erfolgreichen Schutzprojekten.

Nie wieder dürfen sie verlorengehen!

Mongolen werden schon auf Pferderücken geboren und wachsen im Sattel auf, so heißt es über das reitbesessene Steppenvolk. Wie reitwütig bereits kleine Kinder sind, erlebte ich gut zwei Stunden von der mongolischen Hauptstadt Ulaanbaatar entfernt im kleinen Dorf Altangland. Dort feierte man gerade Nadaam, das wohl wichtigste Fest im Lande – und ein großes Pferderennen stand an: Vierzig Rennpferde wurden von Jeeps und Motorrädern dreißig Kilometer weit in die Steppe getrieben, zum Startpunkt. Auf ihnen saßen sechs- bis zehnjährige Jockeys, sowohl Jungen als auch Mädchen. Die Kinder versuchten – voller Ehrgeiz –, ihr Pferd beim langen Hinweg möglichst zu schonen. Bei etwa dreißig Grad im Schatten waren die Rosse schon vor Rennbeginn schweißüberströmt. Vor allem der Dorfpolizist war hinter den Trödlern her: Halb aus dem Auto hängend bewarf er mit Viehdung und Steinen, wer seiner Ansicht nach zu langsam vorwärtskam. Da tauchte plötzlich neben unserem Jeep, mit dem wir den Reitern folgten, ein weinender, vielleicht neunjähriger Junge auf und wurde von seinem Pferd herunter in den Wagen gehievt. Der Junge krempelte seine Hose hoch, und eine tiefe rote Schlitzwunde, länger noch als ein Streichholz, klaffte in seiner Wade. Woher sie stammte, war aus dem von Heulkrämpfen geschüttelten Jungen nicht herauszubekommen. Sein Bein war regelrecht aufgeplatzt. Zwei Krankenschwestern verarzteten die Wunde, und dann hoben ihn zwei Männer wieder auf sein Pferd – und er galoppierte mit der gesamten Reiterhorde weiter in die Steppe hinein.

 Auf ein plötzliches Tuten hin ging das Rennen los: Die Pferde drehten sich um und stürmten zurück in Richtung Dorf. Vor Begeisterung johlend schlugen die kleinen Reiter mit Gerten und Peitschen heftig auf ihre Pferde ein – und der Junge, der gerade noch weinend im Auto saß, führte die Spitze der Ausreißer an. Bestimmt fünf, sechs Kilometer lang war er der Erste im Rennen und vergrößerte seinen Abstand zusehends. Doch dann fiel er vom Ross. Sein Pferd galoppierte weiter – und kam als Fünftes ins Ziel, was nach den Regeln des Nadaam gewertet wurde. Allerdings wurde es um einen Platz in der Rangliste zurückgesetzt. Über die Gewinner hieß es später anerkennend: «Sie waren so schnell wie die Takhi.» So nennen die Mongolen die im Land vor Jahrzehnten ausgerotteten Przewalski-Urwildpferde, die sie verehren – und die im benachbarten Hustain-Nuuru-Nationalpark wiederangesiedelt worden waren. Ihretwegen war ich hier.

Die Geschichte der Takhi gehört ebenfalls zu den klassischen Rettungsaktionen: 1878 stieß der polnische Entdeckungsreisende Nikolaj Michailowitsch Przewalski im russisch-mongolischen Grenzgebiet auf Schädel und Fell eines ihm fremden pferdeartigen Tieres, das die Mongolen «Takh» nennen, nach dem mongolischen Wort für «Verehrung». Sie sehen in ihm die Stammform ihrer zähen und ausdauernden Hauspferde, auf deren Rücken einst Dschingis Khan ein Weltreich erobert hat. Pferdekenner Przewalski bezweifelte das: Wie sollte dieses etwas kurzbeinige, gedrungene und so gar nicht «elegante» Tier mit kantigem Kopf ein Vorfahr schlanker Pferde sein? Bislang gilt der europäische mausgraue Tarpan als einziges echtes Wildpferd der Erde und deshalb als Ahn der Hauspferde. Alle anderen aber, die fälschlich so genannt werden – jene aus der Camargue, aus Dülmen im Münsterland oder die Mustangs Amerikas –, sind nichts als verwilderte Hauspferde. Przewalskis Mitbringsel aus der Mongolei entpuppten sich als wissenschaftliche Sensation: Der Zoologe Iwan Semjonowitsch Poljakow aus Sankt Petersburg erkannte 1881 in ihnen nun doch Überbleibsel eines echten Pferdes und nannte es dem Entdecker zu Ehren *Equus przewalskii*. Mit ihm existierte also eine weitere echte Wildpferdspezies; wobei «weitere» zu diesem Zeitpunkt nicht mehr korrekt war. Der letzte lebende Tarpan war da zwei Jahre zuvor von russischen Bauern zu Tode gehetzt worden.[68] Bald fanden Urgeschichtler heraus, dass Pferde, die der «neuen» Art beinahe zum Verwechseln ähnlich sehen, auch einmal in Europa gelebt hatten. Prähistorische Künstler bannten die Urwildpferde in der Jungsteinzeit auf die Höhlenwände von Lascaux und anderen Grotten Südfrankreichs und Nordspaniens.

Tierhändler, darunter der Hamburger Carl Hagenbeck, rüsteten Expeditionen aus, um die Urwildpferde nach Europa zu bringen. Immerhin dreiundfünfzig Takhi gelangten so in die Zoos und Tierkollektionen adeliger Großgrundbesitzer, wo sie gezüchtet wurden. Den Zweiten Weltkrieg überlebten gerade mal einunddreißig Pferde in Menschenobhut, nur im Münchner Tierpark Hellabrunn und im Prager Zoo wurden sie noch gezüchtet. Auch in der Natur wurden sie immer seltener. 1948 wurde noch einmal eine wilde Stute gefangen, was die Zucht ankurbelte. Die letzten freilebenden Takhi wurden 1968 im chinesisch-mongolischen Grenzgebiet gesehen. Seither galten sie in der Natur als ausgestorben. Bis Anfang der siebziger Jahre stieg die Zahl der gezüchteten Takhi dagegen weltweit auf über zweihundertfünfzig Tiere, bis 1990 auf fast tausend Pferde. Ihr Stammbaum ließ sich aufgrund des Zuchtbuchs rekonstruieren: Sie alle stammen von nur dreizehn Pferden ab – zwölf «Przewalskis» und einer mongolischen Hauspferdstute, die man 1906 im Hallenser Zoo bei Zuchtversuchen eingekreuzt hat. Es entstand die Idee, sie auszuwildern. Ausgewählte Takhis kamen in «Semireservate» in Europa, wo sie halbwild gehalten wurden – um die Freiheit zu trainieren.

Nur wohin mit ihnen? War der Rand der Wüste Gobi, wo die letzten gesichtet worden waren, ein geeigneter Ort für derart typische Steppentiere? Sollte man nicht eher vermuten, dass die Takhi durch nomadische Viehzüchter über Jahrhunderte hinweg dorthin gedrängt worden sind, also in immer abgelegenere Regionen ihres Verbreitungsgebietes, Gegenden, die nicht mehr ihren eigentlichen Bedürfnissen entsprachen? Da schien der Hustian-Nuuru-Nationalpark[69] günstiger für eine Auswilderung: Zu Beginn des Jahrhunderts wurde das Areal als Jagdgebiet der letzten mongolischen Könige, später der kommunistischen Würdenträger geschützt. Deshalb haben hier auch nie Menschen gesiedelt. Wasser gibt es ebenfalls genug. Die Bewohner der drei angrenzenden Dörfer nutzten die Hochsteppen zwar als Weidegrund für ihre Herden. Doch die Dorfbewohner erklärten ihren Verzicht: für die Takhi – die besonderen, die «verehrten» Wildpferde.

Hunderte von Mongolen stehen am Flughafen von Ulaanbaatar, als am 5. Juli 1992 die ersten sechzehn Urwildpferde in der Mongolei eintreffen. Sie alle sind gekommen, um «ihre» Takhi zu begrüßen. Und obwohl die Menschen nur einen kurzen Blick durch die Schlitze der Transportkisten erhaschen können, feiern sie die Rückkehr beinahe wie ein nationales Fest. «Sie sind wieder da, die kostbarsten Tiere der Erde, die Vorfahren unserer Pferde», so besingen die Mongolen seither die Takhi in Liedern. «Nie wieder sollen sie verlorengehen.» Kurz darauf startete ein weiteres Projekt im Takhintal am Rande des Gobi-B-Nationalparks – ganz in der Nähe des letzten Sichtungsortes der Wildpferde. Aufgrund der schlechteren naturräumlichen Bedingungen gediehen die Pferde nicht so gut wie in Hustain Nuuru.

Dort kamen die Neuankömmlinge zunächst als Haremsgruppen in große Gatter, bevor sie zwei Jahre später endgültig in die Freiheit entlassen wurden. Weitere Importe aus Europa folgten. Über Generationen wurden den Takhi-Hengsten Partnerinnen vom Menschen zugewiesen. Nun aber müssen sie wieder um Stuten kämpfen – und gehen dabei nicht gerade zimperlich miteinander um. Im Jahr 2000 lebten bereits hundertdreißig Tiere im Nationalpark, die Hälfte war bereits hier geboren. In der langen Obhut des Menschen haben die Takhi ihren Verteidigungsinstinkt nicht verloren. Schon 1994 beobachtet ein Ranger, wie ein gerade freigelassener Harem seine Fohlen vor einer Wolfsmeute schützt: Die Stuten bilden einen Kreis um die Kleinen, der Hengst und eine erwachsene Stute galoppieren um die Gruppe herum, bis der wütende Takhi-Mann auf die Angreifer losstürmt und sie in die Flucht schlägt. Dennoch werden jährlich bis zu einem Dutzend Fohlen von Wölfen getötet. Hier ist Natur: Wenn die Winter hart sind, sterben viele Pferde. Und doch ist der Bestand an Takhi bis 2016 auf dreihundertfünfzig Pferde angewachsen.[70]

Das klingt, als könnte hier der Wunsch der Mongolen in Erfüllung gehen: «Nie wieder sollen sie verlorengehen.» Die Gefahr besteht aber paradoxerweise gerade in ihrer Pferdebegeisterung: Überall im Land ziehen Hauspferdherden frei umher, auch um den Hustain-Nuuru-Nationalpark herum und manchmal darin. Eine erneute, dieses Mal schleichende Ausrottung durch Vermischung ist eine der größten Bedrohungen für die Takhi überhaupt, denn mit Hauspferden sind sie unbegrenzt fruchtbar. Der Genpool der wenigen Urwildpferde würde irgendwann in dem der domestizierten Pferde aufgehen, und die Takhi würden doch verschwinden. Zu den wichtigsten Aufgaben der Ranger im Park gehört es daher, streunende Hauspferde zu vertreiben, um unerwünschte Kreuzungen zu verhindern. Denn die Versuchung ist groß, am wertvollen Erbgut der Urwildpferde teilzuhaben. Schon in den Anfangsjahren hatte ein Ranger im Park eine seiner Stuten von einem wilden Hengst decken lassen. Nach der Geburt des Fohlens konnte er die verbotene Liebschaft aber nicht mehr verheimlichen: Das Füllen sah aus wie ein Wildpferd und wurde sofort kastriert, der Ranger entlassen. Noch lassen sich die wilden Herden kontrollieren. Doch wenn erst einmal fünfhundert Wildpferde in Hustain Nuuru leben – so viele verträgt der Park schätzungsweise –, wird es immer schwieriger werden, die wilden von den zahmen Pferden zu trennen und die Takhi davon abzuhalten, den Park zu verlassen. Auf eine Form von «Management» wird man auch hier wohl nie völlig verzichten können.

Einmal brachen wir von der zentralen Station im Nationalpark aus auf, um eine typisch mongolische Pferdezüchterfamilie zu besuchen. Außerhalb von Hustain Nuuru fuhren wir durch eine weite Steppenlandschaft – wie inmitten einer großen Pfanne, die von einem Bergsaum umgeben war. Als wir ausstiegen, um ein paar

Mongolische Gazellen zu beobachten, die uns wachsam beäugten, war in jeder Himmelsrichtung in der Ferne ein anderes Wetter zu sehen: Da strahlte uns auf einer Seite blauer Sonnenhimmel an. Drehten wir uns ein Stück weiter im Kreis, türmten sich weiße Wolkengebirge auf. Daneben wütete ein Gewitter, die Blitze zuckten vom dunklen Himmel herab, und es goss in Strömen. Ein gewaltiger Regenbogen bildete den Höhepunkt des beeindruckenden Panoramas und schloss die dreihundertsechzig Grad des Rundblicks, der nun wieder in das Sonnenwetter mit blauem Himmel überging. Die wilde mongolische Steppenlandschaft bot mir ein Naturspektakel, wie ich es seither nie wieder gesehen habe. Nirgends waren hier Menschen oder ihre Ansiedlungen zu sehen, es gab nur diese grandiose Kulisse und uns mittendrin.

Als mein Blick auf den Boden fiel, bemerkte ich den Schafskot, der überall auf der kurz abgeweideten Fläche lag. Das war ein besonderer Moment: Was mir, was uns auf den ersten Blick als mongolische Wildnis erschienen war, war in Wahrheit eine seit Jahrhunderten von Nomaden gestaltete Kulturlandschaft. So riesig und dünnbesiedelt die Mongolei ist – auf einem Gebiet vom Viereinhalbfachen Deutschlands leben weniger Menschen als in Berlin –, so ist sie doch keineswegs «leer». Wo Wasser zu finden ist, da gibt es auch Nomaden und ihre Herden mit rund dreißig Millionen Stück Vieh. Die ganze faszinierende, für uns so ursprünglich erscheinende Steppe der Mongolei ist nicht unberührt, sie ist menschengemacht, die wilde Natur längst domestiziert wie die Hauspferde.

Auch das bedeutet wohl «Anthropozän» – als Spezies sind wir Menschen selbst hier in der weiten Mongolei prägende Kraft. Und selbst dort, wo wir Natur erhalten, seltenste, von uns an den Rand des Aussterbens gebrachte Arten mit Tricks und Kniffen retten und zurückbringen, gibt es all das nur, weil wir Menschen das so wollen. Mein Privileg, all das erleben zu dürfen, war mir in diesem Moment bewusst: die Urwildpferde, die ich hier besuchte; der *Bison Jam*, in dem ich in Yellowstone gesteckt hatte; die weißen Oryx-Antilopen, die ich halbwild in Israel beobachtet hatte; die Stoßzahn-Langfühlerschrecken, die mir in Auckland über den Arm gelaufen waren – sie alle gab es nur noch, weil sich ein paar «Verrückte» gerade noch rechtzeitig um sie gekümmert hatten. Mir kamen die Berggorillas im ugandischen Bwindi-Impenetrable-Nationalpark in den Sinn: wie ein Silberrücken hinter uns im Wald sich auf die Brust trommelte, weil wir ihm unbemerkt zu nahe gekommen waren; wie eine Familiengruppe der großen Menschenaffen sich beim Fressen nicht durch uns stören ließ; und wie messerscharf hier die Grenze ihres Nationalparks zur Umgebung gezogen war – auf der einen Seite die Urwaldbäume, auf der anderen schon das Maisfeld; Wildnis und Kulturland waren strikt getrennt. Gab es die wilde Natur nur noch als geschützten Sonderfall, um den man sich kümmern musste? Als Relikt, als Reservat?

In mir wuchs eine irgendwie romantische Sehnsucht nach Natur, die einfach nur aus sich heraus da war, ganz ungeschützt, nicht von uns abhängig.

III.

DIE WUCHT DER NATUR

Was gehört zu Ihrer Vorstellung vom Paradies?

Ist dieses Paradies eher eine Vorstellung vom Gestern oder eine fürs Morgen, eine Art Vision also?

Was genau finden Sie so paradiesisch daran?

Was ist die größte Schwäche der Natur?

Haben Sie sich schon mal gefragt, nach welchen Kriterien die Natur entscheidet?

Wenn Sie ein Bild von der Natur zu zeichnen hätten, wäre es mehr Wald oder mehr Wiese?

Was ist mit Steinen?

Worin besteht die Kraft der Natur, worin ihr Zauber, und wo liegt der Unterschied?

Erkenntnisse aus Amazonien

Ein Kopf mit dicker Beule taucht neben unserem Boot auf. Hinter dieser «Melone» erhebt sich ein Buckel mit einer stumpfen Rückenflosse aus dem Wasser – und schon verschwindet das gut zweieinhalb Meter lange, nahezu rosafarbene Tier wieder in den trüben Fluten. Ein Boto[1], ein skurriler, urtümlich wirkender Amazonas-Flussdelfin, jagt Fischen hinterher, die hier am *Encontro das Águas*, der Vereinigung zweier Flüsse, durch die plötzliche Änderung der Wasserbedingungen oft verwirrt und daher leichte Beute sind. Bei dieser «Wasserhochzeit» am Städtchen Novo Aripuanã nimmt der größte Nebenfluss des Amazonas, der Rio Madeira, mit seinem Weißwasser das dunklere Klarwasser des Rio Aripuanã auf. Viele Kilometer lang strömen die unterschiedlichen Wassermassen nebeneinanderher, bis sie sich endgültig vereinen. Neben den Botos begrüßt uns hier noch eine weitere Säugetierspezies Amazoniens – wieder Delfine: Gleich vier, fünf der kleinen Wale springen gut fünfzig Meter von uns entfernt in Saltos aus dem Wasser, ebenfalls angelockt vom Fischreichtum der Wasserhochzeit. Allerdings sehen diese Tucuxis[2] aus, wie Delfine eben auszusehen haben – sie gleichen Großen Tümmlern, nur sind sie mit höchstens anderthalb Metern Körperlänge viel kleiner.

Nicht nur, dass mitten im größten Regenwald der Erde gleich zwei Delfinarten leben, mag manchen überraschen. Wundersamerweise hat die eine Art ihren Ursprung im Pazifik, die andere im Atlantik. Denn einst floss der Uramazonas in die umgekehrte Richtung und mündete in den Pazifik. Als sich vor zehn, fünfzehn Millionen Jahren die über fünftausend Meter hohen Kordilleren der Anden erhoben, sperrten sie in der alten Mündung Meerestiere ein, die sich ans Süßwasser anpassen mussten – oder ausstarben. So wurden die Vorfahren der heutigen Botos zu Süßwasserbewohnern, und der Amazonas floss von da an zum Atlantik. Die Tucuxis hingegen stammen ursprünglich von der Nordostküste Südamerikas, wo eine verwandte Art lebt. Diese «moderneren» Delfine sind irgendwann in den Amazonas eingewandert und haben sich an das Süßwasser angepasst.

Die Existenz beider Walarten im Zentrum Amazoniens gibt uns schon kurz nach dem Ablegen einen ersten Eindruck von den Urkräften der Natur, die über Millionen von Jahren diesen Wald geprägt haben. Bald darauf gleiten wir auf unserem doppelstöckigen, fitzcarraldohaften Boot beinahe auf Wipfelhöhe über den Rio Aripuanã und damit immer tiefer in die Wasserlandschaft der «Grünen Hölle» hinein. Denn es ist Regenzeit, innerhalb von Minuten türmen sich Wolkenberge auf. Im Nu verdüstert sich der Himmel und schüttet dann schier unfassbare Wassermassen über uns aus. Drei Meter Niederschlag fallen jährlich – fünfmal so viel wie in Deutschland. In der Folge stehen die Bäume acht, zehn, manchmal fünfzehn Meter tief im Wasser. Auf dem Höhepunkt des Hochwassers machen solche Schwemmwälder bis zu einem Zehntel der Fläche Amazoniens aus. Mehr als die doppelte Fläche Deutschlands ist dann monatelang überflutet.

Regelmäßig hören wir das Prusten der auftauchenden Delfine, beobachten vom Boot aus Klammeraffen, die in den Zweigen nach Früchten greifen. Ganz nah über dem Fluss hat ein Hoatzin sein Nest gebaut, an einer Stelle, wo die dünnen Zweige die schweren Affen, die dem krähengroßen Vogel mit der seltsamen Federkrone Eier stibitzen wollen, nicht mehr tragen. Doch seine Küken sind schon geschlüpft: Als einzige Vögel der Welt besitzen die Jungen Krallen an den Flügeln, wie der «Urvogel» *Archaeopteryx* zu Zeiten der Dinosaurier. Mit ihnen hangeln sie sich durch die Äste; im Laufe des ersten Lebensjahrs bilden sie sich zurück.

Reiche Wildnis als Falschgeldparadies

Schon nach wenigen Kilometern sind wir in einem wuchernden, schwülen Universum angelangt, voller skurriler Kreaturen – Amazonien wie aus dem Lehrbuch. Und ich erinnere mich an das Dschungel-Paradox: Amazonien sei ein «Falschgeldparadies»,[3] das Reichtum vorgaukele, wo eigentlich Armut herrsche, so hat es die amerikanische Archäologin Betty Meggers beschrieben. Tatsächlich wachsen große Teile des üppigen und artenreichen Regenwaldes Brasiliens auf einem der schlechtesten Böden der Welt, der kaum Nährstoffe enthält. Seit Jahrmillionen wäscht der Regen den Boden aus. Die grüne Fülle des Waldes wächst nur dank extrem spezialisierter Anpassung aller Organismen an den unfruchtbaren Untergrund – dank eines funktionierenden und intakten Artennetzes, das in einem nahezu geschlossenen Kreislauf allen das Überleben sichert. Tote Blätter und Lebewesen, welke Blüten, abgestorbene Zweige und Wurzeln kompostieren bei tropischen Temperaturen und konstant hoher Feuchtigkeit viel schneller als in gemäßigten Breitengraden. Die freigesetzten Mineralien und Nährstoffe werden sogleich wieder von den Organismen aufgenommen, noch bevor der Regen sie wegspülen kann.

Die Spezialisierung der Arten im amazonischen Regenwald ist einzigartig: Hier wachsen oft Hunderte, manchmal Tausende an den Nährstoffmangel angepasste Baumarten auf nur einem Hektar. Mitteleuropäische Wälder hingegen sind häufig nur von einer einzigen Spezies geprägt, etwa der Buche oder der Eiche, weil die Baumart, die im Überfluss des fruchtbaren Bodens am besten gedeiht, alle anderen verdrängt. Ackerbau als Lebensgrundlage größerer Gesellschaften kann aber nur gelingen, wenn Nutzpflanzen auf fruchtbaren Böden intensiv kultiviert werden – und dies ist auf der nährstoffarmen Erde des Regenwalds praktisch unmöglich. Nach kurzer Zeit laugt Monokultur den kargen Boden aus, er kann sich nicht regenerieren, die Farmer müssen dann weiterziehen. Wird Regenwald etwa für neue Sojafelder gerodet, bleiben meist riesige Brachen zurück. Auch am Rio Aripuanã leben daher kaum Menschen: Nur alle paar Dutzend Kilometer stoßen wir auf Flusssiedler, die Caboclos, Nachfahren jener Kautschukzapfer, die hier im Urwald vor weit mehr als hundert Jahren das «Weiße Gold» für die beginnende Industrialisierung gewannen.

Wir sind auf dem Weg in eine wissenschaftliche Terra incognita. Der niederländische Primatologe Marc van Roosmalen hat in dieser vergessenen Welt zwischen dem Rio Madeira und dem Rio Tapajós eine Reihe neuer Affenarten entdeckt. Mit ihm suchen wir in den Jahren 2002 und 2003 bei mehreren Expeditionen nach weiteren neuen Spezies – Großsäugern sogar, von denen uns die Caboclos erzählen. Hier entdecken wir das Riesenpekari, eine neue Art von Nabelschweinen, größer als die bekannten Spezies – wir nennen es *Pecari maximus*.[4] Nach Tagen auf einem notdürftigen Hochsitz – einer aus Stämmen zusammengenagelten Plattform mit einer Plastikfolie als Regenschutz – gelingt es meinem Filmteam, diese bislang unbekannte Großsäugerspezies an einer Schlammsuhle zum ersten Mal zu filmen.[5] Und es gibt noch mehr zu entdecken: Die Flusssiedler erzählen uns von jenem kleinen Tapir, den andere Forscher ein paar Jahre später finden und als *Tapirus kabomani* beschreiben werden.[6]

Es gibt sie also noch: unberührte Natur in einer so gut wie menschenleeren Region, in der man Entdeckungen machen kann wie Forschungsreisende vor hundertfünfzig, zweihundert Jahren. Zwar zieht auch hier die Bedrohung durch den Menschen heran: Manchmal kommt uns auf dem Rio Aripuanã ein mit Sand und Kies beladener Frachter entgegen – Baustoffe für die wachsenden Städte im Norden Amazoniens. Zudem wird in nahegelegenen illegalen Goldminen das wertvolle Edelmetall mit giftigem Quecksilber aus dem Boden geholt, um es an der Wassertankstelle, an der wir in Novo Aripuanã abgelegt hatten, umzutauschen und zu verhökern – wobei in der Zeit unserer Expeditionen in diesem Gebiet, das in etwa so groß ist wie Frankreich, kein Quadratmeter durch brasilianisches Gesetz geschützt wird.[7] Hier finde ich, wonach ich gesucht hatte: Natur, die unbeeinflusst vom Menschen funktioniert wie seit Jahrmillionen. Endlich unberührte Wildnis!

Der Schrei in der Terra incognita

Während wir in dieser Terra incognita unterwegs sind, erleben wir auch die Andersartigkeit der Flusslandschaft in der Trockenzeit. Dann fließt der Rio Aripuanã wie durch eine Schlucht: Kahle, steile Ufer begrenzen den Fluss. Die Siedlungen der Caboclos liegen nun oft fünfzehn Meter über unserem Boot. Immer wieder setzen wir auf Sandbänke auf, so niedrig ist der Pegel. Wir wollen zum Rio Arauazinho, um schnorchelnd nach einer besonders kleinen Seekuhform zu suchen – schließlich aber ohne Erfolg. In der Regenzeit erstreckt sich der kleine Fluss tief in den überschwemmten Wald hinein; während der Trockenzeit ist das Flussbett oft kaum acht Meter breit. Schnelle Passagen mit tief ausgespülten Kurven wechseln mit flachen, ruhigen Strecken, Steilufer mit auenwaldartigen Partien. Wir gleiten, schwimmen, tauchen – mal inmitten großer Fischschwärme, mal mit der Strömung an einem Bau der seltenen Riesenotter vorbei. In Gruben am Grund pflegen Buntbarsche ihre Brut. An sandigen Stellen haben sich bratpfannengroße Stachelrochen vergraben. Tritt man auf einen, schnellt der Stachel an der Schwanzspitze, der sogar Gummistiefel durchbohren kann, mit großer Wucht empor. Manchmal drückt uns die Strömung gegen Äste. Zwischen den Wurzeln eines umgestürzten Baumes schlängelt ein armdicker, grauer Fisch von etwa anderthalb Meter Länge, ein Zitteraal, dessen Stromstöße mit einer Spannung bis fünfhundertfünfzig Volt zu Lähmungen führen können. Keine Gefahr hingegen geht von den bis zu zwei Meter langen Brillen- und Glattstirnkaimanen aus, die ebenfalls dort ruhen.

Nach Kilometern des Schnorchelns finden wir schließlich doch eine Seekuh – unbeweglich liegt sie kaum zwanzig Zentimeter unter dem Wasserspiegel des Rio Arauazinho. Aber sie ist aus Stein: eine aus einem länglichen Felsen gemeißelte Skulptur. Wieso haben Indianer – wahrscheinlich vor langer Zeit – in einem winzigen, abgelegenen Urwaldflüsschen, in dem viele Monate lang der Wasserspiegel ein paar Meter höher liegt, ein solches Kunstwerk geschaffen?

Am Ufer des Rio Aripuanã entdecken wir auf mannshohen Blöcken aus Arenit-Sandstein sogar eine Bildergalerie, die nur in der Trockenzeit zu bestaunen ist: kunstvolle Petroglyphen – Abbilder von Affen, Schlangen, Schmetterlingen, Kaimanen, auch ein Flussdelfin mit seiner Boto-typischen Melone ist dabei. Am meisten

Mitten in der Wildnis Amazoniens entdecken wir Kunstwerke aus wahrscheinlich präkolumbischer Zeit.

beeindrucken uns zwei menschliche Gesichter: Die Münder weit offen, die Augen aufgerissen, scheinen sie auf den Fluss hinaus zu schreien – als wären sie Edvard Munchs expressionistischem Gemälde existenzieller Not und verzweifelter Angst entsprungen. Wir nennen das Bildnis daher: Der Schrei.

Wir wissen nicht, wer diese Kunstwerke einst erschaffen hat. Weshalb diese Menschen jenen Schrei in die Felsen meißelten, was diese Petroglyphen für sie bedeuteten, wann sie hier gelebt haben und was mit ihnen geschah. Eines aber wissen wir mittlerweile: Ein massiver Wandel brach über Amazonien, über ganz Amerika herein, nachdem Kolumbus die Neue Welt betreten hatte. Denn nicht immer war es hier im größten Regenwald der Erde so menschenleer wie heute.

Verschwundene Völker

«Nur weil hier auf den ersten Blick wenig von menschlicher Geschichte zu sehen ist, bedeutet das noch lange nicht, dass es hier keine menschliche Geschichte gibt», erklärt mir der brasilianische Archäologe Eduardo Góes Neves, den ich ein paar Jahre später bei Ausgrabungen etwa dreihundert Kilometer westlich von Manaus direkt am Amazonas begleite. Über acht Millionen Menschen könnten den amazonischen Regenwald vor fünfhundert bis tausend Jahren bevölkert haben, vielleicht sogar mehr, Neves hält seine Schätzungen für eher zurückhaltend. Es sei sogar möglich, dass damals bis zu zwanzig Millionen Menschen in Amazonien gelebt haben, sagt er mit Verweis auf andere Berechnungen.[8]

Von großen Ansiedlungen am gewaltigen Strom berichteten auch die ersten Europäer, die hierherkamen. Der Spanier Francisco de Orellana war von Francisco Pizarro, der gerade das Reich der Inka erobert hatte, entsandt worden, um *El Dorado* zu finden, jenes sagenhaft reiche Land, in dem sich der König den Körper mit

Goldstaub bepudern ließ. Zwar fand er *El Dorado* nicht, wohl aber reiste er mit einem Trupp von neunundfünfzig Mann im Jahr 1542 als erster Europäer fast den ganzen Amazonas entlang – von den Anden bis zur Mündung. Orellanas Begleiter, der Mönch Gaspar de Carvajal, lieferte die erste schriftliche Beschreibung Amazoniens – und die entsprach überhaupt nicht dem Bild einer unberührten Wildnis: Weiß glitzernde Städte säumten die Ufer, Haus stand an Haus. Manche erstreckten sich über dreißig Kilometer entlang des unbekannten Stromes. An einem Tag passierten sie über zwanzig solcher Ansiedlungen. Die Spanier bestaunten dort feinste Töpferware, prächtiger als jene aus Malaga. Große Straßen führten ins Landesinnere. Carvajal berichtet von bevölkerungsreichen Fürstentümern und Kriegerscharen von über fünftausend Mann, die schließlich das Boot der Spanier angriffen.

Als zu Beginn des 19. Jahrhunderts – lange nach Eroberern, jesuitischen Missionaren und Abenteurern – die ersten Naturforscher nach Amazonien kamen, fanden sie jedoch weder große Städte noch gewaltige Ruinen vor; keine Pyramiden, keine Burgen zeugten wie anderswo in Süd- oder Mittelamerika von einer untergegangenen Kultur. Bestenfalls stießen sie auf ein paar versprengte Siedlungen, insgesamt waren vielleicht noch zweihunderttausend Indianer übrig, so schätzt Neves. Ansonsten war das riesige Land menschenleer; dichte, undurchdringlich wirkende Vegetation wuchs bis zum Ufer des gewaltigen Stromes. Was sie vorfanden, schien so wild und natürlich, das musste der Urzustand sein – der Wald also ein Urwald. Orellana und Carvajal wurden fortan als Lügner abgetan, ihre Geschichten als Hirngespinste von Phantasten und Wichtigtuern, als Fieberträume und Halluzinationen.

Von der Kunstfertigkeit jener verschwundenen Kulturen zeugen jedoch Tonscherben, die wir bei den Ausgrabungen finden: Weiße, schwarze und rote Linien durchziehen das bratpfannengroße Exemplar, das Neves schon am Strand des Amazonas entdeckt. Innerhalb weniger Minuten hat sein Ausgrabungsteam über fünfzig weitere Keramikbruchstücke aufgelesen. An über hundert Stellen Amazoniens haben Neves und andere Archäologen Reste jener präkolumbischen Kultur gefunden, manchmal sogar Töpfe und Gefäße mit bunten Glasuren. Zylindrische, hüfthohe Urnen zur Bestattung menschlicher Gebeine sind ebenso darunter, darauf fein modellierte Gesichter. Zuweilen dienen Arme als Henkel. Auf einigen Urnendeckeln sitzen getöpferte Tukane, Vögel mit gewaltigen Schnäbeln. Auch am beliebten und bevölkerten Strand Praia da Lua in Manaus habe ich eine Reihe solcher Tonscherben entdeckt. Mehr haben uns diese geheimnisvollen Ureinwohner nicht hinterlassen. Denn große Steine, aus denen Häuser oder gar Tempel hätten gebaut werden können, gibt es kaum in Amazonien. Neves nimmt an, dass ihre Behausungen, ihre Städte damals aus Holz errichtet worden waren – und das ist im tropischen Klima längst verrottet. Mit der Entdeckung jener Scherben beginnt die herkömmliche Vorstellung von der für große Völker unbewohnbaren Wildnis Amazoniens allmählich zu zerfallen.

Diese Erkenntnis gehört zu jenem sich immer mehr verfestigenden Bild, das man sich mittlerweile von den beiden Amerikas macht, dem Norden und dem Süden: Amerika war bei weitem kein unberührter, wilder Kontinent, als Kolumbus in der Neuen Welt anlegte – im Gegenteil. Wahrscheinlich lebten hier zu jener Zeit um die sechzig Millionen Menschen;[9] nach anderen Schätzungen sogar um die hundert Millionen Menschen, das wären mehr als zur gleichen Zeit in Europa – und ungefähr ein Fünftel der Erdbevölkerung, die zu Beginn des 16. Jahrhunderts aus etwa einer halben Milliarde Menschen bestand.

Überall in Amerika kollabierte die indigene Bevölkerung nach der Ankunft der Europäer, überall brachen ihre Gesellschaften, ihre Reiche zusammen: Nach dem ersten Kontakt starben innerhalb von hundert Jahren in einer Region oft bis zu fünfundneunzig

Prozent der Menschen, die heute verallgemeinernd als «Indianer»[10] bezeichnet werden. Allein im heutigen Mexiko schrumpfte die Bevölkerung in den hundert Jahren nach 1520 von fünfundzwanzig Millionen auf siebenhundertdreißigtausend Menschen.[11] Die «Eroberung» Amerikas durch die Europäer war nur durch die wohl größte demographische Katastrophe der Menschheitsgeschichte möglich. Denn die Eroberer brachten aus der Alten Welt Krankheitserreger wie Pocken- oder Masernviren und Bakterien wie Salmonellen mit. Womöglich starben die indigenen Menschen an den eingeschleppten Erregern, lange bevor Europäer überhaupt ihre jeweiligen Landstriche erreichten. Die mitgebrachten Krankheiten grassierten zwar auch in Europa und forderten dort viele Menschenleben. Aber auf dem Doppelkontinent wüteten sie viel schlimmer: Die Ureinwohner Amerikas schienen keine Abwehrkräfte gegen sie zu besitzen, und so waren diese Viren tödlicher als jede Waffe. So wie es aussieht, hatten die Gesellschaften keinerlei Chance zu überleben. Weshalb?

Die Auswirkungen des Gründereffekts

Die damalige amerikanische Bevölkerung war den Erregern wohl hilflos ausgeliefert – offenbar wegen der biologischen Grenzen ihres Körpers. Ein Blick auf die Funktionsweise des menschlichen Immunsystems hilft zu verstehen, was passiert sein mag. Natürlich waren die indigenen Amerikaner mit den von den Europäern eingeschleppten Krankheiten vorher nie in Berührung gekommen. Für jeden von ihnen war eine Infektion mit den für sie neuartigen Erregern wie etwa dem Pockenvirus ein lebensgefährlicher Erstkontakt. Im Europa jener Zeit kam es immer wieder zu Pockenepidemien; wer aber einmal eine solche Infektion überlebt hatte, der war lebenslang immun.

Entscheidend für das massenhafte Sterben der Indianer war

jedoch die Kombination aus der nicht vorhandenen erworbenen Immunität gegen die neuen Erreger und einer genetischen Komponente ihres Immunsystems. Ihnen fehlte – als gesamte Population betrachtet – jene große Vielfalt ganz bestimmter Immunmoleküle, die in der Gruppe der Europäer viel variantenreicher vertreten war. Diese beim Menschen so genannten HLA-Moleküle[12] zählen zu den entscheidenden Faktoren, wenn es darum geht, die richtige Immunreaktion gegen Krankheitserreger und andere Fremdstoffe auszulösen. Weil sie in so vielfältigem Variantenreichtum existieren, besitzt nahezu jeder Mensch eine eigene Mischung. Menschen, die ein ähnliches Muster dieser HLA-Moleküle aufweisen, reagieren auf ähnliche Weise auf einen Erreger: Die einen bleiben gesund beziehungsweise zeigen keine Krankheitsauswirkungen, weil der Erreger vom Immunsystem schnell bekämpft und ausgeschaltet werden kann; andere werden fieberkrank, bevor sie genesen; und manche sterben. Welche Immunreaktion wie stark eintritt, hängt eben auch sehr von dem Satz an HLA-Molekülen ab, den man geerbt hat.

Eine menschliche Population mit einer großen Vielfalt dieser HLA-Moleküle ist daher widerstandsfähiger gegen so aggressive Erreger wie die Pocken – sprich, es werden nicht so viele Individuen sterben. Die Indianer Amerikas, das weiß man heute, besaßen eine im Vergleich zu den Europäern relativ homogene Mischung dieser HLA-Moleküle, also nicht den Variantenreichtum wie die Bewohner der Alten Welt, der auch bei einem gewaltigen Seuchenzug eine größere Zahl von Menschen überleben ließ. Wie aber kann das sein, wo doch auf dem Doppelkontinent zu jener Zeit vielleicht sogar mehr Menschen lebten als in Europa?

Das hängt wohl mit dem «Gründereffekt» zusammen, das heißt mit der Frage, wann und wie Amerika vom *Homo sapiens* besiedelt wurde. Die Evolution unserer Spezies fand – ausgehend von Afrika, später in Eurasien – vor allem in der Alten Welt statt. Lange dachte man, die ersten Menschen kamen nach dem Ende der letzten Eiszeit, vor etwa zehn- bis zwölftausend Jahren, in die Neue Welt, doch gibt es immer mehr Hinweise, dass sie schon ein paar tausend Jahre zuvor dort waren, vielleicht sogar noch deutlich früher.[13] Wie eine genetische Studie belegt, bei der Bastien Llamas von der australischen University of Adelaide[14] mit einer Reihe anderer Forscher Erbmaterial von fast hundert präkolumbischen Indianern untersuchte, kam der Mensch bereits vor mindestens sechzehntausend Jahren nach Amerika. Was schon viele Wissenschaftler vorher vermuteten, bestätigen auch diese Ergebnisse: Die gesamte indigene Bevölkerung Amerikas ging auf eine relativ kleine Gründerpopulation zurück – die «effektive weibliche Bevölkerung», so die Autoren der Studie, also jene, die fortpflanzungsfähig waren und aktiv zur nächsten Generation beitrugen, bestand aus kaum mehr als zweitausend Frauen. Die Gesamtzahl jener Menschen betrug nach Schätzungen der Forscher höchstens wenige zehntausend. Es ist anzunehmen, dass diese Menschen aufgrund ihrer Herkunft aus Sibirien wohl sowieso nicht den gesamten Genpool der damaligen Menschheit repräsentierten, sondern nur eine Auswahl – eben auch jener HLA-Moleküle.

Diese recht kleine Einwanderergruppe, wahrscheinlich von Beginn an genetisch mit einer geringeren Vielfalt an HLA-Molekülen ausgestattet, vermehrte sich in Amerika abgeschieden vom Rest der menschlichen Spezies, der auf den anderen Erdteilen mit immer neuen Krankheiten konfrontiert war. Viele dieser Erreger kamen zu uns, weil die Menschen der Alten Welt im Laufe der Kulturgeschichte immer enger mit Tieren zusammenlebten – die meisten domestizierten Tierarten stammen von dort: Hunde und Katzen, Schafe und Ziegen, Rinder und Schweine, Pferde und Kamele. Die beiden Amerikas umfassten nicht so viele domestizierbare Säugerspezies. (Vielleicht wurden auch einige potenzielle Kandidaten wie die eiszeitlichen Pferdearten von den Einwanderern aus Sibirien rasch ausgerottet, da sie leicht zu jagen und nicht an den Menschen gewöhnt waren. Vergleichbar mit den großen domestizierten Spezies der Alten Welt sind nur die Neuweltkamele, das Lama und das Alpaka.) Bei diesem engeren Zusammenleben springen – und das geschieht nach wie vor, wenn Mensch und Tier näher aneinanderrücken – immer wieder Viren und andere Organismen von einer Spezies zur anderen über. Diese mutieren dabei manchmal zu Erregern, die schlimme Krankheiten hervorrufen, weil die neue Wirtsart gegen sie nicht gerüstet ist.

So gibt es etwa dem menschlichen Pockenvirus nahverwandte Viren, die von Tieren stammen: Das Kamelpockenvirus und das Pockenvirus eines kleinen afrikanischen Nagetiers, Kemp-Gerbil oder Kemp-Nacktsohlenrennmaus genannt,[15] sind dem menschlichen ganz ähnlich und befallen einzig diese beiden anderen Spezies. Es ist wahrscheinlich, dass irgendwann eine Mutation dazu führte, dass eines dieser Tierpockenviren auf den Menschen übersprang und sich zu den für uns gefährlichen Pocken entwickelte. Läsionen, die den Pockennarben gleichen, fand man bereits auf altägyptischen Mumien aus dem zweiten Jahrtausend vor unserer Zeitrechnung,[16] auch wenn man bislang nicht nachweisen konnte, dass diese Narben auf das Virus zurückzuführen sind. Nach einem Vergleich der Gensequenzen kamen Forscher zu dem Schluss, dass die Unterschiede zwischen dem Erbgut des Gerbil-Pockenvirus und dem des Menschen vor drei- bis viertausend Jahren entstanden sein könnten.[17] Die erste sicher nachgewiesene Infektion eines Menschen mit dem Pockenvirus fand vor über tausendsiebenhundert Jahren statt.[18] (Andere Forscher fanden beim Gerbil-Pockenvirus sogar Gensequenzen aus dem Erbgut der giftigen Westafrikanischen Augenfleck-Sandrasselotter,[19] was sie darüber spekulieren ließ, ob Pockenviren ihren Ursprung vielleicht bei Reptilien haben.) Diese Ergebnisse legen nahe, dass der entscheidende Sprung des Pockenvirus auf den Menschen erst stattgefunden hat, nachdem

Amerika besiedelt – und durch den Anstieg des Meeresspiegels nach der Eiszeit lange Zeit vom Rest der Welt isoliert worden war.

In der Alten Welt wüteten nun die Pocken unter den Menschen: Wer überlebte, war immun. Diejenigen, die geeignete HLA-Moleküle zur besseren Abwehr dieser neuen Gefahr besaßen, überstanden die Krankheit besser. Wahrscheinlich entwickelten sich über viele Generationen hinweg durch Mutation regelmäßig neue Varianten von HLA-Molekülen. Und wenn sich diese bewährten – etwa als bessere Abwehrmöglichkeit gegen Pocken –, dann traten sie ebenfalls über Generationen hinweg in der Gesamtbevölkerung häufiger auf. Varianten hingegen, die dem Menschen keinen Schutz boten, wurden weniger oder starben aus, weil ihre Träger an der Krankheit zugrundegingen.

Die Bewohner Amerikas aber blieben viele Jahrtausende unbehelligt von den Pocken (und anderen Seuchen der Alten Welt). Als dann die Europäer kamen, wurden sie mit ihren beschränkten HLA-Varianten regelrecht von den neuartigen Erregern überrannt. Und weil im Laufe der Besiedlung durch die Europäer immer wieder neue Krankheiten nach Amerika kamen und den Kontinent überzogen, wurden große Teile der amerikanischen Bevölkerung mit Wucht ausgelöscht. Keine der genetischen Erblinien der knapp hundert präkolumbischen Menschen, die der Forscher Bastien Llamas untersucht hat, findet sich in der heutigen indigenen Bevölkerung – ein weiterer Hinweis auf die demographische Katastrophe nach Ankunft der Europäer.

Die Uramerikaner, die große Kulturen in Mexiko und Peru errichtet hatten, konnten also nichts gegen ihr Verschwinden tun: Von unsichtbaren Krankheitserregern wussten sie nichts; das Konzept der Quarantäne, das es in Europa bereits gab, schienen sie nicht zu kennen. Nur konsequentes Social Distancing, wie es heute heißt, hätte sie retten können. Ihre einzige Chance zum Überleben wäre gewesen, so lange nicht mit den Europäern in Kontakt zu

Noch 1900 wüteten die Pocken unter den Überlebenden der Ho-Chunk. Um 1630 starben zwei Drittel dieses Sioux-Volkes am Virus.

kommen, bis es einen auch für sie tauglichen Impfstoff gegen die neuen Erreger gab – was de facto bedeutet, sie hätten nie mit ihnen in Kontakt kommen dürfen. Die Geschichte der amerikanischen Ureinwohner zeigt, wie sehr wir als Spezies von unserer Naturgeschichte, unserem evolutionären Werdegang geprägt sind, die tief in unseren Genen stecken, selbst wenn wir in großen Kulturen von vielen Millionen Menschen leben.

Ausrottung der Pocken

Zumindest die Pocken sind heute verschwunden: Sie waren die erste Krankheit, gegen die planmäßig «geimpft» wurde. Werden viele Individuen einer Population geimpft, kann es gelingen, einzelne Erreger regional auszuschalten und damit Seuchenzüge zu unterbinden. Die Pocken waren zudem der erste Krankheitserreger, der nach einer beispiellosen globalen Impfkampagne der Weltgesundheitsorganisation ausgerottet werden konnte (sie wurden damit zum Vorbild für die geplante Ausrottung des Guineawurms). Das war ein großer Erfolg, denn noch im 20. Jahrhundert starben mehr als dreihundert Millionen Menschen an den Pocken;[20] in den 1950er Jahren sollen sich weltweit jährlich bis zu fünfzig Millionen Menschen infiziert haben.[21] 1967 begann die globale Impfaktion, die dank neu entwickelter Impfstoffe möglich wurde. Die letzte bekannte Infektion trat 1977 in Somalia auf. Danach gab es nur noch einen tragischen Laborunfall im britischen Birmingham, bei dem sich 1978 zwei Menschen infizierten und eine Frau starb. Sie ist die letzte bekannte Pockentote.

Die Weltgesundheitsorganisation erklärte 1980 die Pocken für ausgerottet. Das war vor allem deshalb möglich, weil das Virus artspezifisch nur den Menschen infizierte, die Krankheit gut zu erkennen war und eine einmal erreichte Immunität gegen diesen Erreger das ganze Leben lang anhält. Genau darin liegt aber zugleich ein Problem der Pockenausrottung. Denn heute wird nicht mehr gegen Pocken geimpft. Noch immer werden in zwei Hochsicherheitslabors – im amerikanischen Atlanta und im russischen Kolzowo bei Nowosibirsk – eingefrorene Proben des gefährlichen Virus aufbewahrt. Alle anderen Proben sollen längst vernichtet worden sein. Ob das überall gemacht wurde, ist fraglich. Im Jahr 2014 wurden in einem Abstellraum eines amerikanischen Labors durch Zufall sechs einst übersehene Ampullen mit Pockenviren entdeckt und anschließend zerstört. Es ist nicht auszuschließen, dass noch anderswo solche Restbestände zu finden sind. Was also wäre, sollten – aus welchem Grund auch immer – diese Pockenviren freigesetzt werden? Große Teile der Weltbevölkerung besitzen heute keinen Impfschutz mehr – eine gewaltige Pandemie könnte die Folge sein, ein Drittel aller Infizierten könnte sterben. Das würde unser aller Art zu leben in Frage stellen, wenn vielleicht auch nicht ganz so tiefgreifend wie damals in Amerika nach dem Eintreffen der Europäer.

Das neue Bild der Neuen Welt

Amerika war nicht leer und unberührt, als Kolumbus kam. Langsam erst beginnen wir zu verstehen, dass die präkolumbischen Indianer keine nomadischen Jäger und Sammler waren, sondern in großen Teilen Nordamerikas Landwirtschaft betrieben, wenn auch nicht im europäischen Stil. Im Südwesten legten sie Terrassen an oder bewässerten ihre Felder. Im Osten pflanzten sie Sonnenblumen, um deren fettreiche Körner zu gewinnen. Die von ihnen begründete «Mississippikultur» hatte sich zwischen 900 und 1500 vom amerikanischen Mittleren Westen bis zum Südosten ausgebreitet, und weil sie vor allem den Anbau von Mais, Kürbis und Bohnen vorsah, veränderten die Indianer die Landschaft weiträumig, indem sie die aufstrebende Vegetation niederbrannten. Aufgrund dieser Feuerkultur, einer Art prähistorischen Landschaftsmanagements, waren große Flächen an der amerikanischen Ostküste nicht dicht bewaldet; aber auch in den Wäldern selbst legten die Indianer regelmäßig Feuer, um trockenes Gras und Unterholz abzubrennen. So entstanden eher lichte Parklandschaften mit hohen Bäumen, in denen sich leichter jagen ließ. Die Indianer versuchten, Wild in ihrer Nähe zu halten, um es zu nutzen; zugleich sollte es aber nicht so nah an den Feldkulturen leben, damit die Tiere die Felder nicht zerstörten. Die europäischen Siedler, denen Landwirtschaft mit domestizierten, nah beim Menschen lebenden Tieren vertraut war, erkannten diese Form der Nutzung und Bewirtschaftung des Landes wohl nicht.

Bisons gab es wohl in vielen Regionen, in denen sie nur ein Jahrhundert später häufig auftraten, gar nicht. Der Spanier Hernando de Soto jedenfalls erwähnte sie in seinen Berichten mit keinem Wort:[22] Mit etwa sechshundert Mann zog er als erster Europäer weit in den nordamerikanischen Kontinent hinein, erreichte 1541 auch den Mississippi und schilderte, wie viele indianische Siedlungen es im Südosten der heutigen USA gab. Hätte er Bisons gesehen, hätte er die gewaltigen, für Spanier so ungewöhnlichen Büffel sicherlich beschrieben. Erst recht, wenn sie in so riesigen Herden durchs Land gezogen wären, wie es gut hundert Jahre später der Franzose Renée Robert Cavalier de La Salle beobachtete, als er 1682 im Kanu den Mississippi hinunterpaddelte. Von den indianischen Kulturen, den zahlreichen Siedlungen, fand Cavalier hingegen keine Spur mehr, nur ein paar versprengte Dörfer in der Einöde.

Die Wildnis Nordamerikas, von der die europäischen Siedler des 18. und 19. Jahrhunderts erzählten, entstand erst nach dem Kollaps der indianischen Kulturen, die jahrhundertelang den Kontinent geprägt hatten. Erst dann konnten sich die Bisons ungehindert vermehren, weil nun kaum einer mehr da war, der sie jagte.[23] An manchen Stellen Kentuckys und Tennessees, so fasst der Biologe Valerius Geist alte Berichte zusammen, kamen an Salzlecken so viele Büffel zusammen, dass durch die harten Hufe der Mutterboden erodierte und abgetragen wurde. Die Wurzeln alter Bäume lagen an jenen Stellen bis zu einen Meter hoch offen da, während das Unterholz vollständig zerstört war.[24] Das bedeutet: Bevor die Bisons sich so vermehrten, mussten Bäume und Unterholz ungestört gewachsen sein, sonst würden an jenen Salzlecken gar keine Bäume gestanden haben.

Auch die Wapitihirsche, die amerikanischen Verwandten der europäischen Rothirsche, nahmen an Zahl gewaltig zu. Im Gebiet des heutigen Yellowstone-Nationalparks finden sich ihre Knochen vermehrt erst in jenen indianischen Abfallgruben, die nach den großen Seuchen entstanden. Natürlich hatte die indigene Bevölkerung diese Landschaft auch vorher besiedelt, genutzt und verändert. Die Wildnis im späteren «Vergnügungspark» war also längst menschengeprägt, als die Gründungsväter des Nationalparks hier ein Abbild amerikanischer Urnatur erhalten wollten. Selbst die Wandertauben traten wohl ebenfalls nicht so häufig wie im 19. Jahrhundert auf, als ihre Schwärme den Himmel verdunkelten. Bei Ausgrabungen präkolumbischer Küchengruben in Illinois wurden nur wenige Knochen von ihnen gefunden, wohl aber von über siebzig anderen Vogelarten. Was war der Grund dafür? Wahrscheinlich achteten die Indianer darauf, dass die Schwärme der gefräßigen Tauben nicht zu groß wurden und sich nicht über ihre Maisfelder hermachten.

Das alles ergibt ein völlig anderes Bild Nordamerikas: Erst nach dem Verschwinden der Indianerkulturen ist diese «neue Wildnis» entstanden, die den späteren europäischen Siedlern erschien, als sei sie schon immer da gewesen: jenes ausgreifende und leere Land voller riesiger Wälder und weiter Prärien, in denen lediglich ein paar Indianerstämme herumstreiften und den gewaltigen Bisonherden nachjagten – eine Wildnis enormen Ausmaßes, wie man sie sich heute kaum mehr vorstellen kann. Man kann es auch anders ausdrücken: Die gewaltigen Bisonherden, die für die frühen Naturschützer als Richtlinie galten – «so war es hier schon immer» –, können ebenso als überschießende Reaktion einer wachsenden Population gedeutet werden, nachdem ein Hauptfeind, der vorher ihre Bestände reguliert hatte, nicht mehr existierte.

Die Veränderung in der Landnutzung Nordamerikas hatte wohl sogar weltweite Folgen. Der Zusammenbruch der indianischen

Kulturen führte offenbar zu einer globalen Klimaabkühlung oder verstärkte sie zumindest. Allein entlang der amerikanischen Ostküste wuchsen nun über Tausende von Kilometern hinweg Laubwälder auf dem nicht mehr bewirtschafteten Land. Ihr Holz band so viel vom Treibhausgas Kohlendioxid, dass sich die Oberflächentemperatur weltweit um 0,15 Grad Celsius senkte;[25] ohne die Folgen der demographischen Umwälzungen in Amerika sei diese Abkühlung im globalen System nicht zu erklären, so das Forscherteam um den Geographen Alexander Koch. Sie fällt zusammen mit jenem Zeitraum zwischen dem 14. und dem Beginn des 19. Jahrhunderts, der als «Kleine Eiszeit» bekannt ist. Just als im 16. Jahrhundert die amerikanischen Wälder zu wuchern begannen und immer dichter wurden, sanken die Temperaturen am stärksten. Die «Verwilderung» Nordamerikas nach dem Sterben der Indianer führte in Europa zu Missernten und Hungersnöten. Die schlechte Witterung und der Nahrungsmangel jener Zeit bereitete auch die Französische Revolution vor.

Der Urwald als Obstgarten

Auf ähnliche Weise muss auch unser Bild Amazoniens revidiert werden: Der Urwald, so erklärte es mir der Botaniker Charles Clement vom Institut für Amazonasforschung (INPA) in Manaus, ist gar kein «Ur»-Wald, sondern eine verwilderte Kulturlandschaft. Für ihn steht fest, dass der brasilianische Regenwald vom Menschen nicht nur sehr früh verändert, sondern in großen Teilen sogar kultiviert worden ist. Die ersten Bewohner Amazoniens waren wohl zunächst einfache Jäger und Sammler. Vermutlich haben sie aber schon vor etwa achttausend Jahren begonnen, eine eigene Gartenbaukultur zu entwickeln – so alt sind zum Beispiel Maniokspuren, die auf Keramikscherben an der Atlantikküste Perus gefunden worden sind. Die Heimat der Maniokwurzel – eine der für die menschliche Ernährung in den Tropen wichtigsten Nutzpflanzen – scheint am oberen Rio Madeira nahe der heutigen brasilianisch-bolivianischen Grenze zu liegen. Das lassen genetische Analysen vermuten. Charles Clement nimmt an, dass der Maniok schon damals zu einer Nutzpflanze gezüchtet und verbreitet wurde. Weshalb sonst hätten Menschen einen Urmaniok über die mehrere tausend Meter hohen Anden zur Küste Perus tragen sollen?

Die Urform der bis zu zwanzig Meter hohen Pfirsichpalme (*Bactris gasipaes*) stammt allem Anschein nach ebenso aus der Region des Rio Madeira. Ihre orange-roten, ölhaltigen Früchte sind reich an Vitaminen und Eiweißen und äußerst nahrhaft. Auch diesen Baum haben die amazonischen Urindianer, so nimmt Clement an, zur Nutzpflanze herangezüchtet. Die Früchte der Wildform wiegen gerade einmal zwei Gramm, einige der domestizierten Varianten fünfunddreißigmal so viel. Die Menschen wählten die besten Früchte aus, nahmen sie beim Weiterziehen als Proviant mit – und verbreiteten sie. Als Nomaden kehrten sie immer wieder zu ihren Siedlungsplätzen zurück. Denn wo sie Abfälle weggeworfen hatten, konzentrierten sich die Samen ihrer bevorzugten Früchte. Auf solchen «Müllhalden» standen daher nach Jahren und Generationen fruchttragende Bäume, dichter als im Regenwald mit seinen Zehntausenden von Spezies üblich. Das waren die ersten Ansätze einer «Gartenbaukultur». Clement hat über hundertdreißig Pflanzenarten identifiziert, darunter Ananas, Erdnüsse und Kakao, die nicht einfach nur als Wildpflanzen genutzt, sondern von Indianern gezielt ausgewählt und so zu Kulturpflanzen wurden, die Hälfte davon Bäume. So veränderten sie über Jahrtausende hinweg die Zusammensetzung des Regenwaldes, der für sie zu einem zunehmend angenehmeren Lebensraum wurde – eben wie ein großer «Obstgarten», in dem an vielen Stellen nahrhafte Früchte wuchsen.

Wie sehr sie den «Ur»-Wald geprägt haben könnten, lassen Hochrechnungen des niederländischen Forschers Hans ter Steege erahnen: Demnach gehören von den geschätzten dreihundertneunzig Milliarden Bäumen in Amazonien, die sechzehntausend Arten umfassen, erstaunlicherweise die Hälfte lediglich zweihundertsiebenundzwanzig Spezies an – das sind kaum anderthalb Prozent der dort wachsenden Baumarten; und zumindest eine ganze Reihe davon sind schon lange genutzte Spezies wie Kakao-, Açai- oder Paranussbäume.[26] Solche Kultivierungen im Regenwald könnten eine entscheidende Rolle bei der Sesshaftwerdung der Ureinwohner gespielt haben, so Clement. Ein Laie vermag diese «Ressourceninseln» kaum vom umgebenden Wald zu unterscheiden. Geübte Botaniker erkennen die indianischen Waldplantagen daran, dass dort vor allem domestizierte Varianten wachsen – und zwar, wie erwähnt, in einer viel größeren Dichte.

Der amerikanische Anthropologe Michael Heckenberger hat am Rio Xingu, etwa tausend Kilometer südöstlich von Manaus, die über fünfhundert Jahre alten Überreste komplexer Siedlungen entdeckt – miteinander vernetzte «Gartenstädte» voller Maniokfelder und Obstgärten.[27] In einigen dieser Dörfer, so vermutet Heckenberger, könnten tausend bis zehntausend Menschen gelebt haben. Sie seien «Meister der ökologischen Raumplanung» gewesen und hätten bewiesen, dass Mensch und Regenwald zusammen leben und überleben können.

Dazu beigetragen hat auch, was es nach der bisher gängigen Theorie im «Falschgeldparadies» Amazonien eigentlich nicht geben dürfte. Die Forscher haben inmitten des Mangels einen der fruchtbarsten Böden der Welt entdeckt: Terra preta, ein sogenannter Anthrosol, also ein von Menschen hergestellter Boden. Im Unterschied zu den ausgelaugten Böden Amazoniens enthält diese dunkle, fast schwarze Erde nicht nur erstaunlich viele Mineralstoffe wie Calcium und Phosphor, sondern vor allem auch hohe Mengen organisch gebundenen Kohlenstoffs in Form von Holzkohle. Die ältesten bislang bekannten Arten der Terra preta sind bis zu fünftausend Jahre alt – und immer noch unvermindert nährstoffreich. Die meisten dieser fruchtbaren Flecken sind durchschnittlich zwanzig Hektar, manche bis zu dreihundertfünfzig Hektar groß und bis zu zwei Meter tief.

Es ist möglich, dass die Terra preta zunächst unbeabsichtigt entstand, als Abfallprodukt: Küchenreste, Knochen und Gräten, Exkremente, Asche und Holzkohlenreste sammelten sich in den Lagern der Indianer, später in den Siedlungen zwischen den Hütten und in Abfallgruben gemeinsam mit zerbrochenen Töpfen. Darum sind auch die von dem Archäologen Eduardo Neves entdeckten kunstvoll bemalten Tonscherben Bestandteil vieler Terra-preta-Flecken. Über Jahrhunderte reicherte sich dieser organische Müll an und verwandelte den unfruchtbaren Oxisol in eine fruchtbare Erde. Mit Sicherheit haben die Ureinwohner bald bemerkt, dass Pflanzen auf Terra preta besser wachsen als auf Oxisol, und bald damit begonnen, den fruchtbaren Boden intensiv zu nutzen. Die Verlässlichkeit der Ernten erlaubte ihnen, sesshafter zu leben als zuvor – und wiederum immer dickere Schichten Terra preta zu produzieren. So profitierten die Indianer nicht nur von ihren Obstgärten, sondern konnten auch auf den Steilufern Felder bestellen – und zwar dauerhaft. Selbst wenn weniger als ein Prozent der Fläche Amazoniens von Terra preta bedeckt ist, so leisteten jene versprengten, dunklen Inseln im Wald einen großen Beitrag dazu, Millionen Menschen zu ernähren.

Francisco de Orellana könnte also doch recht gehabt haben, als er von großen Siedlungen am Amazonas sprach. Amazonien, da sind sich Clement, Neves und Heckenberger einig, war damals eine riesige domestizierte, gezähmte Wildnis:[28] Der amazonische Regenwald hat also nicht nur eine lange Naturhistorie, sondern auch eine lange Kulturgeschichte. Wie hatte mir Eduardo Neves gesagt? «Nur weil hier auf den ersten Blick wenig von menschlicher Geschichte zu sehen ist, bedeutet das noch lange nicht, dass es hier keine menschliche Geschichte gibt.» Und dann hinzugefügt: «Wir wissen zwar noch nicht alles, aber was mit diesen Menschen geschah, ist lehrreich für die Zukunft.»

Für mich steckt eine Menge an grundsätzlichen Erkenntnissen darin:

Wie wenig wissen wir über unsere Welt! Sie ist oft ganz anders, als wir es lange gedacht haben: Amazonien, nein, ganz Amerika war eben keine jungfräuliche Wildnis, sondern wurde gestaltet, bewirtschaftet und zu einer Kulturlandschaft geformt. «Mit dem grausamen Tod so vieler Menschen über mehrere Generationen hinweg ging unglaublich viel Wissen verloren», beklagt Charles Clement. Wahrscheinlich gerieten Kulturpflanzen in Vergessenheit oder starben aus, eben weil sie menschlicher Landwirtschaft bedurften. Bestimmt drei- bis fünftausend weitere Pflanzenarten, so Clement, wurden, wenngleich nicht gezielt angepflanzt oder gar domestiziert, regelmäßig zu medizinischen Zwecken oder zum Färben genutzt; die wenigsten ethnobotanischen Wirkstoffe sind heute bekannt. Wären die Methoden für das Management des Ökosystems Amazoniens auf Dauer wirklich nachhaltig gewesen, wie Clement meint, wenn die Bevölkerung weiter gewachsen wäre? Das können wir nicht eindeutig beantworten. Jedenfalls haben wir während unserer Expeditionen am Rio Aripuanã die Siedlungen der Caboclos meist dort am Ufer angetroffen, wo sie ein wenig Landwirtschaft auf kleinen Feldern betreiben können – auf jenen Flecken schwarzer Erde, die von den verschwundenen Indianern hinterlassen wurden.

Der Regenwald am Rio Aripuanã mit seiner Vielzahl unbekannter Spezies, in dem wir unterwegs waren, in dem wir im Wechsel von Regen- und Trockenzeit unter Plastikplanen oder zwischen Hängematten unsere Camps aufgeschlagen haben, in dem tiefe, mannshohe Kratzspuren an Urwaldbäumen von der gewaltigen Kraft der Jaguare kündeten – auch er ist eine verwilderte Kulturlandschaft. Oder ist er schon wieder «Wildnis»? Egal eigentlich, denn dieser unglaubliche Wald besitzt nach wie vor ein spezialisiertes, exklusives Artengefüge und ist ganz aus sich heraus da, größtenteils unbeeinflusst von den Menschen, denen wir während unserer Expeditionen dort begegneten.

Daraus ergeben sich Fragen für den Schutz der Natur: Was genau wollen wir bewahren, wenn wir «Natur», wenn wir «Wildnis» schützen? Wollen wir einen Schnappschuss in der Zeit konservieren? Wie die Gründungsväter des Yellowstone-Nationalparks, die den vorgefundenen Zustand zum Urzustand erklärten? Was aber ist der ursprüngliche Charakter einer Landschaft? Ab wann setzen wir das fest? Was ist die ursprüngliche Vegetation? Oder wollen wir natürliche Prozesse ermöglichen, die sich in der Dynamik und Eigenart des jeweiligen Lebensraums vollziehen? Schützen wir das statische Bild einer «schönen» Natur? Oder eine, die dauernd im Wandel ist?

Was mit den präkolumbischen Amerikanern geschah, lässt sich außerdem als Zumutung für unser menschliches Selbstverständnis betrachten (auch wenn Europäer die Neue Welt «eroberten», besiedelten und «zivilisierten»). Mit dem Wissen darum, weshalb die indigene Bevölkerung und ihre großen Gesellschaften verschwunden sind, erkennen wir zugleich: Als Art, als Population und als Individuum sind wir denselben Gesetzen der Natur unterworfen wie die anderen Spezies. Ganz egal, ob wir uns mit all unserer Kultur als das Gegenüber der Natur begreifen möchten: Wenn plötzlich ein neuartiger Erreger auftaucht, behandelt er uns wie die anderen. Sobald wir dann als prägende Art verschwunden sind, macht die Natur einfach weiter mit dem, was vor Ort vorhanden ist, und baut es in die Lebensräume ein, die sich fortentwickeln.

Wenn eine Spezies verschwindet, sei es der Mensch in Amerika, sei es das Sumatra-Nashorn in Südostasien, hat das Folgen. Mit Wucht vermehren sich andere Spezies, einige gehen vielleicht verloren, weil sie nicht mehr gepflegt werden – durch den Menschen oder das Rhinozeros, das für manche Pflanzen ein wichtiger Samenverteiler sein mag. Was also passiert, wenn plötzlich alle Singvögel auf Java aus den Wäldern entnommen werden? Oder wenn Ziegen und Ratten auf Inseln dazukommen?

Ein Vakuum lässt die Natur nicht entstehen. Bei ihr hat alles einfach nur Folgen. Was wird, hängt davon ab, was zurückbleibt – und auch davon, in welchen Ausmaßen oder in welchen Verhältnissen etwas noch da ist. Wie bei einem großen Experiment, bei dem es auf die Art und Menge der Zutaten ankommt.

Experimente schaffen Wildnisse aus zweiter Hand

Einer der schönsten Flecken Erde, auf denen er je gedreht habe, sei das, schwärmte mir der österreichische Filmemacher Klaus Feichtenberger von dieser einzigartigen Naturlandschaft vor, dem größten Sumpfgebiet unseres Kontinents.[29] Seit über dreißig Jahren entwickele sich im Osten Europas eine Wildnis voller Tiere, wie es sie nur noch selten gibt. In einem unbeabsichtigten Freiluft- und Großexperiment erobere sich die Natur mit großer Dynamik dieses Gebiet zurück: weil der Mensch die Region schlagartig verlassen musste – in der Folge von Fehlentscheidungen, die in einer Katastrophe mündeten.

Am 26. April 1986 explodierte im Südwesten der damals noch existierenden Sowjetunion der Reaktor 4 im Lenin-Atomkraftwerk von Tschernobyl. Dabei wurde über hundertmal so viel Strahlung freigesetzt wie beim Abwurf der ersten Atombombe über Hiroshima. Radioaktive Stoffe gelangten als Niederschlag in weite Teile Westeuropas und ließen die Strahlenwerte dramatisch ansteigen. Am schlimmsten betroffen war das Gebiet um den Reaktor selbst, eine Fläche größer als Luxemburg wurde zur Sperrzone erklärt. Bis heute dürfen im Umkreis von dreißig Kilometern keine Menschen leben. Mehr als hunderttausend Bewohner der Region, vor allem Land- und Industriearbeiter, mussten damals ihre Heimat verlassen – für immer. Denn noch lange Zeit wird ihr Land radioaktiv verseucht sein.

Weiterhin schlagen die Geigerzähler in der Sperrzone aus – umso stärker, je näher man der Ruine des Reaktors kommt. Für Besucher ist daher die Aufenthaltsdauer im verstrahlten Gebiet beschränkt.

Mittlerweile gedeihen aber in diesem unbeabsichtigten «Freiluftlabor» eine Reihe seltener wilder Tiere: Elche, Wölfe und Luchse, Fischotter, Biber und Schwarzstörche kamen von selbst; die einst fast ausgerotteten Wisente und Przewalski-Urwildpferde wurden hier angesiedelt und vermehren sich. Tagtäglich sind sie der lautlosen, geruchlosen, unsichtbaren, aber allgegenwärtigen Strahlung ausgesetzt. Wieso ist hier im Schatten der Atomruine keine nukleare Wüste, sondern eine besondere Wildnis entstanden?

Gleich nach der Reaktorkatastrophe starben im direkten Umkreis des Atomkraftwerks viele Pflanzen und Tiere. Bis zum Herbst 1986 nahm die Zahl der Mäuse im hochbelasteten Gebiet um achtzig Prozent ab, die Zahl an Fehlgeburten und Tumoren stieg unter den Nagetieren stark an.[30] Ebenfalls überlebten in Reaktornähe nur wenige Würmer, Insekten und Spinnen den Sommer. Innerhalb weniger Monate starben auch die Kiefernwälder westlich des Reaktors ab – sie wurden als «Roter Wald» bekannt. Doch weil ein großer Teil der durch die Explosion freigesetzten radioaktiven Nuklide schon bald zerfiel, ließ die starke Strahlung im verseuchten Gebiet innerhalb von Wochen und Monaten nach. Andere radioaktive Elemente hingegen besitzen längere Halbwertzeiten, wie das Cäsium-Isotop 137, bei dem nach etwa dreißig Jahren die Hälfte der Atomkerne zerfallen ist; es wird daher noch mindestens dreihundert Jahre nachweisbar sein. Weitere freigesetzte Isotope sind noch langlebiger und können mehrere zehntausend bis hunderttausend Jahre lang ihre Wirkung entfalten. Die meisten dieser strahlenden Stoffe befinden sich heute im Boden. Pilze etwa nehmen aus der Erde radioaktives Cäsium auf, über Pflanzen gelangt es in die Tiere und reichert sich so in deren Körpern an.

Schon im Frühjahr nach der Reaktorkatastrophe hatten sich die Bestände der sich rasch vermehrenden Nagetiere wieder erholt, im abgestorbenen Kiefernwald keimten bald die ersten Birken und wuchsen schnell heran. Und viele Tiere wie der Wolf kehrten in die

Mit einem Schlag war der Rummel in der Trabantenstadt Pripyat vorbei. Nach dem Rückzug des Menschen erobert sich die Natur die Region um Tschernobyl zurück.

Sperrzone zurück, die sich nach dem Zusammenbruch der Sowjetunion über zwei Länder erstreckt – Weißrussland im Norden, die Ukraine mit der Reaktorruine im Süden. Erstaunlich schnell verwilderte die einst intensiv genutzte Landschaft um Tschernobyl. Unter Stalin hatte die Trockenlegung der Pripjat-Sümpfe begonnen, um in landwirtschaftlichen Großbetrieben, den Kolchosen, die Produktion von Nahrungsmitteln zu steigern: Wälder wurden gerodet, ein Netz endloser Kanäle entwässerte das Land, und die einstige Wildnis wandelte sich zur Kornkammer der Sowjetunion. Außerhalb der Sperrzone bestimmen noch heute Getreidefelder und Kanäle die Landschaft. Innerhalb der verbotenen Zone entwickelte sich binnen weniger Jahre ein ganz anderes Bild, denn vom Fluss Pripjat her wanderten natürliche Baumeister in die Kanäle ein. Dank ihrer Arbeit kehrte die Natur rasch wieder: Überall bauten Biber Dämme in den Kanälen – und machten so die Entwässerung rückgängig. Tausende der fleißigen Nager stauten die Sümpfe auf und schufen neuen Lebensraum für sich und viele andere Tiere. Kaum war der Mensch verschwunden, eroberte die Natur in großem Tempo das aufgegebene Kulturland zurück. Jedes Jahr nach der Schneeschmelze verwandeln sich die Pripjat-Niederungen in eine Wasserwildnis aus Waldinseln, Seen und Sümpfen. Der Fluss überflutet die verlassenen Ortschaften, sein Pegel kann bis zu acht Meter steigen, und er bedeckt in der Sperrzone eine vierzehn Kilometer breite Fläche.

Die neue Wildnis scheint also zu gedeihen – trotz überall vorhandener Radioaktivität, obwohl die Strahlung weiter Auswirkungen hat. Eine Reihe von Studien zeigt mittlerweile, dass viele Organismen Anomalien aufweisen und die Mutationsrate höher ist als anderswo – auch wenn nirgendwo doppelköpfige Monster gesichtet wurden. Der Ökologe Timothy Mousseau von der University of South Carolina hat im Jahr 2011 in der Sperrzone mehrere hundert Feuerwanzen gesammelt und bei vielen der schwarzroten Insekten deformierte Beine oder veränderte Färbungsmuster entdeckt: «Buchstäblich unter jedem Stein, den wir umdrehten, fanden wir Anzeichen von mutagenen Eigenschaften der Strahlung.»[31] Mutierte Wanzen traten in einer stärker verseuchten Region der Sperrzone häufiger auf als anderswo: «Kleine Dosis, kleiner Effekt; große Dosis, großer Effekt», so Mousseau. Auch bei Pflanzen fand er Auswirkungen – mutierte Kiefern mit Wuchsanomalien oder deformierte Pollen.

Weißrussische Wissenschaftler um Sergej Kuchmel untersuchten in der Sperrzone über Jahre hinweg die Auswirkungen der Strahlung auf Tausende freilebender Siebenschläfer im hochverseuchten Gebiet: Bis zu sechs Prozent der Tiere – mehr als doppelt so viele wie in Vergleichsgebieten – zeigten körperliche Veränderungen, mal war ihr Fell anders gefärbt, mal waren sie blind, oder ihr Schädel war leicht verformt. Bezogen auf den Menschen wären das erschreckende Zahlen. Ein stark geschädigtes Tier kommt erst gar nicht zur Welt oder stirbt in der Natur rasch, wird bald gefressen und daher von Forschern oft nicht entdeckt; es vermehrt sich folglich auch nicht. Die anderen aber haben so viele Nachkommen, dass innerhalb der menschenleeren Sperrzone sogar mehr Siebenschläfer leben als im Kulturland außerhalb. Dadurch hat ihr Bestand eine normale Größe – auch wenn sich Strahlenschäden im Erbgut anreichern. Diese sind ebenso bei den Welsen im Kühlteich des Kraftwerks und bei Schwalben nachgewiesen.

Erstaunlich ist die Fülle an Großsäugern, die sich in der Sperrzone angesiedelt und entwickelt hat: Ihre Fortpflanzung scheint durch die Strahlenbelastung nicht beeinträchtigt, die Bestandszahlen von Hirschen und Rehen, Elchen und Wildschweinen unterscheiden sich nicht von vergleichbaren nicht kontaminierten Naturschutzgebieten in der Region, die Zahl der Wölfe scheint sogar deutlich höher zu liegen.[32] Über die Gesundheit der einzelnen Tiere muss das nichts aussagen. Überschussproduktion gehört bei vielen Arten zur Überlebensstrategie. Daher ist die Sperrzone für uns Menschen errichtet worden: Wir haben uns selbst zurückgezogen, um uns vor Strahlungsschäden zu schützen, die zu Krankheit, frühem Tod oder mutiertem Erbgut führen können. Studien französischer Forscher um Ismael Galván zufolge gibt es allerdings Anzeichen dafür, dass sich zumindest bei Vögeln aus der Sperrzone der Zellstoffwechsel schon physiologisch an die ständige Hintergrundstrahlung angepasst und Abwehrmaßnahmen entwickelt hat[33] – und dass sie das möglicherweise an ihren Nachwuchs vererben. Durch frühere Untersuchungen an Labormäusen weiß man, dass sich solche Änderungen erst nach vielen Generationen so auswirken, dass eine ganze Population strahlenresistent geworden ist – beim *Homo sapiens* wäre das ein Zeitraum von einigen hundert Jahren.

Wie die wilden Säugetiere mit der Belastung leben und sie überleben, darüber weiß man noch nicht viel. Nur dass sie alle radioaktiv verseucht sind und eine deutlich höhere Strahlenbelastung im Körper aufweisen als Tiere ihrer Spezies in nicht kontaminierten Regionen. Bei Arten an der Spitze der Nahrungskette – Wölfe oder Greifvögel wie Seeadler – reichert sich die Radioaktivität besonders stark im Körper an. Aber auch bei Wildschweinen hat der amerikanische Ökologe James Beasley hohe Werte gemessen, fressen sie doch gerne Wurzeln, die sie aus der verseuchten Erde graben. Doch nie, so Beasley, habe er ein Tier mit einer sichtbaren Deformation gesehen.[34] Im japanischen Fukushima, wo 2011 im Daiichi-Reaktor nach einem Erdbeben samt Tsunami eine vergleichbare Kernschmelze stattfand und die Bewohner die Region verlassen mussten, hat Beasley Ähnliches beobachtet: Die Wildtiere – unter ihnen Kragenbären, Marderhunde, die ungewöhnlichen Japanischen Seraus, ein ziegenartiges Horntier, und sogar Japanmakaken, als Affen Primaten wie wir – traten in der menschenleeren Zone deutlich häufiger auf als anderswo. Trotz hoher Strahlendosis konnte Beasley keine sichtbaren Auswirkungen an den Tieren erkennen. Der Rückzug des Menschen führte auch hier zu einer schnellen Rückkehr der Tiere und der Natur.

In Tschernobyl lässt sich schon länger beobachten, mit welch erstaunlichem Tempo aus der Kulturlandschaft wieder eine Wildnis geworden ist, in der die dynamischen Prozesse der Natur ablaufen. Nach dem Exodus des Menschen entwickelte sich in den Ebenen am Pripjat eine Lebensgemeinschaft wie nach der Eiszeit – bevölkert von Großtieren wie Elch und Wisent. Einige überzählige Wildrinder aus Zuchtprogrammen wurden im Jahr 1998 probehalber in der Sperrzone angesiedelt – mittlerweile leben mehrere Herden von Wisenten dort. Auch das Wildpferd ist in die Ukraine zurückgekehrt: Zwar wurde der letzte Tarpan, das europäische Steppenwildpferd, 1879 getötet, doch hat man mehr als hundertzwanzig Jahre später in Zoos gezüchtete Przewalski-Urwildpferde in der Sperrzone ausgesetzt. Dies wurde allerdings nicht so gut vorbereitet wie bei der Wiederansiedlung in der Mongolei. So stieg ihre Zahl auch nicht so rasch wie erwartet, hat sich aber zumindest innerhalb eines Jahrzehnts verdoppelt.

All dies zeigt, dass es eine Chance gibt, selbst geschundene Regionen wiederzubeleben, solange Menschen – aus welchen Gründen auch immer – bereit sind, Raum abzutreten. An diesem totgesagten Ort jedenfalls wiegt unsere Abwesenheit – samt Landwirtschaft, Düngung und Pestiziden, Jagd, Abholzung und Verkehr – bislang schwerer als die radioaktive Verstrahlung. Auf Dauer werden die zufälligen und unfreiwilligen Experimente in Tschernobyl und Fukushima zeigen, wie sich solche Gebiete unter der Strahlenbelastung entwickeln. Schon jetzt sind sie jedoch ein eindrückliches Beispiel für die Wucht der Natur, die zurückkommt, wenn man ihr die Möglichkeit gibt, die in sich aufnimmt, was sie vorfindet, und daraus etwas Neues entstehen lässt.

Ein aufschlussreicher Feldversuch: gewollte Wildnis

Was es bedeutet, wenn sich der Mensch zurückzieht, wenn man die Natur sich selbst überlässt, zeigte sich bei einem mittlerweile klassischen vegetationskundlichen Experiment – einem «Feldversuch» im wahrsten Sinne des Wortes. In der nacheiszeitlichen Moränenlandschaft Schleswig-Holsteins hatte ein Bauer 1976 seinen Roggenacker zum letzten Mal bestellt, danach ließ er sein Feld wegen der ungünstigen Bodenverhältnisse brachliegen – und die Natur nahm auf der sechseinhalb Hektar großen Fläche ihren Lauf: Auf dem nicht mehr genutzten Ödland blühten im ersten Jahr viele Kornblumen, im zweiten schon weniger und im dritten kaum noch welche. Denn sie brauchen – wie Klatschmohn, Kornrade und andere einjährige Pflanzen der Ackerbegleitflora – frisch bearbeiteten, aufgerissenen Boden. Auf von Menschen angelegten Feldern haben diese Pflanzen daher einen Vorteil gegenüber anderen: Die mehrjährigen Pflanzen werden beim Umpflügen vor der Aussaat neuen Getreides meist zerstört; die im Jahr zuvor auf den Ackerboden gefallenen Samen der erwähnten einjährigen Pflanzen hingegen kommen durch das Umbrechen des Feldes ans Licht – das ist ihre Voraussetzung zum Keimen. Sie sind also an diese menschliche «Dienstleistung» angepasst – und verschwinden, sobald ein Feld nicht mehr bearbeitet, der pflanzliche Bewuchs dichter und dauerhaft wird und die Samen nicht mehr ans Licht gebracht werden.[35] Auf dem verwaisten Roggenacker wuchsen aber schon bald die ersten Birken und Eichen, deren Samen entweder vom Wind herbeigetragen oder von Eichelhähern als Wintervorrat im Boden versteckt wurden.

In den ersten Jahren wurde der brachliegende Acker von der Botanikerin Loki Schmidt, der Frau des damaligen Bundeskanzlers Helmut Schmidt, vom Nachbargrundstück am Brahmsee aus fasziniert beobachtet. Sie erkannte das grundsätzliche Potenzial, das in dieser unspektakulär scheinenden Versuchsanordnung lag: nämlich erstmals eine für Mitteleuropa typische Langzeitsukzession zu dokumentieren – wie sich ein Stück Land, dessen Bewirtschaftung eingestellt wurde, in die für unsere Breiten übliche Lebensgemeinschaft Wald verwandelt. Sorgfältig hielt Loki Schmidt die erstaunlichen Veränderungen des Ödlands fest, das sie schließlich 1986 aufkaufte, um das Experiment über einen längeren Zeitraum weiterzuverfolgen.[36] Bald wuchs ein kleiner, dichter Hain aus Birken, der sich zum lichten Wald mauserte, viele Bäume über zehn Meter hoch. Dem folgten erstaunlich rasch die Eichen. Über zwanzig Baum- und Buscharten siedelten sich ohne bewusstes menschliches Zutun an, anschließend eine Vielzahl von Insekten wie Schmetterlinge und Käfer, dazu Ringelnattern, Marder und Mauswiesel. 1990 brüteten bereits über zwanzig Vogelarten in der neu entstandenen Wildnis, die später zu einem Forschungsprojekt der Universität Kiel wurde.

In den ersten Jahrzehnten wechselte diese «Wildnis aus zweiter Hand», wie Loki Schmidt ihr Gelände gerne nannte, oft das Gesicht. Zwischendurch bestimmte ein fast undurchdringliches Brombeerdickicht den neuen Wald; bis auf ein paar Ranken ist es fast gänzlich verschwunden, weil die Birken und Eichen immer höher wuchsen und Licht wegnahmen. Heute erinnere ihn diese Wildnis «irgendwie an die Taiga», so der Hamburger Botaniker Hans-Helmut Poppendieck, der den Wald seit Mitte der 1990er Jahre regelmäßig besucht. Er prophezeite mir die weitere Entwicklung des Waldes: Ausgehend von einer Wallhecke, die auf dem ehemaligen Acker angelegt war und in der auch Buchen wachsen, werde hier in vielleicht zweihundert Jahren ein Mischwald aus Eichen und Buchen stehen.

Das Erstaunliche an diesem Pionierexperiment ist nicht nur die Schnelligkeit, mit der der Wald den Acker ersetzte, sondern auch, dass sich bei diesem Feldversuch beinahe wie im Zeitraffer eine Entwicklung vollzog, wie sie ganz ähnlich in Mitteleuropa nach der letzten Eiszeit stattgefunden hatte. Nachdem sich damals die Gletscher zurückgezogen hatten und auf den zurückbleibenden Flächen eine steppenartige, tundraähnliche Landschaft entstand, wanderten zunächst Gewächse wie Wacholder, später Kiefern und Birken ein. Dann rückten von Süden her Eichen, aber auch Linden und Ulmen nach und bildeten vor vielleicht neuntausend Jahren die ersten Urwälder.[37] Buchen folgten wohl erst, als Mitteleuropa mehr und mehr von Menschen besiedelt wurde. In der Jungsteinzeit legten die ersten Menschen ihre Äcker auf Rodungsinseln im Wald an – und sie brauchten Holz zum Heizen und Hüttenbau. Wenn der Weg zum nächsten abholzbaren Wald für den täglichen Bedarf zu weit wurde, zogen sie weiter und rodeten woanders eine neue Fläche. Das war die Stunde der Buchen. Weil sie schneller und höher wachsen als Eichen, konnten sie diese zunehmend verdrängen. Von solchen verlassenen Rodungsflächen aus eroberten sie immer größere Teile Mitteleuropas, sodass ein lichter Buchenwald zur bestimmenden «natürlichen» Vegetationsform in der Region wurde.

Weite Teile Deutschlands wären heute von solchen Wäldern bedeckt, wenn man der Sukzession wie auf jenem Acker am Brahmsee ihren Lauf ließe. Lange dachte man, dass Deutschland einst völlig von Urwäldern bewachsen war, bis der Mensch sie abgeholzt und Ackerbau betrieben hatte. Doch dem war wohl nicht so. Die Höhlenzeichnungen von Lascaux und Chauvet zeigen, dass Mitteleuropa während der letzten Eiszeit von einer ganzen Reihe großer Pflanzenfresser bevölkert war, nicht nur von Auerochsen und Wildpferden, sondern auch von Mammuts und Waldnashörnern, Riesenhirschen und Elchen, Rentieren und Wisenten. Sie alle hatten großen Einfluss auf die Landschaft: Diese Megaherbivoren haben damals in großen Teilen Mitteleuropas halboffene, parkartige Weidelandschaften geschaffen. Und weil die meisten von ihnen nach dem Ende der Eiszeit aus Mitteleuropa verschwanden (wie Rentiere und Elche, die nach Norden in kühlere Regionen zogen), schon früh ausstarben (wie Mammuts und Rhinozerosse) oder später vom Menschen so stark gejagt wurden, dass ihre Bestände dezimiert waren und schließlich ganz verschwanden (wie Auerochsen, Wildpferde und Wisente), entwickelte sich in Mitteleuropa keine halboffene Landschaft mehr, sondern jene erwähnte nahezu flächendeckende Waldwildnis aus Buchen und Eichen. Dieser viel diskutierten «Megaherbivorenhypothese» zufolge ist das Erscheinungsbild Mitteleuropas also zumindest teilweise auf das Fehlen jener Pflanzenfresser zurückzuführen, die während der Eiszeiten – im Pleistozän – noch in großen Herden auf dem Kontinent weideten.

Man nehme ... – Rezeptvarianten

Der Ausgang eines Experiments hängt immer von den Zutaten ab. Lässt man die großen Pflanzenfresser weg, entsteht der mitteleuropäische Wald; fügt man sie hinzu, so können sie der beschriebenen Theorie zufolge je nach Art als «Landschaftsgärtner» fungieren. Als solche werden die Megaherbivoren bei einer Reihe von Naturschutzprojekten großer und kleiner Art gezielt eingesetzt, damit Gebiete, die vom Menschen nicht mehr intensiv genutzt werden, nicht völlig zuwachsen, verbuschen oder verwalden, sondern sich zu artenreichen Landschaften entwickeln. Dieses «Rewilding» bildet mittlerweile eine Form des Naturmanagements, die natürliche Prozesse und damit stetigen Wandel sowie den verbliebenen menschlichen Bewohnern eine neue Art des Wirtschaftens ermöglichen soll. Den Pflanzenfressern, ebenso wie anderen Spezies, kommt dabei eine besondere Funktion zu: In den südlichen Karpaten Rumäniens etwa, wo vor Jahrzehnten die Menschen noch häufig von traditioneller Landwirtschaft und Viehzucht lebten, ziehen junge Leute zunehmend in die Städte, um der Verarmung zu entgehen. Viele Felder wurden im Zuge dessen aufgegeben und liegen brach. Trotz Jagd gibt es hier noch viele pflanzenfressende Großsäuger, wenngleich in geringer Zahl – Gämsen, Rehe und Rothirsche, aber auch die großen europäischen Fleischfresser Wolf, Braunbär und Luchs leben in den Karpaten. Seit 2014 wird die Artenriege der Herbivoren durch Wisente aufgestockt. Weil die Herden dieser großen Wildrinder sich von anderen Pflanzen ernähren als etwa Hirsch und Reh, «bauen» sie den Wald um, der dadurch artenreicher wird. Allein in ihren Dunghaufen wurden schon mehr Spezies und Exemplare von Dungkäfern gefunden als in den Exkrementen anderen Wilds. Die Wisente haben sich in den alten Bergwäldern bereits vermehrt. Sie tragen in der noch relativ intakten natürlichen Landschaft der Karpaten nicht nur mit dazu bei, dass dynamische Naturprozesse weiterhin ablaufen können, sie bieten der Bevölkerung in dieser bestehenden Wildnis zugleich neue Verdienstmöglichkeiten durch Ökotourismus.

Ähnliches Rewilding gibt es im Donaudelta, wo einst großflächig Sümpfe für Felder entwässert wurden. Doch weil sich der entstandene salzige Boden als eher unfruchtbar erwies, begann man hier ebenso, Teile des Deltas zu renaturieren. Deiche wurden aufgebrochen, um bestehende Seen und Kanäle zu verbinden – ein Paradies für Zugvögel entstand, in dem Pelikane leben und in das Biber zurückkehren. Eine ganze Reihe von Pflanzenfressern wurde wieder angesiedelt: Koniks – eine robuste Pferderasse, die an den ausgerotteten Tarpan erinnert – und Wasserbüffel. 2020 kamen die ersten zwanzig Kulane, eine asiatische Wildeselform, nach über einem Jahrhundert der Abwesenheit ins Delta zurück, zunächst in ein ukrainisches Auswilderungsgehege, zusammen mit einigen Damhirschen. Auch Rückzüchtungen von starken Rindern, die dem ausgerotteten Auerochsen gleichen, sollen hier leben – ähnlich wie die Koniks als Stellvertreter einer ausgestorbenen Spezies, deren ökologische Funktion sie übernehmen sollen. Beim Rewilding geht es nicht um die Wiedererrichtung einer verlorenen Welt, sondern darum, beschädigte Ökosysteme zu restaurieren. Die verschiedenen Pflanzenfresser, die ganz unterschiedliche Nischen besetzen, gestalten dabei auf vielfältige Weise die Landschaft um.

Auch im Oderdelta an der deutsch-polnischen Grenze werden trockengelegte Moore wiedervernässt. Elch und Wolf haben sich schon angesiedelt, Fischotter und vor allem die als Landschaftsarchitekten wertvollen Biber, die mit ihren Dämmen den Wasserstand kontrollieren und Lebensraum für viele andere Arten schaffen, mehren sich. Der Wisent soll ebenfalls wieder in den Odersümpfen leben; entweder wandert er – aus nahegelegenen wilden Populationen in Polen kommend – von selbst ein, oder er wird angesiedelt. Eine Wiederansiedlung ist ebenso für ausgerottete Schlüsselarten unter den Fischen geplant, für Lachs oder Stör etwa. Der Artenreichtum ist ein – durchaus wichtiges – Kriterium bei Rewilding-Projekten, genauso die Funktion dieser Spezies in der Landschaft. Das Ziel ist, auch hier eine «renaturierte» Wildnis entstehen zu lassen, bei der der Mensch kaum noch Einfluss nimmt auf die «natürlichen Prozesse».

Eine Wildnis gezielt verändern

Das weltweit wohl bekannteste Rewilding-Experiment wird am Fluss Kolyma in Ostsibirien durchgeführt. Es trägt den einprägsamen Namen «Pleistozänpark», in Anlehnung an Steven Spielbergs Dinosaurierfilm, und soll eigentlich gar keine Wildnis renaturieren, sondern eine bestehende verändern. Der russische Geophysiker und Ökologe Sergej Simov will hier sogar die verlorene «Mammutsteppe» nachbauen – jenes Ökosystem, das während der letzten Eiszeit und bis vor zwölftausend Jahren große Teile des nördlichen Eurasiens prägte. Diese Steppe war eine fruchtbare Graslandschaft und ernährte gewaltige Herden von Mammuts, Wollnashörnern, Steppenbisons, Moschusochsen, Wildpferden und Rentieren. Mit dem Ende der Eiszeit und dem Vordringen des Menschen in diese Landschaften verschwanden die großen Tierherden – und das hatte Folgen für die Vegetation im Permafrostboden, der zumindest zu großen Teilen des Jahres tiefgefroren ist. Weil die Huftierherden nicht mehr die Kältesteppe abweideten, sammelte sich zunehmend abgestorbene Vegetation an, die nicht mehr verrottete. Der Umsatz an Nährstoffen verlangsamte sich, organisches Pflanzenmaterial reicherte sich an, doch mangelt es an fruchtbaren Stickstoffverbindungen. Aus dem Grasland entwickelte sich die heutige Tundra, in der – ebenfalls im Permafrost – auf dem nährstoffarmen Boden Moose und Flechten die Vegetation dominieren, hinzu kommen Gräser, Kräuter und kleine Sträucher.

Eine Eiszeitserengeti voller Großtiere: Die Mammutsteppe war ein äußerst produktives Ökosystem. Lässt sie sich wiedererrichten?

Simovs Idee war es, Herden von Pflanzenfressern in die leere Tundra zurückzubringen und auf diese Weise erneut eine eisige Graslandschaft entstehen zu lassen. Das Gewicht der Megaherbivoren und ihre harten Hufe sollen dabei helfen: Denn zum «Überlebenskonzept» von Gräsern gehört, dass sie vor allem dort gedeihen, wo große Huftierherden über sie hinwegtrampeln und sie regelmäßig abweiden. Gräser halten harte Hufe aus, weil in ihren Halmen kleine glasähnliche Steinchen, «Phytolite», eingelagert sind. Diese harten «Grasbausteine» machen die Halme stabiler und «trittfester». Außerdem wachsen Gräser nicht an der Spitze nach, wie viele andere Pflanzen, sondern von unten – ein großer Vorteil, wenn regelmäßig der obere Teil des Halmes von hungrigen Weidetieren abgebissen wird. Je mehr Hufe also über den Tundraboden fegen, je mehr Pflanzen abgeweidet werden, so Simovs Gedankengang, desto weniger Flechten, Moose und Sträucher würden wachsen, dafür aber umso mehr Gräser. Zudem würden die Exkremente der Tiere mehr Nährstoffe in den Boden zurückbringen und den Umsatz dieser Landschaft beschleunigen.

Hinter dieser Idee steckt nicht allein der Wunsch, ein verlorenes Ökosystem wiederzuerrichten. Simov hofft vor allem, eine Methode zu entwickeln, um den Klimawandel abzubremsen. Denn die heutigen Permafrostböden der Tundra speichern große Mengen an Methan, das ein noch viel folgenreicheres Treibhausgas als Kohlendioxid ist. Weil die Sommer in Sibirien immer wärmer werden, tauen die Böden immer tiefer auf – und setzen immer mehr Methan frei, das wiederum die Erderwärmung und den Klimawandel vorantreibt. Im Winter friert der Boden zwar wieder zu; weil aber meist so viel Schnee fällt und eine isolierende Schicht bildet, bleibt der Boden an der Oberfläche relativ warm und taut im nächsten Sommer noch tiefer auf. Das führt zu einem sich mehr und mehr verstärkenden Effekt.

Wenn aber die umherziehenden Pflanzenfresser mit ihren Hufen die dichte Schneedecke an vielen Stellen im Winter aufscharren, um Nahrung zu finden, oder sie platt treten, dann dringt die eisige Winterkälte viel tiefer in den Boden ein – und braucht im nächsten Sommer entsprechend länger, um aufzutauen. Und so siedelt Simov seit über zwanzig Jahren auf seinem mittlerweile zwanzig Quadratkilometer großen Versuchsgelände eine ganze Reihe kälteresistenter Pflanzenfresser in voneinander abgetrennten Arealen an – Wildtiere wie Rentiere, Elche, Moschusochsen und amerikanische Bisons, dazu jakutische Pferde, Yaks und Kalmücken-Rinder als halbwildlebende domestizierte Herbivoren.

Simovs verrückte Idee ist oft belächelt worden, doch erzielt die Ansiedlung der Huftiere erkennbare Effekte: Gräser haben in den umzäunten beweideten Bereichen Moose und Flechten als bestimmende Vegetation abgelöst. Und eine Studie des Hamburger Klimaforschers Christian Beer aus dem Jahr 2020 legt erstmals nahe, dass diese Methode das Verschwinden des Permafrostbodens deutlich verlangsamen könnte.[38] Demnach führte eine Dichte von über hundert Tieren pro Quadratkilometer zu einer halb so dicken

Schneedecke wie auf Vergleichsflächen ohne Tiere. Auch bei Rentierherden in Nordschweden, so Beer, wurden ähnliche Werte gemessen. Außerdem waren im «Pleistozänpark», wie Simov angibt, die Bodentemperaturen zu verschiedenen Jahreszeiten bis zu zwei Grad niedriger.

Mit einem speziellen Klimamodell berechnete Beer, was diese Messungen für sämtliche arktischen Permafrostgebiete bedeuten könnten: Würde die Erderwärmung wie bisher voranschreiten, würde sich der Permafrost bis 2100 um beinahe vier Grad erwärmen und damit zur Hälfte auftauen. Bei Besiedlung großer Tundragebiete mit Huftierherden würde sich der Boden nur knapp über zwei Grad erwärmen – und achtzig Prozent des Permafrosts blieben bis 2100 bestehen; was wiederum weitreichende Folgen für die Freisetzung von Methan hätte. «Diese Art der natürlichen Manipulation in Ökosystemen ist bisher kaum erforscht, birgt aber ein enormes Potenzial», sagt Beer. «Unsere Ergebnisse zeigen, dass auch weniger Tiere schon einen kühlenden Effekt hätten. Dies ist eine interessante Methode, den Verlust dauerhaft gefrorener Böden und damit den Abbau der darin enthaltenen riesigen Kohlenstofflager zu verlangsamen.»

Wiederherstellung von Ökosystemen

Rewilding kann auch in ganz anderen – tropischen – Regionen stattfinden. Und dabei müssen nicht unbedingt große Säugetiere als Megaherbivoren zum Zuge kommen. Die kleine Insel Round Island, zwanzig Kilometer vor der Küste von Mauritius im Indischen Ozean gelegen und kaum größer als Helgoland, ist mittlerweile ein jahrzehntealter Modellfall einer Aktion von Arten- und Naturschützern für die Renaturierung eines fast völlig zerstörten Lebensraums. Einst war die Insel dicht bewaldet: An den vulkanischen Hängen wuchsen Hartholzwälder mit Ebenholz, darunter eine

Palmsavanne. Menschen haben Round Island wohl nie besiedelt, aber im 19. Jahrhundert setzten Seefahrer, wie auf vielen Inseln in den Weltmeeren, Ziegen, aber auch Kaninchen aus, um später einmal Frischfleisch an Bord nehmen zu können. Diese Pflanzenfresser hatten eine verheerende Wirkung: In den 1970er Jahren glich Round Island einer Mondlandschaft, fast völlig kahlgefressen. Die einst dicke, fruchtbare Erdschicht war verschwunden, überall zogen Erosionsrinnen von den Hängen herab über die Insel. «Bei meinem ersten Besuch sah sie aus wie die rote zerfurchte Totenmaske eines uralten Indianers», so beschreibt Gerald Durrell Round Island.[39] Dabei war die Insel schon seit 1957 ein Naturreservat. Doch von der Palmsavanne, wie sie einst auch auf ganz Mauritius typisch war, dort aber von Zuckerrohrplantagen verdrängt wurde, waren nur noch zwei Hurrikanpalmen und acht Round-Island-Flaschenpalmen übrig – die letzten ihrer Art; eine dritte Spezies war noch etwas häufiger. Alle drei Palmen lebten nur noch hier auf der kleinen Insel.

Andererseits hatte Round Island im Vergleich zu vielen anderen ozeanischen Inseln Glück gehabt, weil sie von Ratten und Mäusen verschont geblieben ist. Deswegen konnten hier seltene Reptilien überleben, die auf Mauritius und einigen Nachbarinseln von eingeschleppten Nagetieren ausgerottet wurden. Von acht auf Round Island lebenden Arten sind sechs stark bedroht: je zwei Arten von Geckos und Skinks sowie eine primitive Gruppe von Boas. Außerdem hat der seltene Round-Island-Sturmvogel hier seinen einzigen Brutplatz.

So entstand bald ein Plan zur Rettung Round Islands und seiner Arten. Zunächst sollten die gefräßigen Säuger ausgerottet werden: Bereits 1979 wurde die letzte Ziege geschossen. Mit dem Gewehr allein ließen sich die Kaninchen auf der zerklüfteten Insel jedoch nicht beseitigen. Also bat Durrell Don Merton zu Hilfe. Im Juli 1986 verteilten er und sein Team ein damals neuartiges Mittel, das die

Kaninchen tötete, indem es die Blutgerinnung verhinderte, für Reptilien aber nicht gefährlich war. Die Kaninchen verendeten zuhauf, im September desselben Jahres wurde das letzte geschossen – und schon kurz darauf war Round Island an vielen Stellen von grünem Flaum bedeckt. Zwei Jahre später wuchsen auf der Insel mehr als dreihundert junge Round-Island-Flaschenpalmen, die anderen Palmen breiteten sich ebenfalls wieder aus.[40]

Die seltenen Pflanzen wurden – als Reserve – auch außerhalb der Insel vermehrt, etwa auf Mauritius im botanischen Garten. Durrell fing außerdem Zuchtgruppen einiger Reptilien ein, vom Guenthers Taggecko, dem Telfair-Skink und der Round-Island-Boa. Auf Jersey vermehrten sie sich gut, wurden nach bewährtem Konzept auf andere Tierhaltungen verteilt – und schließlich in ihre Heimat zurückgebracht. Das alles geschah in Zusammenarbeit mit der von Carl Jones gegründeten Mauritian Wildlife Foundation, die dabei war, die Insel gezielt mit heimischen Gewächsen zu begrünen. Aus Jones' ursprünglicher Initiative zur Rettung des Mauritiusfalken hat sich ein Engagement zur Wiederherstellung ganzer Inseln und Ökosysteme entwickelt.

Das klingt zunächst nach einem Erfolg: Arten gerettet, die Insel wieder grün. Doch zunehmend verdrängten invasive Pflanzenarten, die ursprünglich nicht auf Round Island gewachsen waren, die auf der Insel heimischen Kräuter. Carl Jones hatte eigentlich erwartet, dass sich vor allem bestimmte inseltypische Tussock-Gräser wieder ausbreiten würden, aber diese wurden einfach überwachsen. Was man nun wieder benötigte, waren die Pflanzenfresser: Ziegen und Kaninchen hatten zwar die Wälder, Palmen und deren Sämlinge weggefressen und zu deren Verschwinden beigetragen, sie hatten aber auch die anderen Pflanzen beweidet.

Das fehlte nun – weil die althergebrachten Megaherbivoren Round Islands fehlten. Wie viele ozeanische Inseln beherbergten die Maskarenen – zu denen Mauritius und Round Island zählen –

jeweils eigene Arten von Riesenschildkröten; so wie es sie heute nur noch auf den Seychellen und Galapagos gibt. Auf zahlreichen anderen Inseln im Indopazifik sind sie längst ausgerottet und haben dort ein «Loch» im ökologischen System hinterlassen. Carl Jones hatte nun die durchaus umstrittene Idee, auf Round Island die Aldabra-Riesenschildkröte[41] von den über tausendsechshundert Kilometer entfernten Seychellen als Ersatz anzusiedeln. Manche Botaniker befürchteten, die inselfremden Schildkröten würden die seltenen Pflanzen zerstören. Jones glaubte hingegen, dass die Pflanzen nur überleben, wenn große Schildkröten dort grasen.[42] Testweise kamen zwölf Exemplare nach Round Island, wo sie zunächst in Gehegen gehalten wurden – und sich dort vor allem über die gebietsfremden Pflanzenarten hermachten. Die heimischen Arten waren es von ihrer Evolution her gewohnt, dass große Schildkröten auf der Insel grasen, ihnen machte die Beweidung nichts aus. Im Gegenteil: Ihre Samen keimten sogar besser, nachdem sie den Darm der Schildkröten passiert hatten. Nach diesen positiven Ergebnissen wurden die ersten Schildkröten freigelassen, über vierhundert weitere folgten[43] – und nun gediehen auch die typischen Round-Island-Gewächse.

Das kleine vulkanische Eiland könnte damit ein Modellfall sein – für viele kahlgefressene Inseln in den Ozeanen, aber auch für das benachbarte große Mauritius, wo in den verbliebenen halbwegs ursprünglichen Wäldern die einstigen mauritianischen Riesenschildkröten als Pflanzenfresser fehlen[44] – und wo die Samen vieler Pflanzenarten ebenfalls auf die Verdauung der Tiere angewiesen sind, um zu keimen.[45] Allein auf der Inselkette der Maskarenen gibt es schätzungsweise mehr als zweihundert Pflanzenarten, die ihre Reproduktion in der Natur so gut wie eingestellt haben und daher irgendwann aussterben werden.[46] Zumindest ein Teil von ihnen könnte vielleicht gerettet werden, würden ihre Samen vom passenden Pflanzenfresser verzehrt: Riesenschildkröten würden auf simple Weise – durch ihre Größe sind sie leicht kontrollierbar – die verschwundene Dynamik in die Wälder von Mauritius zurückbringen und dabei helfen, einen Lebensraum zu schaffen, der sich durch natürliche Prozesse mit vorgefundenen Elementen selbst erhält.

Tricks und Kniffe der Artenschützer und Managementmethoden des Rewildings greifen hier ineinander: Mit Hilfe bestimmter Arten als «Ökosystemingenieure» und «Landschaftsarchitekten» lassen sich gestörte Lebensräume wiederherrichten. Man muss dafür eine Ahnung haben von den komplexen Abläufen der Natur – und wie sich ein Eingriff auswirken könnte. Damit geschieht das, was der «Vater der Biodiversität», der Biologe E. O. Wilson, schon 1992 in seinem Buch «The Diversity of Life» («Der Wert der Vielfalt») prophezeit hat: «Ich glaube, das nächste Jahrhundert wird die Ära der Wiederherstellung in der Ökologie sein.»[47] Wir sind bereits mittendrin in diesem Jahrhundert. Wobei «Wiederherstellung» nicht bedeutet, sofort Ersatzökosysteme zu schaffen, sondern die Erholung natürlicher Prozesse anzukurbeln – wie auf Round Island. Dann können sich Wälder und Palmsavannen regenerieren, kann sich neuer fruchtbarer Boden bilden und die Zukunft solcher Lebensräume mit ihren Populationen verbessern. Es bedeutet, so E. O. Wilson, «die wunderbare Vielfalt des Lebens, die uns noch immer umgibt, neu zu verweben».[48]

Ein Großversuch: der Chinko im Herzen Afrikas

Halbnackt laufen wir im Dunkeln durch den Regenwald. Schlagen brennende Stöcke aneinander, damit Glut abbröckelt. Eilen zum Lagerfeuer zurück, um erneut glühende Scheite herauszureißen, bevor wir wieder im Wald verschwinden. Ein Brandring aus glimmenden Holzscheiten soll unser Camp vor dem heranziehenden Millionenheer schützen – vor einer Armee bewaffnet mit rasiermesserscharfen Klingen aus Chitin. Oft schreien wir laut auf, wenn wir barfuß auf die heranmarschierenden Angreifer treten – Treiberameisen. «Achtung, mit ihren Säbelkiefern schneiden sie sogar aus menschlicher Haut Fleisch heraus.» Selbst in dieser Situation schwingt in Thierry Aebischers Stimme die Hochachtung des Biologen für die sechsbeinigen Monster mit. Mir schießen Bilder alter Folterqualen in den Kopf: Banditen an Bäume gebunden, von Abermillionen jagender Treiberameisen lebendig aufgefressen. Denn sie töten und zerkleinern alle Lebewesen, die sich nicht rechtzeitig aus dem Staub machen.

Seit anderthalb Stunden kämpfen wir nun schon gegen die Flut der aggressiven Insekten. Nach anstrengendem Marsch hatten wir gerade unsere Zelte aufgebaut, das Lagerfeuer entfacht, Reis mit Nudeln aufgesetzt. Da entdeckte Thierry kurz vorm Einsetzen der Dämmerung ihre Front: Vielleicht einen Meter breit steht ihre Vorhut kurz vor unserem Camp, dahinter zieht sich der Raubzug der Ameisen wie ein wimmelndes, schwarzes Seil in den Wald hinein. In diesem Augenblick beginnt es auch noch zu regnen, zum ersten Mal seit Wochen. Was zuerst tun? Ameisen abwehren? Ausrüstung schützen? Also Schlafsäcke, Fotoapparate, Proviant rasch in die

Zelte hineinwerfen und die Regenplane drüber? Inzwischen erreichen die Ameisen mein Zelt. Wir packen es, mit allem, was darin ist, und stellen es woanders auf, notdürftig mit Lianen zwischen den Bäumen vertäut. Denn alles muss jetzt schnell gehen, und das Feuer darf nicht erlöschen. Denn wir brauchen Glut, viel Glut. Also stehen wir abwechselnd in Unterhosen um die kleinen Flammen herum, um sie mit unseren Körpern vor dem Regen zu schützen. Zum Glück dauert er nicht lange.

Endlich schaffen wir es, den glühenden Ring um unser Camp zu schließen. Rasch schlingen wir das Nachtmahl hinunter, dann verschwindet jeder in seinem Zelt. «Alles dicht machen», sagt Thierry noch. «Sollten Ameisen durch Löcher kommen – mit Zahnpasta zuschmieren. Darin bleiben sie kleben!» Ob wir den Krieg gewinnen, bleibt ungewiss. Vielleicht müssen wir nachts das Camp evakuieren und umziehen. Ich liege im Zelt, ringsum rascheln Ameisen. Es tropft. Irgendwann schlafe ich ein. Am nächsten Morgen sind die Treiberameisen fort. Es hätte schlimmer kommen können. Nur die Oberfläche von Thierrys Lederstiefeln haben sie fast vollständig abgefressen. Und ich frage mich: Was mache ich hier eigentlich in dieser Wildnis?

Unbedingt wollte ich hierher in den Chinko, seit ich 2013 auf einer Artenschutztagung den jungen Schweizer Zoologen Thierry Aebischer kennengelernt hatte. Denn er hatte zusammen mit dem österreichischen Informatiker und Sozialhumanökologen Raffael Hickisch im Osten der Zentralafrikanischen Republik eine Terra incognita ausgemacht, einen der letzten weißen Flecken auf unserem Planeten – so wie auch die Region am Rio Aripuanã eine war: Nie hätte ich gedacht, wie viele unerforschte und große Gegenden es noch auf dieser Erde gibt. Beide – damals fünfundzwanzig Jahre jung – waren 2012 aufgebrochen, um als erste Forscher den unbekannten Landstrich zu erkunden. Mit Kamerafallen, GPS und Satellitenbildern der Landschaft ausgestattet, fanden sie hier, im

Einflussgebiet des Chinkoflusses, eines der letzten großflächigen Wildtiergebiete der Welt, viermal größer als die Serengeti, doppelt so groß wie Nordrhein-Westfalen. Das Chinkobecken – insgesamt achtzigtausend Quadratkilometer – entpuppte sich als eine ökologische Schatztruhe, als einzigartiges Mosaik aus Baumsavanne und Regenwald. Thierry führte auf der Tagung eine Auswahl der Fotos vor, die den anwesenden Experten den Mund offen stehen ließen. Und er machte deutlich, wie bedroht dieser einzigartige Landstrich längst war – es ging um die Rettung einer einzigartigen Wildnis, ein Großversuch sozusagen. Mir war sofort klar: Da muss ich hin.

Im Land der Geistertiere

Es dauerte bis März 2015, bis ich Thierry und Raffael dort traf – wegen des Bürgerkriegs in der Zentralafrikanischen Republik wurde die Reise immer wieder verschoben. Mehrfach hatten die beiden Gerüchte gehört, dass auch Schimpansen dort leben. Um sie zu finden, war Thierry Hunderte von Kilometern durch die Wälder gelaufen, vergeblich – bis vier Wochen vor unserer Expedition. Da entdeckte er am Ostufer des Chinkos über zwanzig frische Schlafnester in den Bäumen. Und hörte mehrere Schimpansengruppen rufen: «Uh-huh-huuh», jenes typische Stakkato, mit dem die Mitglieder eines Familienverbands in Kontakt bleiben.

Jetzt sind wir gemeinsam unterwegs, um die Menschenaffen zu sehen. Tagelang schon wandern wir durch heiße Savannen, durch dichte Wälder: Thierry und Raffael meist vorneweg, dann der südafrikanische Fotograf Brent Stirton, vier zentralafrikanische Forschungsassistenten und ich. Wir stolpern durch hüfthohes Gras, über abgebrannte Steppen und rote, verhärtete Böden, fremdartig wie Mondlandschaften voller versteinerter Pilze – es sind aber kniehohe Termitenbauten. Es ist ein steter Wechsel der Landschaft und der Vegetation. Weil es das Ende der Trockenzeit ist, erscheint die Savanne vor allem in Brauntönen; die meisten Bäume haben die Blätter abgeworfen, um Wasser zu sparen. Gleich daneben sprießt grüner, feuchter Regenwald, die Grenze ist oft wie mit dem Messer gezogen. Zahlreiche kleine Flüsse und Bäche speisen diese Waldinseln, von denen sich viele wie Finger durch die Landschaft ziehen. Das Kleinklima ändert sich genauso rasch: So sind es von der prallen Sonne der Savanne, manchmal mehr als vierzig Grad, oft nur ein paar Schritte, und wir haben den Eindruck, in einem zehn Grad kühleren, klimatisierten und etwas modrigen Raum zu stehen. Das ist zunächst angenehm – bis wir nach wenigen Metern im dichten Wald feststecken, den Weg mit Macheten freihacken müssen. Einmal haben wir nach fünf, sechs Stunden gerade anderthalb Kilometer zurückgelegt.

Unterwegs sehen wir kaum Tiere. Sie sind scheu, verstecken sich schnell zwischen Büschen und Bäumen. Ihre Spuren aber sind überall: ein junger Stamm, zerfetzt vom Gehörn eines Bongobullen, der wohl schönsten Regenwaldantilope. «Beim letzten Mal habe ich frischen Kot von Wildhunden in der Savanne entdeckt, nur dreihundert Meter von einem Schimpansennest im Wald entfernt.» Thierry schwärmt: Dieses Nebeneinander von Savannen- und Waldarten macht den Chinko so einzigartig. «Ich gehe davon aus, dass auch die Schimpansen durch die Savanne laufen, um zum nächsten Wald zu kommen.» Ein Urbild aus der Geschichte des Menschen entsteht in meinem Kopf: vom Baum auf zwei Beine. Zwischen Wald und Savanne hin- und hermarschierend, überlagern Hitze und Durst diese Gedanken an unsere Evolutionsgeschichte. Dabei trinke ich schon fünf, sechs Liter am Tag. Wo ist die nächste Pfütze, der nächste Bach, um meine Flaschen aufzufüllen? Denn jeder Schluck Wasser verlässt meinen Körper rasch. Alles fließt, alles klebt an mir. Irgendwann lerne ich, einfach den nächsten Schritt zu tun. Im Wald – bloß nicht stehen bleiben! Denn der Schweiß wirkt hier wie ein Magnet für Bienen: Fotograf Brent und ich sind übersät von den Insekten. Sie kriechen in alle Öffnungen, stechen, wenn sie sich beengt fühlen. In der heißen Savanne – immer weiterlaufen! Dann sorgt der Schweiß für Kühlung.

Manchmal haben umgestürzte, verbrannte Baumstämme in der Savanne Abbilder auf dem Boden hinterlassen, die uns an Pompeji erinnern – an die Gipsabgüsse der Vulkanopfer: Auch die Kontur der verbrannten Stämme blieb erhalten – als weiße Asche. «Wir nennen sie Geisterbäume», sagt Thierry. Bald darauf spreche ich nur noch von «Geistertieren», wenn Thierry erneut Spuren findet, Fährten von Kaffernbüffeln, kaum sichtbare Abdrücke von Rotflankenduckern. Er ist unermüdlich beim Aufspüren solcher Hinterlassenschaften. Und dann entdeckt Thierry in einem Wald tatsächlich frische Nester von Schimpansen. Nur drei bis fünf Tage alt, freut er sich. Weit können sie nicht sein. Aber ich denke: Wenn wir all die anderen Tiere nicht sehen – wieso gerade die Schimpansen?

Schimpansen zum Frühstück

Um vier Uhr dreißig gibt es am nächsten Morgen Frühstück, dann marschieren wir im Dunkeln los. Das Stirnlicht leuchtet den Weg durch die Savanne, noch ist es angenehm kühl. Unser Plan: Rasch durchs leichter begehbare Grasland dorthin, wo wir im Wald die Schlafnester gesehen haben. Jeden Morgen verkünden sie einander laut kreischend, dass sie wachgeworden sind, bevor sie von den Schlafbäumen herabsteigen. Immer wieder lauschen wir daher zum Waldrand hin. Als es gegen sechs Uhr dämmert, erschallt der Morgenruf der Schimpansen aus dem Wald: «Uh-huh-huuh-huuuuh.» Sie sind nicht weit weg. «Zügig jetzt», flüstert Thierry, «und leise!» Im Wald geht es bergauf, wir stolpern über Steinbrocken, queren einen Bachlauf. Mal verhakt sich das schwere Teleobjektiv des Fotografen in Lianen, mal knackt ein Ast unter meinem Fuß. Thierry dreht sich um, sein Blick mahnt: So kriegen wir sie nie.

Dann zeigt er plötzlich in die Höhe. Warum auch immer, laufen die Assistenten los. Verwirrt haste ich hinterher, weiß aber nicht, was das soll. Höre nur aufgeregte Schimpansen in den Bäumen kreischen, als hätten sie Angst. Und dann sind sie weg. Es ist ein Fiasko: So kurz vor dem Ziel – und wir haben sie selber verjagt. Wütend wie ein Rumpelstilzchen tritt Thierry gegen Bäume: «Das ist das Dümmste, was mir je mit Schimpansen passiert ist! Eine Jägeraktion! So agieren Wilderer!» Später wird sich aufklären: Nachdem er in die Höhe gezeigt hatte, weil er eine Schimpansin sah, wollten unsere Begleiter die Menschenaffen noch höher in die Wipfel treiben, damit sie uns nicht entgehen. Minutenlang stehen wir betreten im Wald und lassen die Tiraden bitterer Enttäuschung über uns ergehen. Keiner weiß, wo hinschauen.

Und dann ein Schrei. Ein einzelner Schimpanse sitzt direkt im Wipfel über uns, in gut fünfzehn Meter Höhe. Zaghaft antwortet ein anderer. Sie sind doch nicht alle weg! Unsere miese Stimmung ist wie weggeblasen. Anders bei den Schimpansen: Wütend bewerfen sie uns mit Ästen, weil sich das junge Familienmitglied in der Falle fühlt. Um zu seiner Gruppe zu flüchten, müsste der halbwüchsige Schimpanse weiter den Baum hinuntersteigen. Aber er wagt es nicht, weil wir seinen Fluchtweg blockieren. Thierry schätzt seine Gruppe auf etwa sechs bis acht Individuen. Schließlich traut er sich doch, klettert den Baum hinab und hangelt sich zum nächsten. Und dann folgt ihm sogar noch ein Zweiter hinterher.

Auf die Entdeckerfreude folgt umgehend wissenschaftliche Probennahme am Boden: Assistent Guy Siguindo hat mittlerweile Schimpansenkot gefunden. Thierry streift sich Plastikhandschuhe über und schiebt den Kot vorsichtig mit einem Stöckchen in Reagenzgläser voller Alkohol: «Bloß nicht berühren, denn Schimpansen können Krankheiten übertragen – Ebola, Affenpocken, Affenaids», erklärt Thierry. Im Labor soll später der Speiseplan der Menschenaffen untersucht werden.

Stunden später rasten wir an einem Urwaldflüsschen. Im Schlamm zeigen Fährten von Büffeln und Waldschweinen eine beliebte Badestelle an. Wieder und wieder gieße ich mir die trübe Brühe über den Kopf und kann mich an kein schöneres Bad erinnern. Aus der Ferne hören wir die Rufe von Schimpansen – es muss eine weitere Gruppe sein. Wie viele Bienenstiche habe ich vorhin abgekriegt? Egal! Warum bin ich überhaupt hier? Die Frage hat sich längst erledigt. Später zeigen uns die Kamerafallen, die wir in den Tagen zuvor aufgestellt haben: Die Schimpansen laufen tatsächlich durch die Savanne. Es gibt nur wenige andere Stellen Afrikas, wo sich Ähnliches beobachten lässt. Diese Schimpansen, unsere nächsten Verwandten, sind mittlerweile die zwölfte nichtmenschliche Primatenart, die Thierry und Raffael in dieser Terra incognita entdeckt haben.

Entdeckung, Erkundung, erste Erkenntnisse

Wie konnte es nur sein, dass bis dahin niemand von der Wildnis wusste? Auf Google Earth war Thierry und Raffael schon Jahre zuvor dieses riesige, unbewohnte Gebiet im Osten der Zentralafrikanischen Republik aufgefallen, in dem es weder Straßen noch Siedlungen gab. Sie begannen zu recherchieren: Bis ins 19. Jahrhundert wurde die Region durch arabische Sklavenhändler entvölkert, danach nie wieder besiedelt. Wie es vor Ort aktuell aussah, wusste keiner, den sie anschrieben. Bestenfalls hörten sie Spekulationen von Wissenschaftlern oder Naturschützern: Dort ist längst alles weggewildert! Aber niemand wollte in einem politisch instabilen Land wie der Zentralafrikanischen Republik nachschauen, was dort sein könnte. Dann stießen sie im Internet auf die Safarifirma Central African Wildlife Adventures (CAWA) des jungen Schweden Erik Mararv. Die Homepage quoll über von Großwildjägerfotos – Trophäen spektakulärer Arten. Die beiden schrieben Mararv an, trafen ihn in Schweden. Der naturschutzorientierte Jäger, nur zwei Jahre älter, bot seine Camps als Basis für die geplante Expedition an – eine wichtige logistische Hilfe. Denn kein Institut, keine Naturschutzorganisation wollte die Studenten finanzieren. Zu jung seien sie, zu unerfahren, das Land viel zu gefährlich. Doch mit Vorträgen und Spenden trieben sie fünfzigtausend Euro auf, um fünfzig Kamerafallen zu kaufen.

Schließlich flogen sie im Februar 2012 in den Chinko. Drei Monate lang liefen sie Hunderte von Kilometern durch den Busch, größere Tiere sahen sie dabei so gut wie keine. Aber die Bilder der Kamerafallen waren eine Offenbarung: Bis heute konnten sie mit weit mehr als vier Millionen Fotos über fünfundsiebzig Arten großer und mittelgroßer Säugetiere nachweisen: vierundzwanzig Spezies Raubtiere, dreiundzwanzig Huftierarten. Es gibt Elefanten, Flusspferde, Büffel, Löwen, Leoparden, eine Vielzahl von Antilopen; allerdings sind Nashörner und Giraffen schon ausgerottet. Sogar der Afrikanische Wildhund, von dem es in ganz Afrika nur noch wenige tausend gibt, lebt hier. Und dazu läuft ihnen die Listige Manguste[49] vor die Kameras: Zwanzig Jahre lang galt die Schleichkatze als verschollen – ihr Wiederfund ist eine kleine zoologische Sensation.

Das Besondere ist nicht nur die Fülle an Arten, sondern auch ihr direktes Nebeneinander. Denn auf kleinstem Gebiet überschneiden sich hier vollkommen unterschiedliche Lebensräume. Regenwälder und Savannen formen ein dichtes Mosaik, wie es im heutigen Afrika wohl einzigartig ist. Und dieser «Flickenteppich» besteht schon seit rund vierzigtausend Jahren. Spezies, die sonst Hunderte, Tausende Kilometer entfernt voneinander leben, begegnen sich hier. So lebt der schöne Bongo direkt neben der massigen, bis tausend Kilogramm schweren Lord-Derby-Riesenelenantilope aus der Savanne. Einmal glotzen innerhalb von vierundzwanzig Stunden sogar drei Schweinearten in dieselbe Kamera: das Warzenschwein aus der Steppe, das seltene Riesenwaldschwein und das rote Pinselohr aus

Kamerafallen zeigen uns die Geistertiere: den Bongo aus dem Regenwald, schrullige Riesenwaldschweine. Der Chinko ist einer von wenigen Flecken Afrikas, in dem Schimpansen durch die Savanne laufen.

dem Regenwald. Der Chinko entpuppt sich als Dorado der Vielfalt: Alles, was Biodiversität ausmacht, ist hier zu finden.

Neben landschaftlichem Reichtum und Artenfülle weist der Chinko auch innerhalb der Spezies ein großes Spektrum auf. Zumindest bei manchen Arten scheint die genetische Vielfalt größer als andernorts, jedenfalls legen das die Fotos der Kaffernbüffel nahe: Im Chinko leben sowohl der schwarze mit den breit ausladenden Hörnern, wie er in großen Herden in den Savannen Ost- und Südafrikas vorkommt, als auch der kurzbeinigere rote Waldbüffel, der mit seinem nach hinten weisenden Gehörn besser durch die Regenwälder in der Mitte des Kontinents schlüpfen kann. Weil sich beide Büffeltypen im engen Mosaik der Landschaften dauernd treffen, vermischen sie sich – auf den Fotos sind alle erdenklichen Farb- und Formvarianten zu erkennen, oft gemeinsam in einer Herde an einer Salzlecke. Erstaunlich ist, dass die eine Büffelvariante die andere nicht verdrängt hat oder dass hier nach so vielen Tausenden von Jahren kein einheitlicher «Mischbüffel» entstanden ist. Offensichtlich sind die Selektionskräfte der unterschiedlichen Lebensräume im Chinko so stark, dass es für die gesamte Büffelpopulation von Vorteil ist, wenn in ihr so unterschiedlich ausgestattete Individuen leben. So wird in der Chinko-Population eine Vielzahl von Genvarianten bewahrt, was für das langfristige Überleben der Population bei sich ändernden Umweltbedingungen von großem Wert sein könnte.

Die riesige Wildnis schien also weitgehend intakt zu sein; die großen Tiere waren – fast – alle noch da, das bewiesen die Fotos der Kamerafallen. Und sie vermehrten sich auch. Doch waren die Bestände vieler Arten in den vergangenen Jahren schon dramatisch geschrumpft, wie Thierry und Raffael von Erik Mararv hörten: Neunzig, wenn nicht gar fünfundneunzig Prozent des einstigen Tierreichtums seien bereits verschwunden. Den Ursachen hierfür begegnet man im unbesiedelten Chinko regelmäßig.

Elefantenjäger, Rebellen, Wanderhirten

Einmal standen Thierry und Raffael bei ihren Wanderungen plötzlich inmitten einer Gruppe von dreißig arabischsprechenden Männern mit Kalaschnikows. Die hochprofessionellen sudanesischen Elefantenjäger beklagten sich bei den beiden unbewaffneten Jungforschern, wie schwer ihre Arbeit geworden sei: Nach sechs Monaten im Busch hätten sie nur elf Elefanten erlegt.

Auch Rebellen der Lord Resistance Army (LRA) halten sich im Chinko versteckt; ihre Kämpfer versorgen sich hier im Busch mit Antilopen, jagen Elfenbein. Über hundertfünfundzwanzig Kilometer entfernt von der nächsten menschlichen Siedlung stoßen wir auf ein Camp der LRA und finden gut ein Dutzend Schlafplätze in einem Waldstück, vor vielleicht anderthalb Monaten verlassen, schätzen unsere Begleiter. Die ursprünglich ugandische Rebellenarmee – berüchtigt für Massaker und die Rekrutierung Zehntausender Kindersoldaten – hat eines ihrer Rückzugsgebiete im Osten der Zentralafrikanischen Republik. Denn die ist ein seit Jahrzehnten nicht funktionierender Staat und eines der ärmsten Länder der Welt.

Das Machtvakuum hat Folgen: Beinahe täglich entdecken wir in einem der unzugänglichsten Winkel Afrikas Spuren unserer Spezies. Einmal rennen fünf, sechs Männer vor uns davon – Wanderhirten aus dem Sudan. Hunderte Rinder mit Riesenhörnern, Spannweite bis zweieinhalb Meter, stieben an uns vorbei und trampeln breite Streifen in die ausgedorrte Buschsavanne – Lebensraumzerstörung in großem Ausmaß. «Danach muss man hier keine Straßen mehr freischlagen», sagt Raffael. Kurz darauf erreichen wir das Camp der Nomaden: Zwischen Bäumen aufgehängte Planen bieten Schatten und Schutz. Aus einem solchen Zelt heraus schaut uns eine junge Frau mit sechs Kindern wortlos mit großen Augen an. Überall sehen wir Überreste von Wildtieren: Fleisch von

Kuhantilopen trocknet am Boden. Dicke Taue liegen herum, aus in Streifen geschnittener Haut von Wasserbock und Büffel gezwirbelt, daneben Hörner einer Riesenelenantilope. Unter einer Matte entdeckt Raffael Maschinengewehre. «Sie kommen hierher, weil sie in ihrem Land schon alles zerstört haben», sagt Thierry. «Sie fliehen vor der Dürre, die sie selbst mitangerichtet haben – und wollen auch nur leben», ergänzt Raffael. Jedes Jahr in der Trockenzeit wandern mehr von ihnen in den Chinko. Von Erik Mararv wissen Thierry und Raffael, dass von 2006 bis 2010 noch keine Rindernomaden hier waren; erstmals drangen sie 2010 ins Zentrum der Zentralafrikanischen Republik vor, seither werden es immer mehr.

Denn im Sudan ist in dieser Jahreszeit längst alles abgegrast. Nun weiden ihre Herden im Chinko die Landschaft kahl und bringen Krankheiten mit, die auf Wildtiere überspringen können; die Hirten vergiften Löwen und Hyänen, töten Antilopen und Büffel. «Dabei schießen sie wahllos in Herden hinein. Viele Tiere haben Schussverletzungen», sagt Thierry. Das unkontrollierte Ballern hat Folgen für die Sozialstruktur: Noch 2012 zeigten die Bilder der Kamerafallen vierzigköpfige Gruppen von Riesenelenantilopen. «Heute sehen wir zwei junge Bullen, eine alte Kuh und zwei Jungtiere – das ist unnatürlich.» Während eines Fluges sehe ich später das Ausmaß dieser alljährlichen Wanderungen: alle paar Kilometer Rinderherden – Hunderte, Tausende von Kühen. Die Wildtiere kommen nicht mehr zur Ruhe, denn sie können den Herden, den jagenden Hirten kaum mehr ausweichen.

Aber auch die Menschen aus den Dörfern um den Chinko herum jagen hier. Selbst einige unserer Begleiter sind bis vor kurzem hinter Leoparden, Elefanten, Buschfleisch her gewesen. «Können wir es ihnen verübeln? Sie Wilderer nennen? Sind sie nicht einfach Jäger? Schon ihre Väter haben gejagt, um die Familien zu ernähren», sagt Raffael. Aber damals gab es noch nicht so viele Gewehre; selbst Elefanten wurden oft mit dem Speer erlegt. Doch für die Jagd auf

Fleisch oder Elfenbein müssen Menschen heute weiter weg von den Dörfern, immer tiefer in die Wildnis ziehen. «Wenn sie dann einen Elefanten schießen, haben sie für zwei Monate Geld», sagt Thierry.

Wie diese Wildnis schützen?

Was also tun? Die Inventur der Arten war abgeschlossen, die Ursachen der Bedrohung waren längst ausgemacht. Bereits nach der ersten Expedition 2012 entwickeln die beiden zusammen mit den Jägern von CAWA die Idee, ein Naturreservat, das «Chinko-Projekt», zu gründen. Damit es langfristig funktioniert, müssen die Gemeinden der Region davon profitieren. Das Reservat soll also den Menschen nützen. Schon Erik Mararv war hierhergekommen, um Natur und Wildnis zu erhalten und mit dem Geld reicher Trophäenjäger der umliegenden Bevölkerung ein Einkommen zu ermöglichen. CAWA hatte zu dieser Zeit fast achtzehntausend Quadratkilometer des Chinko gepachtet – ein Gebiet deutlich größer als der Serengeti-Nationalpark. Nur wie soll eine Jagdfirma alleine das riesige Gelände vor Wilderern und Hirten schützen, vor allem, wenn immer mehr Nomaden unterwegs sind?

Dennoch verläuft die weitere Entwicklung rasant: 2013 wird die Konzession des Jagdgebietes von CAWA für fünfzig Jahre auf das Chinko-Projekt übertragen. «Diese langfristige Perspektive für die Menschen hier war uns wichtig. Denn viele NGOs engagieren sich nur ein paar Jahre», sagt Raffael. Schon ein Jahr später wird das vielversprechende Projekt Mitglied im African Parks Network (APN), einer südafrikanischen Organisation, die das Management von Nationalparks und Reservaten in afrikanischen Ländern übernimmt, die dazu selber nicht in der Lage sind. So betreut das APN mittlerweile achtzehn Schutzgebiete in neun Staaten, so im Tschad den Zakouma-, in der Demokratischen Republik Kongo den Garamba-Nationalpark. Das Chinko-Projekt ist das flächenmäßig größte Reservat des APN. Seit 2015 wird die Infrastruktur des neuen Naturparks ständig ausgebaut, ein Hauptquartier und weitere Pisten entstehen, Ranger werden ausgebildet. Für die Auswahl zum ersten Rangertraining melden sich zweihundert junge Männer. Manche laufen hundertsechzig Kilometer durch die heiße Savanne zum Chinko-Hauptquartier, um dabei zu sein. Bis dahin hatten sie als Farmer gearbeitet, illegal Gold geschürft, waren Wilderer oder Rebellen gewesen. «Ranger zu sein, bedeutet aber eine neue Qualität: Es ist eine permanente Anstellung fürs Leben», sagt Raffael. «Das wird Konstanz in ihr Leben bringen. Etwas, das sie bislang nicht kennen.»

Was das bedeutet, macht mir Joao Salgueiro an einem Beispiel deutlich. Er hält für das Chinko-Projekt den Kontakt zu den Dörfern rundum, um zu erfahren, was die Menschen brauchen, wovon sie profitieren können. Viele vermissen Palmöl, das sie teuer von Händlern kaufen müssen. Gefragt, weshalb sie nicht selbst Palmen anpflanzen, antworten sie: Das dauere fünf bis sieben Jahre bis zur Ernte! «Die meisten Menschen leben einzig im Hier und Jetzt, weil sie ständig mit dem eigenen Überleben beschäftigt sind», so Joao. «Viele kennen nur Chaos, Vetternwirtschaft, Massaker der LRA in illegalen Goldminen oder die nächste Willkürherrschaft nach einem erneuten Putsch. Für sie sind fünf bis sieben Jahre ein unabsehbar langer Zeitraum, in dem eine Investition wie Palmbäume anzupflanzen unsicher ist, weil bald sowieso wieder alles auf den Kopf gestellt sein könnte.» Das bedeutet – auch im übertragenen Sinne: Nur wer das Heute überlebt, kann sich um das Morgen kümmern. Dauerhaftes Überleben setzt eine Reihe von Perspektiven voraus: beginnend in der unmittelbaren Gegenwart über die folgenden Monate und Jahre hinweg bis zum Ausblick auf ein ganzes Leben und jene Zeitspannen, die weit darüber hinausreichen, die mit erdgeschichtlichen Dimensionen, der Entstehung von Arten und Landschaften zu tun haben. Will man einen Lebensraum wie den Chinko mit seiner Vielfalt bewahren, muss man all diese Zeiträume berücksichtigen und den verschiedenen Überlebensbedürfnissen Raum geben – denen der Menschen und denen der anderen Spezies.

Die auszubildenden Ranger jedenfalls sollen nach der nächsten Regenzeit, wenn die Viehhirten aus dem Sudan wieder in den Chinko kommen, zunächst ein paar hundert Quadratkilometer im Reservat sichern: die Hirten vertreiben, zunächst sanft, wenn nötig mit Gewalt – was bedeutet, unter Umständen ein paar Rinder zu erschießen. Dann werden die Wildtiere rasch merken, wo sie sicher sind, sich in den geschützten Regionen sammeln, vermehren, von dort aus wieder ausbreiten, hofft Thierry. Von Jahr zu Jahr soll mit der Zahl der Ranger die Fläche der gesicherten Gebiete im Chinko anwachsen. «Schon nach ein paar Jahren werden wir wieder mehr Tiere haben. Wenn es dann irgendwann wieder viele tausend Büffel gibt, kann es jährliche Quoten für die Dörfer geben», so ist der Plan. «Für uns ist der Naturschutz das beste Mittel, mit dem wir regionale Stabilität am Rande eines desolaten Staates erreichen wollen: die natürlichen Ressourcen schützen, damit die Menschen sie wieder nutzen können. Wenn die wilden Tiere endgültig verschwunden wären, hätten sie noch weniger zum Leben als jetzt», fügt Raffael hinzu.

Bienvenue Ndonondo, Jahrgang 1972, profitiert bereits von der Aufbauarbeit im Chinko. Vorher hat er – wie sein Vater – Elefanten gejagt; mehr als hundertfünfzig hat er wegen ihrer Stoßzähne erlegt, bis er 2007 schwer verletzt wurde. Er habe die falsche Munition ins Gewehr eingesetzt, erzählt er mir, und als dann der Elefant direkt vor ihm stand, versagte die Waffe. Die wütende Elefantenkuh trampelte ihn nieder, stampfte mit einem Fuß auf seinen Arm herum. Als Bienvenue schließlich blutüberströmt und bewusstlos dalag, bedeckte sie ihn mit Blättern. So fand ihn ein Freund. Drei Tage dauerte es, den Schwerverletzten ins nächste Hospital zu tragen, wo er acht Monate bis zur endgültigen Genesung blieb. Danach fing er bei CAWA an; nun leitet der ehemalige Elefantenjäger die Errichtung von Straßen im angehenden Chinko-Reservat. «Dadurch hat sich mein Leben völlig verändert. Ich konnte mir ein Haus bauen, meine Kinder gehen zur Schule, und wenn ich krank bin, kümmert sich das Projekt um mich.» Das Schutzgebiet habe also eine große Bedeutung für die Menschen; es bringe auch Sicherheit vor den Rebellen. Und es sei wichtig, damit die Populationen der Tiere wieder anwachsen. «Früher gab es hier so viele Elefanten, jetzt sind sie fast weg. Die Kinder kennen sie schon gar nicht mehr.»

Längst ist vielen die Natur fremd, weil einheimische Jäger im Umkreis ihrer Dörfer alles weggeschossen haben. Eines Abends projiziert Thierry daher im Hauptquartier für rund zweihundert Arbeiter und angehende Ranger Bilder der Kamerafallen an eine Wand. «Hase!», ruft einer der Zuschauer, als er das Bild einer kleinen Antilope erblickt. Auf dem nächsten Foto ist ein Schuppentier zu sehen: «Hyäne!», schreit jemand. Thierry erklärt daraufhin, wie die Tiere heißen, wie sie leben. Das Publikum kommentiert die unterhaltsame Show, lacht, fragt nach. Schließlich blendet Thierry Münzen und Geldscheine der Zentralafrikanischen Republik ein, den CFA-Franc. Ein Raunen geht durch die Menge. Zum ersten Mal sehen sich die Männer die Währung ihres Landes bewusst an – und erkennen in den Wasserzeichen der Banknoten und den Prägungen auf den Münzen jene Riesenelenantilope wieder, die zusammen mit dem Bongo das Chinko-Logo bildet, das auf der Flagge über dem Hauptquartier flattert. Die Männer merken: Das sind unsere Tiere – und sie haben einen Wert.

Erste Erfolge

Schon fünf Jahre später gibt es beachtliche Erfolge. Nach 2012, als erstmals viele Wanderhirten in den Chinko eindrangen, waren die sowieso schon seit Jahrzehnten dezimierten Bestände vieler Arten zusammengebrochen. Besonders die Löwen waren fast ausgerottet, weil sie von den Hirten vergiftet wurden, um die Herden zu schützen.[50] Nun gibt es wieder mindestens dreißig, vielleicht sogar hundert oder mehr.[51] Für die Afrikanischen Wildhunde – eine der bedrohtesten Spezies des Kontinents – ist der Chinko eines der wichtigsten Rückzugsgebiete: Mindestens sieben Rudel mit Jungtieren leben hier, auf jeden Fall hundertzwanzig, wenn nicht sogar vierhundert der seltenen Tiere; mehr finden sich auch im Kruger-Nationalpark Südafrikas nicht. Vor 2012 gab es vielleicht noch anderthalbtausend Riesenelenantilopen, danach waren höchstens fünfhundert übrig. Innerhalb weniger Jahre haben sie sich wieder auf über achthundertfünfzig vermehrt. Vom versteckt im Regenwald lebenden Bongo leben hier schätzungsweise tausendsechshundertfünfzig, vielleicht sogar zweitausend Tiere. «Wahrscheinlich besitzt kein anderes afrikanisches Schutzgebiet so viele Bongos wie der Chinko», sagt Thierry. Auch mit den Büffeln geht es wieder bergauf – über dreitausend, schätzt man; dazu mindestens tausend, vielleicht sogar tausendfünfhundert Schimpansen.

Wie sehr sich das Verhalten der Tiere verändert hat, zeige sich deutlich bei den Elefanten. «Früher waren sie scheue Phantome, die zurückgezogen im Wald lebten. Heute können wir sie vom Flugzeug aus beobachten, wie sie entspannt in den Salinen Salz zu sich nehmen», so Thierry. Insgesamt rund sechzig Tiere leben gut geschützt in der sechstausend Quadratkilometer großen Kernzone, mehr als die doppelte Fläche Luxemburgs; zwanzig kommen in der Peripherie dazu. Das sind genug Elefanten, dass langfristig und dauerhaft wieder eine große Population entstehen kann.

Innerhalb dieser wenigen Jahre sei es gelungen, das große Reservat weitgehend von Wanderhirten und Wilderern freizuhalten. Dem schnellen Erfolg liegt ein mehrstufiges Warnsystem zugrunde. Im Chinko setzt man nicht nur auf bewaffnete Ranger, hier patrouillieren außerdem unbewaffnete Teams – eine Art «Wildnis-

Die extrem seltene Riesenelenantilope hat sich seit Beginn der Schutzmaßnahmen im Chinko wieder vermehrt.

Sozialarbeiter»: Sie betreiben Monitoring und stellen weitere Kamerafallen auf; sie überprüfen aber auch gezielt die Grenzen des Schutzgebietes auf eindringende Menschen, vor allem aus dem Sudan, um sie zu informieren und zu warnen, welche Folgen ein weiteres Vordringen haben könnte. Bei täglichen Kontrollflügen über dem Schutzgebiet wird nach möglichen Lagerfeuern Ausschau gehalten. Dort werden dann Flugblätter in arabischer Sprache abgeworfen, oder die «Hirtenbeauftragten» werden hingeschickt, um den eingedrungenen Nomaden den Weg an der Kernzone vorbei zu weisen. Dank dieser Strategie hielten sich Konflikte bislang in Grenzen; nur selten mussten Hirten festgenommen oder ein paar Rinder von Rangern zur Abschreckung erschossen werden, weil sich die Nomaden auch nach mehrmaliger Ansprache nicht an die vorgegebenen Wege halten wollten. Immer häufiger jedoch melden sich die Wanderhirten sogar per Mobiltelefon, sobald sie sich dem Chinko nähern, um auf einem für sie vorgesehenen Korridor am

Schutzgebiet vorbeigeführt zu werden. Die meisten Hirten verstünden diese Maßnahmen, sagt Thierry: «Sie wissen ja selbst, was ihre Rinder in der Landschaft anrichten und dass sie deswegen jedes Jahr längere Wege laufen müssen, um Nahrungsgründe aufzutun.» Viele der Hirten kämen erst seit wenigen Jahren in den Chinko, weil sie in ihrer Heimat, der sudanesischen Provinz Darfur, aufgrund von Dürre und Überweidung kaum mehr Nahrung für ihre Herden finden.

Weil die Nomaden nun nordwestlich am Schutzgebiet vorbeigeführt werden, wirkt der Chinko wie eine große befriedende Pufferzone: In den Dörfern im Südwesten wurden selten Rinder gehalten, nicht zuletzt, weil die Region im Tsetsegürtel Afrikas liegt, wo die gleichnamigen Fliegen nicht nur die Schlafkrankheit auf den Menschen übertragen, sondern auch die Tierseuche Nagana, die die Rinderzucht einschränkt. Zwischen den dort ansässigen Ackerbauern, Jägern und Fischern war es regelmäßig zu gewalttätigen Konflikten mit den arabischsprechenden Wanderhirten gekommen. Dank der Korridore bleiben diese nun aus. Und die Dorfbewohner bemerken außerdem, dass die wilden Tiere in ihre Nähe zurückkehren und weniger scheu sind als in den Jahren zuvor. Bei ihnen hat längst ein Umdenken eingesetzt.

So erhielt die Parkverwaltung sogar Anrufe aus einem Dorf siebzig Kilometer außerhalb des Schutzgebietes, wo vier Elefanten gesichtet wurden. Ob Ranger die Elefanten beschützen könnten, fragten die Anrufer. «Vor zehn Jahren waren genau solche Leute wahrscheinlich noch Drahtzieher im Elfenbeinhandel und haben Wilderer unterstützt», sagt Thierry. «Die Menschen haben mittlerweile gute Erfahrungen mit uns gemacht und Vertrauen gefasst.» Das Chinko-Projekt ist einer der wichtigsten Arbeitgeber in der Zentralafrikanischen Republik geworden, mit über zweihundertfünfzig Mitarbeitern aus der Umgebung sogar der größte Arbeitgeber außerhalb der Hauptstadt Bangui. Lehrer, Ärzte und

Krankenschwestern werden bezahlt; lokale Märkte versorgen die Mitarbeiter des Chinko. Die Menschen haben den Wert des Schutzgebietes erkannt. «Und sie wissen, dass durch übermäßige Jagd und Überweidung das Land weiter degradieren würde.»

Wenn die Wildtiere sich wieder ausreichend vermehrt haben, sollen die umliegenden Dörfer davon profitieren – und Jagd zur Fleischgewinnung machen dürfen, wie sie es früher taten. Ein Landnutzungsplan mit Zonen für nachhaltige Jagd und Fischerei ist schon entwickelt – auch für Touristen. Zwar wird der Chinko – unabhängig von der instabilen politischen Lage – wohl nie ein Ziel für Massentourismus sein; in der mosaikartigen Landschaft aus Buschsavanne und Regenwald sind Tiere so viel schwerer zu beobachten als etwa in den offenen Flächen der Serengeti. Doch bieten die Flüsse der Region Möglichkeiten für spezialisierte Angler, die den über einen Meter langen und mehrere Dutzend Kilogramm schweren Riesen-Tigersalmler mit seinem eindrucksvollen Gebiss oder gewaltige Nilbarsche fischen wollen. Auch Jagdtourismus könnte später wieder eine Option werden – und zwar wie schon zuvor bei CAWA so, dass die Dörfer davon profitieren.

Im Mai 2020 wurde das Mandat des APN im Osten der Zentralafrikanischen Republik erweitert: Insgesamt stehen nun fünfundfünfzigtausend Quadratkilometer unter der Verwaltung des Chinko-Projekts. Zusammen mit benachbarten Reservaten – etwa dem Zemongo Faunal Reserve im Osten – liegt hier mit achtzigtausend Quadratkilometer Fläche die größte durchgängig geschützte Wildnis Afrikas – etwa so groß wie ganz Österreich.

Der Großversuch geht weiter

«Das ist einer der wenigen Plätze auf der Erde, an denen wir großflächig ökologische und evolutionäre Prozesse erhalten, fördern und erforschen können, wie sie vor unserem großen Einfluss als

Menschen abliefen», so Thierry. Solche Gebiete gebe es kaum noch, denn tropische Waldländer würden sehr oft für intensive Agrar- und Weidewirtschaft genutzt, seien aber eigentlich auf dynamische Zyklen ausgerichtet – etwa einen Wechsel von Abbrennen, Umgestaltung der Landschaft durch große Pflanzenfresser und späteres Nachwachsen. Der Chinko jedenfalls sei – weil so viele große Pflanzenfresser fehlen – in den vergangenen Jahren und Jahrzehnten verbuscht, der Wald nehme zu. «Um 1980 gab es hier noch mehrere zehntausend Elefanten mit großer ökologischer Funktion als Landschaftsarchitekten; derzeit sind sie funktional ausgestorben.» Bis die verbliebenen Exemplare sich wieder entsprechend vermehrt haben, werde es noch dauern. Aufgrund des Landschaftsreliefs, so erklärt mir Thierry, werde das Mosaik zwar prinzipiell erhalten bleiben – Regenwald in den feuchteren Senken, auf felsigem Untergrund grasige Savannenlandschaft, dazwischen Übergangsregionen. «Gerne hätten wir aber wieder mehr Grassavanne, wie sie früher war» – allein schon für die Antilopen, die dort leben und die für die Bevölkerung leichter zu jagen sind als waldlebende Spezies. Eine Möglichkeit bestünde darin, vermehrt größere Feuer zu legen, um den Wald kurz zu halten. Irgendwann könnte es auch darum gehen, die verlorenen Landschaftsgärtner – Giraffen und Nashörner – wieder anzusiedeln, die jeweils auf ihre Art die Vegetation kurzhalten: Breitmaulnashörner als gewaltige Rasenmäher, Spitzmaulnashörner als Fresser von Buschblättern. Das Ziel sei es jedenfalls, langfristig ein tropisches Ökosystem mit hoher Produktivität und Widerstandskraft zu fördern und sicherzustellen, dass in den Wäldern des Chinko auf Dauer viel Kohlendioxid gespeichert werde. Das habe allein schon aufgrund der Größe des Gebietes globale Bedeutung, stabilisiere aber zugleich das lokale Klima, da die Wälder bei extrem heißen und trockenen Wettersituationen Feuchtigkeit abgeben. Davon könne die Bevölkerung genauso profitieren wie von den produzierten Jagdressourcen.

«Wir wollen also das vorhandene natürliche System so wiederherstellen, dass es möglichst unbeeinflusst von selbst läuft, indem wir die natürlichen Prozesse über lange Zeiträume fördern – mit einer großen Diversität von Lebewesen und zum Nutzen zukünftiger Generationen.»

Als Thierry mir von diesen Fortschritten erzählt, erinnere ich mich an eine weitere Geschichte aus dem Chinko-Hauptquartier. Manchmal brachten Ranger oder Arbeiter für Mahlzeiten Perlhühner aus dem Busch mit. Thierry untersuchte regelmäßig deren Mageninhalt, weil er wissen wollte, was sie gefressen hatten, neugierig beobachtet von seinem Forschungsassistenten Guy, der ihn bei vielen Streifzügen begleitete und dabei begierig Wissen aufsaugte. Als Thierry wieder einmal den Magen eines Perlhuhns öffnete, der mit Raupen angefüllt war, murmelte Guy vor sich hin: «Ah, das ist es. Das bedeutet das also. Jetzt habe ich es verstanden.» Was denn los sei, wunderte sich Thierry. Und Guy erklärte, er sei im Dorf gefragt worden, was er da eigentlich bei dem Projekt mache. Warum er helfe, die Tiere und Pflanzen zu bestimmen. Das sei doch keine Arbeit, warfen ihm seine Nachbarn vor. Wozu das Ganze, wollten sie wissen. Und warum man denn das alles schützen müsse, all die Tiere und Pflanzen. Alles in der Natur sei wichtig, habe er entgegnet, so viel hatte Guy von Thierry schon mitbekommen. Als dann seine Nachbarn aber entgegenhielten: Wozu brauchen wir denn Raupen, die fressen doch unsere Pflanzen auf den Feldern? – darauf habe er nicht mehr antworten können.

«Ha, jetzt weiß ich es aber. Jetzt kann ich ihnen sagen: Zwar wollt ihr keine Raupen essen, aber Perlhühner fressen sie. Und ihr esst gerne Perlhühner!» Guys Beobachtung hatte nicht nur den Wert der Raupen deutlich gemacht, er hatte nicht nur begonnen, den Nutzen dieses komplexen Systems zu verstehen – nun wusste er auch, wie er dieses Wissen, diese Erfahrung weitergeben konnte.

IV.

VOM WERT DER NATUR

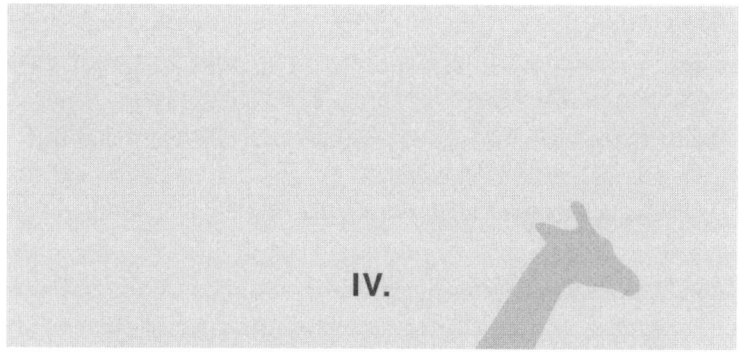

Was erwarten Sie von der Natur?

Wem soll die Natur nutzen?

Wie bringen wir sie dazu?

Macht es Ihnen etwas aus, wenn Sie erfahren, dass etwas aus der Natur verschwindet, von dessen Existenz Sie bislang nichts wussten?

Fällt es schwer zuzugestehen, dass dieses Etwas auch ohne Ihr Wissen darum von Bedeutung sein könnte?

Wie gehen Sie mit dieser Erkenntnis um?

Schützen durch nützen?

Wozu das alles schützen, all die Tiere und Pflanzen? Wozu braucht man denn Raupen, wozu diesen Frosch da? Muss man sich wirklich um jenen kleinen Vogel auch noch kümmern, so stark unterscheidet er sich doch gar nicht von den anderen? Und wieso sollen wir über tausendvierhundert Fledermausarten auf der Welt erhalten, reichen nicht auch ein paar weniger? Nicht jeder erfreut sich an der unglaublichen Vielfalt der Organismen, nicht jedem ist das Wundern und Staunen darüber gegeben. Auch das abstrakte und komplexe Konzept vom «Schutz der Biodiversität» – der Erhalt von genetischer Vielfalt, Arten- und Landschafts- beziehungsweise Ökosystemreichtum – ist nicht allen Menschen so einfach nahezubringen. Persönlicher Nutzen schon: Es ist viel unkomplizierter zu verstehen, dass Natur uns Nahrung liefert, Medikamente, Honig und Holz als Baustoff oder Brennmaterial, dass sie uns Strände und Berge zur Erholung beschert, dass sie als Filter für sauberes Wasser dient, fruchtbare Böden entstehen lässt und das Klima reguliert. Was haben wir als Menschen, was habe ich als Individuum von der Natur? Diese Frage ist den meisten leichter zu vermitteln.

Und in beiden Fällen – dem ganz persönlichen sowie dem auf den Menschen an sich bezogenen Vorteil, den die Natur erbringt – lässt sich wiederum unterscheiden: Wie nutzen wir eine Spezies, was kann sie uns geben? Das betrifft oft einen direkten wirtschaftlichen Gewinn, etwa indem wir die Überschussproduktion der Natur verwerten, durch Ernte oder Jagd (zumindest, solange wir die betreffende Spezies nicht bis zum Letzten ausbeuten). Oder wir schauen auf die ökologische Funktion von Arten und Lebensräumen – und wie wir davon profitieren.

Im Chinko-Projekt ging es von Anfang an um beides: der Bevölkerung der Region ein stabiles Überleben zu sichern und dauerhaft die natürlichen Prozesse zu fördern – «mit einer großen Diversität von Lebewesen und zum Nutzen zukünftiger Generationen». Und dieses einzigartige Naturschutzprojekt nahm seinen Ausgang in einem Geschäftsmodell, das oft Entrüstung hervorruft.

Bock auf Bongo: Trophäenjagd im Chinko

Eine gute Nacht hatte ich Gerald Warnock gewünscht. Schon fast eine Woche lang hatte er Nacht für Nacht auf einem Hochsitz in einem der Regenwaldflecken im Chinko gesessen und dort auf einen ganz bestimmten Bongobullen gewartet. Bereits in seiner ersten Nacht hatte er die prächtige rotbraune Antilope mit den weißen Streifen gesehen, vorsichtig trat der Bulle mit seinem großen Gehörn auf die Urwaldlichtung. Dann erschienen Paviane. «Das mag der Bongo nicht», sagte Warnock. Und der Bulle verschwand wieder im Wald und ließ den Jäger nicht zum Zuge kommen.

Warnock – einundachtzig Jahre alt und zu diesem Zeitpunkt noch immer praktizierender Radiologe aus Portland, Oregon – reist seit über fünfzig Jahren zum Jagen um die ganze Welt, meist mit Frau Margaret. In seiner nordamerikanischen Heimat hat er Bären, Hirsche und Pumas erlegt, kapitale Wildschafe in den Hochgebirgen Asiens, sogar die seltene Schraubenziege in Pakistan, siebzehn Elefanten, die meisten in Botswana. «Aber nur einer steht präpariert in meinem Trophäensaal. Von den anderen habe ich nur die Stoßzähne.» Warnock hat Büffel und Spitzmaulnashörner geschossen, Löwen und Leoparden, insgesamt über dreihundertzwanzig Tierarten und Unterarten. Dafür wurde ihm der «Oscar der Jägerwelt» verliehen: Der «Weatherby Hunting and Conservation Award» ist bei Großwildjägern hochangesehen und wird von einer Schusswaffenfirma gestiftet. Ausdrücklich würdigt der Preis nicht nur außerordentliche Jagderfolge, sondern auch ein besonderes Engagement für den Erhalt seltener Arten. Und jetzt ist Warnock mit seiner Margaret im Chinko – und will diesen Bongo. Es wäre sein fünfter. Drei hat er bereits in Kamerun, einen in der Zentralafrikanischen Republik geschossen.

Und das soll Naturschutz sein? Wozu braucht er noch einen mehr? Was denn der Reiz einer solchen Jagd sei, frage ich Warnock zunächst, denn warum sich Menschen für das Töten von Tieren begeistern, habe ich noch nie verstanden. «Die Beute zu finden. Sie sauber zu töten. Aber die Suche nach ihr, das ist das Wichtigste, das Spannende.» Jäger können sich sehr knapp ausdrücken, aber Warnocks Augen leuchten, wenn er an die Hochspannung in der kommenden Nacht denkt. Immerhin – das Prickeln einer Suche, das Warten und die Freude, wenn man gefunden hat, was man erhoffte, das kann ich verstehen. Weil er für die Pirsch nicht mehr genug Ausdauer hat, liegt Warnock seit Nächten in dem kleinen Tal auf der Lauer, behält die Salzlecke auf der Lichtung im Blick. Und wartet, gemeinsam mit Mike Fell, einem bei CAWA engagierten Berufsjäger, der Zuversicht für die kommende Nacht vermittelt: «Heute ist abnehmender Mond, Mister Warnock. Gut für Bongos.»

Am nächsten Morgen, Warnock hat wirklich Glück gehabt: «Schon um halb sieben abends erscheint der Bongo an der Salzlecke. Schaut noch zum Hochsitz rauf. Aber ich warte nicht ab, schieße sofort.» Der Bongo verschwand von der Lichtung, rannte in den Wald, wo die Männer die tote Antilope bereits nach wenigen Metern fanden. Überall war Blut. «Ich habe ihn direkt ins Herz getroffen», erzählt mir Warnock. Da sei es aber schon viel zu dunkel gewesen, den Bongo zu zerlegen. Zurück auf dem Hochsitz stießen sie noch mit einem Whisky an – und verbrachten die Nacht dort. Gemeinsam laufen wir nun über die Lichtung zum erlegten Bongo. Friedlich liegt die Antilope da, der Bulle wirkt so lebendig, als könne er sich jederzeit aufrappeln und in den Wald flüchten. Nächtlicher Regen hat längst sein Blut weggespült. Fell, der Berufsjäger, lobt den Schuss, die schönen Hörner: «Perfekt geschwungen. Elegant, wie sie nach außen zeigen. Und die Spitzen – elfenbeinfarben, wie es sein soll.» Dann geht es an die Trophäenfotos: Warnock und Fell schütteln sich die Hände, strahlen hinter dem geschossenen Tier. Und ich stehe daneben, frage mich, weshalb jemand unbedingt ein so prächtiges Tier töten muss. Aber ich merke rasch, dass ich das hier nicht verstehen werde. Und vielleicht auch gar nicht verstehen muss.

Ökologie kennt keine Moral, Ökologie kennt nur Folgen

Was wichtig bei dieser Jagd ist, erklärt mir Fell: dass ein Tier schnell stirbt, schmerzlos und mit einem korrekten Schuss. Und dass hier nach ökologisch vertretbaren Kriterien gejagt wird. Die Trophäenjagd gehört – zumindest bis 2015 – zum Chinko-Projekt dazu. Abhängig von den Schätzungen, wie sich Populationen entwickelt haben, werden in den von CAWA gepachteten Jagdzonen Abschussquoten nach strengen Regeln festgelegt: Nie dürfen mehr als zwei Prozent aller Individuen einer Art erlegt werden. Und immer nur alte, ausgewachsene Männchen. «Dieser Bongo war etwa zwölf Jahre alt», schätzt Fell, viel älter würden die großen Antilopen in der Natur nur selten, die meisten fielen dann Löwen oder Leoparden zum Opfer. Dann häutet Fell den Bullen, die Trophäe wird für Warnock im Bach gesäubert. Später im Camp essen wir Bongosteak mit Bratkartoffeln und Knoblauch. Der große Rest der Antilope wird an Arbeiter verteilt, die von dem Fleisch auch ihre Familien ernähren können.

Für einen erlegten Bongo zahlt ein Jäger fünftausend Euro Trophäengebühr. Die eine Hälfte geht an örtliche Gemeinden, die andere in die Staatskasse. Eine zweiwöchige Safari, wie Warnock sie gebucht hat, ohne Abschüsse, kostet etwa fünfunddreißigtausend

Euro. Von solchen Einnahmen muss das Safariunternehmen ein Camp unterhalten und ein weiträumiges Wegenetz anlegen, das jedes Jahr in der Regenzeit wieder zuwuchert. Davon profitieren schon zu dieser Zeit gut zweihundert Menschen aus den Dörfern rundum: als Fährtenleser, Koch, Fahrer, Bauarbeiter. Man muss es nicht mögen, dass Tiere für Trophäen gejagt werden, man muss auch die Jäger nicht sympathisch finden und ihren Kick verstehen.[1] Wichtig ist die Frage: Was sind die Konsequenzen einer solchen Jagd? Muss man eine Aktion an sich mögen – oder reicht es, ihre Wirkung zu begrüßen? Ökologie kennt keine Moral, Ökologie kennt nur Folgen.

Die Folgen dieser Jagd sind: Ein betagtes Antilopenmännchen stirbt schnell, sein Fleisch wird verteilt, und dank des Wertes, den manche den an sich wertlosen Trophäenhörnern zuschreiben, konnte ein Projekt wie das im Chinko entstehen.[2] Bei einer ständig wachsenden menschlichen Bevölkerung in Afrika, die immer mehr Land für Nutztiere in Anspruch nimmt, das dann oft durch Überweidung zugrunde geht, lassen sich so Mittel generieren, um eine Wildnis mit Tieren zu erhalten, die Einkommen für die Bevölkerung schafft. Das sind Chancen, die sich an diesem Ort allein durch den Jagdtourismus bieten. Wer sonst fährt in ein Bürgerkriegsland und gibt Zehntausende von Euros aus? Denn der Chinko ist nicht die Serengeti, nicht der Kruger-Nationalpark, wo große Herden durch offene Savannen ziehen. Seit Jahrzehnten locken diese Parks mit ihrem Wildreichtum und ihrer Naturschönheit Massen von Touristen an, die Geld in die betreffenden Länder bringen – und im besten Fall auch zur dort lebenden Bevölkerung. Im Chinko jedoch erblickt man in der Buschsavanne und im Regenwald das Wild bestenfalls für Sekunden, bevor es sich versteckt. Jägern reicht das für den Schuss, Fototouristen wäre das zu wenig. Die meisten von ihnen wollen vor allem Elefanten und Löwen sehen; wenn es um die vielen verschiedenen Antilopenarten geht, hört das Interesse rasch auf.

Jagd in Tadschikistan

Dieser Ansatz mit kontrollierter Trophäenjagd funktioniert auch schon seit Jahren in den schroffen, steilen Bergen Tadschikistans. Nur wenige Touristen kommen in das zentralasiatische Land, das ehemals der Sowjetunion angehörte, und sie sind mehr an der eindrucksvollen Landschaft des Pamirgebirges interessiert als an den seltenen, oft scheuen Steinböcken und Wildschafen, die hier leben. Die Einnahmen aus Tourismus sind also eher gering – und für die Bevölkerung kein Anreiz, sich um den Schutz der gefährdeten Berghuftiere zu kümmern.

Durch ungehemmte Wilderei während und nach dem Bürgerkrieg Mitte der 1990er Jahre brachen dort die Bestände des Asiatischen Steinbocks, des Marco-Polo-Argalis – einem Wildschaf mit riesigen Hörnern, die sich zum vollen Kreis winden und an den Spitzen weit nach außen ragen –, des Urial-Wildschafs und der Schraubenziege, auch Markhor genannt, mit ihren manchmal über anderthalb Meter langen, spiralförmig geschraubten Hörnern zusammen. So gab es damals weniger als dreihundertfünfzig Schraubenziegen in Tadschikistan – die Art wäre im Land durch ungeregelte, übermäßige Jagd beinahe ausgestorben.[3]

Als 2008 der deutsche Wildbiologe Stefan Michel das «Tadschikische Berghuftierprojekt»[4] ins Leben rief, wollte er ein Managementmodell entwickeln, um mittels kontrollierter Trophäenjagd den Menschen vor Ort ein regelmäßiges Einkommen zu ermöglichen. Er etablierte in mehreren ausgewählten Gemeinden Vereine für traditionelle Jäger, die sich darauf einigten, auf Wilderei zu verzichten und einen nachhaltigen Jagdtourismus aufzubauen. Alljährlich würden einige alte männliche Tiere – oft mit spektakulärer Trophäe – für ausländische Jäger gegen hohe Summen zum Abschuss freigegeben. Der Fleischwert eines gewilderten Markhors, der vielleicht hundert Euro beträgt, würde auf diese Weise auf eine beträchtliche Summe erhöht – für eine legale Jagdreise kommen manchmal bis zu hunderttausend Euro zusammen.[5] Etwa die Hälfte der Abschussgebühr soll nach Abzug der staatlichen Lizenzgebühren in den Gemeinden vor Ort bleiben und die Bevölkerung ermuntern, die Bestände der wilden Schafe und Ziegen zu bewahren und nicht durch Haustiere zu ersetzen, die die kargen Berghänge meist überweiden.

Das Modell funktionierte: Schon 2014 gab es wieder tausenddreihundert Schraubenziegen im gesamten Tadschikistan.[6] Eine Fallstudie von 2019, die im Rahmen des Washingtoner Artenschutzabkommens durchgeführt wurde,[7] untersuchte die Auswirkungen des Projekts für die Menschen in jenen acht Schutzgemeinden, die bereits dem nachhaltigen Jagdkonzept folgen (sechs weitere Gemeinden wollen sich dem anschließen). Demnach bringt das Berghuftierprojekt Einkommen, Jobs, Kompetenzen und Infrastruktur in diese abgelegenen Regionen, in denen kaum Landwirtschaft möglich ist und die Menschen wenig Gelegenheiten haben, Geld zu verdienen. Dreihundert Arbeitsplätze wurden dort geschaffen; indirekt profitierten über zwanzigtausend Menschen von der nachhaltigen Jagd. Denn Gemeindemitglieder sind beim Wildlife Management beschäftigt, betreiben das Monitoring, leisten Arbeit gegen Wilderei, sind Jagdführer, bieten Unterkünfte an und versorgen die Jagdgäste. Dabei erwerben sie Kenntnisse in Wildtierbiologie, im Finanz- und Tourismusmanagement, viele lernen Englisch. In jedem Gemeindejagdgebiet werden alljährlich fünf bis zehn Steinböcke und zwei bis vier Schraubenziegen erlegt. Für die Jagd auf eine Schraubenziege erhält eine Gemeinde knapp achtzigtausend Dollar, die Steinbockjagd ist deutlich günstiger. Davon wird etwa ein Drittel allein in soziale und Infrastrukturprojekte wie Brücken, Straßen, Schulen investiert, bedürftige Familien, Alte und Kranke werden unterstützt.

All das, so der Bericht, hatte enorme Auswirkungen auf die Berghuftiere, deren Bestände sich in wenigen Jahren erheblich vermehrten, manche lokale Populationen sogar um das Vier- bis Sechsfache. Allein in den Schutz- und Jagdzonen leben heute geschätzte zweitausendfünfhundert Steinböcke, zweitausend Markhore, sechshundert Argali-Schafe und hundertfünfzig Uriale – das sind etwa fünfzehn Prozent der Steinböcke und mehr als achtzig Prozent der Schraubenziegen Tadschikistans. Außerdem werde im «Windschatten» des Berghuftierprojekts der ganze Lebensraum mitgeschützt – und davon profitiert wiederum der seltene Schneeleopard, weil seine Beutetiere wieder zahlreicher werden: Etwa siebzig der bedrohten schönen Raubkatzen leben in den Schutzgebieten der Jagdgemeinden.

Und wieder die Frage: Muss man es mögen, dass reiche Trophäenjäger möglichst spektakuläre Böcke mit prächtigem Gehörn

Als Folge kontrollierter Trophäenjagd auf einzelne kapitale Böcke ist die Zahl der seltenen Schraubenziegen in Tadschikistan wieder gestiegen.

schießen, oder sollte man nicht lieber auf die Folgen schauen? Auch ohne die Jäger würden die Berghuftiere wahrscheinlich sterben – und durch die Wilderer womöglich ganz verschwinden. Wenn aber die Bevölkerung einen so direkten Nutzen daraus zieht, wieso sollte sie dann ein Interesse haben, die wilden Tiere auszurotten und stattdessen unwirtschaftlichere Haustiere oder Nutzpflanzen zu halten? Trophäenjagd kann also ein Mittel im Natur- und Artenschutz sein, wenngleich kein Allheilmittel. Dabei geht es auch in diesem Fall nicht darum, die Tiere bis zum letzten ihrer Art abzuschießen, oder um die vielen Auswüchse der Jagd. Wie etwa in Südafrika, wo Tausende von eigens gezüchteten Käfiglöwen – «canned lions» – darauf warten, in abgesperrten Gebieten ohne Fluchtmöglichkeit ausgesetzt und bei einer Gatterjagd abgeknallt zu werden; es geht nicht um speziell gezüchtete Farbvarianten oder Hybride mit besonders großem Gehörn oder Geweih, die es in der Natur gar nicht gibt. Solche Fehlentwicklungen haben nichts mit jener kontrollierten Jagd nach ökologischen Kriterien zu tun, bei der die Populations- und Sozialstruktur der verschiedenen Spezies beachtet werden. Mit möglichst kleinem Eingriff in das natürliche Geschehen soll ein möglichst großer Nutzen entstehen – für Mensch *und* Natur.

Nasenhornhandel

Es bleibt erstaunlich, wie ein unfassbar großer Wert für etwas eigentlich Wertloses schon so manche Spezies an den Rand der Ausrottung gebracht hat: Wertvoller noch als Gold und Kokain, ist das Nasenhorn der Rhinozerosse mittlerweile einer der begehrtesten Stoffe der Welt geworden. Auf den Schwarzmärkten Chinas und Vietnams kostet ein Kilogramm bis zu hunderttausend Dollar. Dabei besteht die harte, graue Substanz vor allem aus dem Eiweißstoff Keratin, dem Hauptbestandteil von Haaren, Hufen und Fingernägeln. Seit Jahrtausenden werden dem Nasenhorn besondere Fähigkeiten und Kräfte zugesprochen, es ist aufgeladen mit Mythen und Legenden. Wie schwer diesen beizukommen ist, zeigt die wohl bekannteste Vorstellung, dass es, als Aphrodisiakum eingenommen, bei schwindender Manneskraft helfen könne. Das allerdings ist ein rein westliches Märchen.[8] In der traditionellen chinesischen Medizin gilt das Horn der Rhinozerosse bis heute als Mittel gegen «innere Hitze» und wird etwa gegen Fieber und Nasenbluten eingesetzt, gegen menschliche Hautkrankheiten und Menstruationsprobleme, Typhus, Gelbsucht und epileptische Anfälle. Erstaunlicherweise gibt es nur wenig akademische Studien über seine Wirksamkeit – und diese sind nicht einmal schlüssig. Aber gerade der Glaube an den Erfolg einer Behandlung kann beim Patienten viel bewirken – erst recht, wenn das Heilmittel teuer ist.

So waren die asiatischen Nashörner bereits Mitte des 20. Jahrhunderts selten geworden. In Afrika gab es zu Beginn des 20. Jahrhunderts schätzungsweise eine Million Spitzmaulnashörner, um 1970 noch etwa fünfundsechzigtausend; ein Vierteljahrhundert später war ihre Zahl wegen des Hornhandels auf etwa zweitausendfünfhundert gesunken. Als China, Taiwan und Südkorea in den 1990er Jahren den Handel verboten hatten und man auch im Jemen davon abgekommen war, aus Prestigegründen prächtige Dolchgriffe aus Rhinozeroshorn zu schnitzen, schien der Markt endlich eingedämmt. Vor allem die Zahl der afrikanischen Nashörner nahm wieder zu. Doch mit dieser Verschnaufpause ist es vorbei, seit in Vietnam im Jahr 2007 das Gerücht aufkam, ein Prominenter sei vom Leberkrebs geheilt worden, nachdem er eine Arznei aus Rhinozeroshorn eingenommen hatte. Diese Wunderheilung wurde nie bestätigt, der angebliche Patient nie gefunden, doch das Gerücht reichte aus, um das illegale Geschäft erneut anzukurbeln: Wurden 2007 in Südafrika, dem Land mit den meisten lebenden Rhinozerossen, nur dreizehn Tiere gewildert, waren es 2011 schon weit über vierhundert und 2015 fast tausendzweihundert, die wegen ihres Horns abgeschlachtet wurden. Auch wenn die Wilderei seither wieder abgenommen hat, wurden 2019 nahezu sechshundert Rhinozerosse getötet.

Der Nasenhornhandel ist ein illegales Millionengeschäft, vergleichbar nur mit dem Drogenhandel, aber mit noch höheren Preisen. Mittlerweile bildet nicht mehr China, sondern Vietnam das Zentrum des Nasenhornhandels und -verbrauchs. Dort wird es mittlerweile nicht nur als Medizin verwendet, sondern auch als Mittel gegen «Kater». Außerdem werden aus dem gräulichen Naturprodukt Armbänder, Ringe und Perlen, Tassen und Schüsseln hergestellt. Der hohe Preis hat das Horn längst zum Statussymbol für Aufsteiger in der boomenden vietnamesischen Wirtschaft gemacht; wohlhabende Geschäftsleute überreichen ihren Businesspartnern ganze Nasenhörner, die bis zu fünf Kilogramm wiegen können, als Geschenk. Viele Beobachter des illegalen Marktes glauben, dass Spekulanten längst Vorräte horten und auf die endgültige Ausrottung der Rhinozerosse warten, damit der Preis ins Astronomische steigt. Er wäre glücklich, so ein Geschäftsmann in Hanoi, könnte er das Horn des allerletzten Nashorns erwerben.[9]

Warum also nicht sich den hohen Preis zunutze zu machen, um die Nashörner zu schützen? Denn um das Horn zu «ernten», muss man das Rhinozeros nicht töten. Man kann einfach die Hörner absägen, sie wachsen wieder nach. So gibt es in Südafrika mittlerweile große Farmen – auf der größten lebten 2019 etwa tausendsiebenhundert Breitmaulnashörner,[10] denen man regelmäßig, bis zu siebenmal in ihrem Leben, die Hörner abnimmt. Für deren Besitzer könnten sie grasende Geldmaschinen sein; in seinen Tresoren lagern Rhinozeroshörner im Wert von über fünfzig Millionen Dollar. Doch der Verkauf des Nasenhorns ist in Südafrika weiterhin illegal. Dabei klingt das Geschäftsmodell zunächst einleuchtend und wie ein Artenschutzprojekt zum Nutzen vieler. Nashornzucht in großem Stil könnte ständigen Nachschub an Horn für die asiatischen Märkte, Geld für die Farmer – und das Überleben der Nashörner garantieren. Wenn die Konsumenten nämlich darauf vertrauen, dass es immer Horn geben wird, dann sollte der Preis so weit sinken, dass sich die Wilderei nicht mehr lohnt.

Aber würde das die Jagd auf Nashörner wirklich unterbinden? Das Konzept ist extrem umstritten: Viele Artenschützer fürchten, die Freigabe des Nasenhorns von Farmen für den legalen Verkauf würde den ständig wachsenden Markt, der immer neue Produkte erfindet, erst recht anheizen. Schon heute seien über neunzig Prozent der verkauften Nasenhornpräparate gefälscht – und stammen von Wasserbüffelhörnern. Außerdem würde damit der Mythos der

Rhinozerosse, so weit das Auge reicht: Weil Nashornfarmer geerntetes Nasenhorn nicht handeln dürfen, stehen sie vor dem Nichts.

angeblichen Heilwirkung legitimiert. Gleich mehrere Kampagnen versuchen, das öffentliche Bewusstsein zu ändern, um die Nachfrage zu reduzieren: Bei der «Nägelkauerkampagne» knabbern Prominente am körpereigenen Keratin ihrer Finger, um zu zeigen, das Fingernägelkauen keine medizinischen Probleme löst. Dabei steckt das grundsätzliche Problem gar nicht in der Frage, ob das Nasenhorn nun heilend wirkt oder nicht – sondern darin, dass gut anderthalb Milliarden Menschen in Südostasien daran glauben könnten, es aber kaum noch dreißigtausend Nashörner auf der Erde gibt.

Soll man also die Nachfrage nach Nasenhorn befriedigen oder stoppen? Das ist eine Glaubensfrage, bei der die gefährdeten Rhinozerosse zu Versuchstieren in einem Experiment werden, in dem es um Angebot und Nachfrage sowie die Macht des Marktes geht. Würden Wilderer wirklich darauf verzichten, einen so großen Markt zu bedienen? Was würde es für die noch viel selteneren asiatischen Rhinozerosse bedeuten, die Java- und Sumatra-Nashörner vor allem, wenn der Markt für ihr Horn noch größer würde? Andererseits können es sich viele Farmer in Südafrika kaum mehr leisten, ihre Rhinozerosse mit schwerbewaffneten Rangern vor Wilderern zu schützen. Es besteht die Gefahr, dass sie die Nashornzucht aufgeben und die Zahl der Kolosse beträchtlich sinkt. Da ist es schwer, auf die Folgen zu schauen, weil sie vor allem mit menschlicher Psychologie zu tun haben und nicht mit ökologischen Konsequenzen: Was hilft den Nashörnern mehr – die Märkte mit geerntetem Horn zu beliefern oder weiter darüber aufzuklären, wie wirkungslos das Horn ist?

Lösung Wildtierfarmen?

Das Prinzip «Wildtierfarmen» funktioniert etwa in Südafrika und Namibia, wo viele Farmer auf ihren Ländereien wilde Tiere anstatt

Rindern halten – für Foto- und Jagdsafaritouristen. Der weltweite Handel mit Wildtieren und deren Produkten ist jedoch viel komplexer, allein der illegale Handel wird auf ein Volumen von über zwanzig Milliarden Dollar im Jahr geschätzt.[11] Dass manche Arten wie Polarfuchs und Mink – der amerikanische Verwandte des Nerzes – wegen ihres Pelzes oder Krokodile wegen ihres Leders auf Farmen gezüchtet werden, hat ihre natürlichen Populationen entlastet. Dabei wurden aber andere Probleme geschaffen, etwa die qualvolle Haltung in viel zu engen Käfigen. Doch ein Artenschutzeffekt wie bei Fuchs, Mink und Krokodil tritt nicht automatisch ein: Gerade in Südostasien werden viele Wildtierarten auf solchen Farmen gezüchtet, weil dort der Bedarf nach deren Fleisch und vermeintlich wirksamen Substanzen für die traditionelle chinesische Medizin besonders hoch ist. Allein in Vietnam werden mehr als hundertachtzig Spezies auf über tausend solcher Farmen gehalten;[12] neben Schlangen, Schildkröten, Bären, Tigern und Affen auch Schleich- oder Zibetkatzen. Von Letzteren weiß man mittlerweile, dass sie, wie bereits erwähnt, auf ähnlichen chinesischen Farmen jener Zwischenwirt waren, über den das Coronavirus Sars-CoV-1 – ursprünglich von Fledermäusen stammend – schließlich auf den Menschen übergesprungen ist, was in den Jahren 2002 und 2003 zur ersten Sars-Epidemie führte.

Ob die Bestände dieser Arten in der Natur durch solche Farmen wirklich geschützt werden, wird oft bezweifelt.[13] Man befürchtet – wie beim Nasenhornhandel –, dass dadurch ein vorhandener Markt für Wildtierprodukte nicht nur größer wird, sondern auch ein Parallelmarkt entsteht: Gerade in China und Vietnam ist der Glaube weit verbreitet, dass Produkte von wilden Tieren besser sind – besser schmecken, besser heilen – als die von gezüchteten. Selbst wenn viele Menschen die – günstigeren – Erzeugnisse von gezüchteten Tieren erwerben, wird der Markt für die teureren Wildtiere bestehen bleiben. Nicht zu unterschätzen ist, wie sehr

Wildtiere als Statussymbol dienen. Rote Listen können da durchaus auch als Einkaufslisten fungieren; für Produkte seltener Arten geben Menschen gerne mehr Geld aus – weil sie es sich leisten können. Wie viel Einbildung dabei im Spiel ist, zeigt ein Experiment, bei dem den Versuchspersonen zwei verschiedene Sorten von Kaviar vorgesetzt wurden: ein teurer einer angeblich sehr seltenen Störart und ein günstigerer, vom dem es hieß, er stamme von einer häufigeren Störspezies. Über siebzig Prozent der Probanden bevorzugten den teuren Kaviar, obwohl es in beiden Fällen die gleiche Sorte war.[14] Zudem lassen sich bei mangelnder Kontrolle auf vermeintlichen Zuchtfarmen gefangene Wildtiere «durchschleusen» – sie bekommen gefälschte Papiere, die sie als «gezüchtet» ausgeben. Was eigentlich dem Schutz der Tiere dienen soll, hat in diesem Fall einen gegenteiligen Effekt und trägt zur Ausrottung bei. Das Konzept «Schutz durch Nutzen» ist also kein Patentrezept, sondern bedarf eines genauen Abwägens der Gegebenheiten.

Ökosystemdienstleistungen

Es liegt ein Unterschied darin, wie wir etwas nutzen und in welcher Weise uns etwas von Nutzen ist. Eine zweite und für unser Überleben wesentlichere Form von Vorteilen aus der Natur wird oft «Ökosystemdienstleistungen» genannt; sie können manchmal direkter Art sein, zeigen sich aber häufiger indirekt. Letztlich geht es um das Funktionieren eines ganzen Systems, das innige Beziehungsgeflecht der Arten und der damit verbundenen Lebensräume. Obwohl das schwieriger zu erfassen ist als der Wert oder Preis eines Produkts, haben Wissenschaftler in einer klassischen und vielzitierten Studie 1997 im angesehenen Wissenschaftsmagazin «Nature» anhand von siebzehn ausgewählten Ökosystemdienstleistungen errechnet, dass uns die Natur alljährlich einen globalen Wert in einer Größenordnung zwischen sechzehn bis vierundfünfzig Billionen Dollar erbringt[15] – einfach so, ohne etwas dafür von uns zu fordern. Außer, dass wir sie machen lassen.

Zu jener Zeit sei dieser Betrag ein Mehrfaches des damaligen weltweiten Bruttoinlandsprodukts gewesen, so heißt es 2015 in dem Bericht «Inwertsetzung von Biodiversität» des Ausschusses für Bildung, Forschung und Technikfolgenabschätzung des Deutschen Bundestages.[16] So schwer es aufgrund vieler unsicherer Annahmen sei, einen solchen Wert zu berechnen, so schaffe diese Herangehensweise doch ein Bewusstsein für die große wirtschaftliche Bedeutung der Biosphäre und ihrer Leistungen. Die Autoren der Bundestagsstudie vergleichen diese enorme Zahl sogar mit jener aus der bereits in einem früheren Kapitel zitierten Studie, nach der sich für die «relativ bescheidene Summe» von sechsundsiebzig Milliarden Dollar alle weltweit bedrohten Arten und ihre Lebensräume effektiv schützen ließen – ein Fünftel dessen, was jährlich weltweit für unseren Softdrinkkonsum anfällt.[17]

Wir nehmen diese vielfältigen «Dienste» der Natur als ganz selbstverständlich hin, weil wir nichts für sie tun, nichts für sie bezahlen müssen, obwohl sie Grundlage unserer Existenz sind: Mehr als drei Viertel der weltweit am meisten gehandelten Nutzpflanzen und über ein Drittel der globalen Nahrungsmittelproduktion sind auf Bestäuber aus dem Tierreich angewiesen – dazu gehören nicht nur Insekten, sondern auch Vögel, Fledermäuse und andere kleine Säuger. Ihr Beitrag zur globalen Nahrungsmittelproduktion ist immens und entspricht einem Marktwert von 235 bis 577 Milliarden Dollar.[18] Insekten «erarbeiten» allein in den USA alljährlich einen Wert von mindestens 57 Milliarden Dollar:[19] Sie bestäuben Pflanzen, dienen anderen Tieren – etwa Vögeln und Fischen – als Nahrung, vertilgen Schädlinge und arbeiten den Dung von Abermillionen amerikanischer Rinder – jedes hinterlässt im Jahr etwa neun Tonnen Exkremente – wieder in den Boden ein. Regenwürmer und andere Organismen, die den Boden durchwühlen, lockern, durchlässig halten und immer wieder Nährstoffe durch Zersetzung in den natürlichen Stoffkreislauf zurückführen, erwirtschaften in Irland eine Milliarde Euro im Jahr.[20]

Diese wenigen Beispiele, die sich alle hinter dem sperrigen Begriff der Ökosystemdienstleistungen verstecken, zeigen deren Bedeutung für unser Leben in der Biosphäre. Klassischerweise und um – typisch Mensch – ein wenig Ordnung im Chaos der Natur zu schaffen, haben wir diese komplexen Dienste in vier Kategorien unterteilt: eher übergeordnete Basisleistungen wie die Bildung von Böden, Bestäubung von Blüten, das Erhalten des Nährstoffkreislaufs; konkrete Versorgungsleistungen wie das Bereitstellen von Nahrung, Brennholz, Fasern oder pharmazeutischen Wirkstoffen; regulierende Dienstleistungen, die sich auf das Klima und den Wasserhaushalt auswirken, die natürliche Reinigung von Wasser und Luft; sowie kulturelle Dienstleistungen wie der «Nutzen der Natur» für unser Wohlbefinden, für Erholung, als Inspiration und Ideengeber. Wie wichtig sie sind, wird oft erst spürbar, wenn manche «Dienstleister» plötzlich fehlen, ausfallen, zerstört oder ausgerottet werden.

In den folgenden Kapiteln möchte ich daher einen Blick auf die Funktionen verschiedener Organismengruppen im Beziehungsgeflecht der Biosphäre werfen, auf ihre «Leistungen» für uns und das gesamte System, auf die Folgen, die ihr Verschwinden, ihr Auftauchen, ihre Existenz haben kann. Damit soll deutlich werden, welche Auswirkungen Änderungen im Netzwerk haben. Ebenso soll sich zeigen: Zwar lässt sich beim ökologischen Denken das Geflecht der Beziehungen in einzelne Gedanken aufgliedern, wodurch sich ihre vielfältigen Funktionen besser verstehen lassen. Aber wirklich voneinander trennen lässt sich dadurch nichts. Oft genug bleiben Folgen für uns überraschend.

Die Wal-Frage

Angenommen, es gäbe wieder reichlich Blauwale auf der Erde. Um die Rettung ihrer Art müssten wir uns keine Sorgen mehr machen. Nutzen wir die Wale für uns Menschen, weil sie nicht mehr vom Aussterben bedroht sind – und wenn ja, wie?

Diesmal ist das kein theoretisches Gedankenspiel, sondern eine ganz konkrete und realistische Frage. Blicken wir aber zunächst noch einmal zurück: Seit der Entscheidung der Internationalen Walfangkommission (IWC) im Jahr 1966, die Jagd auf Blauwale einzustellen, hat sich ihr Bestand erholt. Nach Angaben der Weltnaturschutzorganisation IUCN schwimmen wieder 5000 bis 15 000 ausgewachsene Blauwale durch die Ozeane, nach anderen Schätzungen könnten es sogar 25 000 sein.[21] Verglichen mit der Zeit vor dem Walfang wäre das zwar immer noch ein um 90 bis 97 Prozent reduzierter Bestand, aber immerhin wachsen die Populationen der übriggebliebenen Blauwale wieder – wenn auch unterschiedlich schnell. So leben vor der Küste Kaliforniens rund 2200 Blauwale, fast so viele wie vor den Zeiten des Walfangs.[22] Anders in der Antarktis: Von jenen 125 000 Exemplaren, die noch um 1926 hier lebten,[23] waren nach dem großen Abschlachten wohl weniger als 400 übriggeblieben.[24] Nach der Einstellung der Jagd hatten sie sich bis zum Jahr 2012 auf rund 2200 Tiere vermehrt. Obwohl diese Population in den weiten Gewässern durch einen engen genetischen Flaschenhals gegangen ist, besitzt sie eine erstaunlich große genetische Vielfalt und scheint weniger durch Inzucht gefährdet zu sein als erwartet. Im Jahr 2018 gab es bereits 3000 von ihnen in der Antarktis[25] – immerhin. Den Blauwalen geht es also wieder deutlich besser, auch wenn sie auf der Roten Liste weiterhin als «gefährdet» eingestuft werden. Wie sieht es bei den anderen Großwalarten[26] aus?

Allein im 20. Jahrhundert wurden fast drei Millionen Großwale getötet – über zwei Millionen davon auf der Südhalbkugel, so die Bilanz des industriellen Walfangs, die ein Wissenschaftlerteam um Robert Rocha vom New Bedford Whaling Museum veröffentlicht hat.[27] Die Zeiten Moby Dicks, in denen ein Harpunier von einer wackligen Schaluppe aus im Kampf Mann gegen Wal das todbringende Eisen schleuderte, waren da längst vorbei. Seit der Norweger Svend Foyn 1864 die Harpunenkanone entwickelt hatte, wurden die tödlichen Geschosse von schnellen und wendigen Dampfschiffen abgefeuert. Im Walkörper explodierte eine Sprengladung, Widerhaken fuhren aus, konzentrierte Schwefelsäure wurde freigesetzt, und das Tier starb bald darauf. Dann wurde Druckluft in den Kadaver gepumpt, um den schweren Körpern Auftrieb zu geben, damit sie nicht absanken und verlorengingen. Dank dieser Erfindung war auch die Jagd auf die großen und schnelleren Furchenwale möglich, zu denen Blau- und Finnwal zählen. Denn die waren für die althergebrachten Fangboote zu schnell und versanken meist nach dem letzten Atemzug im Meer, weil sie schwerer waren als etwa die Pott- oder Grönlandwale. Als Folge konnte in den 1930er Jahren ein modernes Fabrikschiff mehr Wale in einer ganzen Saison verarbeiten als die gesamte amerikanische Walfangflotte von 1846 mit über siebenhundert Booten.

Je größer die Walart, desto effizienter konnte sie nun gejagt werden. Die Blauwale waren daher im 20. Jahrhundert mit fast 380 000 Tieren die dritthäufigste erlegte Spezies; davor lagen die Pottwale mit über 760 000 und die bis zu 25 Meter langen Finnwale mit über 870 000 Individuen. Diese drei Spezies machten zwei Drittel der knapp drei Millionen getöteten Wale aus, so Rocha. Diese Zahl sei als Untergrenze anzusehen, denn jene Wale, die tödlich getroffen entkommen sind oder auf andere Weise nicht erfasst wurden, seien darin nicht enthalten. Das Gemetzel lasse sich zahlenmäßig zwar nicht mit dem Abschlachten der Bisons oder Wandertauben vergleichen, doch der reinen Biomasse nach sei der industrielle Walfang die umfangreichste Wildtiertötung in der Geschichte gewesen. Am Ende waren die Populationen aller Großwale um zwei Drittel bis 90 Prozent reduziert, ihre Biomasse in den Weltmeeren um geschätzte 85 Prozent.[28]

Das Ende des Walfangs

Zwar hatte die Internationale Walfangkommission ab 1948 jährliche Fangquoten ausgegeben, um in den Weltmeeren eine übermäßige Bejagung zu verhindern, doch das funktionierte kaum: Nationale Fangquoten wurden oft weit überzogen, und zu Beginn der 1960er Jahre wurden so viele Großwale erlegt wie nie zuvor – über sechzigtausend im Jahr. Erst in den 1980er Jahren wurde der kommerzielle Walfang weitgehend eingestellt: 1982 verabschiedete man ein Moratorium, das 1986 in Kraft trat. Nur in Ausnahmefällen dürfen seither Großwale gejagt werden. So gibt es Fangquoten zur Deckung des Eigenbedarfs für einige indigene Völker, für die der Walfang zur kulturellen Tradition gehört – und für «wissenschaftliche Zwecke». Auch wenn drei Länder – Island, Japan und Norwegen – das Walfangverbot ignorieren, geht selbst bei ihnen die Zahl der jährlich gefangenen Wale immer mehr zurück,[29] nicht zuletzt weil in diesen Ländern immer weniger Walfleisch konsumiert wird.

Denn schon seit den 1960er Jahren begann ein Wandel im Blick auf die Wale: Je mehr die Wissenschaft über die intelligenten Großsäuger herausfand, desto weniger sah die globale Öffentlichkeit in ihnen nur jene lebenden dumpfen Tranberge, die einst unseren Fortschritt befeuerten. Im Gegenteil, Wale wurden zu Publikumslieblingen – und zum Motor der entstehenden Umweltbewegung. Die einst großen Bestände waren da allerdings längst kollabiert.

Eine wirtschaftliche Analyse des Walfangs im 20. Jahrhundert[30] kommt zum Schluss, dass sich zum Zeitpunkt des Moratoriums der kommerzielle Walfang einfach nicht mehr lohnte: Für die hochtechnisierte Fangflotte wurde es immer unwirtschaftlicher, die letzten Wale aufzuspüren. Außerdem hatte die moderne chemische Industrie für viele der einst begehrten Walstoffe hochwertige Ersatzprodukte gefunden, die sich in industriellem Maßstab in beliebigen Mengen herstellen ließen. Dennoch habe das wachsende Umweltbewusstsein eine wichtige Rolle gespielt, die komplette Ausrottung zu verhindern.

Bei einigen Arten bleibt es weiterhin knapp und unsicher, ob und wie lange sie noch überleben werden. Von einst ungefähr hunderttausend Atlantischen Nordkapern sind trotz strengen Schutzes nur wenige hundert übrig, auch von der Schwesterart, dem Pazifischen Nordkaper. Beide Arten leben in wichtigen Meeresstraßen; oft kollidieren sie mit Schiffen und sterben an den Verletzungen oder verenden in Fischereileinen. Generell reagieren Wale, die sich in den Ozeanen per Schallwellen orientieren und über lange Strecken kommunizieren, äußerst sensibel auf Lärmbelästigungen durch den weltweiten Schiffsverkehr oder den Bau von Ölplattformen im Meer; am zunehmenden Plastikmüll gehen viele zugrunde – nicht nur der Nordkaper. Dennoch haben sich die Bestände einiger Großwalarten seither deutlich erholt, nicht nur die der Blauwale:[31] Die meisten Populationen der Buckelwale müssen nicht mehr als gefährdet angesehen werden, vom Grönlandwal und Südkaper leben jeweils wieder mehrere tausend Tiere, vom Pottwal und den Zwergwalen sogar jeweils mehrere hunderttausend, auch die Zahl der Finnwale ist wohl sechsstellig. Nach manchen Schätzungen sind heute 1,3 Millionen Großwale in den Ozeanen unterwegs.[32]

Wie aber könnte man die angewachsenen Bestände der Wale wieder nutzbar machen? Längst sind neue, bislang unbekannte «Verwertungsmöglichkeiten» für die Lieblinge der Meere entstanden: Die Gesänge der Buckelwale, die sich alljährlich in der Paarungszeit neue «Melodien» einfallen lassen, wurden für menschliche Ohren hörbar gemacht und werden auf Tonträgern vertrieben. *Whale Watching* ist ein globales Geschäft geworden, mit über zwei Milliarden Dollar Umsatz jährlich. Beides sind also Ökosystemdienstleistungen aus den Ozeanen, die mit Erholung und kultureller Freude zu tun haben und uns wirtschaftliche Erträge bringen. Was aber – außer der Zuneigung, die viele Menschen den intelligenten Meeressäugern nun entgegenbringen – würde dagegensprechen, die Bestände geregelt zu «ernten» und nach althergebrachter Weise für uns zu nutzen? Schließlich steigt die Weltbevölkerung weiterhin an und benötigt immer mehr Nahrung. Was haben wir davon, wenn die nahrhaften, energiereichen Fett- und Eiweißreserven einfach im Meer verrotten, wenn die Wale sterben? Der Pottwal liefert außerdem kostbare Ambra, eine graue Substanz aus dem Verdauungstrakt, das früher zur Herstellung teurer Parfüms verwendet wurde; und seine Zähne heißen auch «Elfenbein des Meeres». Wieso sollten wir uns diese wertvollen Ressourcen ungenutzt entgehen lassen?

Riesenschneeflocken für die Tiefsee

In den tieferen Schichten des Ozeans herrscht Mangel. Nur in den oberen Regionen, in die das Sonnenlicht noch eindringt, betreiben Plankton und Algen Photosynthese und übernehmen die Grundversorgung der Tierwelt. Ab zweihundert Metern Tiefe im Schattenreich der Zwielichtzone leben rund neunzig Prozent aller Fische der Ozeane. Es ist ein schummriger Bereich des Übergangs. Ab einem Kilometer beginnt der größte Lebensraum der Erde – die Dunkelzone der Tiefsee, in die kein Sonnenstrahl mehr dringt, wo die Temperaturen meist knapp über null liegen, der Druck über tausendfach höher ist als an der Oberfläche. Ohne Licht und Pflanzen fehlt hier die Grundversorgung. Die Tiefsee ist daher ein Reich des Mangels, in der jede Kalorie zählt. Ein permanenter Partikelstrom aus den oberen Meeresschichten bringt die Bioproduktion nach unten: Abgestorbene Algen, Exkremente und Überreste von Meerestieren – Abfallprodukte also – fügen sich zu feinsten «Bioflocken» zusammen, dem «marinen Schnee», von dem ganze Lebensgemeinschaften hier unten leben. Filigrane Filtrierer – Garnelen, Quallen und Seegurken – holen sich beinahe sämtliche Flocken; nur ein Prozent davon erreicht wirklich den Tiefseeboden.

Manchmal aber rieselt eine gewaltige Schneeflocke von oben herab – ein verendeter Pottwal etwa, Bullen können über zwanzig Meter lang und fünfzig Tonnen schwer werden, und spendet Leben in diesem Nahrungsnotstandsgebiet.[33] Wer in dieser Unterwasserwüste lebt, muss ein Hungerkünstler sein – wie die Sechskiemerhaie, die wohl mitunter bis zu einem Jahr lang nichts fressen, bis sie mit ihrem extrem guten Geruchssinn in den Weiten der Tiefseeebenen Nahrung finden. In kürzester Zeit erreichen auch andere hochmobile Aasfresser einen solchen Walkadaver – Schleimaale und Flohkrebse machen sich wimmelnd über den von Haien aufgerissenen Leib her. Bald zieht eine spezielle Putztruppe heran – eine zweite Welle von Walverwertern: Riesenkrabben staksen wie Aliens über den Schlick, auf dem Rückenpanzer tragen sie viele Tiefseekorallen umher, vielleicht zur Tarnung. Eine Vielzahl von Würmern, Asseln und Flohkrebsen ernährt sich von den Fleischresten und vom Tran, der in den Meeresgrund sickert. Auf einen Schlag liefert der Pottwal an diesem Fleck im Meer so viel Nahrhaftes wie tausend Jahre mariner Schnee. Um den Kadaver herum entsteht eine eigene Lebensgemeinschaft, inklusive Raubfischen, die sich von den Aasfressern ernähren. Die bis zu einen Meter langen Haarschwänze etwa schwimmen mit dem Kopf nach oben und stoßen mit spitzen Fangzähnen vor, um kleine Krebse aus dem Wasser zu picken. Nach vier Monaten sind fast nur noch die Gebeine des Pottwals übrig. Im Inneren bestehen Walknochen aber zu mehr als der Hälfte aus energiereichem Fett. Nun beginnt die dritte Welle von Leichenfledderern mit der Arbeit: Überall lugen Zombiewürmer aus den Gebeinen hervor. Mit Säure fressen sie Löcher in die Knochen und ernähren sich von Bindegewebe und Fetten. Es dauert oft Jahrzehnte, bis ein großer Wal aufgelöst ist. Schätzungsweise siebzigtausend tote Wale sinken alljährlich weltweit in die Tiefe und bringen Nahrung in die Schlickwüste.

Auf diese Weise versorgen Großwale eine Vielzahl hochspezialisierter Spezies mit dringend benötigten Nährstoffen. Der Rückgang der Großwale, so der Biologe Joe Roman,[34] dürfte bereits einige Lücken in die Nahrungsketten der Tiefsee und der Ozeane gerissen – und vielleicht sogar schon zum Aussterben einiger Arten geführt haben, die uns noch gar nicht bekannt waren. Das Gemetzel des industriellen Walfangs hat Struktur und Funktion unserer Ozeane stark verändert.

Gärtner der Meere

Was geschah etwa, nachdem Hunderttausende gewaltiger Blauwale aus der Antarktis verschwunden waren? Vor Beginn des industriellen Walfangs fraßen allein die Blauwale hundertfünfzig Millionen Tonnen Krill im Jahr, so hat es Victor Smetacek vom Bremerhavener Alfred-Wegener-Institut berechnet – das ist mehr Biomasse, als weltweit durch Fischfang und Aquakulturen im Jahr produziert wurde.[35] Doch erstaunlicherweise nahmen die Bestände der kleinen Krebse nicht zu, nachdem jene Spezies fast ausgerottet war, die einen großen Teil von ihnen regelmäßig vertilgte. Im Gegenteil: Obwohl der große Räuber fehlte, wurde seine Hauptbeute weniger. Wie konnte das sein?

Mit ihrem flüssigen Kot düngten die großen Herden der Blauwale die kalten Gewässer. Gerade in den südlichen Meeren ist im

Wasser gelöstes Eisen als Spurenelement selten. Für das Phytoplankton, die Basis allen Lebens in den Ozeanen, ist es lebensnotwendig. Nur wenn genügend gelöstes Eisen im Wasser ist, gedeihen die winzigen Algen in Massen. Und die großen Wale waren der Garant dafür, weil sie ein nahezu perfektes Recycling garantierten: Die Algen des Phytoplanktons wurden von den Krillkrebsen in großen Mengen gefressen, mitsamt dem enthaltenen Eisen. Der Krill wiederum wurde von den Walen verspeist, und die schieden das Eisen – und andere Nährstoffe wie Stickstoff und Phosphor – in großen Düngewolken aus. Die Wale, so zeigten Untersuchungen, reichern das Eisen in ihren Düngewolken mindestens zehnmillionenfach an – und tragen daher zu einem großen Algenwachstum bei.[36]

So blieb das benötigte Eisen in den oberen Wasserschichten, in denen die kleinen Algen leben, weil sie das Licht brauchen. Auch

So geht die Logik der Natur: Als der Blauwal beinahe ausgerottet war, wurde auch seine Hauptbeute – der Krill – immer weniger.

andere Meerestiere fressen den Krill – Pinguine und Robben etwa, die nach dem Verschwinden der Wale als Nahrungskonkurrenten häufiger geworden sind. Der Dung der Wale, so Joe Roman, zeichne sich aber eben durch seine besondere Konsistenz aus. Wie Gülle treibe die ausgeschiedene Wolke lange in den oberen Wasserschichten, während die kleineren Jäger eher klumpige Exkremente produzieren, die schneller absinken. Damit haben die großen Wale einen direkten Einfluss auf die winzigen Pflanzen, die am Anfang der Nahrungskette stehen. Und wenn diese zahlreich sind, steigert das auch die Produktion in den höheren Ebenen – von Krillkrebsen bis hin zu für den Menschen nutzbaren Fischen. «Wo Wale in hoher Dichte vorkommen, sind die Erträge der Fischerei größer», so Roman.[37]

Walpumpen und Walförderbänder

Heute weiß man, wie wichtig die großen Wale als Ökosystemingenieure sind – in diesem Fall als Umweltgärtner, deren ökologische Rolle bislang weit unterschätzt wurde. Sie bringen durch ihre Kadaver nicht nur Nährstoffe in die Tiefsee hinab. Im Gegenzug befördern insbesondere Pottwale, die bei ihren Jagdzügen nach Kalmaren und anderen Tintenfischen oft tausend Meter tief tauchen, auch andere Nährstoffe nach oben. Sie können nämlich ihre Därme wegen des hohen Wasserdrucks nur in den oberen Wasserschichten entleeren. So gelangt neben abgesunkenem gelöstem Eisen vor allem Stickstoff in die lichtdurchflutete Zone, in der das Phytoplankton wächst. Man spricht daher von der «Walpumpe», die durch die vertikalen Wanderungen der großen Meeressäuger Unmengen wichtiger Elemente nach oben befördert – und dort hält.

Zudem gibt es den horizontalen Transport von Nährstoffen durch die Weltmeere – auf dem «Förderband der Wale»: Blauwale und andere Arten fressen sich insbesondere in den kalten, nährstoffreicheren Meeresregionen dicken Blubber als Reserve an; dann wandern vor allem die Weibchen in wärmere Meeresgebiete, um dort ihre Kälber zu gebären und zu säugen. In der wärmeren Umgebung verbrauchen die «kleinen», allerdings oft schon einige Meter langen Jungwale nicht so viel Energie und wachsen schneller heran. Die Mütter leben in dieser Zeit von ihren Fettreserven. Das bedeutet aber auch, dass mit den Walen und ihren Ausscheidungen große Mengen löslichen Stickstoffs und weiterer Nährstoffe in andere, oft viele tausend Kilometer entfernte Regionen transportiert werden, wo sie nun das Wasser düngen – mit positiven Folgen für den Fischreichtum dieser Gewässer.

Großwale können aber noch viel mehr. Je größer und langlebiger ein Organismus ist, desto mehr Kohlenstoff kann er in seinem Körper speichern – in seinen Fetten und Eiweißen, in seinen Knochen, die zu großen Teilen aus Kalk, also Kalziumkarbonat, bestehen. Derzeit «versenken» tote Wale mit ihrer Körpergröße jährlich fast zweihunderttausend Tonnen an Kohlenstoff, der aus der Atmosphäre stammt, in den Tiefen der Ozeane.[38] Ökonomen des Internationalen Währungsfonds (IWF) haben im Jahr 2019 untersucht, ob Wale dauerhaft Kohlendioxid aus der Atmosphäre entfernen und damit ein Mittel im Kampf gegen den Klimawandel sein können. Ihrer Analyse zufolge bindet ein Großwal im Laufe seines Lebens durchschnittlich dreiunddreißig Tonnen des Treibhausgases Kohlendioxid. Wenn er nach seinem Tod auf den Meeresgrund absinkt, verteilen sich die kohlenstoffhaltigen Verbindungen auf andere Meeresorganismen, die den Walkadaver verzehren, oder sie verbleiben im Sediment. Auf diese Weise wird der aus der Luft absorbierte Kohlenstoff für lange Zeit zunächst im großen Körper des lebenden Wals und später im Meer gebunden. Ein großer Baum hingegen speichere nur etwas mehr als zwanzig Kilogramm Kohlendioxid im Jahr.

Das sei aber nicht der einzige Effekt, den die großen Wale auf den Kohlendioxidhaushalt unseres Planeten haben, so die Autoren der Studie. Durch ihre Dungwolken verstärken sie, wie erwähnt, das Wachstum des Phytoplanktons. Die winzigen Algen wiederum produzieren bei der Photosynthese schätzungsweise die Hälfte des Sauerstoffs, der in die Atmosphäre geht, und wandeln dabei alljährlich siebenunddreißig Milliarden Tonnen Kohlendioxid aus der Luft in organisches Material um. Das entspricht der Leistung von 1,7 Billionen Bäumen – gut viermal so viele, wie in Amazonien wachsen. Je mehr Phytoplankton dank der Wale in den Ozeanen schwimmt, desto mehr Kohlenstoff entnimmt es auch der Atmosphäre.

Derzeit leben wieder geschätzte 1,3 Millionen Großwale in den Ozeanen. Würde die Aktivität des Phytoplanktons durch die sich vermehrenden Wale um nur ein Prozent gesteigert, so die Studie des IWF, würden zusätzlich Hunderte Millionen Tonnen Kohlendioxid im Jahr absorbiert – so «als gäbe es plötzlich zwei Milliarden ausgewachsene Bäume». Was geschähe, wenn die Walbestände wieder auf die Zahl vor dem Walfang anwüchsen, auf vielleicht vier bis fünf Millionen? Dann könnten der Analyse zufolge alljährlich 1,7 Milliarden Tonnen Kohlendioxid aus der Atmosphäre dauerhaft entnommen werden – zum Vergleich: Der globale Ausstoß am Kohlendioxid betrug im Jahr 2018 36,6 Milliarden Tonnen[39] – allein ein Zwanzigstel des Treibhausgases würde schon durch die Aktivität einer einzigen Tiergruppe – der großen Wale – dauerhaft absorbiert. «Die Natur hatte Millionen von Jahren Zeit, um ihre auf Walen basierende Technologie zur Verklappung des Kohlenstoffs zu perfektionieren. Wir müssen nur die Wale leben lassen», so die Ökonomen des IWF.

Was also wäre der Wert eines jeden Wals, fragen die Autoren – mit all seinen Ökosystemdienstleistungen, dem Erholungswert durch *Whale Watching*, der Förderung der Fischerei und unter

Berücksichtigung des momentanen Marktpreises für Kohlendioxid im globalen Emissionshandel? Nach konservativer Schätzung betrage der Wert eines durchschnittlichen Großwals zwei Millionen Dollar; für alle derzeit lebenden Wale ergäbe sich ein Gesamtwert von über einer Billion Dollar.[40]

Bis sich die Tiere allerdings wieder auf den Stand vor dem großen Walfang erholt haben, wird es mindestens Jahrzehnte dauern – wenn es überhaupt so weit kommt, bei allen Gefahren, die weiterhin in den durch unsere Spezies stark veränderten «modernen Meeren» für sie bestehen. Interessant an dieser Rechnung ist jedenfalls die ökonomische Analyse des Nutzens von Wildtieren für uns Menschen – unter der Voraussetzung, sie bleiben am Leben und nehmen einfach nur ihren Platz im natürlichen Netzwerk ein. Dabei zeigt das Beispiel der Großwale, welch wichtige Rolle gerade jene Tierarten an der Spitze der Nahrungskette spielen – und dass ihr Verlust größere Folgen hat, als man lange annahm.

Blühende Angstlandschaften

Mit der Angst kehrte ein bunter Blütenreigen zurück. Gelb, violett, knallrot leuchten die Sonnenblumen, Lupinen und Indianerpinsel um ein Espendickicht herum, zehn Arten pro Quadratmeter zeigt mir der Forstwissenschaftler Robert «Bob» Beschta von der Oregon State University an diesem Fleck. Denn weil die Espen, auch Zitterpappeln genannt, endlich wieder sprießen, ist es im Wechselspiel von Licht und Schatten unter den Bäumen feuchter als am Rest des trockenen Hanges, wo keine Espen stehen, erklärt er mir. Die Blumen entwickeln sich dort besser; deshalb liefern im Frühjahr und Sommer mehr Blüten süßen Nektar für eine Vielzahl von Bestäubern: Insekten, aber auch Kolibris. Das alles sei eine Folge der zurückgekehrten Angst.

Genauso, dass viele Sträucher wieder gedeihen. Wir stehen mitten in einem Gestrüpp aus Erlen-Felsenbirnen, die auf zwei Meter herangewachsen sind; Sumpf-Stachelbeeren und Büffelbeeren wuchern. «Im Herbst würde ich mich nur noch mit Pfefferspray in dieses Dickicht trauen, dann wird dieser Ort gefährlich», sagt Bob. Weil in dieser Jahreszeit die Sträucher voller süßer Früchte und Beeren hängen, werden viele Vögel und kleine Säuger angezogen – und große Grizzlybären, die hier eine energiereiche Zusatzkost finden, um sich Winterspeck anzufressen.[41] Noch vor wenigen Jahren hätten ihm die Sträucher nur bis zum Knöchel gereicht, erklärt mir Bob. Denn da haben Wapiti-Hirsche, die nordamerikanischen Verwandten des europäischen Rothirsches, sie regelmäßig abgeweidet. Nun aber meiden sie diesen Platz. Dieser unübersichtliche Fleck am Hang, kurz vor einer Hügelkuppe, ist für die Wapitis zu einer Zone erhöhten Risikos geworden – zu einer «Angstlandschaft», sagt Bob.

Denn der Wolf ist zurück in Yellowstone. Und die Angst der Hirsche vor dem Räuber hat den Nationalpark wieder grüner gemacht, auch bunter, süßer und fruchtiger. «Am Anfang wollte ich das nicht glauben. All das ist wegen des Wolfs passiert? Kann eine Art an der Spitze der Nahrungskette wirklich so viel verändern? Mittlerweile bin ich davon überzeugt», erzählt mir Bob.

In weiten Teilen ihres Verbreitungsgebietes sind Wölfe verschwunden. Weltweit sind sie zwar nicht von der Ausrottung bedroht, wie viele andere große Fleischfresser, Löwen, Tiger und Haie.[42] Aber beinahe überall wurden und werden Raubtiere verfolgt und ausgerottet: als unerwünschter Teil der Natur, als potenzielle Gefahr für Mensch und Tier, als Konkurrenz, die unsere Ressourcen wegfrisst, das Nutzvieh und Jagdwild. Was passiert, wenn diese «Topprädatoren» fehlen? Und was geschieht, wenn sie zurückkehren? Es gibt wohl keinen besseren Ort, um sich diesen Fragen zu widmen, als den ältesten Nationalpark der Welt. Denn hier läuft seit vielen Jahrzehnten ein zunächst unbeabsichtigtes natürliches Experiment, ein Lehrstück der Ökologie: über die Rolle der großen Räuber, über die komplexen Wechselwirkungen der Natur und über das «Rewilding» – die Wiederherstellung von gestörten Ökosystemen und Landschaften.

Als in Yellowstone 1926 der letzte Wolf geschossen wurde, war das nicht als Versuch geplant.[43] Im «Vergnügungspark» sollte für die zunehmende Zahl der Besucher ein Idyll kreiert werden, eine perfekte Wildnislandschaft, in der Herden von Wapiti-Hirschen friedlich grasen. Nach der Ausrottung der Wölfe im Nationalpark vermehrten sich die Wapitis so stark, dass Ranger lange Zeit ihre Zahl regulieren mussten – bis in den 1960er Jahren die Jagd auf die Hirsche nach öffentlichen Protesten eingestellt wurde. Als Folge verbreiteten sich die Wapitis immer mehr. In den 1990er Jahren überwinterten um die zwanzigtausend Hirsche im Northern Range, dem nördlichen Teil des Parks, vor allem im Lamar Valley, und überweideten die Landschaft. Die prägenden Bäume des Tals, die Weiden und Pappeln an den Ufern, die Espen an den Hängen, drohten zu verschwinden, weil die Tiere ihren Nachwuchs wegfraßen. Yellowstone stand kurz davor, eine seiner typischen Landschaften zu verlieren.

Knapp siebzig Jahre später trat das Experiment in die zweite Phase. 1995 und 1996 wurden insgesamt einunddreißig Wölfe aus Kanada im Park ausgesetzt. Für die freigelassenen Wölfe war Yellowstone zunächst ein Schlaraffenland. Die Wapitis blickten nur erstaunt auf, als sie plötzlich attackiert wurden – als kämen da lediglich große Kojoten angerannt. So beschreibt der Ökologe John Laundre die ersten Begegnungen der beiden Spezies: «Wenn du zusehen musst, wie dein Nachbar getötet wird, entwickelst du schnell eine Idee davon, dass es sinnvoll sein könnte, Angst zu haben.»[44] Bald verbrachten die Hirsche doppelt so viel Zeit damit, sich umzuschauen, sie wurden wachsamer und scheuer. Zogen vorher große Herden von manchmal fünfhundert Wapitis durchs Tal, sind sie nun in kleineren, weniger auffälligen Gruppen von kaum mehr als fünfzehn Tieren unterwegs. Die Hirsche zogen sich aus den offenen Grasländern in die Wälder zurück, die ihnen zwar mehr Deckung, dafür aber nährstoffärmere Kost boten. Als Folge wurden nicht nur schwächere, sondern auch weniger Kälber geboren. Der Ökologe Scott Creel von der Montana State University untersuchte Kotproben von über tausendfünfhundert Wapitikühen: Wo Wölfe vorkamen, war der Spiegel des Schwangerschaftshormons Progesteron niedriger als dort, wo keine lebten. Die ständige Anspannung stresste die Hirsche, sodass viele nicht genug Energie hatten, sich fortzupflanzen. Die Wölfe verringerten die Zahl der Wapitis also auf zwei Weisen: indem sie sie töteten, um sie zu fressen, und dadurch, dass die eingeschüchterten Hirsche nun Angst davor hatten, getötet zu werden. Als Folge überwintern – mit jährlichen Schwankungen – meist nur noch um die fünf- bis sechstausend Wapitis im Northern Range.

Ein wenig Hirsch-Psychologie

Die Angst vor den Wölfen bewirkte aber noch mehr, als die Zahl der Hirsche zu kontrollieren. Bob Beschta führt mir vor, wie sich dadurch das ganze Ökosystem verändert und die Landschaft ein neues Aussehen bekommen hat – und wieso Wölfe das bewirkten, was jagende Ranger nicht vermochten. Wir befinden uns inmitten eines kleinen Espendickichts im Lamar Valley an einem Hang am Pebble Creek. Ein paar alte Bäume stehen hier, vielleicht hundert, hundertzwanzig Jahre alt, und drum herum wachsen gut fünfzig aufstrebende junge. Weil Espen sich hauptsächlich durch Wurzelsprosse vermehren, stehen normalerweise Bäume aller Altersklassen nebeneinander. Hier aber gibt es keinen kontinuierlichen Übergang, sondern es klafft eine große Lücke zwischen den Jahrgängen. Was fehlt, sind jene verschwundenen jungen Bäume, die seit vielen Jahrzehnten von den Wapitis abgeweidet wurden. Die Hirsche haben es im Winter, wenn sie in den Wäldern nach Nahrung suchen, vor allem auf die nahrhaften Triebknospen abgesehen, aus denen der Baum im nächsten Jahr heraus weiterwächst; das Holz der Stämme verschmähen sie.

Nun aber kommen hier endlich wieder Espen hoch – viele sind schon doppelt so groß wie Bob, der von ihrem Stamm die Lebensgeschichte ablesen kann. Denn in jedem Jahr hinterlässt die Triebknospe eine sichtbare Linie als dauerhafte Narbe. Es sind äußere «Jahresringe», anhand derer sich Alter und Wachstum des Schösslings erkennen lassen – auch, wann er von den Wapitis abgeweidet wurde. «Schau mal», sagt Bob, «in den letzten Wintern haben die Wapitis diese Espe nicht mehr behelligt, nur einmal vor fünf Jahren wurde der junge Stamm abgeweidet, davor und danach nicht mehr.» Er prophezeit, dass dieser Espenfleck es dauerhaft geschafft hat. Denn Bäume über zwei Meter Höhe würden von den Wapitis nicht mehr angefressen.

Das verwundert mich zunächst, denn war das nicht zu erwarten? Weniger Hirsche, mehr Bäume? Daraufhin deutet Bob auf drei weitere alte Espen, kaum hundertfünfzig Meter entfernt. Auch sie sind Mutterbäume, von Nachwuchs umgeben. Doch dieser ist kaum hüfthoch. «Hier stehen noch aktuelle Hirschopfer», sagt Bob und schätzt ihr Alter auf mindestens zwanzig Jahre, weil die Stämme der kleinen Bäumchen für ihre Größe unverhältnismäßig dick sind. Jeden Winter würden sie aufs Neue von den hungrigen Hirschen gestutzt. «Dieser Espenfleck wird wohl nicht überleben, sondern verschwinden, wenn die alten Bäume absterben.»

Wieso erholen sich die einen, während die anderen zugrunde gehen?, frage ich mich. Obwohl nur hundertfünfzig Meter zwischen beiden Standorten liegen? Obwohl an beiden Stellen Mutterbäume für die nächste Generation sorgen? Bob rät mir, den Hang einmal mit den Augen eines Wapitis zu betrachten, der im Winter bei dichter Schneedecke nach Futter sucht und mit jagenden Wölfen rechnen muss. Und da kommt die Angst ins Spiel: Ein Hirsch könnte am geretteten Espendickicht sich anschleichende Wölfe gar nicht rechtzeitig sehen, weil es direkt vor einer Hügelkuppe wächst. Am Boden liegen außerdem umgestürzte alte Espenstämme – Stolperfallen für flüchtende Wapitis. Welcher Hirsch würde diesen Fleck also nicht unbedingt meiden? Schließlich gibt es einen anderen in der Nähe, wo die Bäume offen am Hang stehen, die Hirsche Rundumsicht haben und sich sicherer fühlen können. Daher weiden sie nun dort regelmäßig die jungen Espen ab.

Über Jahrzehnte hinweg konnten die Wapitis unbesorgt an beiden Stellen fressen, erklärt Bob, und die Espenschösslinge abweiden, sodass lange kein Nachwuchs hochkam. Doch als die Wölfe zurückkehrten, änderte ihre Anwesenheit die «mentale Landkarte» der Hirsche: *Landscapes of fear* entstanden, wie es die Ökologen nennen, «Angstlandschaften». Die Wapitis unterscheiden nun Orte höheren Risikos und Orte relativer Sicherheit. Und damit verändert sich die Nutzung des Hanges durch die Hirsche: Die mentale Angstlandschaft der Wapitis schafft den Espen eine reale Schutzzone, in der sie endlich wieder wachsen.[45]

Auf diese Weise gelang den Wölfen, was die Ranger nicht vermochten. Bis in die 1960er Jahre schossen sie Wapitis im Northern Range ab oder fingen überzählige Hirsche ein. Sodass damals, wie heute, nur etwa vier- bis fünftausend Hirsche im Tal überwinterten. Und doch wurden hier am Hang und auch sonst im Lamar Valley kaum Espen groß: «Die Altersklassen jener Jahre fehlen fast völlig», sagt Bob. Nicht allein die Zahl der Hirsche bestimmt also, ob die Espen sich wieder erholen, sondern auch, wie sich die Wapitis in der Landschaft verteilen, wo sie äsen. Die Ranger hatten bei der Kontrolle der Hirsche keinen großen Einfluss auf deren Verhalten. Sie waren nämlich nur in kurzen Perioden des Jahres hinter ihnen her. Die Wölfe aber tauchen plötzlich an unterschiedlichsten Stellen im Park auf – und zwar das ganze Jahr über. Daher können die Wapitis nirgends sicher sein, müssen dauernd wachsam bleiben, sich verstreuen und eben Stellen im Gelände mit höherem Risiko vermeiden. Deswegen hat die Rückkehr der Angst Yellowstone wieder grüner gemacht, und deswegen wurde an manchen Orten eine regelrechte Kaskade ausgelöst: Mehr Espen und Sträucher führen zu mehr Blüten und Früchten, also zu mehr Nahrung für Insekten, Kolibris und Grizzlys. Die Espenhaine, einst bekannt als besonders artenreiche Flecken im Nationalpark, kehren zurück.

In der Ökologie hat ein Umdenken eingesetzt: Die Rolle der Raubtiere wird neu bewertet. Lange dachte man, Räuber wie der Wolf schöpfen nur die Überschüsse ab, fressen die Alten, Jungen, Kranken, Schwachen einer Population. Ansonsten hätten die «Topprädatoren» keine große Wirkung auf Beute, Pflanzen oder andere Lebewesen, die in der Nahrungskette unter ihnen stehen. Denn die Zusammensetzung eines Nahrungsnetzes, eines Lebensraums, werde viel mehr von der Basis bestimmt, den Pflanzen: weil sie die Grundlage liefern, von der alle leben.

Doch was Bob und andere Wissenschaftler beobachten, ergibt ein neues Bild. Demnach sind die großen Räuber Schlüsselarten im Zusammenspiel der Natur.[46] Sie fressen eben nicht nur die überzähligen Tiere, sie können auch Landschaftspfleger, Fleischlieferant, Wegbereiter für andere sein. Ihre Rolle ist vielfältiger als lange gedacht und immer wieder überraschend – etwa wenn es in der Antarktis kaum mehr Blauwale gibt und ihre Hauptnahrung, der Krill, daraufhin seltener wird. Oder wenn im Nordpazifik die Seeotter wegen ihres Pelzes fast ausgerottet werden und in der Folge die Kelpbestände zusammenbrechen, weil sich Seeigel – die Hauptnahrung der Otter – nun ungehindert vermehren können und das Kelp abweiden. Über viele indirekte Mechanismen üben die großen Räuber Einfluss auf andere Stufen des Nahrungsnetzes aus – von oben nach unten. Über eine Verkettung von Ereignissen wie beim Domino formen und gestalten diese sogenannten trophischen Kaskaden die tieferen Ebenen eines Ökosystems.

Kritik am Angstkonzept

Ob in Yellowstone wirklich allein die Wölfe für die beobachteten Veränderungen verantwortlich sind, wird unter Ökologen kontrovers diskutiert:[47] Hat nicht vielleicht das Klima mit seinen natürlichen Schwankungen erst zum Verschwinden, dann zum Wachsen der Bäume im Northern Range beigetragen? Weil es mal zu trocken, dann wieder feucht genug war? Nach der Rückkehr der Wölfe sorgten auch extrem kalte Winter und sehr trockene Sommer dafür, dass viele Hirsche starben. Außerdem leben andere große Räuber im Park, die ebenfalls Wapitis jagen können – Pumas und Bären. Wie groß ist deren Einfluss auf die aktuelle Entwicklung? Grizzlys reißen heute sogar mehr Hirschkälber als noch vor einigen Jahren;

auch deswegen werden die Hirsche weniger. Dahinter steckt ebenfalls eine erstaunliche Kettenreaktion, allerdings ohne Wölfe: Die einheimischen Forellen sind selten geworden, daher brauchen die Bären im Frühjahr andere eiweißreiche Kost.[48] Und fischen nicht mehr Forellen bei der Laichwanderung aus den Flüssen, sondern suchen gezielt nach frisch geborenen Hirschkitzen, die von den Wapitimüttern an den Hängen «abgelegt» werden.[49] Die Wechselspiele der Natur sind eben komplex.[50]

Im Labor wäre es einfacher herauszufinden, was worauf beruht. Wie bei jedem Experiment gäbe es einen Kontrollversuch – eine Parallelwelt, ein zweites Yellowstone also, nur ohne Wölfe. Dann ließe sich eindeutig beobachten und vergleichen, wie sich der Nationalpark weiterentwickelt – einmal mit, einmal ohne Wölfe. Doch bleibt es das grundsätzliche Problem ökologischer Feldforschung, mit vernetzten Interaktionen zu tun zu haben, für die es in freier Natur keine Kontrollexperimente geben kann. Daher streifen Bob Beschta und sein Kollege, der Ökologe William Ripple, seit Jahren regelmäßig durch Yellowstones Northern Range, beobachten Pflanzen und Landschaften, beschreiben die Veränderungen, messen bei Tausenden von Espen, Weiden, Pappeln mit dem Zentimeterband die Höhe der Bäume und die Dicke ihrer Stämme. Sie sammeln Kotproben von Grizzlys, um zu beweisen, dass die Bären im Herbst wieder mehr Beeren fressen. Denn die beiden Forscher wollen ihre Deutungen mit Daten untermauern, mit messbaren, vergleichbaren Ergebnissen, um den «Wolfseffekt» in der Landschaft zu belegen.

Am Slough Creek stehe ich mit Bob plötzlich vor einem nahezu perfekten Espenhain: fast zwanzig Meter hohe alte Mutterbäume, dazu mittelhohe und Nachwuchs in allen Größen. Seit Jahrzehnten wachsen hier also Espen aller Altersklassen – trotz hungriger Hirsche, trotz möglicher Klimaschwankungen. «So sollte es eigentlich überall im Park sein», sagt Bob. Warum die Espen gerade an diesem Fleck gedeihen, muss er mir gar nicht erklären: Sie stehen inmitten zerklüfteter Felsen erhöht auf einem Plateau und somit unerreichbar für jeden Wapiti. Wir haben sozusagen einen Kontrollfleck im Park entdeckt, vielleicht kein endgültiger wissenschaftlicher Beweis angesichts all der Faktoren, die wir nicht ausschließen können. Für mich aber ein weiteres Indiz für den Wolfseffekt. Es bedeutet ja nicht, dass er die einzig bestimmende Kraft hier ist. Was mich jedenfalls beeindruckt: Wie wir mit dieser These erklären können, weshalb sich welcher Platz in den Northern Ranges von der Überweidung durch die Hirsche erholt hat oder weshalb nicht. «Jeder Fleck hier hat seine eigene Geschichte», so bestätigt Bob meine Gedanken.

Das bedeutet auch: Was in einer so naturbelassenen Landschaft wie Yellowstone geschieht, lässt sich nicht einfach übertragen – etwa auf Deutschland und Europa, wo die Landschaft in weiten Teilen stark vom Menschen geprägt, strukturiert und umgebaut ist. Aber weil man sie dort nicht mehr verfolgt, sondern in Ruhe lässt, kommen Wölfe, aber ebenso andere große Räuber wie Luchse und Braunbären zurück. Was geschieht dadurch? Wahrscheinlich

werden sie unsere menschendominierten Landschaften nicht so gestalten können, wie es in Yellowstone möglich ist. Vielleicht wird der Räubereffekt auf Wildnisgebiete beschränkt bleiben, Gebiete, die zumindest in Europa immer häufiger eingerichtet werden. Aber werden sie die Nahrungsnetze beeinflussen? Die Zahl anderer Spezies?

Nach der Rückkehr der Wölfe zeigte sich in Deutschland bislang kein nennenswerter Effekt auf Rehe, Hirsche, Wildschweine, sagte mir der Wildbiologe Ulrich Wotschikowsky. Nicht zuletzt, weil in unseren gut gedüngten Kulturlandschaften die Huftiere sowieso mit Nahrung gut versorgt und ausgesprochen zahlreich sind. Wohl aber ist in einigen Gebieten Deutschlands die Zahl der aus dem Mittelmeerraum eingeführten Mufflons zurückgegangen. Auf Korsika und Sardinien erklimmen die Wildschafe bei Gefahr schroffe Felsen oder Klippen – und bleiben dann bald stehen, weil sie sich schon in Sicherheit fühlen; im deutschen Flachland haben sie mit diesem Fluchtverhalten bei Wolfsangriffen wenig Chancen. Damit würden die Wölfe «ursprüngliche Verhältnisse» wiederherstellen, so Wotschikowsky. Auch in Skandinavien haben die häufiger gewordenen Wölfe die gut gehegte Population von Elchen nicht verringert. In der Slowakei haben Wölfe sogar eine entscheidende Rolle gespielt, Krankheitsausbrüche bei ihren Beutetieren in Schach zu halten – etwa im Fall der Klassischen Schweinepest. Diese Tierseuche ist für den Menschen nicht gefährlich, doch für Schweine so gut wie tödlich, egal ob für Wildschweine oder die domestizierten Verwandten – und daher eine große wirtschaftliche Bedrohung für Schweinezüchter. Weil infizierte Wildschweine schwächer und langsamer sind, sind sie leichte Beute der Wölfe. Die slowakischen Rudel halten ihre Territorien weitgehend von der Schweinepest frei.[51]

Trophische Kaskaden

Die großen Räuber wirken in den trophischen Kaskaden vor allem über zwei Wege: über die Pflanzenfresser und Pflanzen auf die anderen Mitglieder eines Lebensraums oder indem die großen Räuber kleinere kontrollieren. Mit vielfältigen Auswirkungen: Als sich in Skandinavien die Luchse dank strengen Schutzes wieder vermehrten, sank die Zahl der Rotfüchse; die Raubkatzen verfolgen und töten die kleineren Räuber als Konkurrenten. Schneehasen, Auer- und Birkhühner wurden häufiger; manchmal werden diese zwar auch von Luchsen gefressen. Aber die Katzen bevorzugen größere Beute.

Ein Effekt der Wölfe auf kleinere Räuber, die in Skandinavien ebenfalls häufiger wurden, konnte dort bislang nicht beobachtet werden. Wie das wohl in Deutschland wäre, wo es neben Füchsen auch Waschbären und Marderhunde gibt? In Yellowstone jedenfalls betraf der Wolfseffekt ebenso die Kojoten. Denn die beiden Wildhunde sind Todfeinde: Wölfe töten Kojoten, wenn diese frech an die frisch gerissenen Hirschkadaver kommen. Sie graben Kojotenwelpen aus dem Bau und bringen sie um. Als sich nach der Rückkehr der Wölfe die Zahl der Kojoten zunächst halbierte, explodierten die Bestände kleiner Nagetiere. Mehr Nahrung für Füchse, Eulen und Greifvögel also. Aber auch die Gabelböcke profitierten davon. Deren Kitze, oft von Kojoten gerissen, hatten nun bessere Überlebenschancen.

Solche Kaskadeneffekte auf die «Mesoprädatoren», die mittelgroßen Räuber, werden weltweit beobachtet – mit vielfältigen Auswirkungen: Im Südwesten der USA, in den weiträumigen, steppigen Vorstadtsiedlungen San Diegos, sind Kojoten die «großen Räuber» der Landschaft. Wo sie anwesend sind, gibt es mehr Singvögel. Denn die Kojoten töten Füchse, Opossums und streunende Hauskatzen, die sich sonst über Zaunkönige, Spottdrosseln, Mückenfänger und deren Eier und Nestlinge hermachen. Wo Kojoten ausgerottet wurden, werden daher auch die Singvögel weniger. Deren Rückgang im Osten der USA führt der Biologe David Wilcove auch auf das Verschwinden der großen Räuber zurück. Früher haben dort Wölfe und Pumas Waschbären, Füchse, Stinktiere und Opossums getötet – typische Eierdiebe.

Im westafrikanischen Ghana vermehrten sich nach dem Verschwinden von Löwen und Leoparden Paviane stark, ihre Zahl nahm in dreißig Jahren um mehr als dreihundert Prozent zu. Die Affen machten sich in vielen Dörfern über Getreide und Gemüse her, sodass Bauern ihre Kinder nicht mehr in die Schule, sondern aufs Feld schickten, um die wehrhaften Affen zu vertreiben. Durch die höhere Paviandichte und den Kontakt der Affen mit den Menschen nahm die Zahl der Darmparasiten bei beiden Primatenspezies, Affen und Menschen, zu.[52]

Vor der Ostküste Nordamerikas wurden ab den 1980er Jahren Hammer-, Tiger- und Weiße Haie in Massen abgeschlachtet. Woraufhin sich die kleineren Raubfische stark vermehrten, allen voran die Kuhnasenrochen, die vor allem von Muscheln leben. Als vor North Carolina die Bestände an Austern und Buchtkammmuscheln zusammengebrochen waren, ging dort ein jahrhundertealter Fischereizweig zugrunde.[53]

Ein neuer Blick auf die Räuber

«Von den Tropen bis zur Arktis, von den Wüsten, den Grasländern bis in die Wälder, von den Seen und Flüssen bis zu den Küsten und Ozeanen. Wo immer die großen Räuber fehlen, ziehen sich kaskadenartige Effekte durch die Nahrungsnetze, die für uns nicht vorhersehbar oder kontrollierbar sind», erzählt mir Bob Beschtas Kollege William Ripple. Die Auswirkungen der Räuber auf ihre Umgebung seien immer wieder überraschend, ihre Mechanismen vielfältig. Wenn Lachse in ihre Heimatgewässer wandern, um zu laichen und zu sterben, tragen sie dabei eine Fülle von Nährstoffen aus den Ozeanen in die Berge hinauf. Die Fleischfresser verhindern, dass sich die Lachskadaver einfach im Wasser zersetzen und ins Meer zurückgeschwemmt werden. Die Bären und Füchse, Adler, Raben und Krähen bringen deren Nährstoffe in die Landschaft, düngen die Wälder. Und allein, weil Seeotter die nordpazifischen Kelpwälder schützen, erhöht sich dort die jährliche Aufnahme von Kohlendioxid durch die Riesentange um vier bis fast neun Megatonnen – so viel, wie drei bis sechs Millionen Autos emittieren.

«Wir begreifen gerade erst die Wichtigkeit der großen Räuber als Schlüsselarten», sagt Ripple. Wie sie Nahrungsnetze beeinflussen, Ökosysteme strukturieren, wie die Glieder ineinandergreifen und von welch großem Nutzen diese Prozesse, diese Ökosystemdienstleistungen für den Menschen sind. Weil die großen Raubtiere ganz oben in der Nahrungspyramide stehen und ihre Populationen daher viel kleiner sind als die der anderen Arten, sind sie als Spezies viel verletzlicher und leicht auszurotten. So ist von zweihunderttausend Löwen, die es noch 1980 in Afrika gab, gerade einmal ein Zehntel übrig. Von hunderttausend asiatischen Tigern um 1900 keine viertausend mehr. Und in den Weltmeeren werden jährlich vierzig Millionen Haie vom Menschen getötet. «Es ist eine tragische Ironie», sagt Ripple. «Gerade jetzt, wo wir dahinterkommen, verschwinden die großen Räuber überall.»

In Yellowstone haben die Wölfe übrigens noch einen anderen Effekt: Viele Besucher kommen allein wegen ihnen hierher, weil sie sich im Nationalpark auch tagsüber recht gut beobachten lassen und die verschiedenen Rudel gut bekannte Territorien besitzen. Seit der Rückkehr der großen Räuber geben Touristen im Jahr zusätzlich zweiundzwanzig bis achtundvierzig Millionen Dollar in der Region aus[54] – für Wolfssafaris, Souvenirs, Übernachtungen.

Wozu sind Parasiten gut?

Als das Beste vom Wild wurden die «kleinen Lebern» in Wisconsin gerne in Butter geschmort und als «Leberschmetterlinge» serviert. In Louisiana kamen sie doppelt fritiert als *puffed potatoes*, als «aufgeblasene Kartoffeln», auf den Tisch. Indianer im Südosten der USA sollen sie wie kleine Pfannkuchen zubereitet haben. Wenn Jäger Glück hatten, fanden sie dreißig, manchmal sogar über hundert der blattförmigen Großen Amerikanischen Leberegel (*Fascioloides magna*) in den Lebern von erbeuteten Wiederkäuern, vor allem Hirschen, von deren Blut sich die bis zehn Zentimeter langen Parasiten ernähren.

Unter der Haut erlegter Rentiere finden die Nunamiut, ein nomadischer Volksstamm in Alaska, vor allem im Mai eine besondere Delikatesse, die den Karibus allerdings zuvor eine große Plage ist und oft entzündete, schmerzhafte und eitrige Beulen im Fell hervorruft. Dann nämlich stehen die Maden der Rentier-Dasselfliegen (*Oedemagena tarandi*) kurz vor der Verpuppung und sind am fettesten. Direkt beim Abhäuten lesen die Nunamiut die dicken, sich windenden Maden vom frisch abgezogenen Rentierfell auf und schieben sie sich roh und lebend in den Mund. Dank der blutartigen Hämolymphflüssigkeit schmecken die Parasitenlarven leicht salzig und haben ein angenehm nussiges Aroma.

Der australische Zoologe Tim Flannery beobachtete bei seinen Expeditionen in Neuguinea, wie einheimische Jäger dicke, gelbe Bandwürmer aus dem Darm kurz zuvor erlegter Kupferring-Kletterbeutler zogen und sie genüsslich verspeisten. Natürlich befürchtete der Biologe, die Jäger könnten sich nun ihrerseits mit den Würmern infiziert haben, aber Parasitologen beruhigten ihn: Diese

Würmer seien an den hochspezialisierten Darm der Kletterbeutler angepasst; das menschliche Innere wäre für sie eine feindliche Umgebung, in der sie nicht überleben und keinen Schaden anrichten könnten.[55] Bandwürmer verschiedener Beuteltiere zu verzehren, sei auf Neuguinea durchaus üblich, so Robin M. Overstreet.[56] Warum auch nicht: Schließlich bestehen Bandwürmer bis zur Hälfte aus energiereichen Glykogenreserven, dazu bis zu einem Drittel aus Fetten.[57] Das macht sie extrem nahrhaft.

Einmal anders gefragt

Haben Sie diese drei kulinarischen Anregungen als Antwort auf die Frage «Wozu sind Parasiten gut?» erwartet? Wahrscheinlich wollten Sie eher wissen, wozu Zecken an sich nützen. Oder Moskitos. Oder eben Bandwürmer. Denn wer mag diese Schmarotzer und Quälgeister schon, die uns schwächen, uns das Leben schwer machen, oft genug Schmerzen verursachen und immer wieder lebensgefährliche Krankheiten übertragen. Aber wozu sind Sie, ja, Sie ganz persönlich, eigentlich gut? Oder ich? Wozu gibt es Schachweltmeister, Menschen mit Down-Syndrom, Nobelpreisträger und Formel-1-Fahrer? Wozu gar Donald Trump? Wozu uns Menschen an sich? Wozu Wale und Schimpansen, Löwen und Wölfe?

Versuchen wir es einmal anders: Wozu nützt ein Hammer? Das ist einfach: Er wurde als Werkzeug mit einem bestimmten Ziel geschaffen – etwa um Nägel in die Wand zu schlagen. Wozu gibt es Nägel? Sie haben beispielsweise den Zweck, Bilder an ihnen aufzuhängen oder Holzbretter aneinander zu befestigen.

Lebewesen hingegen – ob Arten oder Individuen – entstehen, weil es die Umstände in der Natur erlauben, dass sie entstehen und leben – ohne Ziel, ohne Zweck, einfach weil es die Möglichkeit dazu gibt. Ihre Existenz aber hat Folgen. Sie bewirken etwas. Gibt es mehrere, viele ihrer Art, die auf Dauer überleben, sind die Folgen oft ähnlich. Dann stellt sich die Umgebung im Laufe der Zeit – oder wie es in der Biologie heißt: im Zuge der Evolution – auf diese Folgen ein. So sehr, dass aufgrund dieser regelmäßig stattfindenden Abläufe in Ökosystemen dauerhafte und im Großen und Ganzen verlässliche Funktionen ausgeübt werden: Pferde und Rinder weiden Gräser ab; Bienen bestäuben Blüten; Blauwale fressen Krill; Wölfe in Yellowstone jagen Wapitis, aber auch andere Tiere. Wenn Arten in Ökosystemen Schlüsselstellen einnehmen, dann haben sie oft stabilisierende und regulierende Funktionen. Fallen diese Arten aus, kommt es zu einem – oft großen – Wandel des Ökosystems, der bis zum Kollaps führen kann. Aber diese Arten sind eben nicht mit dem Zweck entstanden, solche Funktionen auszuüben. Diese haben sich im Zusammenspiel der Organismen mit ihrer Umwelt ergeben.

Fragen wir also einmal so: Was bewirken Parasiten?

Die unterschätzte Hälfte der Biodiversität

Obwohl Parasiten etwa die Hälfte aller lebenden Spezies ausmachen,[58] übersehen erstaunlicherweise selbst Ökologen oft diese Organismen, die aus anderen Organismen ihre Nahrung beziehen, auf deren Kosten existieren und eng an deren Leben gebunden sind, häufig sogar nur an eine einzige Wirtsart. Diese Wirte können allerdings jeweils von vielen Parasitenspezies befallen sein. Parasitologen um Andrew Dobson[59] von der amerikanischen Princeton University gehen davon aus, dass allein die ungefähr fünfundvierzigtausend Wirbeltierarten – Fische, Amphibien, Reptilien, Vögel und Säugetiere – fünfundsiebzig- bis dreihunderttausend Spezies von Helminthen, also «Eingeweidewürmern», beherbergen: Durchschnittlich ist jede Säugerart Wirt von zwei Bandwurm-, zwei Saugwurm- und vier Fadenwurmarten, und jede vierte Säugerspezies beherbergt zusätzlich einen eigenen Kratzwurm. Bei Vögeln ist es ähnlich: Pro Spezies gibt es durchschnittlich drei artspezifische

Band-, zwei Saug- und drei Fadenwürmer, und jede besitzt einen eigenen Kratzwurm.

Weil wir die meisten Parasiten nicht sehen, machen wir uns oft nicht bewusst, welch erstaunliche Menge an Biomasse sie in den unterschiedlichsten Lebensräumen ausmachen. So wogen die Parasiten in drei mexikanischen und kalifornischen Flussmündungen jeweils mindestens genauso viel wie andere wichtige Tiergruppen dieser Ökosysteme – Vögel, Fische und Krabben.[60] «Niemand hat Parasiten aus der Perspektive ihres Gewichts betrachtet, weil immer angenommen wurde, dass sie fast nichts wiegen», so der Meereswissenschaftler Ryan Hechinger. «Jetzt wissen wir, dass das nicht stimmt.» Auch wenn Parasiten oft winzig und leicht zu übersehen sind, übersteigt ihre Biomasse oft die der Räuber an der Spitze der Nahrungskette. «Wie können wir aber», fragt Hechinger, «die Funktionsweise von Ökosystemen verstehen, ohne ihre Hauptbestandteile zu berücksichtigen?»

Ökologe Andrew Dobson fasst die enorme und unterschätzte Rolle, die Parasiten in Ökosystemen zukommt, so zusammen: «Es werden mehr Tiere von innen nach außen gefressen als von außen nach innen.»[61] Und dafür haben die Parasiten eine Reihe von Hilfsmitteln und Methoden entwickelt, die so manchem Horrorfilm entsprungen sein könnten: Mit ihren Mundwerkzeugen saugen, stechen und beißen sie, um an Blut und andere Körpersäfte zu gelangen, von denen sie sich ernähren. Manche haben «molekulare Tarnkappen», um sich vor der Immunabwehr zu verstecken. Andere – erinnern wir uns an den Guineawurm – zwingen uns ihren Willen auf: Erst wenn der weibliche Wurm voller schlupfreifer Larven die menschlichen Gliedmaßen erreicht hat, provoziert er die schmerzhafte Entzündungsreaktion unseres menschlichen Immunsystems, die den Träger des Wurms ans kühlende Wasser treibt, wo die quälende Blase aufplatzt und der Wurm den Nachwuchs entlässt.

Parasiten können Meister der Manipulation sein. So mancher

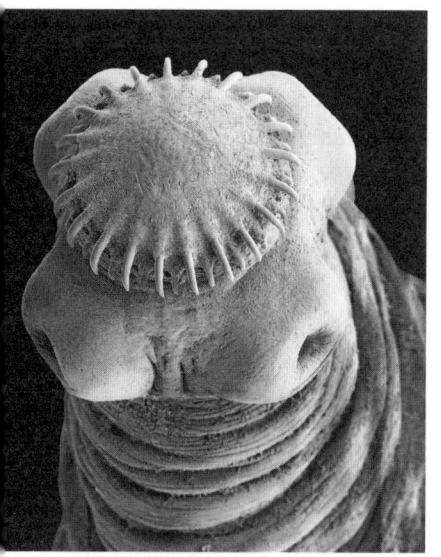

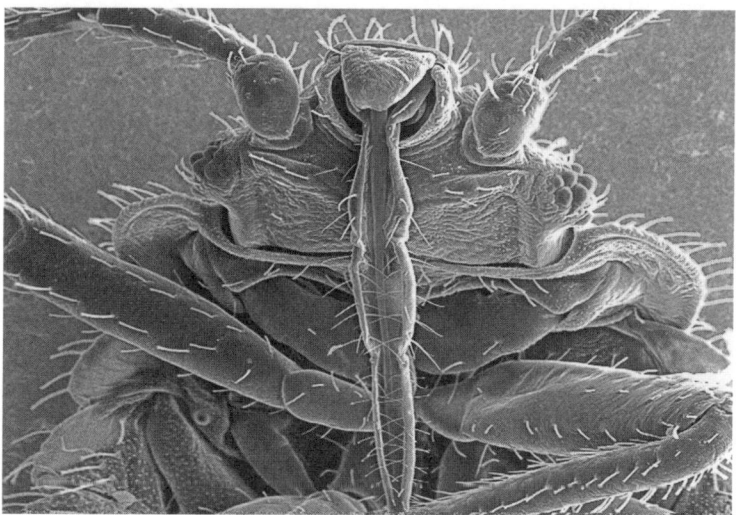

Charakterköpfe: Mögen Schweinebandwurm, Katzenfloh und Bettwanze ihrem Wirt lästig sein, dem Ökosystem als Ganzem nutzen Parasiten.

muss seinen Wirt oder Zwischenwirt an bestimmte Orte lotsen, egal, ob dieser das will oder nicht. In Japan etwa entwickeln sich die Larven eines Saitenwurms (*Gordionus ssp*) in einigen Heimchen- und Grashüpferarten. Die erwachsenen Saitenwürmer leben allerdings nur im Wasser, wo sie sich paaren. Wie kommen die Larven aus den landlebenden Insekten aber dorthin, wenn sie reif genug sind? Einfach nur abzuwarten, dass irgendwann ein Hüpfer aus Versehen ins Wasser springt, wäre eine allzu riskante Strategie und würde die Saitenwürmer rasch zum Aussterben bringen. Auf welche noch nicht bekannte Weise auch immer – die im Insekt herangereiften Gordionuslarven treiben ihre Wirte dorthin, wohin sie sollen: ins Wasser. Und damit direkt in den Selbstmord. Die infizierten Heuschrecken springen wie ferngesteuerte Zombies in kleine Flüsse oder Bäche, in denen sie ertrinken. Nun bohren sich die Würmer durch die Insektenhülle und sind dort angelangt, wo sie einander finden und sich paaren können.

Die Suizide der Grashüpfer sind aber nicht nur notwendig für das Weiterbestehen der Saitenwürmer, sie haben auch Auswirkungen auf das Ökosystem der Bäche, in denen der – bedrohte – Japanische Saibling (*Salvelinus leucomaenis japonicus*) vorkommt.[62] Dort, wo sich die «wesensveränderten» Hüpfer ins Wasser stürzen, decken die Saiblinge mehr als die Hälfte des jährlichen Energiebedarfs mit solchen Suizidopfern. Fische in Gewässern, in denen nicht so viele Heuschrecken wegen der Saitenwürmer ertrinken, erbeuten demgegenüber mehr winzige Kleintiere wie Krebschen und Wasserasseln. Dies hat Folgen. Wo die Saiblinge viele Heuschrecken erbeuten können, überleben mehr jener kleinen Tiere, die vor allem Algen abweiden und sich als «Abfallentsorger» von zerfallendem Laub ernähren. Die Gewässer sähen also ohne die Saitenwürmer deutlich anders aus. Die Parasiten sind so etwas wie ökologische Strippenzieher, die den Zustand eines Ökosystems beeinflussen – ohne, dass sie zu diesem Zweck entstanden sind.

Parasiten helfen den Aliens

Welche «Macht», welchen Einfluss Parasiten haben können, zeigt sich – wie so oft –, wenn sie fehlen. Unsere europäische Strandkrabbe (*Carcinus maenas*) ist nicht wählerisch, was ihre Nahrung betrifft, und macht sich über alle möglichen Meeresbewohner her, die sie erwischen kann – Würmer, Fische, Seegurken und Seeigel, aber auch Schnecken, Muscheln und andere Krebse, deren harte Schalen oder Panzer sie mit ihren Scheren knackt. In ihrem ursprünglichen Verbreitungsgebiet, der Atlantikküste Europas und Nordamerikas, ist ihre Gefräßigkeit kein Problem. Doch wurde die Strandkrabbe als blinder Passagier in Schiffen an viele Küsten gemäßigter und subtropischer Regionen verschleppt und zählt mittlerweile zu den hundert schlimmsten invasiven Arten weltweit. So richtet sie etwa vor der amerikanischen Küste in Muschelbänken großen Schaden an.

Oft heißt es, solche «Aliens» seien in ihren neuen Regionen erfolgreicher, weil sie dort auf weniger Raubfeinde treffen, die sie fressen. Studien der Meeresbiologen Mark Torchin und Kevin Lafferty zeigten aber, dass solche invasiven Arten oft einige der Parasiten, die sie in den Ursprungsgebieten plagten, nicht mitnehmen, wenn sie verschleppt werden.[63] (Nicht jedes Individuum einer Spezies muss ja alle arteigenen Parasitenarten beherbergen; oft reisen nur wenige Exemplare einer Art als unbeabsichtigte Globetrotter im Schlepptau des Menschen um die Welt, und diese führen nicht unbedingt alle potenziellen Parasiten bei sich – auch eine Form des Gründereffekts.) Zumindest ein Teil des Erfolges dieser Einwanderer könnte darauf zurückzuführen sein, dass sie im neuen Lebensraum nicht so viele «Mitesser» haben. Dadurch hätten sie einen Vorteil gegenüber den dort einheimischen Spezies. Die von den Forschern vermessenen amerikanischen Strandkrabben waren tatsächlich deutlich größer und schwerer als jene aus Europa. Das könnte damit zu tun haben, dass die Krabben in ihrer ursprünglichen Heimat oft von einem Parasiten befallen sind – dem Sackkrebs (*Sacculina carcini*) –, der sie schwächt, oft ihr Wachstum verhindert und sie sogar unfruchtbar macht. Amerikanische Strandkrabben besitzen diesen Parasiten jedoch nicht – er hat wohl die Überfahrt nicht geschafft –, sodass die Strandkrabben in der neuen Heimat besser gedeihen.

Insgesamt haben Torchin und Lafferty sechsundzwanzig unterschiedliche invasive Arten untersucht. Durchschnittlich besaß jede von ihnen als Wirt sechzehn verschiedene Parasiten – im ursprünglichen Lebensraum. Dieselben Spezies haben in die neu eroberten Gebiete durchschnittlich nur drei alte Parasitenarten mitgenommen, und nur vier der in der neuen Heimat vorkommenden schmarotzenden Spezies schafften es, die Neubürger zu besiedeln. Das könnte nicht nur eine zusätzliche Erklärung dafür sein, weshalb zumindest manche invasive Arten in einer neuen Umgebung so erfolgreich sind. Diese Ergebnisse zeigen auch, wie stark der Einfluss der Parasiten ist: Sie halten ihre Wirte in Schach und regulieren und gestalten auf diese Weise ganze Ökosysteme.

Das Ende der Pyramide

Mögen viele Parasiten auch eine Geißel für ihre Wirte sein und deswegen einen schlechten Ruf haben, sie sind – das zeigen diese Beispiele – ausgesprochen wichtig für die Struktur von Ökosystemen, die sich maßgeblich verändern können, wenn Parasiten fehlen. Wenn wir an Ökosysteme denken – etwa an die Serengeti mit ihren großen Herden von Gnus und Zebras, den Löwen und Hyänen, die den Huftieren als Räuber nachstellen –, dann betrachten wir meist nur die Beziehungen zwischen den Pflanzen- und den Fleischfressern, die in der «klassischen» Nahrungspyramide zum Ausdruck kommen: Der größte Teil der Biomasse ist pflanzlicher Natur; sie wird vom «Mittelbau» der Pflanzenfresser genutzt und verwertet. Diese wiederum dienen den Räubern als Nahrung, die an der Spitze der Pyramide nur einen kleinen Teil der Biomasse des gesamten Systems ausmachen.

Doch einen großen Teil des Ökosystems haben wir damit nicht berücksichtigt: die Zecken, Flöhe, Bakterien, die vielfältigen Würmer im Darm der unterschiedlichen Arten etwa – mitsamt ihrer großen Biomasse und ihren komplexen Lebenszyklen, die oft Wirtswechsel beinhalten. So manche Bandwurmlarve wächst im Muskelgewebe eines Pflanzenfressers heran und kann sich nur in Fleischfressern zum ausgewachsenen Wurm entwickeln. Für den Beutetierparasiten ist es also lebensnotwendig, dass ein Löwe kommt und seinen Zwischenwirt reißt und frisst.[64] Andererseits schafft es nur eine kleine Anzahl von Parasiten zu jenem nächsten Wirt, den sie für ihren Lebenszyklus brauchen. Gelangen sie in andere Spezies, werden sie unter Umständen – Bandwürmer können ja sehr nahrhaft sein – auf der nächsten trophischen Stufe mitkonsumiert. Betrachtet man Parasiten in einem Ökosystem wie dem der Serengeti, ergeben sich erstaunlich lange, kreuz und quer verlaufende Nahrungsketten. Ein solches Nahrungsnetz ist so komplex, dass von der übersichtlichen Pyramidenstruktur nicht mehr viel übrigbleibt. Es ist viel verstrickter, weil deutlich mehr Spezies beteiligt sind – mit Verknüpfungen, die nach außen zunächst unsichtbar sind.

Parasiten halten Ökosysteme gesund

Bislang wurden einige der stärksten Beziehungen in der Natur also nur wenig beachtet: «Die Theorie des Nahrungsnetzes ist der Rahmen für die moderne Ökologie», so Kevin Lafferty.[65] «Parasiten haben in diesem Rahmen gefehlt, und daher wissen wir relativ wenig über die Rolle von Parasiten in Ökosystemen.» Sein Kollege Andrew

Dobson gibt zu bedenken: «Parasiten sind für ein Ökosystem genauso grundlegend wie Raubtiere.»[66] Schließlich sei Parasitismus in der Natur der häufigste Weg, um an Nahrung, eine Unterkunft und andere Ressourcen zu gelangen. «Das Verständnis der Struktur von Nahrungsnetzen bleibt eine der größten wissenschaftlichen Herausforderungen des 21. Jahrhunderts. Parasiten werden eine Schlüsselrolle bei der Entwicklung dieses Verständnisses spielen», so Andrew Dobson.[67] Auch wenn einige von ihnen bei Individuen zu Krankheiten führten, seien Parasiten insgesamt unabdingbar, um Ökosysteme gesund zu halten.

Was aber bedeutet Gesundsein? In Bezug auf den Menschen versteht man darunter meist die Abwesenheit von Krankheit. Wobei der Schriftsteller Aldous Huxley einmal sagte: «Die Erforschung der Krankheiten hat so große Fortschritte gemacht, dass es immer schwerer wird, einen Menschen zu finden, der völlig gesund ist.» Die Weltgesundheitsorganisation definiert Gesundheit als «Zustand vollständigen körperlichen, seelischen und sozialen Wohlbefindens und nicht nur das Freisein von Krankheit oder Gebrechen».[68]

Bei der Betrachtung eines Ökosystems geht es jedoch nicht nur um die Gesundheit des einzelnen Systemteilnehmers, sondern um das Ganze. Ein gesundes Ökosystem, so schlagen es die ökologischen Ökonomen Robert Costanza und Michael Mageau vor, habe die Fähigkeit, seine Struktur (die Form seiner Organisation) und seine Funktionen (seine Kraft, Leistung und damit Vitalität) über lange Zeit auch angesichts äußeren Stresses zu bewahren, also Ausdauer und Resilienz zu zeigen.[69] Um gesund und nachhaltig zu sein, brauche ein System seine Primärproduktivität, die ihm die Kraft liefert, dazu eine interne Struktur und Organisation mit einer Vielzahl miteinander verbundener Prozesse, und es muss auf Dauer all das in gewissem Rahmen stabil halten können, bei allen Einflüssen, die auf es einwirken.

Und Parasiten seien dabei, so die Tiermedizinerin Carrie Cizauskas, die sich mit der Ökologie von Tierseuchen beschäftigt, «wie der Klebstoff, der ein Ökosystem zusammenhält».[70]

Was wäre, wenn sie weg wären?

Um die Bedeutung der Parasiten einzuordnen, hilft wieder einmal ein Gedankenspiel: Was wäre, wenn alle Parasiten von einem Tag auf den anderen verschwänden?[71] Innerhalb von Stunden wären viele Menschen «gesund» – chronische Krankheiten wie Malaria und Bilharziose wären mit einem Mal von der Erde getilgt, genauso Wurmerkrankungen, Schnupfen, Aids und Ebola. Wir Menschen würden stärker und kräftiger, könnten besser arbeiten, unser Leben mehr genießen. Auch unsere Nutztiere und Nutzpflanzen würden besser gedeihen ohne Nagana-Rinderseuche und Schweinepest, ohne Mehltau, Weizenrost und den Bananenpilz TR4, wegen dem in Kolumbien der nationale Notstand ausgerufen wurde.[72] Natürlich wären die wildlebenden Tiere und wildwachsenden Pflanzen genauso auf einen Schlag «befreit».

Wahrscheinlich würden diese paradiesischen Zustände jedoch schon bald vorübergehen. Unser Immunsystem hätte viel weniger zu tun, und die unterbeschäftigten Abwehrzellen würden im Körper neue Betätigungsfelder suchen – die Zahl an Allergien und Autoimmunkrankheiten nähme rasch zu. Sie könnten bei vielen sogar außer Kontrolle geraten und durch anaphylaktischen Schock oder andere Extremreaktionen unseres Organismus zum Tode führen. Dies beträfe natürlich auch einen großen Teil der Tierwelt. Als niederländische Wissenschaftler Küken von Austernfischern – hübschen schwarzweißen Vögeln, die im Watt mit ihrem langen roten Schnabel nach Nahrung stochern – Antiwurmmittel gegen Darmparasiten verabreichten, starben entgegen der Erwartung überdurchschnittlich viele der behandelten Tiere. Wahrscheinlich, so die Forscher, hatte das Fehlen der Parasiten die Entwicklung des jungen Immunsystems gestört und ein Massensterben verursacht. Jene, die kein Antiwurmmittel verabreicht bekommen hatten, gediehen deutlich besser – und waren gesünder.[73]

Nicht nur das Immunsystem vieler Arten geriete außer Kontrolle, schon bald hätte das weltweite Verschwinden der Parasiten auch noch ganz andere Folgen. Viele halten genau jene pflanzenfressenden Insekten oder andere Lebewesen in Schach, die wir als Schädlinge bezeichnen. Innerhalb von Monaten würden deren Populationen geradezu explodieren und sich über unsere Ernten hermachen, sodass wir immer mehr Pestizide einsetzen müssten, damit für uns etwas übrigbliebe – eine große Belastung für die Umwelt und viele Spezies. Überhaupt nähmen die Populationen vieler Spezies zu, die nun nicht mehr durch Parasiten an ihrer Entfaltung gehindert würden. Auf lange Sicht würden sich im Laufe der Evolution mehr räuberische Spezies entwickeln – als Ersatz für die Parasiten. Das wiederum könnte zu einer anderen Aufrüstung der Arten führen: mehr Dornen und Stacheln, Krallen und Klauen, mehr Panzer und harte Schalen, mehr Gifte.

Auch die Weltmeere würden sich schnell massiv verändern. Grundlage des Lebens dort sind, wie erwähnt, die Algen des Phytoplanktons, die sich mit einer Vielzahl von Viren herumschlagen müssen.[74] Wenn diese plötzlich verschwänden, würden sich die Algen ohne Ende vermehren. Es sei schwer vorherzusehen, so der Evolutionsbiologe Luis Zaman, was ohne diese Viren geschehen würde. Die Ozeane könnten bald von dicken grünen Algenmatten bedeckt sein. Oder der Lebensraum Meer könnte zwischen Zuständen üppigster Vegetation und beinahe blanker Wasserwüste oszillieren. «Mit großer Sicherheit», so Zaman, «würde all das nicht gut enden.»

Eine Welt ohne Parasiten wäre also nicht unbedingt eine bessere. Wir müssen Parasiten nicht mögen, aber vielleicht sollten wir versuchen, sie mit neutralen Augen zu betrachten. Denn, so Andrew Dobson: «Sie könnten der Faden sein, der die Struktur ökologischer Gemeinschaften zusammenhält.» Dies würde bedeuten, dass sie durch ihre Existenz eine wirklich große und wichtige Dienstleistung erbringen: stabile und damit gesunde Ökosysteme.

Das bewirken Parasiten.

Verwirrung der Gefühle

Verwirrt kam ich aus dem Wald. Meine Welt, das weiß ich heute, war nach dieser Erfahrung eine andere, weil sie dazu geführt hatte, dass für mich die Grenzen verschwammen. Ich wusste nicht so recht, wie mir geschah, als Sophie sich plötzlich an mich schmiegte. Gemeinsam waren wir mit der Gruppe im dichten Unterholz unterwegs gewesen, über zugewucherte Trampelpfade gewandert, manchmal fanden wir Spuren von Flusspferden, die beim nächtlichen Weidegang durchs Gestrüpp gewalzt waren. Immer wieder versanken wir knietief in Erdlöchern, krabbelten unter umgestürzten Baumriesen hindurch und streiften große Spinnennetze mit erstaunlich starken Fäden aus unserem Gesicht. Zwischendurch hatte mich der eine oder andere von ihnen an der Hand genommen, aber Sophie begann sich erst für mich zu interessieren, als wir auf einer Lichtung Rast machten.

Nach dem ersten Anschmiegen setzte sie sich rasch auf meinen Schoß. Orangebraun leuchteten mich ihre Augen eindringlich an, lange blickten wir uns ins Gesicht, nur Zentimeter voneinander entfernt, sodass ich ihren Atem spürte. Dann fing sie an, mich zu erkunden. Ihre schwarzen Finger glitten erst in meine Ärmel, dann in meinen Hemdausschnitt hinein, bald über meine Wangen. Lange ließ ich mich einfach nur von ihr berühren, aber dann nahm ich ihre Einladung an und ertastete ebenfalls ihr Gesicht. Strich über ihre starken Augenbrauenwülste, die schwarze Haut neben ihrem Mund – sie war ganz weich. Sophie öffnete die Lippen, nuckelte an meinem Finger, ich spürte ihre starken Zähne. Sie fuhr mit der Hand durch mein Haar, senkte meinen Kopf, kraulte mich im Nacken und nahm mit den Lippen den Schweiß von der Haut.

Oder war das schon ein Kuss? Wo verläuft die Grenze? Schließlich drückte Sophie mich an sich, umarmte mich fest und stark: mein Kopf auf ihrer Brust, ich hörte ihr Herz schlagen.

Fünf Minuten später saß Sophie schon wieder im Baum und ließ mich am Boden zurück – voller nie zuvor gespürter Empfindungen für ein nichtmenschliches Wesen. Mit einer anderen Spezies hatte ich erlebt, was ich zuvor nur innerhalb meiner eigenen Art kannte: nahe, sogar intime Augenblicke des gegenseitigen Erkundens, Anschauens und Erkennens, verbunden mit körperlicher Zärtlichkeit und Zugewandtheit.

Als wir von dem Spaziergang zurückkamen, erzählte ich Projektleiterin Debbie Cox von diesem Erlebnis mitsamt den neuartigen und durchaus verstörenden Gefühlen, die ich einzuordnen versuchte. Das Strahlen auf ihrem Gesicht ließ ihre Freude erkennen: Da hat es mal wieder jemand verstanden! Und sie bestätigte mir: «Ja, sie sind emotional wie kleine Kinder und oft ganz einfühlsam. Wenn ich selbst mal einen schlechten Tag habe, hole ich mir abends eine Portion Liebe bei den Schimpansen ab. Denn das können sie: bedingungslose, uneingeschränkte Zuneigung geben.»

Bei den Schimpansen von Ngamba

Sophie war bei unserem Tête-à-Tête etwa neun Jahre alt, eine noch nicht ganz ausgewachsene Schimpansendame also, und lebte seit ein paar Monaten auf der mit Regenwald dicht bewachsenen ugandischen Insel Ngamba mitten auf dem Victoriasee in Ostafrika. Sie war eine der Ersten, die in dieses vom Jane-Goodall-Institut und anderen Natur- und Artenschutzorganisationen Ende 1998 errichtete Asyl für verwaiste Schimpansen aufgenommen worden war.[75] Ursprünglich stammte Sophie aus der Volksrepublik Kongo, dem einstigen Zaire, und war 1993 vom ugandischen Zoll beschlagnahmt worden, als sie als «Spielzeugtier» nach Dubai geschmuggelt werden sollte. Sie war nicht die einzige Vertreterin ihrer Art auf der ugandischen Insel, die von dort stammte. Mit Sicherheit hatte sie, wie die meisten in der Waisenstation, Grausames erlebt: Jäger hatten wahrscheinlich ihre Mutter und Familie erschossen, sie vor den Augen der Kinder zerlegt. Im Nachbarland Kongo gilt das «Buschfleisch» der Schimpansen als besondere Delikatesse. In Uganda selbst stehen Primaten nicht auf der menschlichen Speisekarte, doch auch hier werden Schimpansen gewildert, um ihr Fleisch an Hunde zu verfüttern oder um die Babys zu verhökern: als Spielzeug, als Clowns für Zirkusse, lange als Versuchsobjekte für die biomedizinische Forschung. Über den internationalen Flughafen in Entebbe werden viele illegal nach Übersee gebracht: vor allem in den Nahen Osten, wo sie als Hausgenossen beliebt sind. Für jeden Schimpansen, der so in Menschenobhut gelangt, mussten schätzungsweise fünf andere sterben.

Die vierzig Hektar große Insel, fünfundzwanzig Kilometer südlich von Entebbe gelegen, ist ein Ort, an dem heute rund fünfzig Schimpansen ein möglichst naturnahes Leben führen. Außerdem ist sie die Heimat von über fünfzig Vogelarten, Brutplatz von Schreiseeadlern und Hornraben, Schlafstätte Tausender Flughunde, die allabendlich bei Dämmerung aus den Baumwipfeln in die Luft steigen. Die Buchten beherbergen ein paar Flusspferde; Fleckenhalsotter und Nilwarane tummeln sich am Ufer. Im dichten Wald wachsen Feigen, Ingwer und andere Futterpflanzen der Menschenaffen. Doch weil die Insel zu klein ist, um einer ganzen Population von Schimpansen ein selbständiges Leben in völliger Freiheit zu ermöglichen, müssen sie hier zeitlebens zusätzlich gefüttert werden – und bleiben daher in engem Kontakt mit Menschen.

In diesen Tagen machte ich auf Ngamba noch mehr solcher Bekanntschaften mit unseren nächsten Verwandten. Mit dem halberwachsenen Tumbo etwa, gut zwanzig Kilogramm schwer, halb so groß wie ich und mindestens doppelt so stark. Beim Toben biss er mir einmal spielerisch in die Hand, die Abdrücke seines kräftigen Gebisses sah ich noch Tage später. Kurz darauf – in ähnlicher Nähe wie mit Sophie – kraulte er mir nicht nur durchs Haar und küsste den Schweiß von der Stirn, sondern nahm auch mit seinen starken Zähnen mein linkes Ohr in seinen Mund, ganz zart knabberte er an meiner Ohrmuschel. In dem Augenblick war ich mir sicher, dass die zärtliche Situation, die ich so nur von Angehörigen meiner eigenen Spezies kannte, auch jetzt galt – der ungestüme Tumbo würde nicht zubeißen. So war es auch.

Und dann war da Mika, ein damals sechs Jahre alter Schimpansenjunge – einfach richtig pfiffig: Mit starkem Selbstbewusstsein ausgestattet, zeigte er im Umgang mit anderen Schimpansen große emotionale Intelligenz. Alle Betreuer auf der Insel waren sich sicher: Mika hat das Zeug zum Anführer – und das wurde er auch. Von 2004 bis zu seinem Tod im Jahr 2013 war er ein ausgezeichneter Anführer der Ngamba-Schimpansen. Schon früh zeigte er, was er gut konnte: mit anderen Freundschaften oder Partnerschaften eingehen, sich damit ein Netzwerk Wohlgesinnter aufbauen und Allianzen schmieden, die auf Geben und Nehmen beruhten. Auf Ngamba lernte ich, welch starke Persönlichkeiten Schimpansen sind – und wie ähnlich sie uns sein können.[76]

Ich habe aus diesen für mich so verwirrenden Tagen viel mitgenommen, die Gefühle sind mir noch nach Jahren präsent. Ob es einfach nur das Wissen ist, dass wir mit unseren nächsten lebenden Verwandten beinahe neunundneunzig Prozent unseres Erbguts teilen,[77] oder das Gespür dafür, wie verstörend ähnlich und dabei verschieden wir den Schimpansen sind: Ich habe durch die Erfahrung auf Ngamba einen ganz neuen Blick auf die Evolution unserer Spezies gewonnen – weil ich einem Wesen begegnet bin, dessen Ausdrucksformen unseren so gleichen. Auch wenn sich der Weg unserer beider Arten vor wahrscheinlich sechs, sieben Millionen Jahren trennte, als eine noch unbekannte gemeinsame Vorläuferart von den Bäumen herabstieg, um durch die Savanne zu laufen – ein bisschen wie im Chinko –, so halten uns die heutigen Schimpansen allein durch ihre Existenz einen Spiegel vors Gesicht: Woher kommen wir, wohin gehen wir, und wer sind wir? Ich weiß um das Privileg, dass ich dies so intim erleben durfte. Seither habe ich eine andere Vorstellung von den – wohl nahtlosen – Übergängen zwischen den Spezies, die im Laufe unserer Stammesgeschichte verschwunden sind und die sich zu den beiden heutigen noch immer nahestehenden Arten Mensch und Schimpanse entwickelten. Der Unterschied zwischen «die» und «wir» hat sich dadurch für mich verwischt.

Daher unterscheide ich zwischen Menschen, Tieren – und Schimpansen beziehungsweise Menschenaffen. Sowohl meine Verwirrung als auch die daraus resultierenden Fragen zähle ich zu den Ökosystemdienstleistungen – zu jener vierten Kategorie «kultureller» Dienstleistungen, die intellektuell stimulieren und unser Bild von der Welt und davon, wie wir in ihr stehen, verändern und erweitern.

Vor allem die Menschenaffen, allen voran die Schimpansen (*Pan troglodytes*) und die andere Spezies der Gattung *Pan*, die Bonobos (*Pan paniscus*), stellen immer wieder solche Fragen an unser eigenes Selbstverständnis. Als die Verhaltensforscherin Jane Goodall in den 1960er Jahren bei ihren Beobachtungen von Schimpansen im tansanischen Gombe-Nationalpark entdeckte, dass die Menschenaffen mit einem Stöckchen, das sie sich zurechtgebissen hatten, Termiten aus ihrem steinharten Bau herausangelten und dann genüsslich verspeisten, war das eine wissenschaftliche Sensation: Schimpansen nutzten Werkzeuge und stellten sie sogar selbst her. Damit war ein vermeintliches Alleinstellungsmerkmal unseres Menschseins gefallen – für manche eine Zumutung. Heute wissen wir, dass auch andere, uns ferner stehende Arten Werkzeuge herstellen und nutzen.

An vielen Stellen Afrikas sind Schimpansen als Werkzeugmacher tätig. Im kongolesischen Nouabalé-Ndoki-Nationalpark haben sie die Methode des Termitenangelns noch verfeinert. Sie durchstoßen mit einem groben Holzstück die Außenwand fester Termitenbauten und stemmen sich sogar wie auf einen Spaten darauf, um dann mit einem feinen Zweig nach den Insekten zu stochern. Im tansanischen Gombe beobachtete Goodall Schimpansen, die mit Blättern Wasser aus Baumlöchern schöpften, das sie mit den Lippen nicht erreichten. Und im Senegal entdeckte man Menschenaffen, die Waffen herstellten. Mit ihren Zähnen spitzten sie Äste an und steckten sie in die Schlafhöhlen von Buschbabys, niedlichen Halbaffen – eine Speerjagd mit tödlichem Ausgang.

Schimpansen als Werkzeugmacher: Mit Köpfchen haben Schimpansen jahrtausendealte Kulturen begründet. Es gibt sogar Schimpansenarchäologie.

Bei Ausgrabungen mitten im Regenwald des Taï-Nationalparks an der Elfenbeinküste förderten Archäologen kiloweise prähistorisches Werkzeug zutage: Hammersteine und Steinabschläge, dazu Unmengen von Nussschalen, die damit zertrümmert worden waren. Das älteste der unregelmäßig geformten Werkzeuge konnte auf ein Alter von viertausenddreihundert Jahren datiert werden. Die Forscher um Julio Mercader von der kanadischen University of Calgary haben eine Steinzeitwerkstatt entdeckt[78] – doch Menschen, das wussten sie, sind an diesem Ort erst vor zweitausenddreihundert Jahren sesshaft geworden. Die Fundstücke erinnerten sie an die Schlagsteine von Urmenschen, die vor etwa 2,6 Millionen Jahren lebten – nur sind jene aus dem Taï-Wald deutlich größer und schwerer. An manchen der Steine klebten noch Stärkereste einer bestimmten Nuss, die nicht von Menschen verzehrt wird – sondern von genau jener lebenden Spezies, die dem *Homo sapiens* heute am nächsten steht. Die Wissenschaftler sind davon überzeugt, dass diese Werkstatt von «Steinzeit-Schimpansen» eingerichtet wurde, die Rohmaterialien angeschleppt haben, um mit einer Hammer-und-Amboss-Methode Nüsse zu öffnen. Was sie so sicher macht: Bis heute klopfen Schimpansen im Taï-Wald mit ebensolchen Steinen Nüsse auf, vor allem die besonders hartschaligen *Panda-oleosa*-Nüsse.

Schon seit 1979 erforschen die Primatologen Christophe und Hedwige Boesch vom Leipziger Max-Planck-Institut für evolutionäre Anthropologie die Schimpansen von Taï – und die Technik ihres Nüsseknackens.[79] Jungaffen, so haben sie herausgefunden, beherrschen die Technik erst nach mehreren Jahren. Sie lernen es durch Nachahmung:[80] «Wir haben beobachtet, dass die Mütter oft korrigierend eingreifen, wenn die Kinder erfolglos versuchen, Nüsse zu öffnen», so Hedwige Boesch.[81] Und durch Abschauen über Generationen hinweg besteht diese Schimpansenkultur bereits seit vielen Jahrtausenden.

Schimpansen als Heilkundige

Auch wir Menschen schauen uns mittlerweile einiges von den Kulturtechniken der Schimpansen ab. Anfang der 1970er Jahre beobachtete der amerikanische Affenforscher Richard Wrangham im tansanischen Gombe-Gebiet erstmals, dass krank und schwach wirkende Schimpansen gezielt nach dem etwa drei Meter hohen *Aspilia*-Strauch suchten, um dessen Blätter zu schlucken. Normalerweise stehen sie nicht auf dem Speiseplan der Primaten. Sichtlich angewidert, so Wranghams Eindruck, führte ein Schimpanse ein großes, haariges Blatt zum Mund, umschloss es vorsichtig mit seinen Lippen, um es ein paar Sekunden später wieder auszuspucken. Aber nur, um das nächste Blatt auf ähnliche Weise zu testen – und gleichfalls zu verschmähen. So ging es weiter, bis der Schimpanse endlich ein Blatt gefunden hatte, das ihm zusagte. Nachdem er es vorgekostet hatte, zupfte er es sorgsam vom Ast und führte es in seinen Mund. Doch von Genuss keine Spur: Er biss nicht darauf rum, sondern schob es wie einen unangenehmen Nahrungshappen im Mund von einer Backe in die andere, bis er das Blatt so zusammengerollt hatte, dass er es endlich hinunterwürgen konnte. Freude an einer Mahlzeit sieht anders aus. Und dennoch vertilgte der Menschenaffe bald dreißig Blätter dieser Pflanze, eines nach dem anderen – obwohl ringsum süße Früchte reiften.

Von den menschlichen Einwohnern der Region erfuhr Wrangham, dass auch sie *Aspilia* als Heilpflanze gegen Magenbeschwerden und Würmer in den Eingeweiden verwenden. Heute weiß man, dass die Blätter einen höchst wirksamen Stoff enthalten, der eine Vielzahl menschlicher und tierischer Krankheitserreger abtötet. Sogar gegen manche Krebszellen scheint er zu wirken. Nutzen die Schimpansen die widerlichen Blätter also gezielt als wahrhaft «bittere Medizin»? Die geschluckten Blätter werden fast unverdaut wieder ausgeschieden. Aber an den Haaren und Falten der geknickten Blätter bleiben viele kleine Würmer hängen. Haben sich die Primaten mit Hilfe des Grünzeugs also «mechanisch entwurmt»? Vielleicht haben aber auch Inhaltsstoffe der Pflanze, die aus den geknickten Blättern austraten, die Würmer ausgeschwemmt.

Für Wrangham war diese Beobachtung Anlass, genauer darauf zu achten, ob Schimpansen bestimmte Pflanzen als Arznei zu sich nehmen. Mittlerweile ist bekannt, dass Menschenaffen (und viele andere Arten), denen es gesundheitlich schlechtgeht, nach Pflanzen suchen, die sie sonst meiden. Die heilkundigen Primaten nutzen also ganz gezielt die natürliche Medizin aus der Urwaldapotheke. So vertilgte ein Schimpansenweibchen, das an Durchfall litt und daher ausgesprochen schlapp war, einige Blätter einer *Vernonia*-Pflanze – und war einen Tag später wieder wohlauf. Schimpansen in Uganda wurden dabei beobachtet, wie sie Blätter der Schlingpflanze *Rubia cordifolia* fraßen, die von der lokalen Bevölkerung gegen Bauchschmerzen genutzt wird.[82]

Die Tierärztin Sabrina Krief vom Pariser Muséum National d'Histoire Naturelle hat in Uganda entdeckt, dass die Menschenaffen manchmal Blätter des Mahagonigewächses *Trichilia rubescens* fressen – und davor oder danach eine Handvoll Erde zu sich nehmen.[83] Im Pariser Labor töteten Moleküle, die Wissenschaftler aus den *Trichilia*-Pflanzen isolierten, Malariaerreger ab. So weit, so gut – so aufregend. Doch weshalb fressen die Schimpansen zusätzlich Erde? Die Forscher simulierten den Verdauungsprozess im Magen-Darm-Trakt und analysierten so einen *Trichilia*-Extrakt, Erde und eine Mischung von beidem. Nur die Kombination bekämpfte die Erreger effektiv; an der Oberfläche der Erdkrümel «klebten» die wirksamen Moleküle in hoher Konzentration. Im lebenden Schimpansen können auf diese Weise viel mehr der Moleküle ins Blut gelangen – wo sich der Malariaerreger aufhält. Die Schimpansen hatten also zwei Stoffe kombiniert. Sie hatten mit dem Verspeisen von Erde ihre Kräuterapotheke aufgerüstet und den eigentlichen

Wirkstoff «bioaktiv» gemacht – möglicherweise ein neuer Ansatz für die Behandlung von Malaria beim Menschen.

So führen uns Schimpansen wie «Heilkunde-Scouts» als Ökosystemdienstleister zu den pharmazeutischen Ökosystemdienstleistungen der Natur. Für die Medizin können solche Beobachtungen so manche Sensation bergen: «Wenn sie uns zeigen, wo mögliche Arzneistoffe vorkommen», sagt Wrangham, «so ist das eine große Arbeitserleichterung. Denn wir müssen dann nicht alle Naturstoffe auf ihre medizinische Wirkung hin überprüfen, um ein taugliches neues Medikament zu finden.»

Diese Beispiele verdeutlichen einige der vielfältigen Kulturleistungen von Schimpansen – und wie unterschiedlich diese von Ort zu Ort sein können. Forscher befürchten, dass mit dem Verschwinden ihrer Lebensräume und der Menschenaffen darin immer mehr Schimpansenkulturen in Gefahr geraten. Eine Studie führender Primatologen hat nachgewiesen, wie sehr die Verhaltensvielfalt der Schimpansen durch menschlichen Einfluss verarmt:[84] Populationen schrumpfen – durch Wilderei und Lebensraumzerstörung –, und oft sterben dabei «Wissensträger» unter den Menschenaffen, sodass lokale Traditionen – sprich: der «Wissenstransfer» – von einer Generation auf die nächste nicht mehr stattfindet. Zum Schutz der Biodiversität gehöre daher auch, die Verhaltensvielfalt von Spezies zu bewahren. Der Ökologe und Evolutionsbiologe Hjalmar Kühl fordert aus diesem Grund «Orte des kulturellen Erbes für Schimpansen», ähnlich wie die Welterbestätten der Menschen.[85]

Krieg und Frieden

Unsere nächsten Verwandten aus der Gattung *Pan* – Schimpansen und Bonobos – halten uns noch auf eine andere Weise den Spiegel vor: wie sie mit innerartlichen Konflikten umgehen und Lösungen erzielen. Schon Jane Goodall hat im Gombe-Nationalpark die dunkle Seite der Schimpansen beobachtet. «Bessere» Menschen sind sie nicht. In Trupps ziehen Männchen los und ermorden wie im Blutrausch Angehörige der Nachbargruppen. Im Laufe der Jahre hat eine größere Gruppe eine kleinere vollständig aufgelöst – zum Teil wurde sie umgebracht; einige Weibchen wurden in die größere Gruppe integriert. So gehören diese Primaten tatsächlich zu den wenigen Arten, die mit zum Teil extremer Gewalt Konflikte ausfechten, die manchmal in regelrechte Dschungelkriege münden. Ganz anders gehen die Bonobos mit Aggressionen um. Ihre Konflikte verlaufen vergleichsweise harmlos. Bonobos sind besser darin, einander zu beschwichtigen und Spannungen abzubauen. Innerhalb einer Gruppe erreichen sie oft «Frieden durch Sex» – ein mittlerweile bekannter Slogan –, aber auch zwischen verschiedenen Gruppen senden sie entspannende Signale wie Umarmungen, die dann zu Paarungen zwischen den Trupps führen können. Besonders die Weibchen seien da «kooperativ, friedliebend und lustvoll».[86]

Der holländische Primatologe Frans de Waal hat beide uns ähnlich nahen Spezies und ihre erstaunlichen Unterschiede lange erforscht: «Wegen solcher Eigenschaften reicht der Schimpanse nicht aus, um zu erklären, warum wir sind, wie wir sind. Von ihm kann man zum Beispiel gar nichts über unsere Fähigkeit zum Friedenschließen mit anderen Gruppen oder Nationen erfahren. Dafür lohnt es sich, den Bonobo genauer anzusehen.»[87] Anders ausgedrückt: Wie Krieg und Frieden in die Welt kamen, wo deren Wurzeln liegen, auch für solche existenziellen menschlichen Fragen bieten unsere nächsten Verwandten intellektuelle Anregung.[88] Doch unser Zusammenleben wird immer schwieriger.

Killerchimps

Bei meinem Besuch im Kibale-Nationalpark beggnete mir Kakama, ein gerade erwachsener Schimpansenmann. «Achte auf seine

Hände», raunt mir Sam Mugume, einer der Forscher um Richard Wrangham, zu. Normalerweise stützen sich Schimpansen beim Laufen mit Handrücken und Fingerknöcheln auf, Kakama allerdings benutzte nur die rechte Hand. Von der linken berührten allenfalls die Fingerglieder vorsichtig den Boden. Als er stehen blieb und uns anschaute, erkannte ich, was ihn behinderte: Die Drahtschlinge eines Wilderers hatte sich tief in seine Hand geschnitten, dick und rot schwärte eine Wunde. «Seit drei Jahren lebt er schon damit», erzählt Sam. «Leider können wir ihm den Draht nicht abnehmen. Es wäre einfach zu gefährlich, ihn zu betäuben. Denn bis das Mittel wirkt, wäre Kakama vielleicht schon in einen Baum geklettert, würde schließlich bewusstlos herunterfallen – und sich dabei noch Schlimmeres antun.»

Fast ein Viertel aller Schimpansen des Nationalparks verfangen sich einmal im Leben mit Händen oder Füßen in solchen Schlingen, die illegale Jäger für kleine Waldantilopen auslegen. Kakamas Mutter etwa, die ranghohe Schimpansendame Kabarole, hat dadurch 1983 eine Hand verloren. Dennoch brachte sie seither drei Kinder zur Welt und zog zwei erfolgreich auf. «Nicht nur in Kibale sind diese Fallen ein Problem, sondern in ganz Zentralafrika», erklärt mir Wrangham später. «Auch verstümmelte Gorillas und Bonobos ohne Hände habe ich schon gesehen. Das alles ist eine Folge davon, dass wir Menschen immer tiefer in die Wälder eindringen und die Dörfer und Felder bis direkt an den Rand der Nationalparks reichen – was noch zu ganz anderen Problemen führen kann.»

Die Ausbreitung von uns Menschen in die letzten großen Wälder der Erde bringt uns mit den dort lebenden wilden Lebewesen näher zusammen, als es beiden Seiten guttut. So griff ein wilder Schimpansenmann am Rand des Kibale-Nationalparks mehrfach menschliche Babys und Kleinkinder an. Drei tötete er, einem Jungen riss er die Kopfhaut ab, sodass ihm nie wieder Haare wachsen werden; andere kamen mit schweren Verstümmelungen an den

Händen davon. «Dieser Schimpanse war nicht gestört, sondern hat wahrscheinlich sein normales Jagdverhalten ausgeübt», vermutet Wrangham. Zum ersten Angriff kam es 1995: Eine Frau hatte ihr Baby am Waldrand abgelegt, um zehn Meter entfernt im Maisfeld zu arbeiten. Das Kleine weinte und machte so den Schimpansen auf sich aufmerksam. Der schnappte es, schleppte es in den Wald und verzehrte es dort, wie er es ebenso mit einem Affen getan hätte. «So muss er gelernt haben, dass auch kleine Menschen Beute sein können», glaubt Wrangham. Der achte und letzte Angriff dieses «Killerschimpansen» fand im November 1998 statt; am nächsten Tag konnte er erschossen werden. Nicht nur im Kibale-Nationalpark, in vielen Teilen Afrikas kommt es bis heute zu ähnlichen Todesfällen.[89] Was tun? «Wenn Menschen und Schimpansen so eng zusammenleben wie hier, wird es wohl immer zu Konflikten kommen, denn die Chimps sind stark, mutig und intelligent», erklärt mir Wrangham. «Auf Dauer werden sie wohl nur überleben, wenn die Lebensbereiche beider Arten strikt getrennt werden. Nur – wie soll man das machen? Mit einem großen Zaun?»

Gemeinsame Seuchen

Das ist nur eine Seite der lauernden Gefahren. Die Menschenaffen – ob Schimpansen, Bonobos und Gorillas in Afrika oder die Orang-Utans von Borneo und Sumatra – sind so nah mit uns verwandt, dass wir uns gegenseitig mit Krankheiten infizieren können. Mittlerweile ist unumstritten, dass das HI-Virus (HIV), der Erreger von Aids, seinen Ursprung bei einem ähnlichen Virus hat, das mehrfach von anderen Primatenspezies auf uns Menschen übergesprungen ist – von den meerkatzenartigen Mangaben, aber auch von zentralafrikanischen Schimpansen.[90] Es gilt als sicher, dass sich Menschen an Buschfleisch erstmals mit HIV infizierten: nach Kontakt mit Blut oder anderen Körperflüssigkeiten, beim Zerlegen der Beute oder beim Verzehr[91] – eine Pandemie, die aus dem afrikanischen Urwald kam und seit 1981 weltweit mehr als fünfunddreißig Millionen Menschen das Leben gekostet hat.[92]

Auch Ebola – eine der gefährlichsten Viruserkrankungen überhaupt – ist schon von Menschenaffen auf uns Menschen übergegangen, ebenfalls meist durch Verzehr von Buschfleisch.[93] Solche Übertragungen – das zeigt nicht zuletzt die Covid-19-Pandemie – nehmen stark zu, weil wir Menschen in immer engeren Kontakt mit Wildtieren kommen. Wir bringen die Krankheiten aber ebenso zu ihnen. Schon lange ist bekannt, dass Menschenaffen sich mit unseren Krankheiten infizieren. 1966 ging eine Polio-Epidemie durch die Schimpansenpopulation im Gombe-Nationalpark, die vermutlich durch den Menschen ausgelöst wurde. Krätze, durch Milben verursacht, und der einzellige Darmparasit *Giardia intestinalis* haben Berggorillas befallen – genauso wie die bakteriellen Erreger Salmonellen, Shigellen und sogar antibiotikaresistente Staphylokokken. Nicht nur Polio-, auch Masernviren töteten Schimpansen und Gorillas – wahrscheinlich eingeschleppt durch Forscher, Ökotouristen und einheimische Begleiter. Darüber hinaus wurden eine Reihe von Atemwegserkrankungen[94] von uns in die Wälder gebracht. Daher befürchten Forscher, dass das neuartige Coronavirus unsere nächsten Verwandten gefährden könnte und jene an Besuchergruppen gewöhnten Gorilla- und Schimpansengruppen wiederum ganze Wildbestände infizieren könnten – mit ungewissem Ausgang.[95] Schon bald nach Beginn der Coronapandemie gab es daher für den Besuch unserer wilden Verwandten im Wald einen «Lockdown»: die Führungen für Ökotouristen wurden erst einmal eingestellt.[96]

Es ist eine Mahnung aus dem Urwald: Neben der anregenden Verwirrung über unsere Ähnlichkeit mit den Menschenaffen – Woher kommen wir? – lässt auch sie sich zu den Ökosystemdienstleistungen der vierten, kulturellen Kategorie zählen. Denn wir sind den gleichen oder ähnlichen Krankheiten ausgesetzt wie unsere nächsten Verwandten da draußen im Wald. Auch wenn wir in zivilisierten Städten leben – in unserem Körper teilen wir mit ihnen eine gemeinsame Evolutionsgeschichte.

V.
UNSERE ZUKUNFT

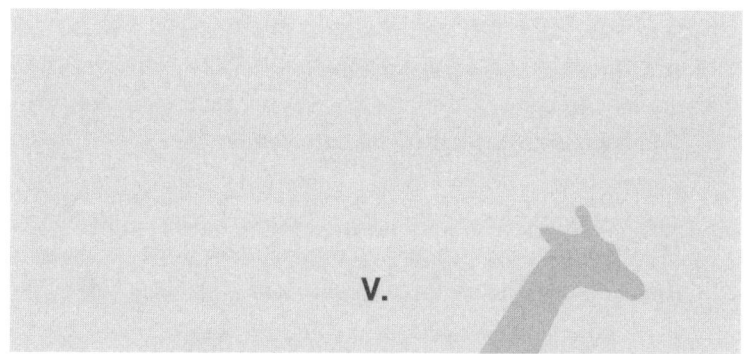

Glauben Sie, dass alles wieder gut wird?

Wenn ja, weshalb? Bitte begründen Sie Ihre Zuversicht.

Was würden Sie tun, wenn Sie wüssten, dass unsere Zivilisation, also unsere Art zu leben, nur noch einen Tag besteht und alle Apfelbäumchen längst gepflanzt sind? (Wahlweise auch ein Jahr, ein Jahrzehnt, ein Jahrhundert.)

Worin besteht für Sie persönlich der Unterschied zwischen: «Wir haben ja noch zehn Jahre» und «Wir haben ja noch hundert Jahre»?

Wenn Sie wählen müssten: Wahrheit oder Hoffnung?

Wenn Sie die Hoffnung gewählt haben, könnte es sein, dass Sie sich bewusst für eine potenzielle Lüge entschieden haben? Und worin besteht dann die Hoffnung?

Wenn die Hoffnung zuletzt stirbt, was stirbt eigentlich zuvor?

Gesetzt den Fall, Sie dürften einen Fehler nochmals machen: Welcher wäre das?

Worin bestand der Gewinn?

Wo steckt eigentlich gerade die Evolution?

Erinnern Sie sich? Der Guineawurm, jener grässliche, aber auch irgendwie faszinierende Parasit, der uns seinen Willen aufzwingt und seinen Wirt ans Wasser treibt, wenn sein Nachwuchs in die Welt will, steht nach einer jahrzehntelangen Bekämpfungskampagne vor dem endgültigen Aus. Nach den Pocken wäre der *Dracunculus medinensis* der zweite menschliche Krankheitserreger, der gezielt ausgerottet worden wäre. Doch wie es scheint, hat uns der Wurm zumindest vorerst ein Schnippchen geschlagen.

Nicht nur, weil 2019 die Zahl der Infektionen wieder gestiegen ist – auf vierundfünfzig, die meisten davon im Tschad. Viel erstaunlicher – und besorgniserregender – ist, dass der Guineawurm in anderen Spezies nachgewiesen wurde, die sich zunehmend zu infizieren scheinen. Plötzlich, man kann es nicht anders sagen, befällt der Wurm auch viele Haushunde – mehr als vierhundertfünfzig im Jahr 2015 allein im Tschad, 2018 bereits tausendvierzig.[1] Zwar wussten Forscher schon lange, dass Hunde, ebenso Leoparden und andere Säuger, guineawurmartige Infektionen aufweisen, aber sie waren von anderen *Dracunculus*-Arten ausgegangen oder dachten, es handle sich um ganz seltene Beispiele für ein Überspringen von einer auf eine andere Art, das aber bald wieder «auslaufen» und keine weiteren Folgen für den Menschen haben würde.[2] Doch im Tschad infizieren nun offensichtlich Würmer, die von betroffenen Hunden stammen, Menschen – und zwar weiträumig: Die genannten Wurminfektionen von 2015 stammen aus hundertfünfzig Dörfern. Mittlerweile haben genetische Analysen gezeigt, dass es sich bei diesen Fällen um dieselbe Wurmspezies handelt –

Dracunculus medinensis.³ Vermutlich haben sich die Hunde nicht nur beim Trinken von Wasser infiziert, sondern auch, weil sie Fische gefressen haben, die die von den Wurmlarven befallenen Hüpferlingkrebschen verzehrten.⁴ Ein neuer Weg potenzieller Infektion?

War die ganze Mühe der langjährigen Kampagne vergeblich? Am Ende einer solchen Ausrottung ist es immer schwer, die letzten Infizierten zu erwischen, um die erneute Ausbreitung des Erregers zu unterbinden. Aber um den Guineawurm endgültig zu beseitigen, muss man nun auch noch die Hunde im Tschad überwachen – und gleich nebenan liegen Länder wie Mali, Sudan und Südsudan mit regelmäßigen bürgerkriegsartigen Konflikten. Dort ist es schon schwer genug, sich um Menschen in Not zu kümmern – wie soll man hier die Bekämpfung des Guineawurms kontrollieren, zumal bei streunenden Hunden? Und der Guineawurm scheint sich noch weiter auszubreiten. Denn auch in Ländern, in denen es ihn vorher nicht gab, treten plötzlich Infektionen auf, etwa in Angola.⁵ In Äthiopien konnte man ihn bei Pavianen nachweisen, also bei Primaten, die uns genetisch und evolutionär viel näherstehen. Mit dieser Entwicklung wird die Bekämpfung des Wurms extrem schwierig, wenn nicht unmöglich werden.

Hat der Parasit kurz vor seiner endgültigen Ausrottung ein Schlupfloch gefunden? Hat er sich schnell an einen neuen Wirt angepasst? Oder hatte man übersehen, wie regelmäßig Hunde Wirt für den Guineawurm sind? Das ist bei einer so exakt geplanten Kampagne kaum vorstellbar – so nah, wie Hunde beim Menschen leben. Wieso häufen sich aber erst jetzt diese Fälle? Jede Larve, die von einem Hund beim Trinken eingeschlürft oder mit Fischen gefressen wurde, hätte seit jeher, in den vielen Jahrtausenden zuvor, die Chance gehabt, sich in seiner Spezies anzusiedeln. Eine solche Larve kann doch nicht wissen, dass es «jetzt darauf ankommt»? Dennoch wirkt es, als hätte der Wurm diese letzte Gelegenheit genutzt und einen Wirtswechsel anberaumt, weil wir ihm seinen angestammten Lebensraum – nämlich uns – verweigerten.

Wissenschaftlern ist das bislang ein Rätsel. Noch kann niemand sagen, ob und was sich beim *Dracunculus medinensis* geändert hat, weshalb der Wurm nun so oft Hunde befällt. Das Leben findet einen Weg, so heißt es im Film «Jurassic Park» von Steven Spielberg: Obwohl die Erschaffer der Dinosaurier dort versuchen, die Kontrolle über die Geschöpfe zu behalten, schalten die Urkräfte der Evolution alle menschlichen Vorsichtsmaßnahmen aus. Was auch immer geschieht: Der Fall des Guineawurms zeigt, dass die Entwicklung des Lebens weitergeht, oftmals in überraschender Weise – und so, dass wir sie miterleben können.

Wie verläuft Evolution heutzutage, was können wir von ihr erwarten? Kann sie mit den tiefgreifenden und raschen Veränderungen auf der Erde umgehen und neue Wege für viele Arten finden – wie beim Guineawurm? Evolution – also die allmähliche Veränderung und Entwicklung von vererbbaren Merkmalen, die Lebewesen von Generation zu Generation in einer Population weitergeben – kann durchaus schnell verlaufen. Oft verändern sich zunächst die Häufigkeiten, mit denen bestimmte Merkmale auftreten. Dadurch wandelt sich das Erscheinungsbild von Arten.

Züchten wir stoßzahnlose Elefanten heran?

Bei Elefanten lässt sich das schon seit Jahrzehnten beobachten. Lange Zeit besaßen nur zwei bis vier Prozent der weiblichen Afrikanischen Elefanten keine Stoßzähne – eine Eigenschaft, die vererbbar ist. Innerhalb von zwanzig Jahren – zwischen 1969 und 1989 – wuchs die Zahl stoßzahnloser weiblicher Elefanten im sambischen South-Luangwa-Nationalpark von zehn auf fast vierzig Prozent.[6] Als Folge der Elfenbeinwilderei haben dort vor allem Tiere ohne Stoßzähne überlebt, und sie vererben diese Eigenschaft nun an ihre

Nachkommen. Ähnliches zeigt sich in anderen Schutzgebieten. Im Gorongosa-Nationalpark Mosambiks besitzt ein Drittel der jüngeren Elefantenkühe keine sichtbaren Stoßzähne,[7] im tansanischen Ruaha-Nationalpark ein Fünftel. Im südafrikanischen Addo-Nationalpark, der 1921 zum Schutz der Elefanten errichtet wurde, nachdem nur elf Tiere die maßlose Jagd überlebt hatten, waren zu Beginn des Jahrtausends sogar achtundneunzig Prozent der Elefantenkühe stoßzahnlos; in dieser kleinen Gründerpopulation hatte sich das Merkmal besonders schnell durchgesetzt. Bei Asiatischen Elefanten, in deren Spezies nur die männlichen Tiere Stoßzähne tragen, lässt sich ein ähnliches Bild beobachten: Auf Sri Lanka besitzen nur noch fünf Prozent der Bullen Stoßzähne.[8] Auch hier wurden Tiere ohne Elfenbeinzähne nicht gejagt – und konnten die für das aktuelle Überleben förderliche Eigenschaft weitergeben.

Der starke Selektionsdruck – die maßlose Jagd nach Elfenbein – hatte also Auswirkungen auf das Gesamtbild vieler Elefantenpopulationen und für beide Spezies. Welche dauerhaften Folgen es für das Verhalten der Elefanten hat, ist nicht absehbar.

Evolution zum Zuschauen bei Darwins Finken

Eine noch schnellere Veränderung des äußeren Erscheinungsbildes aufgrund von Umwelteinflüssen beobachtete das Ehepaar Rosemary und Peter Grant auf der kleinen Galapagosinsel Daphne Major an just jener Gruppe von Vögeln, die nach dem Begründer der Evolutionstheorie «Darwinfinken» genannt werden. Über vierzig Jahre lang kamen die Grants hierher und fingen auf dem winzigen Eiland von kaum einem Fünftel der Größe Helgolands alljährlich alle Mittel-Grundfinken (*Geospiza fortis*) ein, die sich mit ihrem kräftigen Schnabel vor allem von Samen ernähren. Unermüdlich nahm das Forscherpaar Gewicht, Größe, Schnabellänge, Schnabeldicke, Flügellänge und viele andere Eigenschaften der Finken

Im Addo-Nationalpark Südafrikas besitzen nur noch wenige Elefanten das kostbare Elfenbein – ein vererbtes Merkmal, das ihr Überleben sicherte.

auf und beringte den Nachwuchs. So besaßen die Grants alle «persönlichen» Daten der Tiere, wussten in jedem Jahr, wann welcher Vogel gestorben war, in welchem Nest von welchen Eltern er großgezogen wurde. Auf diese Weise konnten sie beobachten, ob und wie sich die Population im Laufe der Zeit veränderte.

Das Jahr 1977 brachte eine große Dürre. Von tausendzweihundert Finken überlebten nur hundertachtzig. Es starben vor allem Vögel mit kleineren und damit schwächeren Schnäbeln. Denn zunächst knacken die Finken jene Samen mit möglichst dünnen Hüllen auf, weil das einfacher und schneller geht. Diese Samen waren also im Dürrejahr als erste aufgezehrt. Finken mit dickem, kräftigem Schnabel und stärkeren Kiefermuskeln hatten dadurch einen Vorteil und überlebten häufiger, weil sie Samen mit dickeren Hüllen besser knacken konnten als die «Dünnschnäbel».

Innerhalb nur eines Jahres, das konnten die Grants messen, hatte sich die Schnabelform der Population im Durchschnitt deutlich verändert – zu dickeren Schnäbeln hin. Und das blieb so in den folgenden, besseren Jahren. Weil die Forscher die Familiengeschichte der Finken oft gut kannten, konnten sie zeigen, dass dickschnäbelige Eltern auch dickschnäbelige Küken großzogen – dieses Merkmal wurde wohl also vererbt. Wie die Stoßzahnlosigkeit der Elefanten trat es in der Population häufiger auf, weil es bei starkem Selektionsdruck einen wichtigen Überlebensvorteil brachte.

Als auf ein paar «normale» Regenjahre ein Jahr mit Starkregen folgte, mit zehnmal mehr Niederschlag als üblich, als alles auf Daphne Major grünte und sprießte und feine Samen ohne dicke Schale in Hülle und Fülle vorhanden waren, da waren jene Finken im Vorteil, die kleinere Schnäbel besaßen.[9] Sie vermehrten sich stärker, und in den folgenden Jahren gab es wieder mehr feinschnäblige Finken auf der Insel.

In dieser mittlerweile klassischen Langzeitstudie haben die Grants mit Darwins Finken widerlegt, was Darwin angenommen hatte: dass Evolution und der Wandel von Arten nur ganz langsam ablaufen, sodass wir beides nicht wahrnehmen können. Wenn sich aber Umweltbedingungen ändern, können sich Arten unter Umständen schnell anpassen – insofern sie «vorbereitet» sind und eine Reihe unterschiedlicher Merkmale als Genvarianten im «genetischen Gepäck» haben. Dann ist es möglich, dass sich das Erscheinungsbild einer Art rasch wandelt.

Der Teufel steckt im Flaschenhals

Haben Arten solche «Ausrüstung» nicht dabei, kann das nicht nur für ein Individuum, sondern auch für eine Population oder eine ganze Spezies tödlich enden. Es sei denn, sie erwerben schnell solche hilfreichen Eigenschaften – durch Mutation beispielsweise.

Zu den Umweltveränderungen, die einen solchen Selektionsdruck ausüben, zählen auch Krankheitserreger: Wer genetisch auf sie vorbereitet ist, hat bessere Chancen zu überleben. Wer nicht, stirbt unter Umständen aus – oder muss rechtzeitig Resistenzen beziehungsweise andere Abwehrmöglichkeiten entwickeln.

Diesen evolutionären Überlebenskampf kann man beim tasmanischen Beutelteufel beobachten. Der schwarze, grimmig knurrende, aber nur dackelgroße Raubbeutler, der hauptsächlich von Aas lebt, wird seit über zwei Jahrzehnten von einer gruseligen Seuche befallen, die seinen Fortbestand als Art in Frage stellt. Für infizierte Tiere verläuft die Krankheit mit dem Namen *Devil Facial Tumour Disease* so gut wie immer tödlich, sie sterben meist innerhalb von sechs Monaten. Um das Maul befallener Beutelteufel herum bilden sich eiternde Geschwulste, die sich vom Kopf aus über den Körper ausbreiten und im Gesicht irgendwann so groß sind, dass sie beim Fressen behindern – und die armen Teufel verhungern lassen. In manchen Regionen Tasmaniens sind die Bestände der Beutelteufel seither um neunzig Prozent zurückgegangen, insgesamt um mehr als achtzig Prozent.

Bei dieser ungewöhnlichen Seuche handelt es sich um eine spezielle Form von Gesichtskrebs, der – und das ist so außergewöhnlich und schlimm für die Spezies – ansteckend ist. «Normale» Krebserkrankungen betreffen nur das Individuum, bei dem Tumorzellen entstanden sind, die ungehemmt im Körper wuchern. Das Immunsystem dieses Individuums kann deshalb nicht gegen diese Zellen vorgehen, weil es eigene sind, die nicht als «fremd» erkannt werden. Daher sind Krebserkrankungen normalerweise nicht ansteckend, denn sollte eine Krebszelle in einen anderen Organismus gelangen, würde sie sofort als körperfremd erkannt und ausgeschaltet. Weil die Teufel in den vergangenen Jahrhunderten wohl schon durch manchen genetischen Flaschenhals gegangen sind, besitzen sie keine große Vielfalt mehr, sondern sind oft nahezu identisch – «immunologische Klone» sozusagen – und haben kaum Abwehrmöglichkeiten gegen die übertragenen Krebszellen. Wenn sich die rauflustigen Teufel an Kadavern, aber auch bei der Paarung gegenseitig beißen und sich dabei kleine Wunden zufügen, geraten oft am Mund sitzende Tumorzellen auf den nächsten Teufel und infizieren ihn.

Mittlerweile gibt es jedoch Hoffnung für den Beutelteufel. Wissenschaftler haben überlebende Tiere aus jenen Regionen der australischen Insel untersucht, in denen der Krebs über neunzig Prozent der Individuen getötet hat – und Veränderungen bei sieben Genen festgestellt, von denen einige bei anderen Spezies mit einer verstärkten Immunantwort auf Krebs zu tun haben. Es könnte also sein, dass der Teufel gerade dabei ist, eine Resistenz gegen die Seuche zu entwickeln. «Obwohl diese Krankheit größtenteils tödlich verläuft, verschwinden Tumore bei immer mehr Einzeltieren», so der Krebsforscher Andrew Storfer.[10] Innerhalb von nur vier bis sechs Generationen haben sich unter großem Selektionsdruck Genveränderungen verbreitet, die dem Beutelteufel vielleicht eine bessere Abwehr gegen den Krebs ermöglichen. Eine so schnelle evolutionäre Antwort freilebender Populationen auf eine neuartige, tödliche Krankheit wurde zuvor noch nie beobachtet.[11]

Retten sich die Frösche vor der Pandemie?

Seit den 1980er Jahren werden Frösche weltweit durch eine andere Seuche dahingerafft – eine verheerende Pandemie innerhalb einer ganzen Tiergruppe, von Panama bis in die Pyrenäen, ausgelöst vom Chytridpilz (*Batrachochytrium dendrobatidis*). Bei über fünfhundert betroffenen Arten sind die Bestände stark geschrumpft, bei über hundertzwanzig von ihnen um mehr als neunzig Prozent;[12] mittlerweile gelten neunzig Spezies zumindest in der Wildnis als ausgerottet. Für Froschforscherin Wendy Palen ist der Chytridpilz daher der «zerstörerischste Krankheitserreger, der je von der Wissenschaft beschrieben wurde».[13] Seinen Ursprung hat der Pilz auf der Koreanischen Halbinsel, von wo aus er zunächst über den Tierhandel und später wohl auch durch Wissenschaftler, die Amphibien erforschen, in der Welt bis in abgelegene tropische Regionen verbreitet wurde.[14]

Einige gefährdete Spezies haben «Zuflucht» in Amphibienarchen gefunden, in denen sie gezüchtet und vor dem Aussterben bewahrt werden. Doch nun gibt es auch aus dem Freiland unerwartete gute Nachrichten: In Panama haben sich einige Froscharten, die nahezu ausgerottet waren, wieder erholt. Zwei Spezies – der hübsche schwarzgelbe Stummelfußfrosch (*Atelopus varius*) und der Panama-Raketenfrosch (*Colostethus panamensis*) – bilden fast schon wieder ähnlich große Bestände wie vor dem Seuchenzug. Forscher um James Voyles von der amerikanischen University of Nevada haben herausgefunden, dass sich zumindest einige Arten mittlerweile gegen den aggressiven Hautpilz wehren können. In einem Versuch infizierten sie Stummelfußfrösche unterschiedlicher Herkunft: Frösche, die schon seit Generationen in menschlicher Obhut gezüchtet wurden und daher nie Kontakt mit dem Chytridpilz hatten, sowie Frösche aus jenen Populationen, die sich im Freiland wieder vermehrt hatten. Bei der ersten Gruppe wirkte der Befall mit dem Pilz weiterhin verheerend, während sich die zweite als ziemlich resistent entpuppte. Der Pilz an sich habe nichts von seiner schädlichen Wirkung eingebüßt, er sei im Prinzip genauso infektiös geblieben, so Voyles.[15] Es waren die Frösche, die eine Resistenz entwickelt haben – wahrscheinlich scheiden sie nun Hautsekrete aus, die den Pilz effektiver bekämpfen.

Beutelteufel und Frösche müssen dieses Problem für sich selbst «lösen» – und es scheint, als hätten sie gerade noch einmal Glück, unter dem großem Selektionsdruck rechtzeitig genetisch verankerte Resistenzen zu entwickeln, um zu überleben. Ein ähnlicher Evolutionsmechanismus findet häufig bei vielen unserer Krankheitserreger statt, die wir mit Medikamenten auszuschalten versuchen, um schlimme Infektionen in den Griff zu bekommen – mit Antibiotika etwa, die einen Großteil von Erregern im Körper abtöten oder im Wachstum hemmen, sodass unser Immunsystem die verbleibenden Pathogene selbst erledigen kann. Doch weil wir Antibiotika viel zu oft und viel zu unkontrolliert einsetzen – sowohl bei menschlichen Krankheiten als auch in der Tierhaltung –, züchten wir immer mehr Erreger heran, die resistent gegen unsere Medizin sind. Bei Bakterien sind multiresistente Stämme schon weit verbreitet. Sogar «Supererreger» sind bekannt, gegen die viele der gängigen Medikamente, vor allem Antibiotika, wirkungslos geworden sind.[16] Eine große Gefahr besteht darin, dass uns irgendwann wirksame Gegenmittel ausgehen – eben weil wir die Erreger ständig unter hohen Selektionsdruck setzen. Bakterien und einzellige Lebewesen können sich unter geeigneten Bedingungen nämlich rasend schnell und in großen Zahlen vermehren. Der Malariaerreger *Plasmodium falciparum* ist ebenfalls weitgehend resistent gegen die Medikamente Chloroquin und Artemisin.[17] Auch das ist Evolution, wie sie heute abläuft.

Resistenzen gegen Invasoren

Invasive Arten setzen alteingesessene Spezies in jenen Ökosystemen, in die sie eingeschleppt werden, ebenfalls unter Selektionsdruck. Oft genug haben diese nämlich keinerlei «Resistenz» gegen die «Aliens» – weil sie so viel größer oder gefräßiger sind, weil sie auf andere Weise jagen oder sich durch sonstige, in dieser Weltregion bislang unbekannte Methoden durchsetzen. Auf Inseln mit kleinen Populationen hat dies schon häufig zum Aussterben geführt, auf größeren Landflächen sind manchmal andere Entwicklungen möglich.

1935 wurde die südamerikanische Agakröte in Australien zur «biologischen Schädlingsbekämpfung» ausgesetzt. Sie sollte einen Käfer in Schach halten, der dort auf Zuckerrohrfeldern große Schäden anrichtete.[18] Aus den über vierzigtausend Jungkröten, die damals in der Gegend von Cairns im Nordosten des Kontinents freigelassen wurden, hat sich ein für viele andere Spezies gefährlicher Siegeszug der gewaltigen Froschlurche entwickelt. Die über zwanzig Zentimeter großen, oft über ein Kilogramm schweren Kröten, deren Weibchen jährlich Zehntausende von Eiern legen, überrennen große Teile Australiens. Manchen Schätzungen zufolge ist die Zahl der Agakröten auf dem Kontinent heute größer als die aller anderen Froschlurche aus über zweihundert dort heimischen Spezies zusammen.

Die vermehrungsfreudigen Kröten kümmerten sich nur wenig um den Zuckerrohrkäfer, wirbelten aber ganze Ökosysteme durcheinander, nicht nur wegen ihrer Gefräßigkeit. Denn sie schützen sich vor Fressfeinden mit einer hochwirksamen Giftmischung, die sie aus zwei großen Hinterohrdrüsen und einer Reihe kleinerer Hautdrüsen auf dem Rücken ausscheiden. Für viele Tiere – Säuger, Vögel und Reptilien – ist dieses Sekret tödlich, wenn sie die Kröten verspeisen; manchmal genügt es, nur in Kontakt mit ihnen zu kommen. Viele australische Spezies waren solche Giftlurche evolutionär nicht gewohnt – und wo auch immer die Agakröten bei ihrem Eroberungszug ankommen, verschwinden einheimische Arten: Die Bestände der bis drei Meter langen Australienkrokodile sind in solchen Regionen um die Hälfte, mancherorts sogar um drei Viertel zurückgegangen;[19] bei den anderthalb Meter langen Arguswaranen vergiften sich oft sogar über fünfundneunzig Prozent einer Population an den Kröten. Einige Spezies sind mittlerweile gerüstet: Die Rotbäuchige Schwarzotter hat Resistenzen gegen das Gift entwickelt;[20] andere, wie die Gemeine Baumschlange, haben nun insgesamt kleinere Mundöffnungen, weil jene Schlangen, die ihr Maul weit aufsperren und so die giftigen Kröten schlucken konnten, nicht überlebten.[21]

Auch die Bestände der Nördlichen Tüpfelbeutelmarder (*Dasyurus hallucatus*) sind wegen der giftigen Kröten stark geschrumpft. Die hübschen, auch Quolls genannten Raubbeutler, die kaum länger als dreißig Zentimeter werden, sind vielerorts fast ausgestorben, weil sie sich über Kröten passender Größe hermachen. In einigen isoliert lebenden Populationen jedoch fanden Wissenschaftler Quolls, die die giftigen Kröten meiden.[22] Bei Kreuzungsversuchen stellten die Forscher fest, dass diese «krötenklugen» Beutelmarder die Achtsamkeit an ihre Nachkommen vererben; es scheint also kein erlerntes Verhalten zu sein. Die Forscher schlagen daher vor, durch Agakröten gefährdete Quollpopulationen genetisch «aufzurüsten», indem dort Beutelmarder ausgesetzt werden, die den Kröten aus dem Weg gehen – Artenschutz durch gezielten Genfluss, der an Orten, wo resistente Individuen hinkommen, die Evolution beschleunigt. Dieser *targeted gene flow* könnte auch zur Rettung anderer gefährdeter Spezies eingesetzt werden – etwa indem tumorresistente Beutelteufel gezüchtet und in verschiedenen Regionen Tasmaniens ausgesetzt werden.[23]

Artbildung im Schnelldurchlauf

Es gibt erstaunliche Fälle einer solchen Evolution in Echtzeit, bei denen sich die Entstehung neuer Arten in so kurzen Zeiträumen vollzieht, dass wir sie als Menschen gewissermaßen im Alltag überblicken können. Isolierte Gebiete wie Inseln sind oft Orte, an denen Evolution aufgrund kleiner Populationen schneller verläuft. Individuen, die dorthin geraten, werden sich rascher zu neuen Arten entwickeln – erst recht, wenn die Lebensbedingungen auf einer solchen «Insel» vom ursprünglichen Habitat deutlich abweichen. So stellten Forscher 1999 fest,[24] dass sich die Stechmücken in der

Londoner U-Bahn stark von jenen am Tageslicht unterscheiden – so sehr, dass man sie kaum noch als Artgenossen bezeichnen kann. Die Mücken der verschiedenen U-Bahn-Linien können sich miteinander vermehren, doch eine Kreuzung mit denen über der Erde war bei Laborversuchen nicht mehr möglich. Die «Londoner U-Bahn-Moskitos» werden daher von einigen Wissenschaftlern als eigene Art (*Culex molestus*) angesehen. Wahrscheinlich habe es nur ein «einmaliges Besiedlungsereignis» gegeben, so der Biologe Richard Nichols. Denn die unterirdisch lebenden Mücken sind einander genetisch ausgesprochen ähnlich.[25]

Die Bildung neuer Arten muss folglich kein langsamer Prozess sein, der sich über Zehn- bis Hunderttausende von Generationen vollzieht, wie Darwin einst spekulierte. Bei isolierten Populationen kann es schnell gehen. Bei größeren Arten mit geringerer Nachkommenzahl dauert es etwas länger: So hat sich das auf der Insel Escudo de Veraguas vor der karibischen Nordküste Panamas lebende Zwergfaultier (*Bradypus pygmaeus*) während jener neuntausend Jahre zu einer eigenen Art entwickelt, in denen sich die Insel, die kaum dreimal so groß ist wie Helgoland, nach der letzten Eiszeit, als der Meeresspiegel weltweit anstieg, vom Festland und den dort lebenden größeren Faultieren abgespalten hat.

Selektion, Isolation und Mutation gehören zu den Triebfedern der Evolution. Kleinere Veränderungen können sich dabei durchaus rasch vollziehen, größere benötigen in der Regel deutlich länger. Wie lange braucht die Evolution aber, um jene verlorenen Säugetierspezies zu ersetzen, die wir bereits ausgerottet haben oder in den nächsten Jahrzehnten wohl ausrotten werden? Das wollte der dänische Paläontologe Matt Davis wissen.[26] Sein Ergebnis: Um den derzeitigen Stand wiederzuerlangen – und zwar nicht nur an Artenzahl, sondern auch an phylogenetischer Vielfalt – dauere es drei bis fünf Millionen Jahre, also mehr als zehnmal so lange, wie der *Homo sapiens* auf der Erde existiert.

Wenn alle Nashörner, Elefanten, Giraffen oder Menschenaffen erst einmal verschwunden sind, braucht es eine enorme Zeit, bis sich vielleicht wieder ähnliche Lebensformen entwickeln. Ratten hingegen, die vom Menschen auf viele Inseln gebracht werden, könnten sich flotter zu jeweils eigenen Spezies entwickeln – was jedoch kein neuer großer Wurf der Evolution wäre. Auch der *Homo sapiens* hat sich vor dreihunderttausend Jahren nicht aus dem Nichts entwickelt, sondern ist aus einer Reihe von ähnlichen Vorläuferarten entstanden.

Etwas Bestehendes baut die Evolution also rascher um, Neuerfindungen benötigen deutlich länger. Sollten wir noch mehr Spezies ausrotten, dürfen wir nicht darauf vertrauen, dass die Evolution «für uns» bald neue entwickelt, die eine ähnlich große Vielfalt mit ähnlicher Funktionenfülle aufweisen. Innerhalb menschlicher Zeiträume wird der Verlust nicht gutzumachen sein. Wir müssen also entscheiden, welche Evolutionswege weitergehen.

Wohin mit den Aliens?

Vor dem Betreten des Tals werden alle Rucksäcke durchsucht, zwei Schleusen muss man passieren, dann darf man eintreten in einen Wald flechtenbehangener Bäume und gewaltiger Baumfarne, manche bis zu zwanzig Meter hoch.[27] Unter strengsten Sicherheitsvorkehrungen soll eine verschwundene Welt wiederentstehen: ein Kosmos seltsamer, oft flugunfähiger Vögel, urtümlicher Frösche und lebender Fossilien aus der Zeit der Dinosaurier. In jahrelangen Testreihen wurde ein über acht Kilometer langer Zaun entwickelt, hoch genug und mit einem Schutz versehen, damit gefährliche Räuber nicht drüberspringen oder -klettern können.

Die Räuber, um die es geht, leben nicht hinter diesem Zaun im Tal, sondern außerhalb davon – mitten in Neuseelands Hauptstadt Wellington. Es sind vom Menschen aus anderen Erdteilen mitgebrachte Ratten, Wiesel, Frettchen und Fuchskusus (*Trichosurus vulpecula*) – plüschige Kletterbeutler, auch «Possums» genannt, die aus Australien als Pelztiere eingeführt wurden. Sie alle hatten in der für sie neuen Welt keine natürlichen Feinde, haben sich massenhaft vermehrt und sich über die wehrlosen einheimischen Vögel, Reptilien und Amphibien hergemacht.

Bis zur Ankunft des Menschen war Neuseeland ein ganz eigener Entwurf der Natur – bis auf drei Fledermausarten gab es auf den Inseln, die sich vor achtzig Millionen Jahren vom Rest der Welt abgespalten haben, keine Säugetiere. So entwickelte sich hier eine Welt der Vögel, von denen viele – wie der neuseeländische Nationalvogel Kiwi, der Eulenpapagei Kakapo oder die bunte Takahe-Ralle – das Fliegen aufgaben. Da zahlreiche neuseeländische Arten solche räuberischen Neubürger nicht gewohnt waren, hatten sie keine evolutionär entwickelte Furcht vor ihnen und waren daher leicht zu jagen; die flinken Säuger machten sich auch über Eier und Küken her. Gut die Hälfte aller Vogelspezies Neuseelands ist seither ausgerottet, vom Rest ist etwa ein Drittel vom Aussterben bedroht. Ähnliches betrifft die Pflanzenwelt: Zwei Drittel Neuseelands sind von eingeführten Arten bewachsen, und die einheimischen Pflanzen, von denen achtzig Prozent nur hier vorkommen, sind weiter auf dem Rückzug.

Das idyllische Tal will ein Fenster zur Vergangenheit sein, ein Abbild Neuseelands wie vor Ankunft des Menschen vor über siebenhundert Jahren. Mit ähnlichen Methoden, wie sie Don Merton entwickelt hatte, um Inseln von invasiven Arten zu befreien, wurde hier eine «Festlandinsel» mit typisch neuseeländischen Pflanzen und Tieren geschaffen. Und damit das so bleibt, werden vor Betreten alle Taschen kontrolliert – eine trächtige Ratte, die zufällig ins Schutzgebiet gelangt, könnte alles zunichtemachen.

Seit der Eröffnung des Schutzgebietes im Jahr 1999 – zunächst als Karori Wildlife Sanctuary, später wurde es in Zealandia[28] umbenannt – wurden hier achtzehn neuseeländische Tierarten angesiedelt. Einige von ihnen lebten seit über hundert Jahren nicht mehr auf dem neuseeländischen Festland, sondern nur noch auf kleinen räuberfreien Inseln vor der Küste – etwa die stachelrückige Brückenechse oder Tuatara, deren fast unverändert aussehende Verwandte bereits vor zweihundertzwanzig Millionen Jahren existierten, oder mehrere Arten der seltsamen Wetas oder Langfühlerschrecken. Insgesamt vierzig Arten neuseeländischer Vögel wurden schon beobachtet, viele vermehren sich im sicheren Tal. Als 2007 Tuataras aus Eiern schlüpften, waren es die ersten kleinen Brückenechsen seit wohl Hunderten von Jahren auf dem neuseeländischen Festland.

Der Zaun funktioniert, die gefräßigen «Aliens» sind bis heute draußen geblieben.

Ein elektrischer Zaun gegen springende Fische

Auch die Great Lakes Nordamerikas sollen unbedingt von einem invasiven Räuber verschont bleiben. In den vergangenen Jahrzehnten ist er den ganzen Mississippi hochgeschwommen und hat längst jenen Verbindungskanal in der Nähe von Chicago erreicht, der den größten Strom des Kontinents mit den fünf zusammenhängenden Seen verbindet. Schiffe sollen die künstliche Wasserstraße weiterhin passieren, der räuberische Fisch darf jedoch unter keinen Umständen durch den Chicago Sanitary and Ship Canal hindurchschwimmen, sonst droht dem größten Binnenseengebiet der Erde ein ökologisches Desaster. Daher haben Ingenieure der US-Armee bei der Ortschaft Romeoville in Illinois eine elektrische Barriere am Kanal gebaut. Entlang von drei Hunderte Meter langen Abschnitten sind die Kanalwände unterhalb der Wasserlinie mit Metallelektroden übersät, die mit regelmäßigen Strompulsen verhindern sollen, dass der unerwünschte Eindringling über den fast zehn Meter tiefen und zirka fünfzig Meter breiten Kanal die Seen erobert.[29]

Ursprünglich waren die bis zu knapp anderthalb Meter langen und über vierzig Kilogramm schweren asiatischen Silberkarpfen in den 1970er Jahren in amerikanischen Teichen als biologische Schädlingsbekämpfer zum Algenfressen ausgesetzt worden. Bald jedoch entwischten sie, vermehrten sich ungebremst und wirbelten die Artengarnitur vieler Gewässer durcheinander. Weil sie vor allem von Plankton leben, fressen die Fische beinahe allen anderen die Nahrungsgrundlage weg. In manchen Flüssen der USA leben zehnmal mehr Silberkarpfen als einheimische Fische. Berüchtigt und spektakulär sind ihre bis zu drei Meter weiten Sprünge aus dem Wasser – ein Fluchtreflex, mit dem sie vor Feinden Reißaus nehmen, der aber auch von nahenden Booten ausgelöst werden kann. Weil mittlerweile so viele Fische in den Flüssen leben, erschrecken sie sich gegenseitig, und es kommt zu Kettenreaktionen – oft springen Tausende auf einmal, als würde das Wasser brodeln und kochen. Für Menschen sind die «fliegenden Karpfen» durchaus gefährlich: Es gab schon Nasen- und Kieferbrüche, als Angler in offenen Booten herumfuhren. Vom Wasserskifahren auf den «verseuchten» Gewässern wird dringend abgeraten.

Mit gewaltigem Aufwand soll der Vormarsch asiatischer Silberkarpfen in die Great Lakes, die bereits durch andere eingewanderte «Aliens» schwer geschädigt sind, gestoppt werden. Die Seen – nach der letzten Eiszeit entstanden – sind zwar über den Sankt-Lorenz-Strom mit dem Atlantik verbunden, aber durch die Niagarafälle zwischen dem Erie- und dem Ontariosee vom Ozean so getrennt, dass über Jahrtausende hinweg keine Arten diese natürliche Barriere im Wasser passieren und die vier Seen oberhalb der Fälle besiedeln konnten. Erst über schiffbare Kanäle, die den Wasserfall umgingen oder in der Nähe von Chicago die Verbindung zum Mississippi herstellten, gelangten über hundertachtzig zuvor dort nicht heimische Spezies in das Seensystem – Fische, Muscheln, Schnecken, Algen, von denen sich einige explosiv vermehrten.

Eine der vielen problematischen Einwandererspezies ist die kaum vier Zentimeter große Wander- oder Zebramuschel, die wohl Ende der 1980er Jahre im Ballastwasser großer Schiffe aus Europa kam. Mit ihren extrem robusten Byssusfäden – Sekreten ihrer Fußdrüsen – heftet sie sich an einen beliebigen harten Untergrund und lässt sich kaum ablösen. Auf diese Weise «erdrückte» die kleinere Muschel einheimische Großmuscheln und brachte sie fast zum Verschwinden. Sie besiedelt Schiffsoberflächen, Bojen, Kaimauern, Kanäle, Pipelines und Rohre und verstopft dabei Zuleitungen der kommunalen Wasserversorgung und von Industrieanlagen. Allein die Beseitigung der dicken Zebramuschelkrusten verursacht Kosten von bis zu fünfhundert Millionen Dollar im Jahr.

Auch die recht aggressive Schwarzmundgrundel – ein aus Südosteuropa im Ballastwasser eingeschleppter Bodenfisch – verbrei-

Angriff der Killerkarpfen: Einst als Algenfresser in den USA ausgesetzt, ist die Invasion asiatischer Silberkarpfen kaum zu stoppen.

tet sich seit den 1990er Jahren enorm, besetzt Laichgründe anderer Fischarten, frisst deren Eier und Nahrungstiere. Würden nun – neben all den anderen invasiven Arten – zusätzlich die planktonfressenden springenden Karpfen in die Seen kommen, würden mit großer Wahrscheinlichkeit die Fischbestände zusammenbrechen.[30] Als Folge stünde die Zukunft der jährlich sieben Milliarden Dollar erwirtschaftenden Fischerei auf dem Spiel – und auch die Tourismusindustrie hätte wohl gewaltige Einbußen.

Wenn ein See kippt

Was es bedeutet, wenn ein großes Ökosystem durch invasive Arten kollabiert, zeigt sich seit Jahrzehnten beim größten See Afrikas, dem zweitgrößten Süßwassersee der Welt: dem Victoriasee. Um den kommerziellen Fischfang zu fördern, setzte ein Beamter der kenianischen Fischereibehörde 1954 einen Eimer voller Nilbarsche aus dem Albertsee aus.[31] Seither hat der oft mehr als zwei Meter lange und zweihundert Kilogramm schwere Raubfisch über dreihundert Arten deutlich kleinerer Buntbarsche der Gattung *Haplochromis*, die nur hier vorkamen – ein Paradebeispiel für die Entstehung der Arten –, innerhalb weniger Jahrzehnte einfach aufgefressen. Aus der guten Absicht wurde eine wissenschaftliche und ökologische Katastrophe. Denn das differenzierte und gut funktionierende Netzwerk im See wurde durch den Nilbarsch in kürzester Zeit aufgelöst. Ständig kam es nach der Eroberung des Sees durch den großen Raubfisch zu sprunghaften Entwicklungen: «Sobald wir etwas postuliert hatten, hat uns das Ökosystem mit einer unerwarteten Wende überrascht»,[32] so beschreibt Fischforscher Tijs Goldschmidt das Geschehen, das er über Jahre erforschte. Mal nahm eine bislang seltene Garnelenart, die einst von den Buntbarschen vertilgt wurde, explosionsartig zu, bald darauf waren die Netze der Fischer mit sardinenartigem Fisch gefüllt, dann schöpften die Forscher viele Schnecken aus dem See. Hatten die Bewohner des Victoriasees die kleinen Buntbarsche zuvor in der Sonne trocknen lassen, um sie haltbar zu machen, so war der Nilbarsch dafür viel zu fett. Also wurden die Uferwälder gerodet, um Holzkohle für die Räuchereien zu gewinnen. Seitdem nimmt die Erosion zu. Inzwischen wurden gewaltige Mengen Erde, Düngemittel und Nährstoffe in den See gespült und haben die Algen wuchern lassen.

Ist ein Ökosystem erst einmal durch invasive Arten gestört, hat die nächste Plage oft ein noch leichteres Spiel. Eine südamerikanische Schwimmpflanze, die Wasserhyazinthe, überzieht seit Anfang der 1990er Jahre große Teile des Victoriasees in dicken Matten. Mittlerweile sind über neunzig Prozent der ugandischen Küsten von Wasserhyazinthen bedeckt. So entstand ein ideales

Brutgebiet für Malaria-Mücken und Bilharziose-Schnecken. In Ugandas Hauptstadt Kampala fällt regelmäßig der Strom aus, weil das schwimmende Kraut Kraftwerksturbinen verstopft; Häfen sind für Boote oft nicht mehr passierbar. Die absterbenden Pflanzenteile der Hyazinthen lassen den Sauerstoffgehalt des Wassers sinken und lösen damit ein Fischsterben aus, insbesondere Eier und Larven ersticken. Aufgrund des ausbleibenden Nachwuchses haben einheimische Fischer immer weniger zu fangen. Nach starken Regenfällen erreichte der Wasserstand 2020 ein historisches Hoch von 13,5 Metern über dem normalen Wasserspiegel[33] – denn der einzige Abfluss des riesigen Sees in den Nil wurde durch Wasserhyazinthen und den Morast ihrer schwimmenden Inseln verschlossen. Fischerdörfer am Ufer wurden überschwemmt, Häuser und Äcker zerstört.

Ein Eimer voller Fische hat also das Ökosystem des riesigen Victoriasees kollabieren lassen; die Zukunft des Gewässers ist ungewiss. Mit diesem warnenden Beispiel vor Augen versuchen die Amerikaner eine ähnlich verheerende Kaskade in den Great Lakes, ausgelöst durch die einwandernden Silberkarpfen, zu verhindern: Mit allen zur Verfügung stehenden und fast verzweifelt wirkenden Mitteln überwachen sie den Kanal, der den Mississippi mit dem Seensystem verbindet, nicht nur mit jenem elektrischen Unterwasserzaun. Bis zu drei Meter hohe, extrem engmaschige Zäune um Sumpfgebiete herum sollen verhindern, dass Silberkarpfen bei Überschwemmungen in karpfenfreie Gebiete eindringen. Als dennoch 2010 hinter der elektrischen Barriere im Kanal, nur wenige Meilen vom Michigansee entfernt, «DNA» der Silberkarpfen entdeckt wurde – «Umwelt-DNA», die aus Schuppen oder Schleimfetzen der Fischhaut stammen könnte –, wurden große Abschnitte des Wasserweges mit Rotenon vergiftet. Das Ergebnis: Zehntausende Kilogramm toter Fische, aber kein Silberkarpfen dabei. Ein Fischer will 2017 einen Silberkarpfen einige Kilometer hinter der elektrischen Barriere gefangen haben; aber ob sich dort schon eine Population etabliert hat, ist ungewiss.

Irgendwann, irgendwie werden die Silberkarpfen aber in das Wasser der Great Lakes gelangen. Ob durch eigene Wanderung, weil es ihnen gelingt, durch die Maschen des elektrischen Unterwasserzauns zu schlüpfen; ob durch Fischlaich, der an Entenfüßen oder Bootsrümpfen haftet; ob durch «Ökoterroristen»: Auch hier würde ein Eimer Fische ausreichen, um die Anrainer der Seen enorm zu schädigen. Das Umkippen scheint demnach nur eine Frage der Zeit zu sein. Denkt hier niemand in evolutionären Zeiträumen? Welchen Unterschied macht es, ob die Silberkarpfen in zehn, zwanzig oder fünfzig Jahren dort einwandern? Wofür will man diese Zeit gewinnen? Oder anders ausgedrückt: Lässt sich ein solch gravierender Fehler wie das Aussetzen einer hochgradig invasiven Art in einem so großen System überhaupt umkehren?

Neuseelands Kriegserklärung

In Neuseeland arbeitet man derzeit daran, den Zaun um Zealandia irgendwann überflüssig zu machen. Denn man will die Räuber endgültig ausrotten – im ganzen Land. Schon lange hat Neuseeland den «Aliens» den Krieg erklärt, weil die invasiven Arten neben der einzigartigen Flora und Fauna des Landes auch die Landwirtschaft und den Tourismus bedrohen, die Grundpfeiler der neuseeländischen Wirtschaft. Der dadurch entstehende Gesamtschaden belief sich 2008 auf gut zwei Milliarden Euro, das sind zwei Prozent des neuseeländischen Bruttosozialproduktes.[34] Die «Schlacht um die Biosicherheit» ist mittlerweile ähnlich bedeutsam wie die herkömmliche nationale Verteidigung. Neuseeland «rüstet» im Kampf gegen die unerwünschten Arten stetig nach, ist führend in der «Abwehrforschung» und errichtet ein immer besser werdendes «Verteidigungssystem» gegen neue Invasionen.

Als ich 2001 in Neuseeland unterwegs war, um mir vor Ort die Auswirkungen der invasiven Arten und den Kampf gegen sie anzuschauen, lernte ich: Jenes Neuseeland unserer europäischen Wildniswünsche – das saubere Land der grünen Fjorde voller unversehrter Natur – hat nur deshalb in vielen Regionen und Nationalparks noch typisch neuseeländischen Wald vorzuweisen, weil dort alle drei Jahre per Hubschrauber Gift abgeworfen wird, das die invasiven Säuger tötet, Vögel und andere Arten aber verschont. Besonders verhasst sind die Fuchskusus: Gut dreißig Millionen der gefräßigen Beuteltiere leben auf Neuseeland, und es gibt kaum einen Flecken, der nicht von ihnen besiedelt ist. Sie machen sich nicht nur über die Gelege der unbedarften einheimischen Vögel her, sondern vertilgen auch allnächtlich im ganzen Land über siebenundzwanzigtausend Tonnen Laub. Zur Zeit meiner Reise waren Umfragen zufolge etwa siebzig Prozent der Bevölkerung dafür, die Possums auszurotten, weitere zwanzig Prozent wollten ihren Bestand drastisch reduzieren. Ob es gelingen könnte, Neuseeland von diesen «Aliens» zu befreien, wollte ich damals wissen. Und gleich mehrere Forscher, die sich mit solchen Maßnahmen beschäftigten, erklärten mir zu meinem Erstaunen: Das sei allein eine Frage der Entscheidung – und der Konsequenz. Um ehrlich zu sein: Damals erschien mir der Gedanke absurd.

Doch nun soll es Wirklichkeit werden. Im Juli 2016 hat die neuseeländische Regierung verkündet, Neuseeland innerhalb von dreißig Jahren «räuberfrei» zu machen – ohne Ratten, ohne die kleinen Marder, die Wiesel, Frettchen und Hermeline also, ohne Possums. «Predator Free New Zealand 2050» (PFNZ 2050) heißt das nahezu aberwitzig anmutende Vorhaben. Was Don Merton im Jahr 1960 begann, als er die zwei Hektar große Maria Island mit vergifteten Ködern von Ratten befreite, nimmt immer größere Ausmaße an. Mittlerweile haben Naturschützer unter neuseeländischer Anleitung auf der subantarktischen Insel Südgeorgien – immerhin ein

Eiland von der Größe Mallorcas – innerhalb mehrerer Jahre alle Wanderratten beseitigt. Das Brutgebiet von Millionen von Vögeln, darunter Pinguine, Albatrosse, Sturmschwalben und Sturmvögel, gilt seit 2018 als rattenfrei. Doch ein ganzes Land voller Gebirge und versteckter Winkel, voller Städte, privater Grundstücke und Farmen – wie soll das gehen? In einer konzertierten Aktion soll es versucht werden – mit professionellen Naturschützern, die seit Jahrzehnten solche Methoden flächendeckend nutzen, und der Bevölkerung. Seither ziehen, unterstützt von der Regierung, ganze Orte, Nachbarschaften, Familien mit Kindern und Schulklassen los – zum Töten, um die verhassten Räuber mit Fallen und Giftködern auszurotten.

Fragen und Diskussionen gibt es viele – zu Machbarkeit, Sinn, Folgen, Ökologie, Moral: Wie soll, wie kann das überhaupt gelingen? Wie bei einem Puzzle soll zunächst ein Flickenteppich entstehen – aus immer größer werdenden «Inseln» wie dem Schutzgebiet Zealandia oder aus Halbinseln, die sich leicht kontrollieren oder abriegeln lassen –, bis das ganze Land nach und nach räuberfrei ist. Geht es darum, Neuseeland wie Zealandia zu einem lebenden Fenster zur Vergangenheit zu machen? Wieso nicht dem Gang der Dinge, der Evolution ihren Lauf lassen? Reicht es nicht, wenn wir die Kiwis in Zoos und auf einigen Inseln als lebende Museumsobjekte betrachten können? Aber es geht nicht nur um Kiwis, sondern um das, was Neuseeland von allen anderen Orten der Welt unterscheidet – eine ganz eigene Evolutionsgeschichte mit einzigartigen Ökosystemen, die aus sich heraus funktionieren können, mit einheimischen Spezies und ihren jeweiligen Ökosystemdienstleistungen. Auch darin könnte eine Vision für ein zukünftiges, modernes Neuseeland liegen: Nicht um ein sorgfältig aus alten Teilen wieder zusammengefügtes Ökosystem ginge es, sondern um eines, das weiterhin durch ein Nebeneinander von heimischen und eingeführten Arten geprägt wäre – bis auf jene räuberischen Spezies, denen viele neuseeländischen Arten nichts entgegenzusetzen haben. Sodass das restaurierte System weiterhin auf Veränderungen der Umwelt reagieren und sich entwickeln kann.

Doch gehören diese «Neubürger», die zum Teil bereits mehrere hundert Jahre hier leben, nicht längst schon selbst zum neuseeländischen Ökosystem? Was geschieht, wenn sie verschwunden sind? Und weshalb werden diese Arten ausgerottet, die vielen Millionen neuseeländischen Hauskatzen, die ebenfalls die einheimische Vogelwelt dezimieren, aber verschont? Und könnte es nicht sein, dass sich einheimische Spezies doch noch irgendwann an die Räuber anpassen und endlich Angst entwickeln? Sodass ein Nebeneinander möglich wird?

Und dürfen wir Menschen wirklich viele Millionen von räuberischen Nagern, Mardern und Beuteltieren töten, weil wir es besser finden, dass die anderen überleben? Ist das ethisch vertretbar? Andererseits fressen auch die von unserer Spezies eingeschleppten

Staatsräson auf Neuseeländisch: Kinder jagen Kuscheltiere.

Räuber alljährlich mehr als fünfundzwanzig Millionen Eier und Küken. Sind wir nicht dafür verantwortlich – oder zumindest unsere Vorfahren? Wie auch immer die Antwort ausfällt, es geht um Entweder – Oder: Wenn wir entscheiden, die einheimischen Vögel zu retten, müssen wir selbst das Töten übernehmen. Entscheiden wir hingegen, nichts zu tun, überlassen wir das Töten bewusst den räuberischen Säugern. Unsere Wahl fiele auf die Ratten, die überall auf der Welt leben, und auf das Sterben jener bedrohten Arten, deren Spezies dann für immer von der Erde verschwinden würden. Nur hätten wir uns selbst vor dem Töten gedrückt. Wäre das ethisch angemessener? Dürfen wir solche weitreichenden Entscheidungen treffen – für alle folgenden Generationen, die das von uns in Kauf genommene Aussterben vieler Spezies nicht mehr rückgängig machen können? Denn schließlich wissen wir viel besser als frühere Generationen um die Folgen unseres Tuns. Wir haben die Wahl. Was aber ist moralisch vertretbarer? Ökologie – wir wissen es bereits – kennt keine Moral, sondern nur Folgen.

Ein Experiment mitten im Atlantik

Als Charles Darwin am Ende seiner Weltumrundung mit der «Beagle» im Juli 1836 mitten im Atlantik an der kaum neunzig Quadratkilometer großen Insel Ascension anlegte, erblickte er ein so gut wie kahles, trockenes Eiland mit einem hellen, fast weißen und über achthundertfünfzig Meter hohen zentralen Vulkankegel. Er fand ein paar Dutzend eher kümmerlich wachsende Pflanzenarten, darunter einige Farne, die es nur hier gab. Die Insel war nicht durch menschliches Zutun so öde und trocken. Weil sie über tausendfünfhundert Kilometer vom nächsten Festland entfernt liegt, haben in der vielleicht eine Million Jahre alten Geschichte der Insel nur wenige Spezies den Weg hierher geschafft, um sich anzusiedeln – aus erdgeschichtlicher Perspektive eine kurze Zeitspanne, während der es immer wieder zu Vulkanausbrüchen kam, die möglicherweise erfolgreich etablierte Spezies wieder vernichteten.

Heute bietet sich auf Ascension ein anderes Bild: Die Insel ist ergrünt, und über dem Hauptort Georgetown mit seinen knapp sechshundert Einwohnern erhebt sich der Green Mountain, auf dem ein tropischer Nebelregenwald wächst – menschengemacht. Wenige Jahre nach Darwin kam der britische Pflanzensammler Joseph Hooker auf die Idee, die Insel, damals eine englische Festung im Atlantik, zu «verbessern»: Pflanzen aus aller Herren Länder sollten Ascension begrünen, Bäume sollten hier wachsen, Feuchtigkeit aus dem Meer auffangen und so den Regen verstärken, damit die Insel bewohnbar würde. Schon 1845 wurden die ersten Setzlinge aus Argentinien angepflanzt, mehr als zweihundert Pflanzenarten kamen aus südafrikanischen botanischen Gärten, aus den englischen Kew Gardens wurden 1874 gleich siebenhundert verschiedene Tütchen voller Samen geliefert. Nicht alle schafften es, aber bereits 1865 wuchsen hier üppige Dickichte aus über vierzig Spezies, die Wasserversorgung hatte sich enorm verbessert.[35] Heute findet man auf Ascension australische Eukalyptusbäume, asiatischen Bambus, Norfolk-Pinien von der gleichnamigen kleinen Insel zwischen Neuseeland und Neukaledonien, madagassisches Immergrün, wilden Ingwer, Bananen, Feigenkaktus und Guave. Einige heimische Pflanzenarten sind verschwunden, wahrscheinlich von den Neusiedlern so bedrängt, dass sie ausstarben. Ein paar andere, darunter auch einige Farne, haben sich «eingenischt» und existieren weiterhin in diesem künstlichen Ökosystem, das innerhalb von nur hundertfünfzig Jahren entstand.

Wie so oft, wenn Arten neue Lebensräume besiedeln, handelt es sich auch hier um ein spannendes ökologisches Experiment, in dessen Folge offenbar ein funktionstüchtiger Regenwald entstanden ist, zusammengewürfelt aus Pflanzen, die sich in der Evolution nicht in einem langen Zeitraum miteinander, nebeneinander und in Konkurrenz zueinander entwickelten. Es scheint ein stabiles Ökosystem zu sein, das – zumindest derzeit – für den Menschen passable Ökosystemdienstleistungen abwirft: mehr Regen, ein angenehmeres Klima, Früchte, eine Vielzahl von Spezies – ein Ökosystem, wie es vorher nirgends existierte. Könnte Ascension nicht ein Beispiel dafür sein, wie wir degradierte Flächen zu für Menschen nützlichen Landschaften gestalten können? Lässt sich, was hier geschah, generalisieren und übertragen?

Spezies müssen nicht im Zusammenspiel miteinander entstanden sein, um zueinanderzupassen. Bei Räuber-Beute-Verhältnissen ist das offensichtlich: Solange ein Räuber in der Lage ist, eine andere Spezies zu überwältigen, kann er sie jagen und fressen. Anders ist es bei vielen Pflanzen, die oftmals bestimmte Bestäuber brauchen, Insekten, Vögel oder andere Arten. Dennoch «passt» es immer wieder ohne gemeinsame Evolution, manchmal eignet sich ein Schlüssel auch zufällig für ein völlig fremdes Schloss, für das er nicht geschaffen wurde – *ecological fitting*[36] nennen das die Evolutionsbiologen, was sich vielleicht mit «ökologische Voranpassung» übersetzen lässt. Anders ausgedrückt: Die Natur nimmt, was sie vorfindet. Und wenn ein Zusammenspiel funktioniert, dann funktioniert es eben; andernfalls verschwindet es bald.

Leider wird dieser einzigartige Wald auf Ascension, dieses abgelegene Experiment kaum erforscht: Wer etwa sind die für viele Pflanzen nötigen Bestäuber? Wie kamen sie auf die Insel? Es sind dreihundertfünfzig einheimische und achtzig eingeführte bekannt, dazu über vierzig von unbekannter Herkunft. Nicht alle Forscher sehen Ascension als außergewöhnliches Vorbild dafür, wie wir die Welt gestalten könnten.[37] Auch weil die Insel als Sonderfall betrachtet wird: Der fruchtbare vulkanische Boden Ascensions steckt voller Mineralien, der Ozean sorgt ständig für Feuchtigkeit, die an Bäumen kondensieren kann. Mit brasilianischen Sojafeldern auf abgeholzten Regenwaldflächen, die unfruchtbar wurden und austrockneten, weil der arme Boden bald ausgelaugt war, sei das nicht zu vergleichen.

Neue Ökosysteme

Dennoch: Da es diese überschaubare Insel nun einmal gibt, wäre sie ein guter Ort, um zu erforschen, wie sich solche menschengemachten Ökosysteme entwickeln, die in der Ökologie «neue Ökosysteme» genannt werden.[38] Weltweit gibt es viele solcher «verfälschter» Naturgebiete – nach manchen Schätzungen sind es mindestens ein Drittel aller Landflächen[39] –, in denen sich fremde Spezies breitmachen und die sich ohne weiteres menschliches Zutun aus sich heraus organisieren – und sich dadurch von Feldern, Plantagen und Städten unterschieden. Dass die Natur in diesen «neuen Ökosystemen» sich selbst überlassen ist, kann vielerlei bedeuten: Während die Balance am Victoriasee völlig gekippt ist und das Ökosystem dort die Forscher mit immer neuen Kapriolen überrascht, scheinen die Ökosysteme auf Ascension oder den hawaiianischen Inseln in einem recht stabilen Zustand zu sein.

Der amerikanische Biologe Joe Mascaro hat die Wälder Hawaiis lange erforscht. Sie sind noch mehr zusammengewürfelt als die auf Ascension: mit tropischen Pflanzen aus aller Welt und tierischen Globetrottern, die bereits viele hawaiianische Spezies ins Aus getrieben haben – von den *Achatinella*-Schnecken bis zu den Kleidervögeln. In den von ihm untersuchten Wäldern, so Mascaro, lebten daher oft keine einheimischen Vögel mehr[40] – und doch sei dieser «kosmopolitische» Urwald ein höchst produktives Ökosystem, in dem der Nährstoffkreislauf funktioniere und viel Biomasse produziert werde. Das seien zwar nicht die «natürlicherweise» auf Hawaii vorkommenden Wälder, doch würden genau solche Ökosysteme «künftig das meiste Naturgeschehen auf der Welt vorantreiben». Sein Plädoyer ist, solche veränderten Ökosysteme nicht mehr als minderwertig abzutun, sondern zu erforschen. Wichtige Fragen gibt es genug: Wie ruckelt sich ein solches System zurecht? Wann kommt es zu kollapsartigen Zuständen wie am Victoriasee? Wann zu stabileren wie am Green Mountain auf Ascension oder auf Hawaii? Wie entwickelt sich das völlig neue Zusammenspiel zwischen den einheimischen Spezies und den Neusiedlern? Bleibt das Artengefüge nach einiger Zeit konstant, oder gibt es eine Sukzession, eine Abfolge von Zustandsformen eines neuen Ökosystems? Letztlich gehören dazu auch Fragen wie: Wer soll, wer kann in ihnen leben? Wie lassen sie sich verändern und – Stichwort Rewilding – so managen, dass der Natur mit ihren Ökosystemdienstleistungen ihr Lauf gelassen wird? Denn wir können diese Lebensräume nicht alle ungeschehen machen, auch das wäre «unnatürlich». Sie sind einfach da.

Manchmal, so Mascaro, hielten ihm ältere Natur- und Umweltschützer vor, er würde im Kampf gegen invasive Arten kapitulieren. Dabei gehe es bei seiner Sichtweise nicht darum, eine Niederlage einzugestehen, denn er habe nie mitgekämpft. Es sei ein «völlig neuer Ansatz» mit dem Ziel, die Ökosysteme der Zukunft zu gestalten, und zwar mit dem Wissen darum, wie sie entstehen. Gerade in Zeiten der Umwälzungen durch die Klimakrise – manche sprechen bereits von der neuen ökologischen Weltordnung – werde dies immer dringlicher.

Neben der Frage nach dem gesamten, oft stark veränderten System stellt sich die Frage nach einzelnen Spezies. In Neuseeland, wo anders als auf Hawaii oder Ascension trotz aller «Aliens» noch viele einheimische Arten leben und wichtige Funktionen ausüben können, machen sich die Bemühungen des Projekts PFNZ 2050 bereits bemerkbar. Nachdem die räuberischen Spezies in einigen Vierteln der Hauptstadt Wellington dezimiert und so gut wie ausgerottet waren, haben sich flugfähige Vogelarten über den Zaun von Zealandia hinweg von selbst ausgebreitet: Der Waldpapagei Kaka, der in Neuseelands Hauptstadt längst verschwunden war, brütet wieder in Wohngebieten. Selbst vom seltenen Tieke oder Nordinsel-Sattelrücken wurden Nester außerhalb des Schutzgebietes entdeckt – die ersten seit über hundert Jahren. Ähnliches geschieht bereits an vielen anderen von Räubern befreiten «Flicken» des neuen ökologischen «Teppichs».

Dennoch werden die Aktionen mit heutigen Methoden wie Gift und Fallen wohl nicht ausreichen, um das ehrgeizige Ziel zu erreichen. Das ist einer der Gründe dafür, weshalb man als Ziel das Jahr 2050 ausgegeben hat – man setzt auf zukünftige Möglichkeiten.[41] Seit Beginn des Projekts werden Wege diskutiert, bei denen die invasiven Arten verschwinden könnten, ohne erschlagen oder vergiftet werden zu müssen: Sie würden aussterben, indem sie sich vermehren. Die Entwicklung solcher Methoden, bei der gezielt das Erbgut verändert werden soll, steht erst am Anfang. Sie sind auf eine Weise faszinierend und erschreckend zugleich, von daher auch ausgesprochen umstritten. Aber begonnen hat diese Entwicklung längst – und sie hält viele Facetten und Entscheidungsmöglichkeiten bereit.

Schaffen wir neues Leben nach Maß?

Nur selten trifft man jemanden, der sein Leben einem wirklichen Wunder verschreibt – einer Wiederauferstehung. Die Folgen dieses Wunders, die Erfüllung eines Lebenstraums, könnten so aussehen: Erst zieht mit Donnerhall eine Wolke heran, die für Stunden die Sonne verdunkelt; bald darauf steht man in einem Sturm weißlicher Tropfen, die vom Himmel fallen wie schmelzende Schneeflocken – Exkremente von Abermillionen ziehender Wandertauben.

«Ich würde einen Schirm brauchen», lacht Ben Novak, der mir mit seinem Irokesenschnitt in der Long Now Foundation in San Francisco gegenübersitzt.[42] Natürlich hat der junge Biologe – er ist siebenundzwanzig, als ich ihn im Sommer 2014 treffe – das Erlebnis des Vogelmalers James Audubon aus dem Jahr 1813 sofort erkannt. «Ein donnernder Taubenschwarm – wirklich, das war der Mount Everest der Vogelwelt! Und – ja: Die Ausrottung der Wandertaube rückgängig zu machen, ist mein Traumjob. Ich liebe ihn jeden Tag!»

Ja, es stimmt: Ben Novak möchte wirklich jene Wandertaube zurück auf die Welt bringen, die einst der häufigste Vogel Nordamerikas, wenn nicht sogar des Planeten war und innerhalb weniger Jahrzehnte durch übermäßige Jagd ausgerottet wurde. Die Ikone des Artensterbens und Naturschutzes, das Symbol dessen, was wir mit so vielen unserer Mitgeschöpfe machen, soll wiederauferstehen. Ben will ihr Schöpfungsgehilfe sein – und damit eine neue Ikone schaffen. Die Idee des Aussterbens wäre dann Vergangenheit. Schon als Junge habe er für ausgestorbene und seltene Tiere gebrannt, erzählt er mir; da sind wir ganz nahe beieinander. Damals habe er sich in die Wandertaube verliebt: «Sie war so anders als normale Straßentauben: mit prachtvollen Farben, schlank und elegant, für Schnelligkeit und große Distanzen gebaut. Bei der Vorstellung, dass Milliarden dieser Vögel über mich hinwegfliegen könnten, setzt mein Hirn aus.»

So verrückt seine Vision klingen mag – genau solche Projekte mit großem Zeithorizont fördert die Long Now Foundation, um der Kurzlebigkeit unserer Zeit langfristiges Denken und Verantwortung für die nächsten zehntausend Jahre entgegenzusetzen. Zu diesem Zweck gründete die Stiftung 2012 die gemeinnützige Organisation Revive and Restore – «Wiederbeleben und Wiederherstellen» –, um mittels modernster Methoden Biodiversität zu fördern, bedrohte Arten zu retten und ausgerottete zurückzubringen. Die Wiedererschaffung der Wandertaube gehört zu den ersten Projekten, und Ben steht längst in engem Austausch mit den führenden Köpfen der synthetischen Biologie, jenem modernen Zweig der Lebenswissenschaften, bei dem Biologen, Chemiker, Ingenieure und Informatiker eng zusammenarbeiten. Sie wollen nicht nur einzelne Gene auf andere Organismen übertragen, sondern auch biologische Systeme entwerfen, nachbauen oder verändern, selbst solche, die es in der Natur nicht gibt und die sie zuvor *in silico* – am Computer also – designt und simuliert haben. Das können völlig neue Mikroorganismen zur Arzneiproduktion sein, Nutztiere und -pflanzen mit neuen Eigenschaften – oder eben ausgerottete Spezies. Einer der Impulsgeber der synthetischen Biologie – ebenso bei Revive and Restore tätig – ist George Church vom Wyss-Institut an der Harvard University,[43] der in einem noch erstaunlicheren Projekt sogar das Mammut zurückbringen möchte.

Vom Erfolg seiner Mission mit der Wandertaube ist Ben überzeugt: «Ich bin zuversichtlich, dass uns das noch während meiner Lebenszeit gelingt», erzählt er mir. «Vom Labor bis zum Auswildern der wiedererschaffenen Vögel rechnen wir mit ein paar Jahrzehnten.» Grundlage für seinen nahezu grenzenlosen Optimismus und seine Arbeit sind die enormen Fortschritte in der Biotechnologie, die es heute ermöglichen, das Genom, also das Erbgut eines Organismus, gezielt umzuschreiben. Daher nennt man das Verfahren auch Genome Editing oder Genchirurgie.

Schnippschnapp mit der Zauberschere

Mit Hilfe von «Genscheren» sind Biologen heute in der Lage, das Erbgut von Organismen gezielt zurechtzuschneiden und zu verändern. Sie können Gene ausschalten oder an gewünschter Stelle ins Erbgut einfügen. Grundlage dafür sind die erstmals 2012 vorgestellten genetischen Werkzeuge, die man heute abgekürzt CRISPR/Cas9, meist nur CRISPR nennt.[44] Die Genschere arbeitet in drei Schritten: Zielgenau erkennt sie eine potenzielle Schnittstelle auf einem DNS-Strang, dort schneidet sie bestimmte Gene oder Gensequenzen heraus und verknüpft den aufgeschnittenen Strang wieder – entweder indem die offenen Enden miteinander verbunden oder indem neue Gensequenzen hinzugefügt werden.

Die CRISPR-Methode sorgte für eine Revolution und enorme Beschleunigung in der Gentechnik, weil sie außerordentlich präzise und zugleich kostengünstig ist und vor allem viel Zeit spart. Schritte, für die Forscher zuvor Jahre benötigten, sind nun innerhalb von Wochen möglich. Außerdem ist die Genschere nahezu universell einsetzbar. Eine Fülle potenzieller Anwendungen wurde seither erforscht und getestet; einige sind schon in Gebrauch. Dadurch erleichtert CRISPR die Grundlagenforschung: Welche Gene sind bei der Entstehung von Krebs aktiv oder bei der Verbreitung von Krankheitserregern? Neue Behandlungsmethoden erscheinen möglich: die genetische Aufrüstung körpereigener Immunzellen im Kampf gegen bestimmte Tumore oder die Korrektur krankmachender Mutationen bereits im Embryo – Erbkrankheiten wie Chorea Huntington könnten verschwinden, lästige Moskitos, die oft Parasiten übertragen, ausgerottet werden. Mit Hilfe von CRISPR lassen sich widerstandsfähige Pflanzen herstellen, die gegen Salz, Trockenheit oder Schädlinge resistent sind. Bei Tieren wurden bereits per Genome Editing Gene in die Keimbahn eingesetzt, also in Spermien, Eizellen oder in frühe, aus höchstens wenigen Zellen bestehende Stadien der Embryonalentwicklung – mit der Folge, dass alle späteren Nachkommen dieser Individuen ebenfalls die veränderten Gene und Eigenschaften aufwiesen. (Das wäre natürlich auch beim Menschen möglich.) So können hornlose Kühe, Hühner, die allergenfreie Eier legen, oder Schweine, die resistent gegen die Afrikanische Schweinepest sind, hergestellt werden.[45] Die Genschere arbeitet dabei so perfekt, dass es kaum unterscheidbar ist, ob eine Sequenz mit der CRISPR-Methode eingefügt wurde oder auf natürliche Weise ins Erbgut kam.

Mit CRISPR steht ein einfaches Werkzeug bereit, das faszinierende und auch sehr erschreckende Möglichkeiten eröffnet. Schon nach wenigen Jahren ist die Genschere aus den Laboren der Welt nicht mehr wegzudenken.[46]

Geht nicht gibt's nicht

Diese einfache Möglichkeit des Umschreibens und Neuzusammenfügens großer Erbmoleküle hat die Herstellung von ganzen Genomen höherer Lebewesen – also der Gesamtheit aller Gene eines Organismus – endgültig aus dem Bereich der Science-Fiction geholt. CRISPR ist Grundlage von Ben Novaks Arbeit. Zunächst, so erzählt er mir, soll das Genom der Wandertaube aus alten Museumspräparaten sequenziert werden – ein Schritt, der in der Wissenschaft Routine ist; auch das Erbgut des Neandertalers ist längst entschlüsselt. Außerdem, so Bens Plan, entziffern die Forscher die Gene der Schuppenhalstaube, der nächsten Verwandten der ausgerotteten Art. Dann wollen sie alle Unterschiede zwischen beiden

Arten herausfinden: Welches Gen macht eine Feder blau, welches purpurfarben? Welches ist für den kurzen Schwanz der Schuppenhalstaube zuständig, welches für die langen Federn am Schwanz der Wandertaube? Für jeden entdeckten Unterschied müssen sie dann einen eigenen DNS-Strang konstruieren. Auch die Herstellung solcher Genabschnitte ist längst Routine – vollautomatisch produzieren Firmen für Auftraggeber gewünschte Gensequenzen. Sind alle wesentlichen Wandertaubengene synthetisiert, kann das Umschreiben von Urkeimzellen der Schuppenhalstauben beginnen – *in vitro*. Dafür schneiden die Forscher Gene aus dem Erbgut der Schuppenhalstaube heraus und ersetzen sie durch entsprechende der Wandertaube. Das ist ein langwieriger Prozess, bei dem viele Tausende Gene oder Genabschnitte, wenn nicht gar viel mehr, ausgetauscht werden. Doch irgendwann, so Bens Hoffnung und Erwartung, wachsen Urkeimzellen mit dem Wandertaubengenom in den Petrischalen.

Dann erst geht es *in vivo* – ins lebende Tiermodell: Die produzierten Urkeimzellen werden in Eier sich bereits entwickelnder Schuppenhalstauben injiziert, aus denen Mischwesen schlüpfen – «Chimären». Diese werden wie Schuppenhalstauben aussehen, jeder Muskel, das Hirn, das Herz, das Blut: Alles an diesen Vögeln wird Schuppenhalstaube sein – bis auf die Keimzellen, die sich aus den veränderten Urkeimzellen entwickelt haben. In den Hoden oder Eierstöcken dieser Chimären steckt dann die genetische Information der Wandertaube. Nun müssen nur noch zwei solcher Chimären verpaart werden – und aus den Eiern schlüpfen Wandertauben. Und diese lassen sich dann nach etablierten Methoden auswildern wie viele andere Spezies zuvor. So weit Bens Plan.

Seit unserer Begegnung hat sein Team das Erbgut von siebenunddreißig Wandertauben sequenziert,[47] darunter zwei vollständige Genome. Diese Ergebnisse haben sie mit dem sequenzierten Genom der Schuppenhalstaube verglichen und festgestellt, dass die Gensequenzen beider Spezies zu siebenundneunzig Prozent übereinstimmen.⁴⁸ In einem Vorversuch ist es außerdem gelungen, einer normalen Haustaube das Cas9-Gen in Urkeimzellen einzufügen und so erstmals eine männliche Taubenchimäre mit dem Gen einer anderen Spezies herzustellen. Die Methode funktioniert also prinzipiell, muss aber noch deutlich optimiert werden. Denn bei der hergestellten Chimäre würde nur jedes hunderttausendste

Oh my God! Schöpfungsgehilfe Ben Novak arbeitet an der Wiederauferstehung der Wandertaube. Auch das Mammut hat seine Organisation im Visier. Kommt bald «Jesus Park»?

Spermium das gewünschte Gen tragen – zu wenig, um es sicher an Nachkommen weiterzugeben. Enttäuschende Zwischenschritte und Rückschläge hat Ben einkalkuliert, kommende Fortschritte in der Gentechnik allerdings auch.

Die wiederauferstandenen Wandertauben wären auch keine exakte Kopie der ausgestorbenen Vögel, betont Ben in unserem Gespräch. «Was wir schaffen, wird sehr nahe an der ausgerotteten Wandertaube dran, genetisch allerdings nicht identisch mit ihr sein. Unsere Vision ist also, eine Art in eine andere zu verwandeln. Wir wollen versuchen, uns beim Umschreiben auf jene Anpassungen zu konzentrieren, die unsere neuen Wandertauben dazu befähigen, als solche in den Wäldern der amerikanischen Ostküste leben zu können.»

Die Welt von Gestern zurückbringen?

Nicht nur um die Wiederbelebung – das «Revival» – spektakulärer ausgerotteter Tiere für den Zoo, sondern auch um das Wiederherstellen – die «Restaurierung» – von Ökosystemen geht es Ben. Allein in den vergangenen zehntausend Jahren haben sich die Wälder Nordamerikas immer wieder dramatisch verändert. Dabei habe die Spezies Wandertaube viele Hochs und Tiefs mitgemacht. An der amerikanischen Ostküste wachsen heute wieder fast so viele Wälder wie um 1850, als es noch riesige Schwärme gab. Und in denen fehlen waldlebende Tauben, die solche Schlachtfelder anrichten, wie sie der Ornithologe Alexander Wilson im 19. Jahrhundert beschrieben hat, nachdem ein gewaltiger Schwarm Wandertauben eingefallen war: Tausende Hektar Wald umgeknickt, wie von einer Axt gefällt. Solche Ereignisse seien wichtig für die natürliche Verjüngung des Waldes. «Die großen Taubenschwärme waren damals die biologische Version eines Waldbrands oder Tornados.» Viele Arten, auch viele bedrohte, sind von solchen Störungen abhängig, weil sie sich in sich regenerierenden Wäldern wohlfühlen – Baumwollschwanzkaninchen, Waldschnepfen, Kragenhühner zum Beispiel. Wenn die Wandertaube nicht vor hundert Jahren ausgerottet worden wäre, würde sie in den heutigen Wäldern nach Bens Ansicht gut bestehen.[49]

Aus erdgeschichtlicher Perspektive war sie gerade eben noch da. Wölfe sind nach fast siebzig Jahren nach Yellowstone zurückgekehrt; Biber wurden nach fünfhundert Jahren wieder in Großbritannien angesiedelt – in beiden Fällen sollen die Tiere positive ökologische Effekte bewirken. Was also wäre der Unterschied, fragt Ben. Außer natürlich, dass es die Wandertaube nicht mehr gibt. Oder sollte man vielleicht sagen: derzeit nicht gibt? Noch nicht wieder gibt? Darin liegt das Faszinierende und manchmal auch Verstörende an Bens Argumentation und Optimismus: Wir reden über ein ausgerottetes Tier, als wäre es schon wieder da. Seit Jahren geistern solche Phantasien durch die Medien. Kann das überhaupt gelingen?

Alles begann mit dem Quagga

Die Vision, ausgerottete Spezies mittels modernster Methoden aus genetischem Material wieder zum Leben zu erwecken, wurde 1984 erstmals konkret. Damals war es amerikanischen Wissenschaftlern gelungen, aus einem Präparat des Naturhistorischen Museums in Mainz das Erbgut eines Quaggas – einer hundertvierzig Jahre zuvor ausgestorbenen Zebraart, bei der die Tiere nur zur Hälfte gestreift sind – zumindest in Bruchstücken zu isolieren und zu vermehren.[50] Diese wiederbelebten Genabschnitte inspirierten Michael Crichton zu seinem Roman «Jurassic Park», die Grundlage des gleichnamigen Blockbusters, wo es um die Rekonstruktion von Dinosauriern geht. Das blieb bislang Science-Fiction, allein schon deshalb, weil Dino-DNS bis heute nicht gefunden wurde. Aber seither gibt es einige Ideen und Versuche, ausgerottete Tiere auf biotechnischem Weg wiederauferstehen zu lassen – und kleine Teilerfolge.

George Church hat versucht, ein ähnlich charismatisches Tier aus der Prähistorie wiederzubeleben, von dem im Gegensatz zu den Dinosauriern nicht nur Knochen, sondern vollständige Exemplare mit Fleisch und Fell gefunden wurden, aus denen sich leicht DNS extrahieren lässt – das Mammut. Church hat bereits erste Erfolge vorzuweisen: An der Harvard University hat man Mammutgene in Fibroblasten-Zelllinien der nächsten Verwandten – Asiatischen Elefanten – eingeschrieben.[51] Einige Mammutgene sind somit wiedererweckt – etwa solche für das Hämoglobin, den roten Blutfarbstoff, der den Sauerstoff im Körper transportiert. Das Hämoglobin des Mammuts unterscheidet sich, so erzählt mir Ben, an nur drei Stellen von dem des Asiatischen Elefanten. Diese Stellen verändern seine Bindungsfähigkeit für Sauerstoff. Es sieht so aus, als sei diese – zusammen mit dem wolligen Haar – dafür verantwortlich, dass die Mammuts im eisigen Klima leben konnten, während die Asiatischen Elefanten in den Tropen vorkommen. Auch Mammutgene, die allem Anschein nach das zusätzliche Haarwachstum und die Fettproduktion bewirken, wurden bereits in Elefantenzellen eingesetzt.

Church geht es ebenfalls nicht um die Wiederbelebung eines Originals, sondern darum, mammutähnliche Elefanten zu schaffen, die mit dem eisigen Klima der heutigen Tundra zurechtkommen – und dadurch vielleicht klimaverbessernde Spuren im Schnee und Tundraboden des Pleistozänparks von Sergej Simov – dem Rewilding-Experiment in Ostsibirien[52] – hinterlassen. Anders als bei der Wandertaube mit ihrer recht kurzen Brut- und Generationsdauer ist das «Woolly Mammut Revival» ein sehr langfristiges Projekt. Ob beide Spezies rückentwickelt werden können und wiederauferstehen, bleibt für mich fraglich.

Dabei ist eine *deextinction*, eine «Rückausrottung», bereits gelungen – wenn auch nicht mit den Methoden der synthetischen Biologie. Der spanische Biologe Alberto Fernández-Arias hat es im Jahr 2000 geschafft, den ausgestorbenen Pyrenäensteinbock oder Bucardo zu klonieren. Das war möglich, weil von der allerletzten Geiß eingefrorene Zellen mit gut erhaltener DNS existierten. Die beim Klonschaf Dolly angewandte Methode funktionierte auch beim Bucardo. 2009 brachte nach einigen vergeblichen Versuchen eine Hausziege als Leihmutter einen kleinen Pyrenäensteinbock zur Welt. Die Kopie der letzten Bucardogeiß starb allerdings nach sieben Minuten, weil sie Atemprobleme hatte. So ist der Bucardo immerhin die erste Spezies, die bereits zweimal ausgestorben ist. Das grundsätzliche Problem bei der Klonierung des Pyrenäensteinbocks ist aber, dass nur eingefrorene Zellen weiblicher Tiere existieren, wodurch nie wieder eine neue reine Population der ausgerotteten Wildziegen entstehen kann. Einen männlichen Bucardo zu konstruieren, wäre ein Fall für die synthetische Biologie, was den Unterschied der beiden Verfahren verdeutlicht: Die Klonierung arbeitet mit vorhandenem Erbgut; bei den Methoden der synthetischen Biologie muss erst ein Genom designt und hergestellt werden.

Auch der australische Paläontologe Mike Archer hat es geschafft, aus eingefrorenen Zellen eines ausgestorbenen Tieres zumindest Embryonen zu erzeugen. Der Magenbrüterfrosch war einer der seltsamsten Lurche überhaupt. Nach der Paarung verschluckte das Weibchen die Eier, brütete sie im Magen aus, um nach ein paar Monaten winzige Fröschlein auszuspucken. Seit Mitte der 1980er Jahre sind die australischen Frösche sowohl in der Natur als auch in menschlicher Obhut ausgestorben. Archer konnte jedoch eingefrorene Gewebereste der Tiere auftreiben. Nach dem Auftauen gelang es ihm und seinem Team, Zellkerne der Magenbrüter in Eier einer verwandten Spezies zu verpflanzen, deren eigene Zellkerne zuvor per Ultraviolettbestrahlung ausgeschaltet worden waren. In der neuen Umgebung «erwachten» einige der Magenbrüterzellkerne zum Leben, und die Zellen begannen sich zu teilen; es entstanden Embryonen, die aus einem Zellhaufen mit Hunderten von Zellen bestanden, die alle die DNS der ausgestorbenen Magenbrüterfrösche enthielten. Leider entwickelten sich keine Kaulquappen. «Aber die größte Hürde zur Wiederbelebung einer ausgestorbenen Art ist genommen», so Mike Archer.[53]

Die idealen Kandidaten, bei denen eine dauerhafte Rückausrottung tatsächlich gelingen könnte, existieren noch: Von den Nördlichen Breitmaulnashörnern leben derzeit noch die zwei Kühe Najin und Fatu auf der Farm Ol Pejeta in Kenia. Dennoch gilt die Art (oder Unterart, da gibt es verschiedene Ansichten) bereits als «funktionell ausgestorben». Nicht nur, weil kein männliches Tier mehr lebt – der letzte Bulle mit Namen Sudan starb im März 2018 –, sondern auch, weil die beiden Weibchen aufgrund körperlicher Untauglichkeiten fortpflanzungsunfähig sind und keine Kälber mehr austragen könnten. Ohne menschliches Kümmern wären die Nördlichen Breitmaulnashörner bald endgültig ausgestorben – auch wenn im *Frozen Zoo* von San Diego eine «kleine Herde» eingefrorener Fibroblasten von zwölf Individuen lagert.[54]

Doch die beiden lebenden Kühe produzieren noch befruchtungsfähige Eizellen. Sperma des Bullen Sudan und weiterer männlicher Tiere wurde bereits eingefroren. Tierarzt Thomas Hildebrandt vom Berliner Leibniz-Institut für Zoo- und Wildtierforschung arbeitet daran, die Nördlichen Breitmaulnashörner wieder zu vermehren, solange Najin und Fatu noch leben.[55] 2019 entnahm er beiden erstmals Eizellen und befruchtete sie *in vitro*. Mehrere Embryonen entstanden, die nun eingefroren darauf warten, von Leihmüttern – den nahe verwandten Südlichen Breitmäulern – ausgetragen zu werden. Irgendwann sollte das gelingen: Zwar ist die Erzeugung von «Retortenbabys» bei Nashörnern alles andere als Routine, doch gehört die *In-vitro*-Fertilisation in der Tierzucht bereits zu den klassischen Methoden. Synthetische Biologie ist auch in diesem Fall nicht im Spiel.

Stirbt das Aussterben aus?

Im Laufe unseres Gesprächs gerieten Ben Novak und ich in eine Diskussion über die Folgen der synthetischen Biologie:

ICH: *Einem Mammut oder einem riesigen Schwarm von Wandertauben zu begegnen, fände ich selbstverständlich auch faszinierend. Aber während Sie vielleicht ein paar wenige bereits verlorene Arten zurückholen, stehen Tausende andere unmittelbar vor dem Aussterben. Und mit Ihren Projekten nehmen Sie dem Naturschutz das ohnehin knappe Geld weg, mit dem sich einige unter Umständen noch retten ließen!*

BEN NOVAK: Es ist umgekehrt: Durch unsere Projekte fließt zusätzliches Geld in den Naturschutz. Denn unsere Geldgeber kommen aus dem Hightech-Umfeld, der Biotechnologie und Informationsbranche. Sie haben Interesse an der Rückausrottung, aber bestimmt auch an den Anwendungsmöglichkeiten der Methoden.

Die Öffentlichkeit erhält aber die Botschaft: Wenn Arten jetzt aussterben, ist das gar nicht schlimm. Wir können sie ja jederzeit zurückbringen.

Allen sollte bewusst sein, welches Preisschild auf einer Wiederauferstehung klebt. Nach vierzig Jahren Arbeit könnte allein für das Projekt Wandertaube eine Milliarde Dollar zusammenkommen. Nicht nur für die Laborkosten, sondern auch für das jahrelange Monitoring nach einer Wiederauswilderung – viel teurer also als klassische Artenschutzprojekte.

Dennoch würde sich die Wahrnehmung verändern. Der Satz «Ausrottung ist für immer» wäre ebenfalls ausgestorben – eines der wirkungsvollsten Argumente im Artenschutz!

Ja, ein Paradigmenwechsel. Aber deswegen diskutieren wir ja, um darüber aufzuklären.

Sie verändern damit auch das Konzept von Leben und Tod.

Individuen werden immer sterben. Aber das Konzept vom Leben einer ganzen Art, das wird sich ändern. Was das bedeutet, können wir nicht voraussehen ...

Sie und Ihre Kollegen spielen Gott. Das Projekt zur Wiederauferstehung des Magenbrüterfrosches heißt sogar «Lazarus-Projekt».

Bei unserem Wandertaubenprojekt haben wir einen solchen religiösen Bezug vermieden: Es heißt ganz bewusst «Revive and Restore». Aber natürlich geht Forschung auch immer mit Imagination einher, die muss ja nicht religiös sein. Vor tausend Jahren konnte sich niemand Galaxien vorstellen, die Hunderte von Lichtjahren entfernt sind. Ist «unser» heutiges Universum nicht viel mystischer als die Vorstellung von damals? Was wir in unserer Lebenszeit schaffen wollen, wird unsere Vorstellungskraft noch mehr erweitern.

Sollte das gelingen, dann beeinflussen Sie die Evolution in einer Weise, wie wir Menschen es nie zuvor getan haben.

Wir Menschen verändern die Welt doch sowieso in vielerlei Weise: Ob wir Arten an Orte bringen, an denen sie vorher nicht vorkamen. Ob wir ausgerottete Spezies in manche Landstriche zurückbringen: Biber nach England, Wölfe nach Yellowstone ...

Man könnte auch fragen: Wo fängt das Gottsein an?

Ob die Wandertaube einmal wieder in der Wildnis fliegen wird oder nicht, ist übrigens nicht das einzige Kriterium für unseren Erfolg. Mit den Methoden, die wir am Wandertaubengenom entwickeln, könnten wir auch bedrohten Arten helfen, die kurz vorm Aussterben stehen. Die Kleidervögel Hawaiis sind vielleicht in zehn Jahren endgültig verschwunden, dahingerafft von eingeschleppten Krankheiten wie der Vogelmalaria. Außer wir schaffen es, diesen Vögeln zum Beispiel eine genetische Immunität gegen die Krankheit zu verpassen. Aber das geht nur mit neuester Biotechnologie!

Mir geht es noch um etwas anderes: Jede neue Technologie hat zwei Seiten. Mit Ihrer Methode könnten auch Kreaturen geschaffen werden, die wir uns noch gar nicht vorstellen können. Was wäre der schlimmste Fall, der eintreten könnte?

Sie meinen, wenn wir ein komplett neues, synthetisches Wesen designen? Das gibt es doch schon. Längst wurden synthetische Designerbakterien geschaffen.[56] Wenn solche Organismen aus dem Labor entweichen, könnten sie sich leicht auf der ganzen Welt verbreiten. Auch das Influenza-Virus von 1918 ...

... der Erreger der Spanischen Grippe, einer der tödlichsten Epidemien der Weltgeschichte, bei der bis zu fünfzig Millionen Menschen starben ...

... genau, der wurde schon 2005 im Labor wieder zum Leben erweckt. Solche Techniken sind längst etabliert. Das müssen die Menschen begreifen. Eine ähnliche biologische Gefahr würde von einer Taube oder einem geklonten Mammut nicht ausgesehen.

Forscher um Terrence Tumpey hatten aus Lungengewebepräparaten von Menschen, die an der Spanischen Grippe gestorben waren – unter ihnen sogar ein Toter, der im Permafrostboden Alaskas bestattet worden war –, das Erbgut des Viruserregers entziffert und daraus ein intaktes Virus zusammengesetzt.[57] Den Erreger konnten sie im Labor unter strengen Sicherheitsvorkehrungen sogar «wiedererwecken», sodass er seine tödliche Wirkung erneut entfalten konnte – «nur» an Mäusen und Hühnerembryonen allerdings. Um besser zu verstehen, wie diese Pandemie damals so viele Opfer fordern konnte, und um besser gewappnet zu sein, hatten die Forscher einen der tödlichsten Erreger der Weltgeschichte rekonstruiert.

Kanadischen Forschern um den Virologen David Evans ist es 2016 sogar gelungen, mit geringem Aufwand – für nur neunzigtausend Euro und innerhalb eines halben Jahres – das in der Natur ausgestorbene Pferdepockenvirus nachzubauen, dessen genetische Sequenz bekannt war.[58] Die Wissenschaftler bestellten die nötigen DNS-Sequenzen sogar per Post, beim Regensburger Unternehmen Geneart, das solche Synthesen anbietet.[59] Wenn dies mit dem Pferdepockenvirus gelingt, dann sollte es auch auf ähnlich einfache Weise mit den ausgerotteten menschlichen Pocken möglich sein, deren Sequenz ebenfalls bekannt ist – eine erschreckende Vorstellung. «Habe ich das Risiko dafür erhöht, indem ich gezeigt habe, wie das geht? Ich weiß es nicht», sagt David Evans. «Vielleicht ja. Aber die Realität ist, dass das Risiko schon immer da war.» Einfach dadurch, dass diese Technologie existiert, perfektioniert und immer leichter handhabbar wird.

Homunkulus oder *Homo deus*?

Als 1978 Louise Brown, das erste Retortenbaby unserer Spezies, nach *In-vitro*-Fertilisation (IVF) zur Welt kam, schrieb der «Spiegel»: «Ein Schritt in Richtung Homunkulus?» Der Erzbischof von

Canterbury, die oberste Autorität der anglikanischen Kirche, bezichtigte den Erfinder der IVF, den Gynäkologen und späteren Nobelpreisträger Patrick Steptoe, das «Werk des Teufels» zu verrichten.[60] Auch zwei Päpste verdammten die IVF als Sünde. Heute sind weltweit bereits über acht Millionen Retortenbabys nach «assistierter Reproduktion» in sterilen Petrischalen befruchtet, dann in ihre Mütter verpflanzt, von ihnen ausgetragen und geboren worden. Sie laufen als «normale Menschen» durch die Welt und bekommen ihrerseits Kinder. Längst haben wir uns an dieses «Teufelswerk» gewöhnt.

Auch wenn in Deutschland Leihmutterschaft nach dem Embryonenschutzgesetz verboten ist, so ist sie in anderen Ländern – auch bei unseren Nachbarn in Belgien, Dänemark und den Niederlanden – unter bestimmten Voraussetzungen erlaubt. Schon heute werden nach pränataler oder – bei IVF – Präimplantationsdiagnostik menschliche Embryonen abgetrieben oder aussortiert, die bestimmte Erbkrankheiten oder Chromosomenschäden haben; in manchen Ländern sogar, wenn sie das falsche Geschlecht besitzen. Noch wählen wir nur aus, wer zur Welt kommen darf und wer nicht. Doch der Gestaltung der menschlichen Fortpflanzung stehen immer mehr technologische Möglichkeiten zur Verfügung: Maßgeschneiderte Babys nach Wunsch werden greifbarer.

Die synthetische Biologie macht das «Designen» menschlicher Babys immer wahrscheinlicher. Monogenetische und schlimme Erbkrankheiten wie Chorea Huntington oder Mukoviszidose könnten nach Eingriffen mit der Genschere – also ohne Abtreibungen – in Keimzellen oder in *In-vitro*-Embryonen ausgeschaltet werden und vielleicht für immer verschwinden, was viel Leid verhindern würde. Dabei würden wir das Erbgut zukünftiger Generationen gezielt verändern. Das wäre wohl der Anfang der gezielten Menschenzucht. Oder hat sie bereits begonnen?

Trotz einer weltweiten Übereinkunft unter Wissenschaftlern

aus dem Jahr 2015, das Genome Editing in der menschlichen Keimbahn zu unterlassen, verkündete der chinesische Arzt He Jiankui bereits 2018 die Geburt zweier Babys, die er mittels CRISPR im frühen embryonalen Stadium gegen HIV immun gemacht habe, weil der Vater HIV-positiv gewesen sei.[61] Weltweit rief dies Empörung hervor, nicht nur in der Wissenschaft. Zum einen, weil die Fehleranfälligkeit des CRISPR-Systems noch immer groß ist. Bei anderen Lebewesen sei es ethisch vertretbarer, dies in Kauf zu nehmen. Das wäre ein rein pragmatischer Grund für die Ablehnung: Schaden von uns abwenden, weil die Methode noch nicht ausgereift ist. Zum anderen seien Änderungen in der menschlichen Keimbahn kaum zurücknehmbar. Das ist der ethische Teil der Diskussion. Letztlich hat mit der Geburt der beiden CRISPR-Zwillinge das Menschendesign bereits begonnen.

Wollen wir solche erschreckenden und zugleich faszinierenden Methoden für unsere Spezies zulassen? Oder wollen wir dem Einhalt gebieten und Grenzen ziehen? Können wir das überhaupt noch? Wer weiß denn sicher, ob nicht bereits klonierte Menschen erzeugt wurden? Und vor allem – und diese ernste Frage hat viel mit uns selbst zu tun und damit, wie wir den Wandel durch die voranstürmende technologische Weiterentwicklung in der Welt sehen: Würden wir uns nicht vielleicht an die ersten klonierten oder per Genome Editing veränderten Menschen genauso schnell gewöhnen wie an Retortenbabys?

Verschwinden durch Vermehren

Noch etwas scheint mit den neuen Methoden der synthetischen Biologie dank CRISPR möglich – die natürlichen Gesetze der Vererbung auszuschalten. Normalerweise besitzt ein Organismus zwei Varianten eines Gens, eines vom Vater, eines von der Mutter. Welche dieser beiden Varianten der Organismus an seinen Nachwuchs weitergibt, hängt vom Zufall ab – die Wahrscheinlichkeit für jede Variante beträgt fünfzig Prozent.

Nehmen wir einmal an, wir wollten eine neue Eigenschaft in eine Population einführen. Herkömmlicherweise würde es eine gewisse Zeit dauern, bis sich eine solche Variante durchsetzt, eben weil durchschnittlich nur die Hälfte der Nachkommen die neue Eigenschaft trägt. Wenn diese ihrem Träger einen Vorteil bringt, wird sie im Laufe der Generationen immer häufiger auftreten. Mit CRISPR lassen sich nun genetische Veränderungen erzeugen, die dafür sorgen, dass alle Nachkommen die neue Eigenschaft erhalten. Mit einem solchen Gene Drive, einem «Genturbo», ausgestattet, breiten sich diese Varianten schnell in den Populationen aus. Dadurch könnten zum Beispiel noch nicht infizierte Froschpopulationen gegen den Chytridpilz schnell resistent gemacht werden.[62] Das grundsätzlich Neue am Gene Drive ist also: Nicht nur einzelne Individuen werden gentechnisch verändert und der Selektion ausgesetzt, sondern ganze Populationen.

Damit ließen sich aber auch ganze Populationen innerhalb weniger Generationen ausrotten. Dafür muss man nur einen Gene Drive in das Erbgut einfügen, der die Entstehung von weiblichen Tieren verhindert, sodass nur Männchen zur Welt kommen. Dies wäre ein wirksames Mittel, um eine Reihe gefährlicher Infektionskrankheiten zu bekämpfen. Allein an Malaria, deren Erreger durch die Weibchen der Anopheles-Mücke übertragen wird, sterben alljährlich über vierhunderttausend Menschen. Mit einem passenden Gene Drive wäre die Krankheit wohl schnell von der Erde verschwunden. Auch die Übertragermücken des tropischen Denguefiebers oder des Zikavirus, das in den vergangenen Jahren viele Schädelfehlbildungen bei menschlichen Embryonen verursachte, sodass Säuglinge mit kleineren Köpfen und oft mit geistigen Behinderungen zur Welt kamen, ließen sich auf diese Weise auslöschen.

Die Ausrottung dieser Mückenarten wäre allerdings mit einem

gewaltigen Eingriff in die Natur verbunden und hätte wohl ungeahnte Folgen für die Ökosysteme, aus denen sie stammen. Dort treten diese Insekten oft in so großer Zahl auf, dass sie einen wichtigen Bestandteil der Nahrungsketten ausmachen – sowohl die im Wasser lebenden Larven als auch die erwachsenen fliegenden Mücken. Eine andere Möglichkeit wäre, per Gene Drive die Mücken so zu verändern, dass sie die Krankheitserreger nicht mehr übertragen können. Solche Mücken werden ebenfalls bereits designt und hergestellt.[63]

Auch bei der Ausrottung invasiver Arten könnten Gene Drives wirksam eingesetzt werden: Das Silberkarpfenproblem der Great Lakes wäre rasch gelöst, ebenso die Räuberfrage in Neuseeland, wo die Methode seit Beginn des Antiräuberprojekts PFNZ 2050 diskutiert wird. Der große Vorteil: Durch die Freisetzung genveränderter Männchen, die dafür sorgen, dass nur noch männlicher Nachwuchs zur Welt gebracht wird, hätte sich das Projekt innerhalb weniger Generationen und Jahre von selbst erledigt, ohne Qual, ohne Gift, ohne Fallen – einzig durch Vermehrung. Kein Mensch müsste dafür töten. Wir würden ganze Populationen in der Natur transformieren, ohne ständig intervenieren zu müssen.

Wäre das eine moralisch vertretbare Lösung? Was aber, wenn auf diese Weise veränderte Possums nach Australien gelangten? Oder Silberkarpfen nach Asien? Und diese Spezies auch in den Heimatländern ausstürben? Wir müssten Sicherheitsschalter einbauen, um so etwas zu verhindern. Solche Überlegungen existieren ebenfalls bereits.[64]

Erschreckend verführerisch

Die Möglichkeiten solcher Gene Drives sind extrem verführerisch, wie viele der neuen biotechnischen Methoden. Gegen welche Spezies ließen sie sich noch einsetzen? Sie würden prinzipiell auch bei uns funktionieren. Hieße das, dass wir irgendwann alle blaue Augen hätten, weil uns das so gut gefällt? Oder dass wir uns selbst durch Vermehrung auslöschen könnten? Was wie Science-Fiction klingt, ist zumindest mehr als denkbar geworden. Denn Gene Drives funktionieren – das hat man bereits im Labor getestet: Englische Forscher haben Mücken produziert, bei denen normale Männchen und sterile Weibchen entstanden sind. Innerhalb von sechs Monaten war die Versuchspopulation auf null gesunken – sie hatten sich vermehrt und dabei selbst ausgerottet. Längst arbeiten Forscher daran, Säuger, Mäuse, mit einem Gene Drive herzustellen, auch solche, bei denen nur Männchen zur Welt kommen[65] – als potenzielle Lösung gegen invasive Spezies. Ob Mäuse, Ratten oder Possums: Sobald solche Methoden einmal entwickelt sind, lassen sie sich einfacher auf andere Spezies übertragen.

Ich muss zugeben: Als ich Ben Novak 2014 in San Francisco traf – zu diesem Zeitpunkt hatte ich solche Rückausrottungsversuche bereits seit Jahren verfolgt –, begegnete ich ihm mit der Haltung: Was du vorhast, wird dir nie gelingen, dafür ist das alles zu komplex. Zugleich war ich fasziniert – von seiner optimistischen Ausstrahlung, davon, wie sehr er diese Idee durchdrungen und seine Vorgehensweise durchdacht hatte, und vor allem davon, wie ökologisch er argumentierte, wenn es um die Folgen und Möglichkeiten der synthetischen Biologie ging – ganz unabhängig von der Wiederauferstehung verlorener Arten. All das war sehr anregend – und ist bis heute erschreckend. Mittlerweile stelle ich fest, dass sich meine Fragestellungen von damals verändert haben. Sie lauten nicht mehr: Dürfen wir das, oder dürfen wir das nicht? Sondern: Unter welchen Voraussetzungen dürfen wir was, und was können wir wie erreichen? Habe ich mich so rasch an solche Gedanken, an solche Möglichkeiten gewöhnt?

Tatsache ist jedenfalls: Wir haben unser Handwerkszeug bereits erweitert. Die Methoden und das Wissen stehen uns schon zur Verfügung. Und sie werden immer einfacher werden. Nun müssen wir überlegen, wie wir damit umgehen. Haben wir die neuen Werkzeuge im Griff? Wer von uns kontrolliert sie, wer kontrolliert uns? Wofür nutzen wir sie? Und wer darf eigentlich entscheiden, wann, wo und wie wir sie einsetzen?

Haben wir das Ausmaß der Klimakrise schon begriffen?

Das «Tor zur Unterwelt» hat neues Material zur Wiederauferstehung freigegeben: Im Batagaika Megaslump, einem ein Kilometer langen und hundert Meter tiefen Abgrund mitten in der nordsibirischen Taiga, sind Wissenschaftler 2018 auf ein zweiundvierzigtausend Jahre altes Fohlen gestoßen, das völlig intakt tiefgefroren im Permafrost lag – mitsamt Fell und Fleisch. Wissenschaftler halten Teile des Muskelgewebes für so gut erhalten, dass man eine Klonierung versuchen könnte. «Ich bin verhalten optimistisch», so der Molekularbiologe P. Olof Olsson von der Abu Dhabi Biotech Research Foundation. «Zumindest ist es nicht unmöglich.»[66]

Der größte Permafrostkrater der Welt frisst sich erst seit den 1960er Jahren durch die Taiga. Damals wurde der Wald an dieser Stelle für eine Straße gerodet, die zu einer zu erkundenden Mine führte. Weil nun keine Bäume mehr den gefrorenen Permafrost vor der Sonneneinstrahlung schützten, begann der eisige Boden in den Sommermonaten zu tauen. Das darin enthaltene geschmolzene Eis floss ab. Zunächst entstand eine Rinne, die über die Jahrzehnte immer größer und tiefer wurde, weil die ausgeschwemmte Erde mehr und mehr in sich zusammensackte, bis ein gewaltiger Canyon in der Landschaft klaffte. Solche auch Thermokarst genannten Kraterbildungen sind in der Taiga nicht ungewöhnlich. Wohl aber, wie schnell dieser monströse Megaslump wuchs, wie tief sich sein Schlund in die Taiga hinein öffnete. Jedes Jahr wächst er um weitere zehn bis dreißig Meter.[67] Obwohl der Krater in einer der kältesten Gegenden der Nordhalbkugel liegt, wo minus fünfzig Grad Celsius im Winter keine Seltenheit sind, ziehen im Sommer zunehmend

Vom Rand des «Höllenschlunds», der in Sibiriens tauender Tundra klafft, stürzen regelmäßig autogroße Brocken in den erst Jahrzehnte jungen Canyon.

nie dagewesene Hitzewellen über Jakutien hinweg. Infolge des menschengemachten Klimawandels taut der Permafrost schneller denn je. Und so geben die tiefen Schichten dieses Bodens, die aus pflanzlichen und tierischen Überresten von Hunderttausenden von Jahren entstanden sind, immer mehr aus der Urgeschichte unseres Planeten frei.

Neben dem eiszeitlichen Fohlen des Lena-Pferds (*Equus lenensis*) wurden in den vergangenen Jahren an anderen Stellen Sibiriens zwei gut erhaltene Welpen des Höhlenlöwen gefunden – so niedlich zerzaust, als seien sie gerade eingeschlafen;[68] zudem Höhlenbären samt Jungtier, Überreste von Wollnashörnern und natürlich Wollhaarmammuts: ein *Frozen Zoo* der anderen Art – mit neuem rückausrottbaren Gen- und Klonmaterial für Simovs Pleistozänpark. Längst ziehen zum Leidwesen der Paläontologen «Elfenbeinjäger» durch die tauende Tundra: Über neunzig Prozent der dabei gefundenen Stoßzähne – oft mit einem Wert von mehreren zehntausend Euro – landen auf dem Elfenbeinmarkt Chinas[69] und gehen der Wissenschaft verloren. Auch Neandertaler waren einst nach Sibirien vorgedrungen,[70] doch von ihnen ist noch keiner aus dem Permafrost aufgetaucht.

Das sind die aufregenden, oft erkenntnisreichen Seiten des Klimawandels. Beginnt man, darüber nachzudenken, erscheinen sie so faszinierend wie erschreckend. Denn sie zeigen, welche tiefgreifenden Veränderungen bereits stattgefunden haben. Haben wir das schon erfasst?

Der Wandel ist bereits überall

Lange war der Eisbär auf der treibenden Scholle das warnende Symbol für die kommende Klimakatastrophe. Mit unserem persönlichen Leben im sicheren Mitteleuropa hat es aber noch nicht viel zu tun, wenn sein Reich schmilzt; wenn das Meereis auch im Nordpolarmeer schwindet, auf dem die Bären Robben jagen, die regelmäßig in Eislöchern Luft holen. Um satt zu werden, dringen Eisbären zunehmend in menschliche Siedlungen ein, wo Abfalleimer und Müllkippen genug Nahrung bieten. Zweiundfünfzig von ihnen belagerten ab Dezember 2018 mehrere Monate die Stadt Belushya Guba auf der Insel Nowaja Semlja. Tagsüber streunten die Bären durch die Straßen, sodass sich die Menschen für ihre täglichen Einkäufe nicht mehr nach draußen trauten. In der ostsibirischen Ortschaft Ryrkaypiy stöberten 2019 sechsundfünfzig Eisbären nach Nahrung. Weil es jedes Jahr mehr werden, empfahlen manche den siebenhundert Einwohnern schon, sich woanders anzusiedeln.[71]

Die Lebensräume auf der Erde verändern sich rasch durch das sich wandelnde Klima. Und dabei – das zeigt das Eisbär-Beispiel – kommen Spezies einander nahe, die vorher entfernt voneinander gelebt haben. Weil das Nordmeer sich schon so stark verändert hat, ziehen immer mehr Orcas dorthin.[72] Bislang haben die schwarzweißen Schwertwale die oft eisbedeckten Meere gemieden; nun können sie hier weißen Belugas und Narwalen, deren Männchen einen bis zu anderthalb Meter langen Stoßzahn am Kopf tragen, nachstellen. Welche Folgen das Vordringen der großen Räuber in die arktischen Meere hat, ist noch nicht absehbar – Belugawale halten sich jedenfalls bereits von der kanadischen Hudson Bay fern, in deren flachen und damit wärmeren Gewässern sie gerne ihren Nachwuchs zur Welt gebracht haben.[73]

Nicht alle können den Folgen der Klimakrise ausweichen: Die neuseeländischen Brückenechsen scheinen gefangen auf jenen kleinen Inseln, auf denen sie – geschützt vor den eingeschleppten Räubern – überlebt haben. Wie bei einigen anderen Reptilien entscheidet auch in ihrem Fall die Temperatur des Bodens, in der ein abgelegtes Ei heranreift, das Geschlecht des Jungtieres. Bei höheren Temperaturen schlüpfen vor allem männliche Brückenechsen. Sollte es dort noch wärmer werden und der männliche Nachwuchs irgendwann mehr als fünfundachtzig Prozent erreichen, wäre es um viele Restpopulationen des lebenden Fossils bald geschehen.[74] Ohne menschliche Hilfe – etwa eine Umsiedlung in räuberfreie Regionen des neuseeländischen Festlands, wo höhere und kühlere Bergregionen ausgeglichene Geschlechtsverhältnisse möglich machen – würden die Echsen, die zweihundertzwanzig Millionen Jahre auf der Erde überdauert haben, aussterben.

Auf den hawaiianischen Inseln haben sich bislang einige der vom Aussterben bedrohten einheimischen Kleidervögel wie der Akikiki oder der hübsche zinnoberrote Iiwi in kühlere Bergregionen retten können. Sie sind bedroht, weil sie der eingeschleppten Vogelmalaria nichts entgegensetzen können. Der Überträger des Malariaerregers, die invasive Stechmücke *Culex quinquevittatus*, benötigt zum Überleben Temperaturen von über dreizehn Grad Celsius. Wenn es nun wärmer wird, ziehen die Mücken irgendwann bis in die Gipfel hinauf, die seltenen Vögel verlieren ihren letzten

Fünfzigtausend Jahre Dornröschenschlaf. Dann gab der Permafrost Höhlenlöwenbaby Spartak frei.

sicheren Zufluchtsort und sterben aus. Ähnliches betrifft viele berglebende und an niedrigere Temperaturen angepasste Spezies: Wohin sollen sie ausweichen? Irgendwann geht es nicht mehr höher – und sie stecken fest.

Eine Spezies hat den Kampf ums Überleben bereits verloren: Die Bramble-Cay-Mosaikschwanzratte (*Melomys rubicola*) gilt als das erste Klimaopfer unter den Säugetieren. Der gerade einmal fünfzehn Zentimeter lange Nager – ohne Schwanz gemessen – lebte auf der pfannkuchenplatten Insel Bramble Cay im australischen Großen Barriereriff, die sich kaum einen Meter aus dem Wasser erhebt; der höchste «Berg» ragt drei Meter empor. Vor Jahrzehnten lebten noch Hunderte Mosaikschwanzratten auf dem winzigen Eiland; zuletzt wurde ein Exemplar 2009 von einem Fischer gesichtet. Spätere Suchen mit Lebendfallen konnten kein Tier mehr nachweisen. Wahrscheinlich wurde Bramble Cay bei den zunehmend extremeren Stürmen regelmäßig von größeren Fluten überschwemmt. Dabei könnten nicht nur alle Nager ertrunken sein, große Teile der Vegetation wurden ebenso zerstört – und damit die wichtigste Nahrungsquelle des seltenen Tieres.[75] Seit 2016 gilt die Spezies daher offiziell als ausgestorben – und als Warnsignal für das, was auf vielen auch von Menschen bewohnten Inseln geschehen könnte. Um den kommenden Anstieg der Meeresspiegel wissen wir schon lange. Doch beeinträchtigt es die meisten von uns kaum, solange wir nur Schutzmauern, Deiche und Dämme zu erhöhen brauchen. Und so wirken die Bilder abbrechender Gletscher in Arktis und Antarktis oft eher wie ein spektakuläres Naturschauspiel, weniger als Zeichen einer beginnenden Sintflut.

Australien verbrennt

Vielleicht bekommen wir in Mitteleuropa langsam eine Ahnung davon, was der Klimawandel für uns bedeutet: noch mehr, noch heftigere Hitzesommer, weitere Dürren nach ausbleibendem Regen. Wie bedrohlich, manchmal lebensbedrohlich die Folgen der Erderwärmung für Menschen sind, die ganz ähnlich wie wir leben, zeigten die extremen Buschbrände in Australien von Oktober 2019 bis März 2020: Über dreißig Menschen starben in den wohl schlimmsten Feuern der Geschichte des Landes, über vierhundert an den Folgen von Rauchvergiftung; Tausende von Gebäuden und Wohnhäusern brannten ab, Hunderttausende mussten zeitweise aus ihren Siedlungen und Städten evakuiert werden. Die Feuer wüteten am Rand der Hauptstadt Canberra. Tagelang hüllten die Schwaden weiterer Brände auch Sydney in dichten Rauch, das Wasser wurde knapp, die ganze Stadt mit ihren über vier Millionen Einwohnern war in orangefarbenes Licht getaucht. Im Norden Sydneys drohte der große Flächenbrand auch auf die Metropole selbst überzugreifen. Diese Bilder rückten die Auswirkungen der Klimakatastrophe näher an uns heran – bis in unsere zivilisierten Städte und Siedlungen.

Nicht mehr der Eisbär auf seiner Scholle, sondern der erschöpfte, im Feuersturm fast verdurstete Koala wurde zum Symbol der Klimakrise. Schätzungsweise dreißigtausend der Beutelbären[76] starben bei den Bränden. Das hat die ohnehin schon bedrohten Tiere dem Aussterben noch näher gebracht – nach Ansicht mancher Experten ist mindestens ein Zehntel, vielleicht sogar ein Drittel der verbliebenen Koalas Australiens den Flammen zum Opfer gefallen. Die Feuer waren «eine der schlimmsten Naturkatastrophen in der modernen Geschichte», so Dermot O'Gorman vom australischen WWF. Nach Schätzungen führender australischer Wissenschaftler und Naturschützer wurden dabei knapp drei Milliarden wildlebender Tiere getötet oder vertrieben: hundertdreiundvierzig Millionen Säuger, zwei Milliarden vierhundertsechzig Millionen Reptilien, hundertachtzig Millionen Vögel, einundfünfzig Millionen Amphibien verendeten in den Flammen; die Zahlen für Fische und Insekten wurden erst gar nicht geschätzt. Wer dem Inferno entkam, war dennoch nicht gerettet: andauernde Hitze, verbrannte Nahrungsgründe und Versteckmöglichkeiten oder die Flucht in bereits von Artgenossen besetzte Territorien machen den betroffenen Tieren das Überleben schwer.

Australien war zwar schon immer ein Kontinent des Feuers, die Natur seit jeher auf regelmäßige Feuersbrünste eingerichtet. Die Samen vieler Pflanzen besitzen dort dicke und harte Schalen, die erst angesengt werden müssen, um zu keimen. Eukalyptusbäume speichern sogar leicht entzündliche Öle, um das Feuer anzuheizen. Die brennstoffgetränkten Blätter fackeln so schnell wie Strohfeuer ab, bevor das Holz des Baumes angegriffen wird. Auf diese Weise kommen die Eukalyptusbäume meist ohne großen Schaden davon und treiben rasch wieder aus. Doch die Megafeuer schufen eigene

Wettersysteme: Feuerwolken namens Pyrocumulonimbus – ein Naturphänomen, das sich in seiner Heftigkeit nicht bekämpfen lässt und dessen Blitze neue Feuer selbst in größerer Entfernung entzünden, wenn die Landschaft trocken genug ist. Bisher kennt man sie nur von einigen Orten der Welt – aber im Zuge des Klimawandels werden sie häufiger auftreten. Selbst die während der Evolution feuergestählte australische Flora hielt das kaum aus, viele Bäume verbrannten bis auf kümmerliche Stümpfe.

Bereits während der Brände gab es Befürchtungen, dass einige Arten, die durch den Umbau der Landschaft nach der europäischen Besiedlung Australiens und das Einschleppen vieler invasiver Spezies ohnehin schon bedroht waren, nun endgültig ausgestorben sein könnten. Viele dieser Spezies waren längst auf ein kleines

Koalas wurden zum Symbol des brennenden Australiens in der Klimakrise. Reicht es für ihr Überleben, sie aus dem Wald zu tragen?

Verbreitungsgebiet zurückgedrängt. Kangaroo Island im Süden des Kontinents – beliebt als Urlaubsparadies, aber auch zu einem Drittel unter Naturschutz stehend –, war besonders schlimm von den Buschbränden betroffen.

Von der kaum zehn Zentimeter langen niedlichen Kangaroo-Island-Schmalfußbeutelmaus (*Sminthopsis aitkeni*) mit den großen Ohren lebten vor der Katastrophe noch höchstens drei- bis fünfhundert Tiere. Nun haben die Flammen über neunzig Prozent ihres Lebensraums zerstört. Ob der seltene Kangaroo-Island-Braunkopfkakadu (*Calyptorhynchus lathami halmaturinus*), von dem es dank strengem Schutz wieder vierhundert Vögel gab, überleben wird, ist unklar. Seine wichtigste Nahrung sind die Samen des Kasuarinenbaumes *Allocasuarina cladocalyx*, der auf Kangaroo Island auf fünfzig Quadratkilometern wächst – und die Bäume sind fast komplett abgefackelt. Dass dennoch im Mai dreiundzwanzig Küken in verbliebenen Nestern geschlüpft sind, war ein kleines Wunder.[77] Auch ein paar Schmalfußbeutelmäuse wurden auf Flächen entdeckt, die vom Feuer verschont geblieben waren – allerhöchstens fünfzig Tiere, die nun durch verwilderte Hauskatzen extrem gefährdet sind. Denn die Miezen wandern in diese Teile der Insel – nur dort können sie überhaupt noch Beute finden. Eine einzige gute Jägerin unter den Katzen könnte also eine ganze Spezies ausrotten.[78] Für hundertzwanzig Arten, so meldete es das australische Umweltministerium schon im März 2020, bestehe nach den verheerenden Bränden dringender Handlungsbedarf, um sie vor dem Aussterben zu retten.[79]

Kommt das Pyrozän?

Forscher wie der Freiburger Ökologe Johann Goldammer sprechen bereits vom «Zeitalter des Feuers» – dem Pyrozän: «Der Begriff steht für das, was wir gerade in Australien sehen: Aufgrund der Interaktion zwischen Natur, menschlichem Handeln und den Auswirkungen des Klimawandels nehmen unkontrollierbare Großbrände weltweit zu. In manchen Regionen bestimmt die Macht des Feuers damit die Entwicklung und das Schicksal der Vegetation. Die Frage ist nur, wie lange dieses Zeitalter andauern wird. Wenn nichts mehr zum Verbrennen da ist, ist es vorbei.«[80]

Zunächst brennt es weiter: Im Sommer 2020 ist San Francisco in ähnliches Orange getunkt wie Sydney im Jahr zuvor; an der gesamten amerikanischen Westküste brennen die Wälder. Allein im Bundesstaat Oregon haben die Flammen eine Fläche von der Größe Mallorcas abgefackelt. Zur gleichen Zeit haben Feuer im südamerikanischen Pantanal, dem größten, vor allem in Brasilien liegenden Binnenfeuchtgebiet der Erde und Welterbe der UNESCO, bereits eine doppelt so große Fläche zerstört wie in Kalifornien. Damit ist das für viele Tier- und Pflanzenarten extrem wichtige Ökosystem vielleicht schon so schwer beschädigt, dass es sich nicht mehr erholen kann.[81] Dabei gehört wie in Australien auch im Pantanal Feuer zum normalen Naturgeschehen; viele Pflanzen benötigen Flammen zum Keimen.

In Amazonien hingegen ist die Vegetation dafür nicht gerüstet. Auch dort setzen sich die verheerenden Waldbrände der vergangenen Jahre fort. Wissenschaftler fragen längst, wann die Verbindung aus Klimaerwärmung, Abholzung und Feuer den größten Regenwald der Erde ausgetrocknet und Amazonien den Kipppunkt erreicht haben wird,[82] jene Schwelle, an der ein System seine gewohnte Funktionsweise drastisch verändert oder einstellt, sodass es kein Zurück mehr gibt. Denn dieser Regenwald hält sich selbst am Leben, nicht nur, weil er in einem ausgeklügelten Artensystem die wenigen Nährstoffe recycelt, auch das Wasser befindet sich in einem steten Kreislauf im und über dem riesigen Waldgebiet. Wenn der Wald zu sehr geschädigt ist, fällt irgendwann zu wenig Niederschlag, und eine trockene Savanne entsteht, in der viele amazonische Arten nicht überleben. Diese dramatische Lebensraumveränderung beträfe Menschen, Tiere und Pflanzen vor Ort – und die vielen Milliarden Tonnen von Kohlendioxid, die dabei in die Atmosphäre entweichen, würden den Treibhauseffekt weltweit verstärken.

Auch in Sibirien lodern im Sommer 2020 die Feuer wie nie zuvor.[83] Eine Hitzewelle bescherte der jakutischen Stadt Werchojansk, die als einer der kältesten bewohnten Orte der Welt gilt, seitdem im Januar 1933 minus 67,8 Grad Celsius gemessen wurden, einen Temperaturrekord von achtunddreißig Grad – ein Unterschied von mehr als hundert Grad.[84] Durch die Brände in Wäldern und Mooren sind in diesem Sommer fast zweihundertfünfzig Millionen Tonnen Kohlendioxid in die Atmosphäre gestiegen – ein Drittel mehr als im Jahr zuvor, ebenfalls ein Rekordjahr. Wenn dabei die Böden und Moore auftauen, entlassen sie das weitaus schlimmere Treibhausgas Methan, das etwa fünfundzwanzigmal stärker wirkt als Kohlendioxid. All das könnte ein weiteres Kippen auslösen: das unaufhaltsame Auftauen des Permafrosts, der immerhin ein Sechstel der Landfläche des Planeten ausmacht – ein weiterer «Turbo» für die Erderwärmung.[85] Doch weder die Auswirkungen der amazonischen Brände noch jene des auftauenden Bodens in abgelegenen sibirischen Regionen bekommen wir in unserem Alltag mit.

Ein *Frozen Zoo* en miniature

Unter der Erde Sibiriens schlummern nicht nur urzeitliche Fohlen, hier ist auch noch ein ganz anderer *Frozen Zoo* verborgen. So haben Wissenschaftler, als sie Proben von über dreihundert Permafrostböden verschiedener arktischer Ablagerungen analysierten, zwei guterhaltene, kaum einen halben Millimeter lange Fadenwürmer entdeckt, die ganz intakt schienen. Nach einem mehrwöchigen Bad in einer zwanzig Grad warmen Nährlösung geschah Erstaunliches:

Die Würmer bewegten sich und begannen mit Appetit zu fressen – nach zweiunddreißig- beziehungsweise vierzigtausend Jahren in tiefgefrorener Kryobiose.[86]

Im Permafrost lauert aber noch weitaus Gefährlicheres: Auf der sibirischen Halbinsel erkrankten im Jahr 2016 Rentiere an einer seltsamen Seuche, bald darauf auch dreiundzwanzig Nomaden; ein zwölfjähriger Junge starb, nachdem er vom Fleisch eines infizierten Rentieres gegessen hatte. Rasch zeigte sich, dass es sich bei der Krankheit um Milzbrand handelte. Die Sporen des gefährlichen Anthraxerregers waren nach einer Hitzewelle, die den Permafrost auftaute, zum Leben erwacht, sodass sich daraus Milzbrandbakterien entwickelten. Diese Seuche schien hier längst verschwunden, der letzte Ausbruch lag jedenfalls fünfundsiebzig Jahre zurück. Damals waren die am Milzbrand verendeten Tiere so tief wie möglich vergraben worden. Doch mit den höheren Temperaturen im Sommer und der länger gewordenen Wärmeperiode taut der Boden all-

Dieses völlig funktionstüchtige Riesenvirus trat aus dem sibirischen Eis zutage.

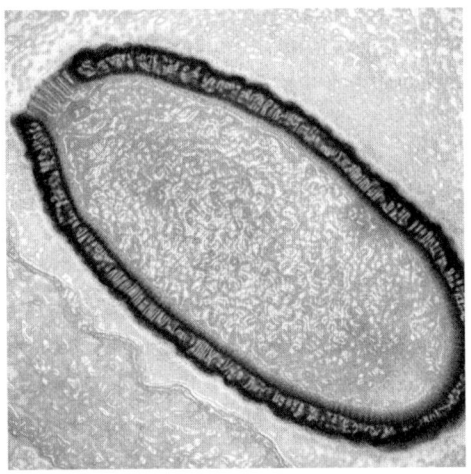

jährlich tiefer auf. Über zweitausenddreihundert Rentiere starben; die Kadaver der Hirsche wurden dieses Mal aus Sicherheitsgründen verbrannt. Die betroffene Region auf der Halbinsel wurde zum Sperrgebiet erklärt – ein tiefer Einschnitt für die Rentiernomaden, deren Lebensgrundlage die wandernden Hirsche sind.

Dass im Permafrost weitere Pathogene und gefährliche Erreger längst verschwundener Seuchen liegen, ist bekannt. Neben Opfern der Spanischen Grippe, die in Alaska nachgewiesen und im Labor rekonstruiert werden konnten, lagern auch viele Pockentote in sibirischen Gräbern. Beides ist eine potenzielle Gefahr, doch seien Virenpartikel nach dem Auftauen weniger widerstandsfähig als Bakterien, so der Hamburger Virologe Jonas Schmidt-Chanasit. Um sich anzustecken, müsste ein Mensch oder Tier rasch nach dem Auftauen in Kontakt mit einem infizierten Kadaver kommen. Außerdem müsste für eine Infektion die aufgenommene Viruslast – die Menge an Viren – ausreichend groß sein.[87]

Der französische Genetiker und Bioinformatiker Jean-Michel Claverie warnt: «Die Gefahr ist, dass wir mit neuen Viren konfrontiert werden, über die wir absolut nichts wissen und für die unser Immunsystem keine Abwehrkräfte besitzt.»[88] Bereits eine einzige Bodenprobe aus dem Permafrost Sibiriens entpuppte sich für ihn als biologische Zeitkapsel: Claverie und sein Team beschrieben 2015 gleich zwei bislang unbekannte Riesenviren. Sie überdauerten in einer kleinen Höhle, die ein Hörnchen vor über dreißigtausend Jahren gegraben hatte.

Normalerweise sind Viren, die meist nur aus Erbmaterial und einer Proteinhülle bestehen und daher für ihre Vermehrung auf andere Lebensformen angewiesen sind, wesentlich kleiner als Bakterien und andere Zellen. Sie können nur mit den aufwendigen Verfahren der Elektronenmikroskopie abgebildet werden. Doch die beiden aufgetauten Riesenvirenarten ließen sich bereits unter einem normalen Lichtmikroskop beobachten. Um an sie heranzukommen, nutzten die Forscher Amöben als Köder. Als einige dieser Einzeller starben, entdeckten die Forscher in ihnen die Viren.[89] Diese neuen Virenspezies scheinen für den Menschen nicht gefährlich, aber andere Virologen haben schon ähnliche Riesenviren entdeckt, die auch Menschen befallen. Claverie mahnt jedenfalls zur Vorsicht: «Niemand versteht wirklich, warum Neandertaler ausgestorben sind. Wir können nicht ausschließen, dass Erreger aus vorzeitlichen sibirischen Tier- oder Menschenpopulationen wiederauftauchen, wenn die arktischen Permafrostschichten schmelzen oder durch industrielle Aktivitäten gestört werden.»[90] Darauf, so befürchtet Claverie, sind wir nicht vorbereitet.

Alle tot – auf einen Schlag

Auswirkungen der Klimaveränderungen sind schon heute oft überraschend. Es war im Mai 2015, als in Kasachstan ohne Vorankündigung über zweihunderttausend Saiga-Antilopen innerhalb von nur drei Wochen starben. Die seltsamen Tiere, die mit ihrer skurrilen Rüsselnase voller Haare und schleimiger Drüsen für eisige Winterstürme und den trockenen Staub der Steppen gerüstet sind, verendeten Stunden nach den ersten Symptomen. In einem gleichmäßigen Abstand von dreißig bis fünfzig Metern lagen die Kadaver in der zentralasiatischen Steppe verteilt. Auf einer riesigen Fläche – dreimal so groß wie Österreich – und in Populationen, die weit voneinander entfernt waren, betrug die Mortalität der Antilopen fast hundert Prozent. Unmöglich, dass sich ein neuer Erreger so rasch verbreiten konnte – vor allem, weil infizierte Individuen viel zu schnell starben, um den Erreger durch Wanderungen weiterzutragen. Bald zeigte sich, dass ein bislang harmloses Bakterium namens *Pasteurella multocida* dafür verantwortlich war – ein Organismus, der in beinahe allen Saigas natürlicherweise in den Atemwegen lebt. Nun aber war das Bakterium über das Blut in andere Organe vorgedrungen und hat dort die Zellen zerstört, sodass die Tiere an inneren Blutungen und Organversagen verendeten.

Weshalb wurde aus dem an sich harmlosen Bakterium plötzlich ein Killer? Gab es eine begleitende Virusinfektion? Hatten Umweltchemikalien das Bakterium verändert? Das Einzige, was die Forscher um Richard Kock vom Londoner Royal Veterinary College als Konstante aller Fälle herausfanden, war – das Wetter. Wo die Saigas starben, war es ungewöhnlich warm und feucht gewesen. Warum sich die *Pasteurella*-Bakterien dadurch in todbringende Mitbewohner verwandelten, ist weiterhin unklar. Doch schon in den 1980er Jahren gab es zwei kleinere Sterben von Saigas in dieser Jahreszeit; auch da herrschten ähnliche Wetterbedingungen.

Die Forscher untersuchten daraufhin die kasachische Folklore und Kulturgeschichte. Zwar gab es Geschichten von vielen toten Saigas in harschen Wintern, aber keine darüber, dass solche Massen an Tieren im Sommer einfach in der Steppe tot umfielen. Es scheint, als hätte der Klimawandel mit seinen verstärkt auftretenden ungewöhnlichen Wetterphänomenen die bislang normale Beziehung zwischen einem Tier und seinem Mikrobiom – also der Vielfalt kleinster Organismen im Körper, von denen viele wichtige Funktionen für die jeweiligen Träger haben – nachhaltig gestört, mit katastrophalen Folgen. Nach allen Voraussagen wird das Klima in Zukunft noch viel stärker schwanken. «Das könnte das erste Beispiel eines großen Problems für die biologische Vielfalt sein», so Richard Kock.[91]

Neue Erreger im Anmarsch

Mit dem veränderten Klima verschieben sich nicht nur weltweit die Klimazonen – mit dem Ergebnis, dass große Arten wie die Orcas im Nordmeer in neue Regionen wandern, wo sie auf andere Spezies treffen. Auch die Erreger und ihre Überträger ziehen mit: Entweder sie reisen zusammen mit größeren Spezies, oder wir selbst schleppen sie mit unseren Verkehrsmitteln um die Welt, wo viele in wärmer gewordenen Lebensräumen bestehen können und sich als invasive Arten ausbreiten. So hat sich etwa die Asiatische Tigermücke, die Überträgerin des Zika-, Chikungunya- und Denguevirus, schon längst in Deutschland etabliert. Das Zika- und Chikungunyavirus sind bereits in Südeuropa angekommen, das West-Nil-Virus sogar in Deutschland.[92] Die Malaria ist nach Italien und Griechenland zurückgekehrt, die Bilharziose auf Korsika nachgewiesen worden – beide Erkrankungen werden von pathogenen Einzellern übertragen. So beunruhigend das ist, so ist es doch eine bekannte Erscheinung, dass ein Pathogen, von dem wir bereits wissen, neue Regionen besiedelt.

Für uns neue Infektionskrankheiten können auftauchen, wann immer wir tiefer in bislang intakte Lebensräume vordringen und dabei Erreger von anderen Virenspezies wie HIV oder Ebola «auflesen». Sie können entstehen, wenn wir Tierarten verschiedenster Lebensräume auf engstem Raum unter unhygienischen Bedingungen zusammenpferchen, sodass beispielsweise Viren von einer Spezies auf die andere überspringen, mutieren und sich zu neuen Krankheitserregern entwickeln, wie es für das Sars-CoV-1-Virus nachgewiesen ist – und wie es auch im Fall des Sars-CoV-2-Virus wahrscheinlich noch passieren wird. Wir erschaffen neue Erreger – wie bei den Schweine- oder Vogelgrippeviren –, wenn wir, wie oft in Südostasien, eng mit anderen Spezies wie Hühnern oder Schweinen zusammenleben. Das sind die bekannten, häufiger untersuchten Pfade der Entstehung neuer Infektionskrankheiten.

Wissenschaftler um den amerikanischen Parasitologen Daniel Brooks warnen vor bislang viel zu wenig beachteten Wegen:[93] Im Zuge des Klimawandels werden die Lebensräume von Pflanzen, Tieren und Mikroorganismen zunehmend instabiler, wodurch sich die komplexen Beziehungen unter den Arten verändern. Wenn dabei Spezies in andere Regionen vordringen, treffen bekannte Erreger auf neue Wirte, denen sie vorher nie begegnet sind. Wenn es zufällig passt, können gefährliche Krankheiten die Folge sein. Auch das gehört zum *ecological fitting*.

Ein Beispiel, das nichts mit der Klimakrise zu tun hat, verdeutlicht, welche Auswirkungen eine zufällige ökologische Passung für uns haben kann: Die ursprüngliche Heimat des heute als Kartoffelkäfer bekannten Insekts lag im zentralen Mexiko, später wurde er ebenso im amerikanischen Bundesstaat Colorado entdeckt, wo er recht unauffällig auf der Büffelklette lebte, einem Nachtschattengewächs, das häufig im Bereich von Bisonsuhlen wuchs.[94] Erst im 19. Jahrhundert fanden der Käfer und die Kartoffel zusammen, deren Urform vor über siebentausend Jahren in den Anden domestiziert wurde. Wie alle Nachtschattengewächse produziert auch die Kartoffel Gifte, mit denen sie ihre Blätter für die meisten Insekten ungenießbar macht. Als in den USA immer mehr Kartoffeln angebaut wurden, trafen irgendwann Knolle und Käfer aufeinander: Der Käfer, der die Gifte gewohnt war, entdeckte die neue Futterquelle, die plötzlich massenhaft und in großen Monokulturen auftrat, vermehrte sich ebenso massenhaft und wanderte fortan mit der Kartoffel um die Welt, wobei er schon viele Kartoffelfelder kahl gefressen und somit viele Ernten vernichtet hat. Ein «Landwirtschaftsschädling» war entstanden.

Solche zufälligen Passungen werden durch den Klimawandel, der eingespielte Lebensgemeinschaften und Artengefüge durcheinanderwirbeln wird, viel häufiger: Natürliche Barrieren brechen weg, oder Spezies migrieren, um zu überleben. Als 2004 im Nordpazifik die Bestände der Seeotter teilweise um bis zu siebzig Prozent einbrachen, stellten Forscher erstaunt fest, dass die Wassermarder am gleichen Staupevirus erkrankt waren, das 2002 zum großen Seehundsterben in der Nordsee geführt hatte. Zwar sind die Ozeane auf beiden Seiten Nordamerikas über das Nordpolarmeer verbunden, doch verhinderte bislang das Eis die Wanderung schwimmender Säuger zwischen den Meeren. Da in jenen Jahren das sommerliche Meereis stärker als zuvor zurückgegangen war, hatte der Erreger wahrscheinlich – vielleicht mit einer infizierten Robbe – den Weg durch das schmelzende Nordmeer gefunden.[95] Die Zahl an Erregern, die «plötzlich» überspringen, wird enorm anwachsen – allein deshalb, weil die Wahrscheinlichkeit steigt, dass immer mehr Spezies aufeinandertreffen, die irgendwie zueinanderpassen und dabei oft noch keine Abwehrmechanismen gegen die neuen Pathogene entwickeln konnten.

Das werde uns nicht nur ein paar weitere schlagzeilenträchtige Viren wie Ebola aus den Tropen bescheren, so das Forscherteam um Daniel Brooks, sondern eine Vielzahl von Viren, Bakterien, Pilzen, Einzellern und Vielzellern, die sowohl uns als auch unsere wichtigen Nutztiere und -pflanzen befallen können – ebenso wie alle anderen Spezies, egal, ob wir in entwickelten oder weniger entwickelten Ländern leben, ob in Städten oder auf dem Land.[96] Dabei werde nicht eine große Pandemie über uns hereinbrechen und irgendwann alles Leben auf dem Planeten auslöschen wie in manchen Science-Fiction-Filmen, so Daniel Brooks in der «Washington Post».[97] «Stattdessen wird es eine Menge lokaler Ausbrüche geben, die unsere medizinischen und tiermedizinischen Gesundheitssysteme unter Druck setzen. Das wird ein Tod nach tausend kleinen Schnitten sein.» Bislang könne man unser Wissen über die Pathogene der Welt «bestenfalls fragmentarisch» nennen, so Brooks und seine Koautoren – maximal zehn Prozent seien bislang dokumentiert.[98] Wie aber soll man sich auf Bedrohungen vorbereiten, von denen man so wenig weiß und deren Existenz oft noch unbekannt ist?

Allein diese Gedanken machen deutlich, wie wichtig funktionierende – «gesunde» – Ökosysteme mit intaktem Artenmix sind. Sie sorgen für Stabilität, sind aber durch die Klimakrise noch mehr bedroht als zuvor. Die Klima- und die Artenfrage hängen also eng miteinander zusammen. Ist uns das eigentlich bewusst? Haben wir die Auswirkungen beider Krisen schon einmal zusammengedacht?

Die Lösung: mehr Klimaanlagen?

Im September 2019 – da waren die Buschbrände in Australien noch nicht groß – erlebte ich den amerikanischen Journalisten David Wallace-Wells, Autor des Buches «Die unbewohnbare Erde»[99], bei einer beeindruckenden Veranstaltung in Hamburg.[100] Bei seinem Vortrag machte er deutlich, was wir alle wissen: Wie seit dem Beginn der Industriellen Revolution und der Verbrennung fossiler Energien der Kohlendioxidgehalt der Atmosphäre stetig stieg und in der Klimakrise mündete. Dieser Zeitraum – weit über zweihundert Jahre – gebe uns allen ein Gefühl dafür, wie langsam dieses Problem entstanden sei; es sei eben etwas, das sich über Generationen hinweg angehäuft habe. Allerdings müssten wir uns vor Augen führen: «Innerhalb der Spanne eines Menschenlebens haben wir den Planeten an den Rand der Klimakatastrophe gebracht. Ein Viertel der Emissionen, die gegenwärtig die globale Erderwärmung, Extremwetter wie Dürren und Hurrikans nach sich ziehen, wurden seit 2007 produziert – seit dem Jahr, als das iPhone auf den Markt kam, um es anschaulicher zu machen.»[101] Im Klartext bedeutet das: Es waren nicht nur «die früher». Und wir machen uns etwas vor, wenn wir glauben, wir würden heute schon Emissionen einsparen. Das Gegenteil ist der Fall.

Später las ich ein Interview mit dem indischen Historiker Dipesh Chakrabarty, der sich mit den Folgen des Anthropozäns und der Klimakrise auseinandersetzt[102] und dafür ein Beispiel gibt: «In Indien boomt der Markt für Klimaanlagen, weil die Städte wahre Hitze-Inseln geworden sind. Um dieser Hitze zu entkommen, kaufen die Leute Klimaanlagen. Die Menschen lieben Klimaanlagen. Zum ersten Mal können ihre Kinder nachts für die Prüfungen lernen, zum ersten Mal können die Menschen in einem Raum gut schlafen. Und natürlich erhitzt sich die Stadt durch all die Klimaanlagen noch stärker.» Und das ist nicht nur in Indien so: Klimaanlagen und Ventilatoren machen schon heute zehn Prozent des weltweiten Stromverbrauchs aus.[103]

Kann es sein, fragte ich mich da, dass wir das grundsätzliche Ausmaß des Problems noch immer nicht begriffen haben? Und war froh, dass beim Tippen dieser Zeilen der Hitzesommer 2020 vorüber war und mein Ventilator im Büro ausgeschaltet bleiben konnte. Was meinte Carl von Linné eigentlich, als er uns auf den Namen *Homo sapiens*, verständiger Mensch, taufte?, kam mir in den Sinn.

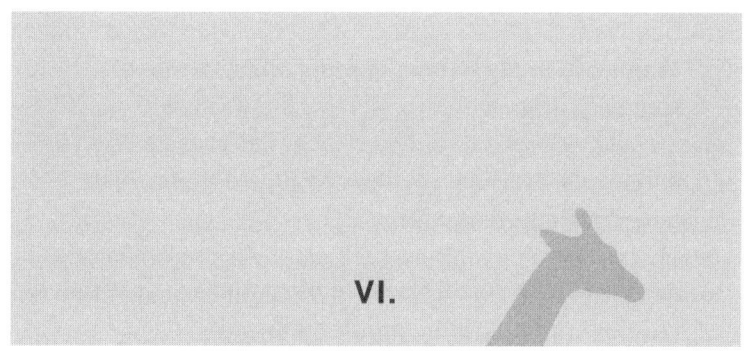

VI.
UNSER NEUES SELBSTBILD ALS ART

Wann haben Sie sich zuletzt als Mitglied einer Spezies gefühlt?

Mögen Sie Menschen und wenn ja, wie viele, oder besser: wie viele auf einmal?

Wenn Sie plötzlich in einer großen Menschenmenge stehen, am Flughafen, am Bahnhof, in Fußgängerzonen, und alle hetzen herum, fragen Sie sich eher: Was wollen die denn alle hier?, oder: Was wollen wir denn alle hier?

Woran erkennen Sie an sich selbst, dass Sie ein verständiger Mensch sind und unseren Artnamen Homo sapiens zu Recht tragen?

Wie entscheiden Sie als verständiger Mensch, wenn Sie nicht alle Fakten kennen und nie kennen können?

Was könnte uns mehr vom Tier unterscheiden: die Fähigkeit, Geschichten zu erzählen, Religionen auszuüben oder die Fähigkeit zum bewussten Selbstmord?

Gibt es einen Unterschied, da doch alle drei Fähigkeiten mit dem Bedürfnis nach Sinn zu tun haben?

Worin besteht Ihr Ringen um den Sinn?

Was nun, oh *Homo sapiens*, im selbstgeschaffenen Anthropozän? Zur Beruhigung ist zunächst einmal zu betonen: Um unser Aussterben geht es nicht, zumindest derzeit nicht. Irgendwann werden wir als Spezies natürlich verschwinden, so wie geschätzt weit über neunundneunzig Prozent aller Arten, die je auf unserem Planeten existierten; ausgenommen nur jene, die momentan mit uns auf der Erde leben. Das gehört zum Gang der Dinge und der Evolution. Mehrere Dutzend Arten von Früh-, Ur- und Vormenschen sind ausgestorben. Ob unsere Entwicklungslinie dann zu Ende sein wird, ob sich andere Arten aus unserer Spezies entwickeln, wird erst die wohl noch ferne Zukunft zeigen.

Weil wir aber überall verbreitet sind, auf allen Erdteilen, in allen Klimazonen, ist – bei allen Problemen auf der Welt – unsere Existenz als Art momentan nicht gefährdet. Mit fast acht Milliarden Individuen sind wir einfach zu zahlreich, um auf einen Schlag zu verschwinden. Selbst wenn eine wirklich große Katastrophe über uns hereinbräche – ein Asteroid von jener Größe, der die Dinosaurier ausgerottet hat, mal ausgenommen –, eine schlimme Pandemie wie die Pocken, ein gewaltiger Vulkanausbruch oder ein verheerender Atomkrieg, die Chancen stünden dennoch gut, dass irgendwo ein paar von uns übrigblieben. Sollten neunundneunzig Prozent von uns bei einer solchen Apokalypse umkommen, so wären noch immer fast achtzig Millionen Menschen übrig – ungefähr zwanzigmal so viele wie nach der letzten Eiszeit.[1] Mit unserem großen Gehirn würden wir schnell lernen, mit den veränderten, wahrscheinlich schwierigen Gegebenheiten umzugehen. Nicht zuletzt deshalb konnten wir uns schließlich auf der Erde so ausbreiten und unterschiedlichste Lebensräume besiedeln, ohne uns dabei in unserer Gestalt allzu stark zu verändern. Ein großer Teil unserer Evolution findet im Kopf statt – und das nennen wir Kultur. Und doch steckt hinter der Frage, was aus uns wird, eine berechtigte Sorge: Nicht ein einziger großer Schlag der Auslöschung droht, sondern, wie der Parasitologe Daniel Brooks und seine Koautoren es nennen – «ein Tod in tausend Schnitten» –, und sie glauben, dass «die Menschheit, zumindest in ihrem Hochtechnologiemodus, einer Bedrohung ihrer Existenz ausgesetzt ist».[2] Anders ausgedrückt: Es geht um die Art, wie wir leben. Bedroht ist unsere Zivilisation.

Der Historiker Dipesh Chakrabarty beschäftigt sich mit jener neuen, nach uns Menschen benannten Zeit, dem Anthropozän, in der wir als Kollektiv – ein Biologe würde sagen: als Art – zu einem geologischen Akteur geworden sind, «wie ein Erdbeben oder wie ein Tsunami». Spätestens seit der Erfindung der Dampfmaschine durch James Watt im Jahr 1778 und der darauf folgenden Industriellen Revolution agieren wir Menschen weltweit mit prägendem Einfluss auf den Planeten. Dank dieses stetigen technologischen Fortschritts in den vergangenen Jahrhunderten erreichte unsere Spezies just in unserer Generation all das, was uns heute oft als selbstverständlich erscheint: «In den letzten siebzig Jahren haben die Menschen mehr Freiheit und Demokratie und Frieden genossen als je zuvor in der Menschheitsgeschichte. Das Anthropozän ist, um es kurz zu sagen, die beste Zeit, die die Menschheit je erlebt hat», so Chakrabarty. «Und deshalb ist es ja auch so schwierig, sich von dieser Zeit wieder zu verabschieden.»[3]

Drei Szenarien der Weiterentwicklung

Zu lange haben wir übersehen, wie tiefgreifend wir jene Prozesse des Ökosystems Erde, die für unser Überleben notwendig sind, bereits verändert haben. Müssen wir uns wirklich schon verabschieden von den besten Zeiten unserer Spezies? Wie könnte unser Weg weiter verlaufen? Schauen wir kurz auf drei ganz unterschiedliche Entwicklungsszenarien – Zukunftsbilder mit jeweils realistischem Hintergrund. Um es gleich vorweg zu sagen: Sie stammen nicht von mir.

Im ersten ist unsere Welt verwüstet. Die Klimakrise mit ihren extremen Wetterschwankungen hat die einst übliche Landwirtschaft samt den natürlichen Lebensräumen zerstört. Auf monatelange heiße Dürren mit gewaltigen Feuersbrünsten folgen im Norden Amerikas ähnlich lange Regenperioden voller sturzbachartiger Niederschläge. Die Oberfläche der Erde ist vielerorts erodiert. Die meisten Arten sind ausgerottet, nur ein paar Freaks versuchen, die letzten zu erhalten. Viele Menschen verlassen kaum mehr ihre Wohnungen, sondern verbringen ihre Zeit vor Computern und Fernsehern. Dank der wissenschaftlichen Fortschritte werden die Menschen immer älter und zahlreicher. Längst sind die Sozialsysteme zusammengebrochen. Dann bedroht eine Pandemie den Fortbestand der Menschheit.

Im zweiten Szenario haben die Fortschritte der Genetik und der Fortpflanzungsmedizin viele Krankheiten ausgemerzt, pränatale Impfungen haben uns resistent gemacht – viel Leid ist aus der Welt verschwunden. Auch Mücken, die Krankheiten übertragen, sind ausgerottet. Wir haben es geschafft, unsere Fortpflanzung zu kontrollieren – so sehr, dass Menschendesign normal und Menschenzucht gängig ist. Traditionelle Fortpflanzung ist in dieser Zivilisation überflüssig. Synthetische Drogen garantieren unser Wohlbefinden. Dadurch sind alle Menschen zufrieden – selbst jene, die einfachste Arbeiten verrichten müssen, denn sie sind «dumm» gezüchtet. In einigen Reservaten allerdings leben noch Menschen nach «natürlicher» Art und Weise – und mit einer Natur, die nicht nur Freude, sondern auch Qual und Leid bereitet.

Im dritten Szenario haben nach dem Zusammenbruch unserer

Zivilisation einige Menschen überlebt und sich in einfachen Stämmen organisiert. Was wir heute als Kulturtechniken kennen, haben sie längst verloren und vergessen – bis auf wenige Relikte aus dem technischen Zeitalter, die von den Überlebenden in kulthaften, religiösen Zeremonien benutzt werden. Tauschhandel ohne Geld und Stammeskriege bis hin zum Kannibalismus prägen das Leben der Menschen nach den untergegangenen Hochkulturen.

Konkreter möchte ich die Szenarien nicht ausführen, vielleicht haben Sie sie bereits erkannt. Wer will, kann sie nachlesen, denn sie stammen alle aus der Literatur. Das erste Szenario einer dystopischen Welt am Klimaabgrund beschrieb T. C. Boyle in seinem Roman «Ein Freund der Erde» aus dem Jahr 2000. Die fiktive Handlung spielt im Jahr 2025. Und was bereits jetzt, fünf Jahre früher, im Sommer 2020, in T. C. Boyles Heimat Kalifornien geschehen ist, kommt der düsteren Version schon bedrohlich nahe. Boyle selbst sagt: «Leider hat uns die Realität überholt, und die Katastrophen sind viel früher eingetroffen, als ich mir das jemals hätte vorstellen können.»[4]

Die «schöne neue Welt» ohne Sorgen entstammt natürlich der Feder Aldous Huxleys. Die Menschenzucht mag gerade erst beginnen, an der Ausrottung der Mücken jedenfalls wird schon gearbeitet. Im Frühjahr 2021 sollen in Florida in einem ersten Test siebenhundertfünfzig Millionen gentechnisch veränderte Gelbfiebermücken freigelassen werden – sodass in Zukunft keine Weibchen mehr entstehen.[5] «Ausgerottet! Das sieht Euch ähnlich. Alles Unangenehme ausrotten, statt es ertragen zu lernen!», so beschwert sich einer der «Wilden» in Huxleys Roman, der in einem der Reservate lebt und sich der schönen neuen Weltordnung widersetzt: Er wolle gefährlich leben, mit Leid, dem Recht auf Unglück und der Angst vor dem Morgen.[6] Denn alldem verdanken wir so etwas Menschliches wie Dichtung und Kunst.

Das dritte Szenario hat David Mitchell in seinem «Wolkenatlas» geschaffen. Nach dem Zusammenbruch der hochtechnisierten Zivilisation sind auf Inseln, die den hawaiianischen gleichen, die überlebenden Menschen in die Steinzeit zurückgefallen. Als ich Mitchells Buch las, erinnerte ich mich an den Anthropologen William Balée aus New Orleans. Einige der indigenen Stämme Amazoniens, die heute als Jäger und Sammler «wie in der Steinzeit» zu existieren scheinen, sind nach Ansicht Balées, der sich auch als historischer Ökologe bezeichnet, keine übriggebliebenen Vertreter prähistorischer Kulturen. Nach «agrikultureller Regression»[7] haben sie ihre sesshafte Lebensweise mit der Ankunft der Europäer im 16. Jahrhundert aufgegeben und sind vor Krankheit und Sklaverei in den Wald geflohen. Nicht zuletzt dank der amazonischen «Obstgartenlandschaft» konnten sie bis heute überleben.

Alle drei Szenarien – jedes auf seine Weise beklemmend – haben einen realistischen und wahren Kern, fußen auf heutigen Möglichkeiten, erinnern an bereits Geschehenes.[8] Nur wenig eigene Phantasie ist nötig, um alle drei Szenarien so zusammenzuschreiben, dass sie in genau dieser Reihenfolge ablaufen.

Eine andere Vision

«Alle wesentlichen Entwicklungen in Bezug auf Nachhaltigkeit laufen in allen Gesellschaften auf dem Globus in die falsche Richtung», schreiben der Sozialpsychologe Harald Welzer und der ehemalige Manager und Gründer der Stiftung «Forum für Verantwortung», Klaus Wiegandt, in einem Buch der gleichnamigen, eindrucksvollen Reihe, die sich den Zukunftsfragen der Menschheit widmet – so auch der wachsenden Seuchengefahr, dem Klimawandel, dem Biodiversitätsverlust und der Bedrohung der Ozeane. Um nicht andauernd nur mit schlimmen, schwierigen Botschaften wachzurütteln, mit Fünf-vor-zwölf-Rhetorik zu argumentieren, bei der «Menschen immer nur ‹Verzicht› hören, wenn ‹Veränderung› gesagt wird», stellen die beiden Herausgeber der Reihe die Frage: «Wie sieht die Welt im Jahr 2050 aus?» Zusammen mit renommierten Experten wollen sie eine «gute Botschaft» mit «konkreten Utopien» präsentieren:[9] Zukunftsfähigkeit könne ein «durchaus lustvolles und auch subjektiv gewinnbringendes Projekt» sein. In diesem Band sollen anschauliche Vorstellungen präsentiert werden, wie sich nach den nötigen Veränderungen eine hoffentlich postcarbone Gesellschaft am «Glück der Einzelnen orientiert und ein beträchtliches Mehr an Lebensqualität bietet» – ein Plot, der ein mögliches Happy End aufzeigen soll.

In meinem Buch geht es nicht um mögliche und vieldiskutierte Lösungen der Klimafragen oder manch anderer drängender Probleme, sondern um eine bestimmte Herangehensweise an diese Probleme, die andere Lösungsansätze ermöglicht. Bei Welzer und Wiegandt finde ich selbstverständlich lauter kluge, bedenkenswerte Dinge. Es geht um die Zukunft der Mobilität, die Stadt von morgen, moderne Arbeitswelten, Energie und Ernährung, um Demokratie und Gerechtigkeit. Die Welt im Jahr 2050, die die Autoren als lustvoll beschreiben wollten, besteht vor allem aus Stadtlandschaften, in denen wir uns nachhaltig und energiearm fortbewegen und Urban Gardening betreiben. Was mir dabei auffällt: Natur, wie sie wohl nicht nur mir lustvolle Freude bereitet, findet in dieser Vision keinen Platz, auch von Wildnis keine Spur. Ist sie im Jahr 2050 völlig verschwunden?

In einem der Kapitel werden zumindest asphaltierte und betonierte Autobahn- und Flughafenflächen entsiegelt. Durch «Auftragen von Mutterboden» gelingt es in dieser Vision, solche Flächen wieder zu begrünen – «und sogar in Gemeinschaftsgärten zu verwandeln».[10] Was haben die Autoren wohl von unserer Welt erlebt, frage ich mich. Welches Bild haben sie von der Erde? Warum vertrauen die wohlmeinenden Experten, die das Richtige wollen, vor allem technischen, anthropozentrischen Lösungen – mit uns als alleinigen Managern und Ingenieuren der Zukunft? Wo bleibt der Gedanke, *mit* der Natur zu arbeiten? Oder sie sogar sich selbst zu überlassen und auf ihre Kraft und Wucht zu vertrauen? Auf ihre Ökosystemdienstleistungen, die wir zunehmend zerstören? Auch auf diese Weise könnten wir zur Nachhaltigkeit finden; zumindest würde das sehr helfen. Können solche Entwürfe, die auf wesentliche Kräfte unseres Erdsystems verzichten, überhaupt Erfolg haben?

Wir ignorieren, wie Natur funktioniert

«Wir haben die Verbindung zur Natur verloren», sagt mir Elisa Sutanudjaja vom Think Tank Rujak, als ich sie nach ihrer Vision für Jakarta, für die dortigen Probleme frage. Eine solche Lösung für die in einem Sumpfland errichtete Stadt zu entwickeln, sei gar nicht so einfach, entgegnet sie:[11] «Heute haben wir alles ‹urbanisiert› und zugepflastert. Dabei müssten wir dem Wasser wieder Raum geben, nicht nur den Menschen, um die immer häufiger kommenden Fluten in der Stadt abzuwehren. Aber wir fokussieren uns auf technologische Megaprojektlösungen.»

Im nächsten Moment führt sie mir auf ihrem Laptop ein anderes, besonders eindrucksvolles Megaprojekt aus Tokio vor. Ähnlich wie Jakarta sinke auch die japanische Hauptstadt im Boden ein, erklärt mir Elisa. Jährlich fallen dort anderthalb Meter Niederschlag. Bis 2006 erlebte das zubetonierte Tokio mit seiner versiegelten Stadtlandschaft in manchen Jahren mehr als zehn große Überschwemmungen nach Taifunen, die große Schäden anrichteten, weil das Wasser nicht abfließen konnte. Dann wurde nach über dreizehn Jahren Bauzeit und Kosten von über zwei Milliarden Euro die größte Entwässerungsanlage der Welt in Betrieb genommen – ein monumentaler Beweis menschlicher Ingenieurskunst, die in trockenen Zeiten, wenn keine Überschwemmung droht, von Touristen bestaunt werden kann: fünfzig Meter tief unter der Stadt liegen fünf Säulenhallen aus Beton, eine jede fünfundsechzig Meter hoch, zweiunddreißig Meter breit, gestützt von neunundfünfzig kolossalen Pfeilern – ein gigantischer Wasserspeicher, der seither schon oft Tokio vor schlimmen Fluten bewahrt hat. Ein sechs Kilometer langer Tunnel mit zehn Metern Durchmesser verbindet die Kavernen und leitet die Wassermassen über den Fluss Edogawa in den Pazifik. Doch selbst dieser monströse *Metropolitan Area Outer Underground Discharge Channel*, der äußere Entwässerungskanal für das Hauptstadtgebiet, macht die japanische Hauptstadt nicht wasserfest für die Zukunft.[12] Denn mit dem Klimawandel wird es in Tokio noch subtropischer werden. Das bedeutet nicht nur mehr Niederschläge, sondern auch mehr Extremwetterlagen mit Taifu-

Betongotik tief unter der Stadt: Gewaltige Säulenhallen schützen Tokio vor Überschwemmungen.

nen, die in kurzer Zeit viel Wasser über der Stadt ausschütten. Für solche Fälle ist selbst diese spektakuläre unterirdische Kathedrale der Moderne einfach zu klein geraten.

«Meine Idee von Modern geht anders», sagt Elisa lapidar, und schwups sind wir wieder in Jakarta: «Hier fokussieren wir uns auf immer neue Mauern zum Meer hin und leiten das Wasser schnell dorthin ab, damit es nicht die Stadt überflutet.» Dabei brauche Jakarta dringend Trinkwasser für über dreißig Millionen Menschen. Doch gebe es keine Möglichkeit, es zurückzuhalten, damit sich die Grundwasserreservoirs wieder füllen können. Was für eine Ironie, sage ich: Die Stadt sinke doch auch deshalb ein, weil so viel Trinkwasser aus dem weichen Untergrund entnommen werde. Aber dann würden die Möglichkeiten, diesen Speicher aufzufüllen, nicht genutzt? Ja, so sei es, stimmt mir Elisa zu: Weil die zunehmenden Sturzregen so große Schäden in der kostbaren Infrastruktur anrichteten, sei es eben schneller und kostengünstiger, immer neue große Mauern zu bauen. Aber das wertvolle Wasser gehe dann verloren. Dabei sei es wichtig, den Boden der Stadt wieder durchlässiger zu machen. «Und für den Küstenschutz», so Elisa, «bräuchten wir eine Kombination mit natürlichen Mangroven, die es hier leider kaum noch gibt.»

Diese Mangroven sind keine Touristenattraktionen, eher schlammige Wälder im brackigen Gezeitenbereich tropischer Küsten, in denen salztolerante Bäume und Sträucher wachsen. Aber Mangroven sind ein hochproduktives Ökosystem: Sie filtern das Wasser. Zwischen den Stelzenwurzeln der Bäume liegt nicht nur die «Kinderstube» vieler Fischarten, es lagern sich dort auch große Mengen von Schwebstoffen ab, wodurch sich ein natürlicher Schutzwall aufbaut, der Küsten vor Stürmen und Überschwemmungen schützt und sogar Tsunamis abbremst: Ein hundert Meter breiter Mangrovengürtel kann die Wellenhöhe um zwei Drittel verringern. Doch vor Javas Küsten – und in vielen anderen tropischen

Gegenden – sind die schützenden Mangroven abgeholzt, um Garnelenzuchten im Meer oder Urlaubsresorts an Traumstränden anzulegen. Oder auch, so erzählt mir Elisa, um aus dem Untergrund, auf dem die Mangroven wachsen, Sand zur Produktion von Zement zu gewinnen – mit dem das stetig wachsende Jakarta gebaut wird und ebenjene Mauern zum Meer hochgezogen werden, die anstelle der längst verschwundenen Mangroven nun die Küsten schützen sollen. Dabei ist die Wiederherstellung von Mangroven im Vergleich zu den künstlichen Wellenbrechern bis zu fünfmal kostengünstiger.[13] «Wir müssen Freund sein mit dem Wasser», sagt Elisa, «und dem Wasser wieder ein Zuhause geben. Aber wir ignorieren, wie Natur funktioniert.»

Homo parasiticus oder Wir müssen alte Freunde werden

Wenn wir in Jakarta und Tokio das drängende Problem hinter Mauern oder in der Erde verstecken, gaukelt uns das Normalität vor. Im Alltag glitzern die Städte daher meist weiter. Aber wir machen uns etwas vor: Ein «modernes», von den Naturgewalten unabhängiges Leben in Städten gibt es nicht. Auch dort sind wir natürlichen Prozessen ausgeliefert – manchmal erbarmungslos, wenn plötzlich ein neuartiges Virus eindringt und über uns herfällt, wie einst die Pocken im präkolumbischen Amerika, die Spanische Grippe nach dem Ersten Weltkrieg und nun Sars-CoV-2. Wir tun so, als wären wir kein Teil der Natur – dabei ist unser Körper der von Jägern und Sammlern, dabei sind wir Teil der Jahrmillionen alten Entwicklungsgeschichte unserer Art.

Doch für viele von uns ist Natur irgendetwas Zusätzliches da draußen. Manchmal dient sie der Erbauung, wenn die Vögel zwitschern, manchmal erscheint sie als Katastrophe, wenn der Tsunami kommt. Aber mit unserem Alltag, denken wir, hat sie wenig zu tun. Wir richten uns lieber in unseren zunehmend technisierten Lebenswelten ein, mit denen wir sie zu beherrschen glauben. Ob wir so – mit rein technischen Lösungen – wirklich den hereinbrechenden Wandel bestehen werden? Müssen wir nicht vielmehr, um eine funktionierende, stabile Biosphäre zu erreichen, Wege suchen und entwickeln, die auf der Natur und ihren Prozessen beruhen, die mit ihren Mitteln arbeiten? Aber wir spielen lieber den *Homo faber*, den unablässig schaffenden Konstrukteur, der mit dem Fortschrittsglauben der Ingenieure technische Lösungen erfindet, um den Widrigkeiten der Natur zu trotzen. Als Steigerung, als *Homo deus*, greifen wir schon heute in viele Bereiche der Natur ein – bis hin zur menschlichen Fortpflanzung – und glauben, gottgleich die Geschicke unserer Spezies, unserer Evolution allein steuern zu können. Um es klar zu sagen: Wir brauchen den tüftelnden *Homo faber* in uns und bestimmt auch den manchmal anmaßenden, sich selbst überhöhenden *Homo deus*, um den bevorstehenden massiven Wandel anzugehen. Wenn wir aber nur ein bisschen *Homo sapiens* sind, verständig als Mensch, dann ist es an der Zeit, unsere Fähigkeiten, Möglichkeiten und Beschränkungen als Spezies zu überprüfen. Denn haben unsere Eigenschaften als *Homo faber*, *Homo deus* und *Homo sapiens* uns nicht erst in die derzeitige vertrackte Lage gebracht?

Daher brauchen wir ein neues Selbstbild – von uns als Art. Aber keine Sorge: Ein Therapeut würde Ihnen Ihr Selbstbild nie streitig machen wollen, er würde im Laufe eines Prozesses behutsam versuchen, es zu erweitern, um dabei vielleicht zusätzliche Kompetenzen und Möglichkeiten zu integrieren. Mein Vorschlag zur Erweiterung unseres Selbstbildes wird Sie zunächst vielleicht etwas zusammenzucken lassen. Genau das muss auch so sein: Denn noch ein weiteres strahlend klingendes Attribut zur Selbstbeweihräucherung à la «sapiens», «faber» oder «deus» würde uns kaum voranbringen. Das bisherige Selbstbild muss zunächst ein wenig angekratzt und herausgefordert werden, damit wir eine andere Seite von uns entwickeln und annehmen können. Das neue Selbstbild soll uns erden und uns ein wenig von jener Überheblichkeit nehmen, die in den anderen Attributen steckt. Und es soll uns ein Ziel vorgeben: das bestehende System, in dem wir und von dem wir leben, zu bewahren und es nicht so stark auszubeuten und zu schädigen, dass wir uns selbst die Lebensgrundlage unserer Art und damit der kommenden Generationen zerstören.

Mein Vorschlag entstammt den erstaunlichen Vorbildern aus der Natur, die genau das beherrschen: Wir müssen danach eifern, zum «*Homo parasiticus*» zu werden. Ein guter Parasit – das haben wir gelernt – schädigt den Wirt nicht, bei dem er mitisst, den er beraubt, von dem er lebt, den er ausnutzt. Denn das würde sein eigenes Überleben in Frage stellen. Erinnern Sie sich, dass manche Parasitologen unsere ältesten Parasiten «alte Freunde» nennen? Je länger der gemeinsame evolutionäre Weg, desto besser sind Parasit und Wirt aufeinander eingespielt, umso weniger beeinträchtigt ein Parasit seinen Wirt. Diese alte Freundschaft kann sogar so weit gehen, dass das «Ökosystem» des Wirtes nicht mehr funktioniert und aus den Fugen gerät, bis hin zum Kollaps, sobald der Parasit fehlt.

An diesem Punkt sind wir als Spezies in unserem viel größeren Ökosystem der Erde nicht – eher im Gegenteil: Der Kollaps droht durch unsere Handlungen. Das Bild des *Homo parasiticus* dient uns als Richtschnur: mit unserem Tun und Handeln das bestehende System um uns herum zu stabilisieren. Das Bild kann uns helfen, die richtigen Fragen zu stellen, um den Kollaps des komplexen Ökosystems Erde, das wir zum Überleben brauchen, zu verhindern und wirklich in «die Ära der Wiederherstellung in der Ökologie» einzutreten, wie der «Vater der Biodiversität», der Evolutionsbiologe E. O. Wilson, es ausdrückte. Dafür müssen wir Wege finden, dieses System zu gestalten und zu bewahren. So wie es so mancher hirnlose Wurm schon seit Urzeiten schafft, sich in unserem komplexen

Körper von uns zu ernähren, uns und die ihn bedrohenden Widrigkeiten – unsere Immunabwehr – zu zähmen und uns dabei sogar zu nützen. Aus den Gegnern von einst, so habe ich es im Kapitel über den Guineawurm beschrieben, sind Partner geworden, die sich auf eine Weise in gegenseitiger Abhängigkeit nötig haben.[14] Vom Wurm lernen heißt, das für unser Leben wichtige System nicht völlig auszubeuten, dabei den Widrigkeiten der Natur zu trotzen und ihr dennoch auch zu nützen: Für die Zukunft, für *unsere* Zukunft, sollten wir also versuchen, als *Homo parasiticus* ebensolche alten Freunde mit der Natur zu werden.

Dieser existenziellen Beziehungsfrage müssen wir uns stellen. Was aber macht gute alte Freundschaften aus? Auf Dauer funktionieren sie nur durch gegenseitiges Geben und Nehmen. Im Mittelpunkt steht also nicht das Verzichten – das ist etwas anderes –, sondern ein wirklicher Perspektivwechsel: das stetige Unterstützen und Fördern des anderen. Oft genug ringt man auch miteinander und umeinander. Als Folge wächst die gemeinsame Beziehung – zum gegenseitigen Nutzen.

Die Überlebensfrage der Zukunft lautet also: Was sind wir bereit, was sind Sie bereit zu geben? Das neue Selbstbild gibt uns einiges zum Nachdenken mit auf den Weg. Fangen wir damit an!

Es gibt noch Wunder auf dieser Welt –
ein persönliches Nachwort

Es war eine Initialzündung, als 1992 in abgelegenen Bergregionen im Norden Vietnams ein bislang unbekanntes Großtier entdeckt wurde: die Saola, auch Spindelbock oder Vu-Quang-Rind genannt.[1] Das bis neunzig Zentimeter hohe, bis hundert Kilogramm schwere braunschwarze Huftier mit der hübschen weißen Zeichnung und Drüsen im Gesicht war die größte zoologische Sensation der vergangenen Jahrzehnte, denn eine vergleichbar große, landlebende Säugerart war letztmals fünfzig Jahre zuvor entdeckt worden. Wer hätte so etwas auf unserer Erde noch erwartet? War nicht längst jeder Quadratmeter per Satellit ausgespäht? Der überraschende Fund löste eine Kaskade weiterer Entdeckungen in Vietnam aus, von unbekannten und verschollenen Arten. Sogar das auf dem asiatischen Festland längst ausgerottet geglaubte Java-Nashorn in seiner vietnamesischen Unterart tauchte in einer kleinen Population wieder auf. Dass ein so gewaltiges Tier wie ein Nashorn in einem Land von ähnlicher Fläche und damals ähnlicher Bevölkerungszahl wie Deutschland versteckt und unerkannt am Leben geblieben war, schien vielen wie ein echtes Wunder: Das Zeitalter der großen Entdeckungen im Tierreich war doch noch nicht vorbei!

Schon als Kind liebte ich solche Geschichten, genauso wie jene über ausgestorbene, verschwundene Arten, die ich nicht mehr erleben durfte – beides regte meine Phantasie an. Die Saola war der Auslöser, mich noch intensiver mit den zoologischen Entdeckungen auf dieser Welt zu beschäftigen: Auf diverse Artikel folgte mein Buch über Kryptozoologie, jenen Teil der Tierkunde, der sich mit unbekannten und noch nicht entdeckten Arten beschäftigt.[2] Dank meines Berufs hatte ich später das große Glück, in drei unerforschten Gebieten – einem Teil Amazoniens, einem erloschenen Krater in Neuguinea und dem Chinko in der Zentralafrikanischen Republik – unterwegs zu sein und dabei selbst eine neue Großtierart zu finden und zu beschreiben, das bereits erwähnte Riesenpekari.

Dabei entstanden Geschichten über die Wunder der Natur und ihre spannenden Zusammenhänge, aber auch über Menschen, die sich nicht mit dem scheinbar Unmöglichen abfinden wollen, dass der Phantasie ihrer Kinderträume Grenzen gesetzt sind. Darunter sind Realisten und Romantiker, Zufallsentdecker und hartnäckig Suchende, die glücklich finden oder hoffnungsvoll scheitern. Das Credo dieser Abenteurer lautet: «At least I tried» – «Ich habe es zumindest versucht». Jane Goodall schrieb damals im Vorwort zu meinem Buch, das sei «genau die Art von Ermutigung, die wir bei unserem Schritt ins neue Jahrtausend so dringend benötigen»:[3] sich offenes Denken zu bewahren, sich über die Grenzen der virtuellen Realität der Computerbildschirme hinaus in die wirkliche Welt zu begeben, um sie zu erforschen. Genau so hatte ich es gemeint, deswegen hatte ich das Buch über Kryptozoologie geschrieben – um Mut zu machen, uns gegen den Strom des Artensterbens zu stemmen.

Einige Jahre später widmete ich der Artenfrage ein weiteres Buch – es ging um das Aussterben und Verschwinden.[4] Ich wollte die Geschichte verschiedener Spezies so erzählen, wie E. O. Wilson es einmal zusammenfasste: Jede Art lebe und sterbe auf ihre ureigene, einmalige Weise. Eigentlich wie ein Menschenleben, dachte ich, und so habe ich versucht, das Schicksal einiger verschwundener Spezies zu beschreiben, die seit dem Beginn der Globalisierung verschwanden, also seit Kolumbus die Neue Welt betreten hatte. Bald merkte ich, dass wir als Menschen am Verschwinden all jener Spezies beteiligt waren, es hatte immer irgendwie mit uns zu tun – Anthropozän eben. Und so ist es auch ein Buch über Erd- und

Kulturgeschichte geworden, über die Evolution. Und auch eines über die Zeit, was mir besonders wichtig war: Denn unser menschliches Zeitgefühl beschränkt sich – rein aus unserer evolutionären Geschichte heraus betrachtet – auf kurze, höchstens mittelfristige Zeiträume, die unmittelbar mit dem Überleben jener Individuen zu tun hatten, die sich zu Urzeiten als Jäger und Sammler ernährten.

Das bedeutet: Wir sind nicht per se dafür geschaffen, in jenen großen Zeiträumen zu denken, in denen natürliche Prozesse ablaufen. Dafür ist unser menschliches Leben zu kurz. Wir wissen zwar um sie, aber wir haben kaum ein Gefühl dafür. Und doch müssen wir langfristig verantwortliche Entscheidungen treffen. Ich glaube, man kann sich ein solches Zeitgefühl antrainieren, ein Bewusstsein dafür entwickeln und das reine Faktenwissen über die natürlichen Prozesse verinnerlichen. Vielleicht dadurch, dass man schon in jungen Jahren damit anfängt, sich mit der spannenden *Big History* unseres Planeten, der Evolution und der Geschichte unserer Spezies zu beschäftigen. Ob man das Bewusstsein dafür auch beim Schreiben erzeugen kann? Das wollte ich versuchen. Ein guter Freund las damals als Erster die meisten Texte, die ich ihm ohne jeglichen Kommentar gegeben hatte. Von dieser Idee wusste er nichts. Nach ein paar Kapiteln sagte er zu mir: «Allmählich bekomme ich ein Gefühl für diese gewaltigen Zeitdimensionen!» Da war ich froh.

Was lag nach den Büchern über das Entdecken und Aussterben der Arten näher, als mich im dritten Schritt mit dem Retten der Spezies zu beschäftigen? So ist eine Art Trilogie entstanden – nach der Gegenwart und der Vergangenheit nun der Blick in die Zukunft. Denn die Fragen, was kommen soll, wer mit uns überleben darf, sind immer dringlicher geworden. Die Wunder, die mich inspiriert hatten, sind mittlerweile verschwunden oder verschollen: Das Java-Nashorn aus Vietnam ist seit 2010 endgültig ausgerottet. Und die Saola, deren Entdeckung so viel ausgelöst hatte, wurde seit

2013, als das scheue Phantom von einer Kamerafalle fotografiert wurde, nicht mehr gesichtet. Die wenigen Saolas, die zuvor zufällig in menschliche Obhut geraten waren, hatten nicht lange überlebt. Ob das «Wunder» noch existiert, wissen wir nicht sicher – wenn überhaupt, so leben noch höchstens hundert in den abgelegenen Bergregionen Vietnams.[5] Wahrscheinlich steht die Spezies vor dem endgültigen Aus, bevor wir sie überhaupt richtig erforschen konnten. Ist die Zeit der Wunder endgültig vorbei?

Wir sind an einem entscheidenden Wendepunkt angelangt in unserem Verhältnis zur Natur und zu «den anderen». Mir ging es darum, eine Fülle von Möglichkeiten des Rettens aufzuzeigen – von Arten, vor allem aber auch von ihren Lebensräumen, den Ökosystemen, die aus einem Geflecht vieler Spezies bestehen und denen wir so viel verdanken. Mir war es wichtig, ein Gerüst an Hintergründen und Fakten zu liefern – um zu verstehen, wie Natur funktioniert. Denn viele Probleme würden nicht existieren, würden wir natürliche Prozesse ernst nehmen. Bewusst habe ich manche Fragen offengelassen, denn ich wollte die Entscheidungen, vor denen wir stehen, und wie wir zu ihnen kommen, in den Mittelpunkt stellen. Denn wir müssen ein neues Denken lernen – ein ökologisches Denken in langfristigen Zeiträumen und in komplexen Wechselwirkungen. Für mich gehört die Einsicht dazu, dass wir so vieles nicht wissen. Auch diese Erkenntnis müssen wir immer parat haben, wenn wir verantwortliche Entscheidungen für die Zukunft treffen wollen.

Schon oft bin ich gefragt worden, wie ich als durchaus lebensfroher Mensch die Themen, mit denen ich mich beschäftige, ertrage, ohne zu verzweifeln oder depressiv zu werden. Und ganz ehrlich, nicht immer machen sie gute Laune. Das Jahr 2020 samt Coronakrise und den weltweiten Klimaentwicklungen war in dieser Hinsicht besonders herausfordernd. Ich antworte dann jedenfalls: Meine Begeisterung über das komplexe Gewirr unseres Systems

Erde rettet mich. Darüber, dass ich mehr und mehr verstehe und erkenne, dass sich manche gewonnenen Gedanken bei der weiteren Recherche bestätigen – Glücksmomente der Erkenntnis.[6]

Was außerdem hilft: aktiv sein und sich für etwas einsetzen. Das ermöglichen viele Organisationen, die sich mit Natur- und Artenschutz beschäftigen. Neben einigen anderen liegen mir zwei besonders am Herzen: Die 1982 von Roland Wirth und anderen «Artenfreaks» gegründete Zoologische Gesellschaft für Arten- und Populationsschutz (ZGAP) kümmert sich um oft übersehene, mitunter auf den ersten Blick unspektakulär erscheinende, fast immer exotische Tierarten aus fernen Ländern, die bei den großen NGOs nicht selten durchs Raster fallen. So manche Art wurde durch die ZGAP gerettet, und so manche, deren Schutz mit ZGAP-Projekten begann, wurde später gerne an die größeren Organisationen «abgegeben». Die Hamburger Loki Schmidt Stiftung kümmert sich hingegen vor allem um den botanischen Gegenpart in unserer belebten Welt, pflegt heimische Biotope bedrohter Landschaftsformen und betreibt Umweltbildung für Jung und Alt. Dabei steht das Entdecken, das unmittelbare Erleben von Natur im Mittelpunkt.[7]

Beide Organisationen legen den Schwerpunkt auf den Artenschutz. Und der nützt. Das zeigte zuletzt eine Studie von Dezember 2019. In einem komplizierten mathematischen Modell errechneten Wissenschaftler der Universität Oslo zunächst, dass Vogelarten heute bis zu fünfmal schneller aussterben als bislang angenommen. Doch ohne die Maßnahmen der Artenschützer wären es noch viel mehr Spezies. Artenschutzbemühungen verringern der Studie zufolge die Aussterberate um vierzig Prozent.[8] Für eine bedrohte Vogelspezies verdopple sich dadurch also die Wahrscheinlichkeit, sich auf der Roten Liste in eine niedrigere Bedrohungskategorie zu verbessern.

Artenschutz wirkt also. Auch daran denke ich in trüberen Momenten – und habe dann oft Tierpfleger Stephan Bulk im Ohr, der

Hoffnung füttern: Mit den Maratua-Schamadrosseln geht es weiter.

mir auf die Frage nach seiner Motivation geantwortet hatte: «An schlechten Tagen voller Rückschläge frage ich mich: Will ich, dass es diese Art morgen noch gibt?» Beim Schreiben dieses Buches verfolgte ich aus der Ferne, wie es nach meinem Besuch im Februar 2020 in der javanischen Prigen Conservation Breeding Ark im schwierigen Coronajahr weiterging:[9] So hat der Partnertausch für den allerletzten Maratua-Schamadrosselhahn, den Beziehungsstifter Jochen Menner initiierte, gefruchtet. Und unter dem bisherigen Nachwuchs waren weitere Männchen, sodass nun schon fünf Paare des seltenen Vogels dort leben; die wahrscheinlich Letzten ihrer Art vermehren sich bereits. Die Wangi-Wangi-Brillenvögel schaffen zwar immer wieder Kopfzerbrechen, brüten aber weiter. Das erste hier gezeugte Larvenrollerbaby schmust sich schon an seine Mutter, deren Einzug ich noch erlebt habe. Außerdem kamen nicht nur sieben Pustelferkel zur Welt, auch zwei Keiler aus der Arche bereiten sich im Baluran-Nationalpark im Osten Javas auf ihre Auswilderung vor[10] – gerade in dieser weltweit schweren Zeit stimmt diese erste Freilassung aus der jungen Arche besonders hoffnungsvoll: Gibt es doch noch Wunder auf dieser Welt? Jedenfalls sind es ermutigende Geschichten für alle, die sich nicht mit dem scheinbar Unmöglichen abfinden wollen, die weiter gegen den Strom kämpfen, damit uns die Zukunft nicht entwischt.

Kehren wir daher zum Abschluss noch einmal zum Gedankenexperiment vom Beginn zurück: Angenommen, Sie hätten nun die Möglichkeit, ein Wunder zu bewirken. Um eine seltene Art zu retten, müssten weder Blauwale noch Menschen sterben. In welcher Form wirken Sie mit?

Sie wissen ja: Zukunftsaufgaben dieser Art wurden uns allen zugeteilt. Wir können ihnen nicht entrinnen.

ANHANG

Anmerkungen

PROLOG: BEZIEHUNGSFRAGEN

1 Das Sars-Coronavirus (Sars-CoV), das in den Jahren 2002 und 2003 über achttausend Menschen das Leben kostete, ist über Fledermäuse und eine Schleichkatzenart, die Zibetkatzen oder Larvenroller, die auf solchen Märkten gehandelt wurden, auf den Menschen übergesprungen. Genetische Analysen des Virus Sars-CoV-2, so die offizielle Bezeichnung des neuartigen Coronavirus, legen nahe, dass das Virus ursprünglich wohl ebenfalls von Fledermäusen stammt. Wahrscheinlich ist es über einen Zwischenwirt, vielleicht das Schuppentier, zum Menschen gekommen (dazu und zur Übertragung der Coronaviren zwischen den Arten: Graham Lawton, «Mink could just be the start», in: New Scientist, 14. November 2020, S. 10). Auf den Wildtiermärkten Chinas und Vietnams sind die Bedingungen dafür besonders gegeben: Hier werden Tiere unterschiedlichster Herkunft gehandelt und geschlachtet; sie kommen in engsten Kontakt miteinander und mit dem Menschen: Säugetiere, Vögel, Frösche, Schildkröten und Schlangen, darunter Fledermäuse, Dachse, Schuppentiere, Larvenroller, stammen direkt aus der Natur oder werden auf Wildtierfarmen gezüchtet – zum Verzehr oder als Heilmittel für die traditionelle chinesische Medizin. In langen Käfigreihen, oft übereinandergestapelt, können Viren allein schon über Fäkalien von Fledermäusen auf andere Arten gelangen. So werden die Wildtiermärkte zu Schmelztiegeln und Virenschleudern zugleich. Einem Bericht für die Chinesische Akademie für Ingenieurwesen zufolge umfasst der Markt für Wildtiere allein in China ein Volumen von sechsundsiebzig Milliarden Dollar; bei einem Verbot würden vierzehn Millionen Menschen ihre Arbeit verlieren (Jane Qiu, «Die Frau, die Coronaviren jagt», in: Spektrum der Wissenschaft – Die Woche Spezial: Covid-19, 19. März 2020, S. 41, https://www.scientificamerican.com/article/how-chinas-bat-woman-hunted-down-viruses-from-sars-to-the-new-coronavirus1/, abgerufen am 16.11.2020).

Allein im vietnamesischen Ho-Chi-Minh-Stadt fand Elizabeth Bennett 2009 bei einer Untersuchung der amerikanischen Wildlife Conservation Society tausendfünfhundert Restaurants, die Fleisch wilder Tiere anboten (https://news.mongabay.com/2009/01/wildlife-trade-creating-empty-forest-syndrome-across-the-globe/, abgerufen am 16.11.2020). Weil begehrte Tierarten in China und Vietnam bereits extrem selten oder völlig ausgerottet sind, weichen Jäger und Händler auf andere Länder aus, um den Bedarf zu decken. Nur ein Beispiel: Schuppentiere, die potenziellen Zwischenwirte des neuartigen Coronavirus, gelten als die meistgeschmuggelten Säugetiere der Welt. Nachdem die asiatischen Arten beinahe verschwunden sind, werden die afrikanischen Spezies gefangen und zu Hunderttausenden importiert. Sie sind akut vom Aussterben bedroht.

ZUR OUVERTÜRE EIN ÜBERLEBENSSPIEL

1 Vgl. Vaclav Smil, Harvesting the Biosphere. What We Have Taken from Nature, Cambridge, MA/London 2013, S. 98.
2 Das lässt sich auf der Bevölkerungsuhr der Deutschen Stiftung Weltbevölkerung ablesen, die auch anzeigt, als wievielter Erdenbürger man auf die Welt gekommen ist (https://www.dsw.org/home/whats-your-number/, abgerufen am 16.11.2020).
3 In der Saison 1930/31 wurden in der Antarktis 29 410 Blauwale erlegt (vgl. Richard Ellis, Mensch und Wal. Die Geschichte eines ungleichen Kampfes, übersetzt von Siegfried Schmitz, München 1993, S. 347).
4 Es gibt allerdings Tierarten, bei denen aus ähnlich wenigen Tieren noch eine ganze Population entstanden ist. Dazu in späteren Kapiteln mehr.
5 https://www.dsw.org/neue-un-bevoelkerungsprojektionen-2017-entwicklung-weltbevoelkerung-bis-2100/; https://www.handelsblatt.com/politik/international/prognose-weltbevoelkerung-koennte-2100-mit-elf-milliarden-hoehepunkt-erreichen/24466096.html?ticket=ST-6638580-hdYSfmrg7q5e3tI5zt5M-ap1; https://www.spiegel.de/wissenschaft/mensch/uno-zahlen-2050-werden-9-7-milliarden-auf-der-erde-leben-a-1272874.html, alle abgerufen am 9.11.2020.
6 Diese Beispiele sind entnommen aus: Josef H. Reichholf, Der Tanz um das goldene Kalb. Der Ökokolonialismus Europas, Bonn 2011, S. 13 ff.

7 Smil, Harvesting the Biosphere, S. 228. Diese Zahlen wurden aus der dortigen Tabelle 12.2 heraus umgerechnet. Folgendes Beispiel (ebd., S. 229) verdeutlicht das: Im Jahr 2000 war das Gewicht aller weltweit lebenden Rinder fast dreihundertmal höher als das aller noch lebenden Afrikanischen Elefanten. Deren Biomasse umfasste zu diesem Zeitpunkt nur noch zwei Prozent der Biomasse der damals in Afrika lebenden etwa dreihundert Millionen Rinder.
8 https://www.wwf.de/themen-projekte/weitere-artenschutzthemen/rote-liste-gefaehrdeter-arten/, abgerufen am 9.11.2020. Diese Zahlen mögen gering erscheinen im Vergleich zu jenen 1,7 Millionen bekannten, wissenschaftlich beschriebenen Spezies. Und erst recht wenig im Vergleich zu jenen mindestens zehn, möglicherweise aber auch bis zu einhundert Millionen Arten, die nach Schätzungen mancher Wissenschaftler auf der Erde leben könnten. Allerdings sind bislang auch erst über einhundertachttausend Arten nach den neuesten Kriterien für die Rote Liste bewertet worden – und zwar natürlich eher die größeren, auffälligeren Spezies.
9 Je nach Schätzung könnten es auch noch mehr sein. Allein durch den Klimawandel könnten schon knapp vierzig Prozent aller Spezies bedroht sein, vgl. dazu Chris D. Thomas u.a., «Extinction risk from climate change», in: Nature 427 (2004), S. 145–148.
10 Zitiert aus: http://www.curiousread.com/2008/09/earths-6th-great-mass-extinction-is.html#cGeBOhlC1VrP0Mfp.99 bzw.: http://sciencepal.blogspot.com/2008/02/earths-6th-great-mass-extinction-is.html, beide abgerufen am 9.11.2020.

I. UNSERE FRONTLINIEN

1 Karl May, Die Sklavenkarawane, Bamberg 1963, S. 293.
2 T. C. Boyle, Wassermusik, übersetzt von Werner Richter, Reinbek 1993, S. 510 f.
3 Sandy Cairncross / Ralph Muller / Nevio Zagaria, «Dracunculiasis (Guinea worm disease) and the Eradication Initiative», in: Clin Microbiol Review 15, 2 (2002), S. 223–246.
4 Medina bezeichnet nicht nur eine der heiligen Städte des Islams, sondern ist auch die allgemeine Bezeichnung für die Altstadt arabischer oder nordafri-

kanischer Städte; so heißt etwa auch ein Stadtteil von Senegals Hauptstadt Dakar Medina.

5 Debora Mackenzie, «Parasite Lost: Exterminating Africa's Horror Worms», in: New Scientist, 13. März 2010, https://www.newscientist.com/article/mg20527511-600-parasite-lost-exterminating-africas-horror-worms/, abgerufen am 9.11.2020.
6 Carl Zimmer, Parasite Rex. Inside the Bizarre World of Nature's Most Dangerous Creatures, New York 2001, S. 205.
7 https://www.spektrum.de/news/ein-uebler-geselle-kurz-vor-dem-aus/1157905, abgerufen am 9.11.2020.
8 https://www.cartercenter.org/health/guinea_worm/case-totals.html, abgerufen am 9.11.2020.
9 https://www.who.int/dracunculiasis/disease/en/ und https://www.cdc.gov/parasites/guineaworm/gen info/faqs.html, beide abgerufen am 9.11.2020.
10 Horst Aspöck / Julia Walochnik, «Die Parasiten des Menschen aus der Sicht der Koevolution», in: Denisia 20 (2007), S. 181.
11 Dazu gehören Brutparasiten wie der Kuckuck oder manche Fischarten, die ihre Eier von anderen Arten ausbrüten und den Nachwuchs versorgen lassen.
12 Aspöck / Walochnik, «Die Parasiten des Menschen aus der Sicht der Koevolution», S. 181 ff.
13 Ebd., S. 249.
14 Zumindest sollte ein Parasit also seinen Wirt nicht allzu schnell töten oder ihm zu stark schaden.
15 Daher haben literarisch versierte Parasitologen diesen Zustand auch das Prinzip der «Roten Königin» genannt, wie in Lewis Carrolls «Alice hinter den Spiegeln», übersetzt von Christian Enzensberger, Frankfurt am Main / Leipzig 1999, S. 161: «*Hier*zulande musst du so schnell rennen, wie du kannst, um am selben Fleck zu bleiben.» Vgl. https://www.spektrum.de/lexikon/biologie/rote-koenigin-hypothese/57604, abgerufen am 9.11.2020.
16 Vgl. etwa https://www.pharmazeutische-zeitung.de/ausgabe-212015/da-steckt-der-wurm-drin/, abgerufen am 9.11.2020.
17 Vgl. etwa https://www.welt.de/gesundheit/article111423351/Parasitaere-Wuermer-koennen-den-Menschen-heilen.html, abgerufen am 9.11.2020.
18 Die «Old-Friends-Hypothese» geht auf den englischen Immunologen Graham Rook zurück. Mehr dazu unter: http://www.grahamrook.net/OldFriends/oldfriends.html, abgerufen am 9.11.2020.

19 Aspöck / Walochnik, «Die Parasiten des Menschen aus der Sicht der Koevolution», S. 220 ff.
20 Manchmal wird heutzutage den Patienten dabei das Antibiotikum Metronidazol verabreicht, das aber vor allem gegen Sekundärinfektionen schützt und nicht gegen den Wurm an sich.
21 Die Idee dazu entstand Ende der 1970er Jahre, nachdem es in einer weltweiten Impfkampagne gelungen war, die Pocken auszurotten – eine der tödlichsten Seuchen der Menschheitsgeschichte, hervorgerufen durch das Pockenvirus. Zum ersten Mal wurde damit eine Infektionskrankheit endgültig besiegt. Mehr dazu im Kapitel «Erkenntnisse aus Amazonien», S. 174 ff.
22 Stephen Pryor / Sherwyn Henry / Jennifer Sarfor, «Endogenous morphine and parasitic helminthes», in: Medical Science Monitor: International Medical Journal of Experimental and Clinical Research 11 (2005), S. 183 ff.
23 *Kittacincla (malabarica) barbouri.*
24 https://www.prigenark.com, abgerufen am 10.11.2020.
25 Der Wangi-Wangi-Brillenvogel hat noch keinen wissenschaftlichen Namen. Darren P. O'Connell u. a., «A sympatric pair of undescribed white-eye species (Aves: Zosteropidae: *Zosterops*) with different origins», in: *Zoological Journal of the Linnean Society* 186, 3 (Juli 2019), S. 701–724.
26 Tiger und Leoparden kamen bis in die Städte, Nashörner waren so zahlreich, dass sie als Plage auf den Teeplantagen galten und Prämien für ihren Abschuss gezahlt wurden. Der Java-Tiger gilt seit 2003 als ausgerottet, der Java-Leopard als vom Aussterben bedroht. Vom Java-Nashorn – es heißt nur deswegen so, weil dieses Rhinozeros auf der Insel zum ersten Mal einem Europäer über den Weg lief, dabei war es vor hundert Jahren in großen Teilen Südostasiens, von Bangladesch bis nach Vietnam, auf Sumatra und Java weit verbreitet – leben die allerletzten etwa siebzig Tiere relativ geschützt in dichtestem Resturwald, abgedrängt auf den Westzipfel Javas im Nationalpark Ujung Kulon.
27 http://demographia.com/db-worldua.pdf, S. 25, abgerufen am 10.11.2020.
28 https://www.zeit.de/gesellschaft/zeitgeschehen/2020-01/indonesien-jakarta-ueberschwemmung-hochwasser-tote-erdrutsch, abgerufen am 10.10.2020.
29 https://www.t-online.de/nachrichten/panorama/id_86894438/indonesien-jakarta-geht-langsam-unter.html, abgerufen am 10.10.2020.

30 https://www.faz.net/aktuell/stil/drinnen-draussen/warum-indonesien-eine-neue-hauptstadt-in-den-dschungel-bauen-will-16441338.html, abgerufen am 10.10.2020.
31 https://rujak.org, abgerufen am 10.11.2020.
32 Wie «pletschi» ausgesprochen.
33 Ein paar Beispiele: https://www.youtube.com/watch?v=pAlGQ8vIUuo, https://www.youtube.com/watch?v=pzPtavftoic, https://www.youtube.com/watch?v=ag5RrLtC-rk, alle abgerufen am 10.11.2020.
34 Harry Marshall u. a., «Spatio-temporal dynamics of consumer demand driving the Asian Songbird Crisis», in: Biological Conservation 241 (Januar 2020), https://www.sciencedirect.com/science/article/pii/S0006320719309292?via%3Dihub, abgerufen am 10.11.2020.
35 https://www.traffic.org/publications/reports/in-the-market-for-extinction-an-inventory-of-jakartas-bird-markets/, abgerufen am 10.11.2020.
36 Roland Wirth, «Totenstille im Regenwald. Die asiatische Singvogelkrise», in: ZGAP-Mitteilungen 2 (2017), S. 4.
37 *Zosterops flavus.*
38 *Leiothrix laurinae.*
39 *Arctogalidia trivirgata trilineata.*
40 Mittlerweile stammen auch viele der gehandelten Vögel aus kommerziellen Zuchtbetrieben: vor allem Kanarienvögel und Unzertrennliche – kleine bunte Papageien aus Afrika – sind beliebte Käfigvögel geworden.
41 Auch die verheerende Spanische Grippe, die nach 1918 bis zu fünfzig Millionen Menschen weltweit das Leben kostete, hatte ihren Ausgang bei einem Vogelgrippevirus – wenn wohl auch nicht auf solchen Märkten.

II. UNSER HANDWERKSZEUG

1 Julian Barnes, Eine Geschichte der Welt in 10 ½ Kapiteln, übersetzt von Gertraude Krueger, Köln 2014, S. 38.
2 Herman Melville, Moby Dick, übersetzt von Fritz Güttinger, Zürich 1944, S. 748 f.
3 Zwei Unterarten des Bisons werden unterschieden: der Steppenbison (*Bison bison bison*) und der Waldbison (*Bison bison athabascae*).

ANMERKUNGEN

4 Valerius Geist, Buffalo Nation – History and Legend of the North American Bison, Stillwater, OK, 1996, S. 98.
5 Ebd., S. 84.
6 Bei der Bezeichnung «Indianer» hat man es, wie Charles Mann richtig anmerkt, «mit einer verwirrenden und historisch unangemessenen Benennung zu tun. Die wohl am ehesten zutreffende Bezeichnung der ersten Bewohner Amerikas», so Mann weiter, «ist ‹Amerikaner›. Ihr Gebrauch wäre jedoch noch verwirrender» (Charles Mann, Amerika vor Kolumbus. Die Geschichte eines unentdeckten Kontinents, Reinbek 2016, S. 12). Meines Erachtens sind auch Sammelbegriffe wie «Ureinwohner» oder «Indigene» nicht ganz angemessen, da in ihnen eine gewisse Herablassung mitschwingt – als handle es sich bei den Menschen der präkolumbischen großen Kulturen um Relikte aus der «Urzeit». Im Bewusstsein dieser begrifflichen Problematik bezeichne ich als Indianer verallgemeinernd nur die Bevölkerung der beiden Amerikas aus den vergangenen Jahrhunderten, um die damit benannten Menschen als Gruppe in den Blick nehmen zu können, die – und darauf kommt es an verschiedenen Stellen des Buches an – mit großer Wahrscheinlichkeit auf ein einziges Besiedlungsereignis zurückgeht. Für heutige Menschen dieser Abstammung habe ich andere Benennungen gewählt, um niemanden zu verletzen.
7 https://allaboutbison.com/bison-in-history/american-bison-society/, abgerufen am 10.11.2020.
8 Viele von ihnen haben aber einen geringen Anteil von Rindergenen im Erbgut – Überbleibsel früher Kreuzungsversuche von Bison und Hausrind, bei denen sogenannte Beefalos oder Cattalos entstanden.
9 Vgl. Lothar Frenz, Lonesome George oder: Das Verschwinden der Arten, Berlin 2012, S. 15 ff.
10 Flachlandwisent: *Bison bonasus bonasus*, Berg- oder Kaukasuswisent: *Bison bonasus caucasicus*.
11 *Puma concolor coryi*. Der Name «Panther» ist eigentlich zoologisch nicht korrekt, denn er wird meist als deutsches Synonym benutzt für den Leoparden (*Panthera pardus*) – aber Namen, vor allem Trivialnamen, sind nicht unbedingt logisch.
12 https://www.nationalgeographic.com/animals/2020/04/florida-panthers-fighting-video-turkey-hunter/, abgerufen am 10.11.2020.
13 Ulrich Schürer / André Stadler / Bodo Brandt, «Weiteres zur Herkunft der

heute lebenden Pater Davids Hirsche oder Milus (*Elaphurus davidianus*, Milne Edwards, 1866)», in: Zeitschrift des Kölner Zoos, 61, 2 (2018), S. 97 ff.

14 Jon Mooallem, Wild Ones. A Sometimes Dismaying Weirdly Assuring Story About Looking at People Looking at Animals in America, New York 2013, S. 2.

15 Wie im Film «Panda Goes Wild» von Jackie Poon und Mark Fletcher, produziert von Terra Mater Factual Studios 2019.

16 Douglas Adams / Mark Carwardine, Die Letzten ihrer Art. Eine Reise zu den aussterbenden Tieren unserer Erde, übersetzt von Sven Böttcher, München 1991.

17 Gerald Durrell, Die Tiere in meiner Arche, übersetzt von Mechthild Sandberg, Frankfurt am Main / Berlin / Wien 1984, S. 76.

18 Gerald Durrell, Das Fest der Tiere, übersetzt von Hans Heinrich Wellmann, Reinbek 1992, S. 109.

19 Der Trust wurde nach seinem Tod in Durrell Wildlife Conservation Trust umbenannt.

20 Durrell, Das Fest der Tiere, S. 81; Jeremy Mallinson, The Touch of Durrell, Leicestershire 2018, S. 117.

21 Das Programm ist eine Zusammenarbeit des Jersey Trusts mit der IUCN Pigs and Peccaries Specialist Group, dem Forestry Departement of the Government of Assam sowie dem Ministry of the Environment and Forests of the Government of India und wurde später immer wieder von der Zoologischen Gesellschaft für Arten und Populationsschutz gefördert. Eine kleine Anekdote am Rande: William Oliver zu Ehren wurde eine winzige Laus, die nur auf dem Zwergwildschwein gefunden wurde – Parasiten sind ja oft artspezifisch – *Haematopinus oliveri* genannt. Auch diese Spezies steht als «critically endangered» auf der Liste der IUCN. Bislang wurden nur wenige Individuen der Zwergwildschweinlaus entdeckt, in den Schweinepopulationen in Menschenobhut scheint sie nicht vorzukommen. Die IUCN gibt die Empfehlung, Zwergwildschweine in Gefangenschaft nicht mit Insektenschutzmitteln gegen solche Ektoparasiten zu behandeln, um die Laus nicht auszurotten (vgl. https://www.iucnredlist.org/species/9621/21423551, abgerufen am 10.11.2020).

22 https://zootier-des-jahres.de/artenschutz-durch-zoos-2020, abgerufen am 10.11.2020.

23 *Chelonoidis nigra abingdonii.*

24 Auch andere Institutionen bewahren solche Hoffnung auf Eis: Im Audubon Nature Institute in New Orleans lagern ebenfalls Eier, Spermien, Hautzellen und sogar Embryonen von über fünfhundert seltenen Tierarten.
25 *Erica verticillata.*
26 Anthony Hitchcock, «*Erica verticillata*, from Extinction to Restauration», in: Joachim von Braun u. a. (Hg.), Science and Actions for Species Protection. Noah's Ark for the 21st Century, Vatikanstadt 2020, S. 153 ff.
27 Wolfram Lobin / Wilhelm Barthlott, «*Sophora toromiro (Leguminosae)*. The lost tree of Easter Island», in: Botanic Gardens Conservation News (IUCN) 1, 3 (1988), S. 32 ff.
28 Auch die Zoologische Gesellschaft für Arten- und Populationsschutz (ZGAP) und die Deutsche Gesellschaft für Herpetologie und Terrarienkunde (DGHT) fördern die IZS schon lange.
29 Siehe Frenz, Lonesome George, S. 129 ff. Aktuelles dazu bei https://www.allwetterzoo.de/de/zoo/artenschutz/schildkroetenschutz/# und https://zootierdesjahres.de/artenschutz-vor-ort-2018/deutschland-schutzprojekt, beide abgerufen am 10.11.2020.
30 So tragen eine Reihe indonesischer und europäischer Förderer die PCBA als Sponsoren: aus Indonesien die Zoogruppe Taman Safari und die Stiftung Kasi, aus Europa die ZGAP, dazu der Bundesverband der Zootierpfleger, die Gemeinschaft der Zooförderer, die Genfer Fondation Segré und eine illustre Reihe von zoologischen Gärten – Köln, Basel, Berlin, Wuppertal samt zugehörigem Zooverein, Kopenhagen, Heidelberg, Leipzig, Dresden, Wrocław, Ostrava und der Vogelpark Marlow.
31 *Motuweta isolata.*
32 https://www.doc.govt.nz/Documents/science-and-technical/tsrp25.pdf, abgerufen am 10.11.2020.
33 https://dlnr.hawaii.gov/ecosystems/hip/sep/, abgerufen am 10.11.2020.
34 https://www.theatlantic.com/magazine/archive/2019/07/extinction-endling-care/590617/, abgerufen am 10.11.2020.
35 Dem Breitmaul-, dem Spitzmaul- und dem Panzernashorn. Nur vom extrem seltenen Java-Nashorn leben seit vielen Jahrzehnten keine Tiere mehr in zoologischen Gärten oder ähnlichen Einrichtungen.
36 Am Heiligabend 2005 meldete die «New York Times», dass Rapunzel, nachdem sie immer schwerer geatmet und sich nur noch mit Mühsal bewegt hatte, eingeschläfert werden musste.

37 Ein ähnliches Projekt gibt es auf der Insel Borneo für die dortige Unterart des Sumatra-Nashorns. Derzeit lebt dort aber nur ein einziges Rhinozeros.
38 John Payne / K. Yoganand, «Critically Endangered Sumatran Rhinoceros: Inputs for Recovery Strategy and Emergency Actions 2017–2027», in: WWF Report 2017, https://www.researchgate.net/publication/322936240_Critically_Endangered_Sumatran_Rhinoceros_Inputs_for_Recovery_Strategy_and_Emergency_Actions_2017_-_2027, abgerufen am 10.11.2020.
39 Steve Nicholls, Paradise Found – Nature in America at the Time of Discovery, Chicago 2009, S. 168 ff.
40 https://www.nytimes.com/2018/03/13/magazine/should-some-species-be-allowed-to-die-out.html, abgerufen am 10.11.2020.
41 *Oreomystis bairdii*, siehe auch https://kauaiforestbirds.org/akikiki/, abgerufen am 10.11.2020.
42 *Zaglossus attenboroughi*, *Nasikabatrachus sahyadrensis*, *Solenodon paradoxus*.
43 http://news.bbc.co.uk/2/hi/science/nature/6897977.stm, abgerufen am 11.11.2020.
44 Um schwindender Manneskraft wieder auf die Sprünge zu helfen, sollen die Chinesen das Nasenhorn als Aphrodisiakum nutzen. Dabei ist die so oft zitierte Geschichte vom chinesischen Potenzmittel nicht nur unwahr, sie gehört selber ins Reich der Legenden – und zwar der westlich-europäischen. Zwar gelte in der traditionellen chinesischen Medizin allerlei Tierisches als sexuelles Stimulans, so der amerikanisch-kenianische Naturschützer Esmond Bradley Martin, darunter Schweinenieren und Hirschgeweihe, Libellen, Affenhirn und Spatzenzunge, sogar menschliche Plazenta oder getrockneter Tigerpenis, der für ein halbes Jahr in Brandy eingelegt wird, aber eben kein Nasenhorn. Seit Ende der siebziger Jahre kämpft er gegen den illegalen Handel mit Rhinohorn und kam dabei dem Ursprung der Potenzlegende auf die Spur. Wahrscheinlich entstand sie irgendwann Mitte des 19. Jahrhunderts in ostafrikanischen Häfen, wo Inder aus dem Bundesstaat Gujarat den Nasenhornhandel für die Märkte im Fernen Osten kontrollierten, vor allem für China. Von Europäern gefragt, wofür das gut sei, antworteten sie: als potenzförderndes Mittel – was in der Vorstellung der Westler hervorragend mit den exotischen Praktiken der Chinesen zusammenpasste. Dabei sind «die Gujarati praktisch die Einzigen auf der Welt, die Nasenhorn als Aphrodisiakum nehmen». Womit nach Martins Schätzung allerdings

weniger als ein halbes Prozent aller Nashornprodukte in einer solchen Weise gebraucht werden. (Lothar Frenz, Nashörner, Berlin 2017, S. 84.)
45 Ganz abgesehen davon, dass allein in den USA mehr Tiger in Gefangenschaft leben, als überhaupt noch in der Natur vorkommen – ihr unmittelbares Aussterben steht daher nicht bevor.
46 Celine Albert / Gloria Luque / Franck M. Courchamp, The twenty most charismatic species, in: PLoS ONE 13, 7 (2018), https://journals.plos.org/plosone/article?id=10.1371/journal.pone.0199149, abgerufen am 11.11.2020.
47 J. McGowan u. a., «Conservation prioritization can resolve the flagship species conundrum», in: Nature Communications 11, 994 (2020), https://doi.org/10.1038/s41467-020-14554-z und https://www.newscientist.com/article/2234833-keep-raising-money-to-save-the-pandas-it-helps-other-animals-too/, beide abgerufen am 11.11.2020.
48 https://www.conservation.org/priorities/biodiversity-hotspots, abgerufen am 11.11.2020.
49 Donal P. McCarthy u. a., «Financial Costs of Meeting Global Biodiversity Conservation Targets: Current Spending and Unmet Needs» in: Science 338 (2012), S. 946–949, https://science.sciencemag.org/content/338/6109/946, abgerufen am 11.11.2020.
50 https://atlas-for-the-end-of-the-world.com/world_maps/world_maps_conservation_spending.html, abgerufen am 11.11.2020.
51 https://atlas-for-the-end-of-the-world.com/world_maps/world_maps_conservation_spending.html, abgerufen am 11.11.2020.
52 78,69 Milliarden Dollar, https://de.statista.com/statistik/daten/studie/349243/umfrage/bruttoinlandsprodukt-bip-von-kenia/, abgerufen am 11.11.2020.
53 https://www.newscientist.com/article/mg23130891-100-the-mauritius-kestrel-is-living-proof-lets-change-conservation/, abgerufen am 12.11.2020.
54 Jane Goodall, Hope for Animals and Their World. How Endangered Species Are Being Rescued from the Brink, New York / Boston 2011, S. 257.
55 https://www.newscientist.com/article/mg23130891-100-the-mauritius-kestrel-is-living-proof-lets-change-conservation/, abgerufen am 12.11.2020.
56 https://www.theguardian.com/environment/2018/nov/26/its-very-easy-to-save-a-species-how-carl-jones-rescued-more-endangered-animals-than-anyone-else, abgerufen am 12.11.2020.

57 https://www.newscientist.com/article/mg23130891-100-the-mauritius-kestrel-is-living-proof-lets-change-conservation/, abgerufen am 12.11.2020.
58 Dem heutigen Durrell Wildlife Conservation Trust.
59 https://blogs.scientificamerican.com/guest-blog/mauritius-kestrel-a-conservation-success-story/, abgerufen am 12.11.2020.
60 Adams / Carwardine, Die Letzten ihrer Art, S. 227.
61 https://www.outsideonline.com/2176276/its-time-choose-which-animals-we-let-go-extinct, abgerufen am 11.11.2020.
62 https://www.iucn.org/content/guidelines-reintroductions-and-other-conservation-translocations, abgerufen am 11.11.2020.
63 *Grus americana.*
64 https://www.savingcranes.org/species-field-guide/whooping-crane/, abgerufen am 11.11.2020.
65 http://waldrapp.eu/index.php/de/projekt/newsletter/691-stromtod-in-der-schweiz-sonic-stirbt-auf-einem-strommast-in-graubuenden, abgerufen am 11.11.2020.
66 https://www.npr.org/2015/08/30/435822384/small-shocks-help-enormous-birds-learn-to-avoid-power-lines?t=1594296167500 und Jeffrey P. Cohn, «Saving the California Condor», in: BioScience 49, 11 (1999), S. 864–868, https://doi.org/10.2307/1313644, beide abgerufen am 12.11.2020.
67 Oder es müssen wilde Individuen mit den Samenzellen unverwandter Tiere befruchtet werden.
68 Mittlerweile zeigte eine genetische Studie im Wissenschaftsmagazin «Science», dass wohl auch die Przewalski-Pferde eine verwilderte Form der allerersten domestizierten Pferde sind, die allerdings noch sehr ursprünglich waren. Vgl. Charleen Gaunitz u. a., «Ancient genomes revisit the ancestry of domestic and Przewalski's horses», in: Science 360 (2018), S. 111–114, https://science.sciencemag.org/content/360/6384/111, abgerufen am 12.11.2020.
69 Zum Reservat: http://przewalskihorse.nl/hustai-national-park/ und https://en.unesco.org/biosphere/aspac/hustai-nuruu, beide abgerufen am 11.11.2020.
70 https://www.smithsonianmag.com/science-nature/remarkable-comeback-przewalski-horse-180961142/, abgerufen am 11.11.2020.

ANMERKUNGEN

III. DIE WUCHT DER NATUR

1 *Inia geoffrensis.*
2 *Sotalia fluviatilis.*
3 Betty Meggers, Amazonia. Man and Culture in a Counterfeit Paradise, Washington, DC 1996.
4 Marc G. M. van Roosmalen / Lothar Frenz u. a., «A New Species of Living Peccary (Mammalia: Tayassuidae) from the Brazilian Amazon», in: Bonner Zoologische Beiträge 55 (2006), S. 105–112.
5 Lothar Frenz, Der Artenjäger vom Amazonas, Kamera: Roland Gockel und Frieder Salm, NDR 2004.
6 Mario A. Cozzuol u. a., «A new species of tapir from the Amazon», in: *Journal of Mammalogy* 94, 6 (2013), S. 1331–1345, https://doi.org/10.1644/12-MAMM-A-169.1, abgerufen am 12.11.2020.
7 Erst 2007 wurde in der Region ein Schutzgebiet errichtet, das Juma Sustainable Development Reserve, auf Portugiesisch: Reserva de Desenvolvimento Sustentável Juma, in dem die Natur erhalten und das Leben der dort siedelnden Menschen durch nachhaltige Entwicklung verbessert werden soll.
8 Alexander Koch u. a., «Earth system impacts of the European arrival and Great Dying in the Americas after 1492», in: Quaternary Science Reviews 207 (2019), S. 13–36, https://www.sciencedirect.com/science/article/pii/S0277379118307261, abgerufen am 12.11.2020. Zum Vergleich: Heute leben schätzungsweise dreißig Millionen Menschen im gesamten Amazonien, verteilt auf neun verschiedene Länder (Quelle: https://wwf.panda.org/knowledge_hub/where_we_work/amazon/about_the_amazon/, abgerufen am 12.11.2020).
9 Koch u. a., «Earth system impacts of the European arrival and Great Dying in the Americas after 1492».
10 Vgl. Anmerkung 59.
11 Charles Mann, 1491. New Revelations of the Americas Before Columbus, New York 2006, S. 143. (Dt. Amerika vor Kolumbus.)
12 Die Moleküle heißen auch Haupthistokompatibilitäts-Moleküle (oder MHC-Moleküle, im Englischen *Major Histocompatibility Complex*). Diesen Namen – Hauptgewebeverträglichkeitsmoleküle – tragen sie, weil sie für die Abstoßungsreaktionen bei Organtransplantationen verantwortlich sind und

dabei erstmals in den Fokus der Forschung rückten. Heute weiß man, dass sie ganz zentral dafür sorgen, dass ins Immunsystem eingedrungene Erreger als fremd erkannt werden und eine Immunabwehr gegen sie eingeleitet wird. Dieser Molekülkomplex (beim Menschen werden sie eben auch HLA-Moleküle genannt, nach dem englischen *Human Leukocyte Antigen*) umfasst mehr als hundert verschiedene Gene mit insgesamt vielen tausend verschiedenen Varianten, von denen jeder Mensch aber nur jeweils zwei besitzt.

13 https://www.nature.com/articles/d41586-020-02137-3, abgerufen am 12.11.2020.
14 Bastien Llamas u. a., «Ancient mitochondrial DNA provides high-resolution time scale of the peopling of the Americas», in: Science Advances 2, 4 (2016), https://advances.sciencemag.org/content/advances/2/4/e1501385.full.pdf, abgerufen am 12.11.2020.
15 *Gerbilliscus kempii.*
16 William H. Foege, House on Fire. The Fight to Eradicate Smallpox, Berkeley / Los Angeles / London 2011, S. 5 f.
17 Austin Hughes / Stephanie Irausquin / Robert Friedman, «The Evolutionary Biology of Poxviruses», in: Efection, Genetics and Evolution. Journal of Molecular Epidemiology and Evolutionary Genetics in Infectious Diseases 10, 1 (2010), S. 50–59, https://www.sciencedirect.com/science/article/abs/pii/S1567134809002160, abgerufen am 12.11.2020.
18 https://www.nature.com/articles/d41586-020-02083-0?error=cookies_not_supported&code=186308b5-7e6f-46a8-a96b-2f9b70600b82, abgerufen am 12.11.2020.
19 Jan Osterkamp, «Spur zu alten Todgeweihten», Spektrum.de, 9. Juli 2007, https://www.spektrum.de/news/spur-zu-alten-todgeweihten/894222, abgerufen am 6.11.2020.
20 https://www.nature.com/articles/d41586-020-02083-0?error=cookies_not_supported&code=186308b5-7e6f-46a8-a96b-2f9b70600b82, abgerufen am 12.11.2020.
21 Vgl. etwa https://www.faz.net/aktuell/gesellschaft/pockenvirus-die-seuche-im-hochsicherheitstrakt-1577379.html, abgerufen am 12.11.2020.
22 Geist, Buffalo Nation, S. 62.
23 Ebd., S. 60 ff.
24 Ebd., S. 62.

25 Koch u. a., «Earth system impacts of the European arrival and Great Dying in the Americas after 1492».
26 Hans ter Steege u. a. «Hyperdominance in the Amazonian Tree Flora», in: Science 342 (2013),https://science.sciencemag.org/content/342/6156/1243092, abgerufen am 12.11.2020; C. Levis u. a., «Persistent effects of pre-Columbian plant domestication on Amazonian forest composition» in: Science 355 (2017), S. 925–931.
27 Michael Heckenberger u. a., «The legacy of cultural landscapes in the Brazilian Amazon», in: Philosophical transactions of the Royal Society of London, Series B, Biological sciences 362 (2007), https://royalsocietypublishing.org/doi/10.1098/rstb.2006.1979, abgerufen am 12.11.2020.
28 Charles Clement u. a., «The Domestication of Amazonia Before European Conquest», in: Proceedings. Biological Sciences / The Royal Society 282, 1812 (2015), https://royalsocietypublishing.org/doi/full/10.1098/rspb.2015.0813, abgerufen am 12.11.2020.
29 2011 habe ich seinen Film «Die Wölfe von Tschernobyl – Wildnis in der Todeszone» für den NDR bearbeitet.
30 https://www.geo.de/natur/tierwelt/77-rtkl-tschernobyl-wie-das-leben-die-todeszone-zurueckkehrte; http://www.biodiversity.de/presse/30-jahre-tschernobyl-leben-unter-dauerstrahlung, beide abgerufen am 12.11.2020.
31 A. Møller, «Strong effects of ionizing radiation from Chernobyl on mutation rates», in: Sci Rep 5, 8363 (2015), https://www.nature.com/articles/srep08363; https://www.dw.com/de/nukleare-unf%C3%A4lle-verursachen-mutationen-bei-tieren/a-19179109, beide abgerufen am 12.11.2020.
32 T. G. Deryabina u. a., «Long-term census data reveal abundant wildlife populations at Chernobyl», in: Current Biology 25, 19 (2015), S. 824–826, https://www.sciencedirect.com/science/article/pii/S0960982215009884, abgerufen am 12.11.2020.
33 https://www.wissenschaft.de/umwelt-natur/die-anpassungskuenstler-von-tschernobyl/; https://www.zeit.de/news/2014-04-25/wissenschaft-studie-voegel-an-tschernobyl-strahlung-angepasst-25095402, beide abgerufen am 12.11.2020.
34 https://ideas.ted.com/after-a-nuclear-disaster-then-what-a-surprising-look-at-the-animals-of-chernobyl-and-fukushima/, abgerufen am 12.11.2020.
35 Sie bleiben allerdings für Jahre im Boden keimfähig: Sollte irgendwann ein

Wildschwein dort wühlen und den Kornblumensamen an die Oberfläche bringen, würde er nach Jahren noch austreiben.

36 Loki Schmidt, «Von der Brache zum Eichen-Buchenwald. 20 Jahre Entwicklung ohne menschlichen Eingriff», in: Naturwissenschaftliche Rundschau 50, 10 (1997), S. 394–397.
37 http://archiv.nationalatlas.de/wp-content/art_pdf/Band3_88-91_archiv.pdf, abgerufen am 12.11.2020.
38 Christian Beer u. a., «Protection of Permafrost Soils from Thawing by Increasing Herbivore Density», in: Sci Rep.10, 1 (2020), https://www.nature.com/articles/s41598-020-60938-y.pdf; https://www.cen.uni-hamburg.de/about-cen/news/11-news-2020/2020-03-17-permafrost-pferde-beer.html, beide abgerufen am 12.11.2020.
39 Durrell, Das Fest der Tiere, S. 156.
40 Don Merton, «Eradication of rabbits from Round Island, Mauritius: A conservation success story», in: The Dodo 26 (1987), S. 19 ff.
41 *Aldabrachelys gigantea.*
42 https://www.newscientist.com/article/mg23130891-100-the-mauritius-kestrel-is-living-proof-lets-change-conservation/, abgerufen am 12.11.2020.
43 https://www.blairdrummond.com/www.blairdrummond.com/conservation/previous-conservation-projects/mauritian-wildlife-foundation-tortoises, abgerufen am 12.11.2020.
44 Christine Griffiths u. a., «The Use of Extant Non-Indigenous Tortoises as a Restoration Tool to Replace Extinct Ecosystem Engineers», in: Restoration Ecology 18, 1 (2010), https://onlinelibrary.wiley.com/doi/abs/10.1111/j.1526-100X.2009.00612.x, abgerufen am 12.11.2020.
45 Das ist weltweit zu beobachten: Große Pflanzenfresser verteilen nicht nur die Samen weit in der Landschaft, bei der Verdauung weichen sie die oft harten Samenschalen auch so auf, dass sie erst danach keimen können. Wenn also Elefanten, Nashörner, Menschenaffen oder andere Primaten, große Schildkröten und viele andere Tiere in den Wäldern oder Landschaften fehlen, werden zahlreiche Pflanzen kaum noch keimen können. Vgl. dazu auch: William Ripple u. a., «Collapse of the world's largest herbivores», in: Science Advances (2015), https://advances.sciencemag.org/content/1/4/e1400103, abgerufen am 12.11.2020.
46 Beverly Peterson / Stephen C. Frears, Watching from the Edge of Extinction, New Haven, CT / London 1999, S. 220.

47 Edward O. Wilson, The Diversity of Life, Cambridge, MA 1992, S. 340. (Dt. Der Wert der Vielfalt. Die Bedrohung des Artenreichtums und das Überleben des Menschen, übersetzt von Thorsten Schmidt, München 1995.)
48 Ebd., S. 351.
49 *Dologale dybowskii.*
50 Thierry Aebischer u. a., «Apex predators decline after an influx of pastoralists in former Central African Republic hunting zones», in: Biological Conservation 241 (2019), https://www.sciencedirect.com/science/article/pii/S0006320718315714, abgerufen am 12.11.2020.
51 Seit Jahren, so erzählte mir Thierry Aebischer im August 2020, werden im Chinko regelmäßig die Straßen von kundigen Fährtenlesern abgelaufen und die Zahl der dabei jeweils für eine bestimmte Art entdeckten Spuren nach einem bewährten Verfahren auf die Tierdichte umgerechnet. So erhält man Schätzungen für die Bestandsdichte, die zumindest die Größenordnung einer Population angeben. Die Methode ist hier beschrieben: D. Keeping / R. Pelletier, «Animal density and track counts: understanding the nature of observations based on animal movements», in: PLoS One 9, 5 (2014), https://www.ncbi.nlm.nih.gov/pmc/articles/PMC4037204/, abgerufen am 12.11.2020.

IV. VOM WERT DER NATUR

1 Um nicht falsch verstanden zu werden: Gerald Warnock war mir überhaupt nicht unsympathisch. Zudem hatte ich großen Respekt: zum einen vor seiner robusten Physis, die ihm erlaubte, selbst in seinem Alter noch in eine wilde Region wie den Chinko zu reisen, der auch im Jagdcamp keinen großen Luxus bot; zum anderen vor dem Vertrauensvorschuss, den ich bekam, weil ich ihn bei einem so strittigen Thema wie der Trophäenjagd begleiten durfte.
2 Nach 2015 wurde die Trophäenjagd im Chinko eingestellt. Zunächst sollte sich das Schutzgebiet etablieren, die Bestände der Wildtiere sollten sich erholen, damit sie irgendwann von der Bevölkerung genutzt werden können. Nach dem Mandat für das Reservat können einzelne Zonen später durchaus wieder als Jagdzonen ausgewiesen werden, um Einkünfte zu generieren.
3 https://tajwildlife.com/wp-content/uploads/2017/06/ANBLICK.pdf, abgerufen am 16.11.2020.

4 Unterstützt unter anderem von der Zoologischen Gesellschaft für Arten- und Populationsschutz, der Panthera Corporation und der Gemeinschaft für Internationale Zusammenarbeit.
5 Ralf Lohe / Michel Stefan / Thierry Aebischer, «Schutz durch Nutzung. Herausforderung für einen neuen Arbeitskreis?», in: ZGAP-Mitteilungen 32 (2016), S. 40.
6 https://tajwildlife.com/wp-content/uploads/2017/06/ANBLICK.pdf, abgerufen am 16.11.2020.
7 Auch bekannt als CITES – Convention on International Trade in Endangered Species of Wild Fauna and Flora. Die Studie: https://cites.org/sites/default/files/eng/prog/Livelihoods/case_studies/Tajikistan_ibex%26 markhor_long_revSept26.pdf, abgerufen am 16.11.2020.
8 Vgl. Anmerkung 44 im Kapitel «II. Unser Handwerkszeug».
9 James Fair, «The Other Side of Rhino Conservation», in: BBC Wildlife, Oktober 2016, S. 64 f.
10 https://www.dailymaverick.co.za/article/2019-09-25-top-rhino-rancher-running-out-of-options-after-property-auction-flop/, abgerufen am 13.11.2020.
11 Laura Tensen, «Under what circumstances can wildlife farming benefit species conservation?», in: Global Ecology and Conservation 6 (2016), S. 287, https://www.sciencedirect.com/science/article/pii/S2351989415300421, abgerufen am 16.11.2020.
12 Tilo Nadler, «Schutz durch Nutzung – eine Gratwanderung», in: ZGAP-Mitteilungen 1 (2017), S. 38 ff.
13 Tensen, «Under what circumstances can wildlife farming benefit species conservation?», S. 288 ff.
14 Ebd., S. 291.
15 Robert Costanza u. a., «The value of the world's ecosystem services and natural capital», in: Nature 387, 6630 (1997), S. 253–260.
16 Deutscher Bundestag, Bericht des Ausschusses für Bildung, Forschung und Technikfolgenabschätzung (18. Ausschuss), Technikfolgenabschätzung, Inwertsetzung von Biodiversität, 18/3764, http://dipbt.bundestag.de/doc/btd/18/037/1803764.pdf, abgerufen am 16.11.2020.
17 Siehe Kapitel «Triage oder Die Qual der Wahl», S. 130 ff.; McCarthy u. a., «Financial Costs of Meeting Global Biodiversity Conservation Targets».
18 Adam Vanbergen u. a., «Summary for policymakers of the assessment report

of the Intergovernmental Science-Policy Platform on Biodiversity and Ecosystem Services on Pollinators, Pollination and Food Production», in: IPBES (2016), https://www.actu-environnement.com/media/pdf/news-26331-synthese-ipbes-decideurs-pollinisateurs.pdf, abgerufen am 16.11.2020.
19 John E. Losey / Mace Vaughan, «The Economic Value of Ecological Services Provided by Insects», in: BioScience 56, 4 (2008), S. 311–323.
20 Craig Bullock / Conor Kretsch / Enda Candon, «The Economic and Social Aspects of Biodiversity. Benefits and Costs of Biodiversity in Ireland», Department of the Environment, Heritage and Local Government, Dublin 2008, https://www.cbd.int/doc/case-studies/inc/cs-inc-ireland-en.pdf, abgerufen am 16.11.2020.
21 https://www.iucnredlist.org/species/2477/156923585; https://www.worldwildlife.org/species/blue-whale, beide abgerufen am 16.11.2020.
22 https://www.iflscience.com/plants-and-animals/california-blue-whales-bounce-back-whaling/; https://qz.com/261400/blue-whales-numbers-off-the-us-west-coast-are-back-where-they-were-when-we-started-hunting-them/, beide abgerufen am 16.11.2020.
23 https://www.wwf.org.uk/success-stories/antarctic-blue-whales, abgerufen am 16.11.2020.
24 https://www.livescience.com/18910-antarctic-blue-whale-genetics.html, abgerufen am 16.11.2020.
25 https://www.wwf.org.uk/success-stories/antarctic-blue-whales, abgerufen am 16.11.2020.
26 Als Großwale werden hier jene dreizehn Walarten bezeichnet, die seit 1946 im Internationalen Übereinkommen zur Regelung des Walfangs aufgeführt sind. Zu ihnen zählen: Grönlandwal (*Balaena mysticetus*), Atlantischer Nordkaper (*Eubalaena glacialis*), Pazifischer Nordkaper (*Eubalaena japonica*), Südkaper (*Eubalaena australis*), Grauwal (*Eschrichtius robustus*), Blauwal (*Balaenoptera musculus*), Finnwal (*Balaenoptera physalus*), Seiwal (*Balaenoptera borealis*), Brydewal (*Balaenoptera edeni*, Synonym: *Balaenoptera brydei*), Mink- oder Zwergwal (*Balaenoptera acutorostrata*), Südlicher Zwergwal (*Balaenoptera bonaerensis*), Buckelwal (*Megaptera novaeangliae*), Pottwal (*Physeter macrocephalus*).
27 Robert C. Rocha, Jr./Phillip J. Clapham/Yulia V. Ivashchenko, «Emptying the Oceans: A Summary of Industrial Whaling Catches in the 20th Century», in: Marine Fisheries Review 76 (2015), S. 37–48, https://spo.nmfs.noaa.gov/

sites/default/files/pdf-content/MFR/mfr764/mfr7643.pdf, abgerufen am 16.11.2020.
28 Joe Roman u. a., «Whales as marine ecosystem engineers», in: Frontiers in Ecology and the Environment 12, 7 (2014), S. 377–385.
29 Island hat in den Jahren 2019 und 2020 den Walfang sogar völlig ausgesetzt.
30 Viktoria Schneider / David Pearce, «What saved the whales? An economic analysis of 20th century whaling», in: Biodiversity and Conservation 13 (2004), S. 543–562.
31 Einen Überblick über die Populationszahlen der Großwale gibt es unter: https://en.wikipedia.org/wiki/List_of_cetaceans.
32 Weil im Fokus der Öffentlichkeit meist nur die Großwale stehen, soll hier zumindest ein kurzer Blick auf die kleineren Wale geworfen werden. So bedroht etwa die beiden Spezies der Nordkaper sind, so ist noch keine Großwalart wirklich ausgestorben. Bei den kleineren Walen sieht es da viel ernster aus – drei Beispiele sollen ihr Schicksal knapp illustrieren. Erstens: Seit dem Jahr 2006 gilt der Chinesische Flussdelfin oder Baiji als ausgestorben – die Verschmutzung des Jangtse und der Bau von Staudämmen sorgten merklich für sein Verschwinden. Zweitens: In Amazonien werden die urtümlichen Flussdelfine oder Botos immer weniger, weil sie gejagt werden, um sie zu Ködern für den Fischfang zu zerschneiden. Drittens: Der Vaquita oder Kalifornische Schweinswal steht unmittelbar vor dem Aussterben, weil er sich immer wieder in Netzen verfängt, die für die illegale Jagd nach dem Totoaba ausgebracht werden, da die Schwimmblasen dieser Fische auf dem chinesischen Wildtiermarkt extrem viel Geld bringen; kaum ein Dutzend dieser Schweinswale hat überlebt, nahezu monatlich werden es weniger.
33 James Honeyborne / Mark Brownlow, Blue Planet II. A New World of Hidden Deaths, London 2017, S. 252 ff.
34 Roman u. a., «Whales as marine ecosystem engineers».
35 https://www.spektrum.de/news/mehr-wale-mehr-fische/1122470, abgerufen am 16.11.2020.
36 Roman u. a., «Whales as marine ecosystem engineers».
37 https://www.livescience.com/8788-whale-poo-ocean-miracle-grow.html, abgerufen am 16.11.2020.
38 Roman u. a., «Whales as marine ecosystem engineers».
39 https://de.statista.com/statistik/daten/studie/208750/umfrage/weltweiter-co2-ausstoss/, abgerufen am 16.11.2020.

40 Ralp Chami u. a., «Nature's solution to climate change. A strategy to protect whales can limit greenhouse gases and global warming», in: Finance & Development 56, 4 (2019), S. 34–38, https://www.imf.org/external/pubs/ft/fandd/2019/12/pdf/natures-solution-to-climate-change-chami.pdf, abgerufen am 16.11.2020.
41 William Ripple u. a., «Trophic cascades from wolves to grizzly bears in Yellowstone», in: Journal of Animal Ecology 83, 1 (2014), S. 223–233, https://pubmed.ncbi.nlm.nih.gov/24033136/, abgerufen am 16.11.2020.
42 Alle vier Arten sind übrigens unter den Top 20 der charismatischsten Tiere, siehe dazu das Kapitel «Triage oder Die Qual der Wahl».
43 Douglas W. Smith/Gary Ferguson, Decade of the Wolves. Returning the Wild to Yellowstone, Guilford, CT 2006, S. 52 ff.
44 Q&A: «John Laundre, ecologist, on the landscape of fear», https://www.zdnet.com/article/qa-john-laundre-ecologist-on-the-landscape-of-fear/, abgerufen am 16.11.2020.
45 Ed Yong, «Scared to death: How predators really kill», in: New Scientist 218, 2919 (2013), S. 36–39; John W. Laundre / Lucina Hernández / William J. Ripple, «The Landscape of Fear: Ecological Implications of Being Afraid», in: The Open Ecology Journal 3 (2010), S. 1–7, https://benthamopen.com/ABSTRACT/TOECOLJ-3-3-1, abgerufen am 16.11.2020.
46 William Ripple u. a., «Status and Ecological Effects of the World's Largest Carnivores», in: Science 343, 6167 (2014), S. 151 ff., https://science.sciencemag.org/content/343/6167/1241484, abgerufen 16.11.2020.
47 Etwa bei L. David Mech, «Is science in danger of sanctifying the wolf», in: Biological Conservation 150, 1 (2012), S. 143–149.
48 http://www.smithsonianmag.com/ist/?next=/smart-news/bears-that-have-no-fish-to-eat-eat-baby-elk-instead-74460774/, abgerufen am 16.11.2020.
49 https://www.nytimes.com/2014/03/10/opinion/is-the-wolf-a-real-american-hero.html?_r=0, abgerufen am 16.11.2020.
50 Neben dem Wapiti-Problem hat Yellowstone mittlerweile noch ein anderes. Am einzigen Ort der USA, wo seit Menschengedenken Bisons leben, haben sich die großen Büffel stark vermehrt: Noch Ende der 1960er Jahre lebten hier nur vierhundert Büffel, 1993 waren es schon dreitausend mehr, 2019 fast fünftausend. Sie überweiden große Teile des Parks, und wenn sie von dort abwandern, wie es natürlich wäre, wenn eine Population anwächst, geraten sie außerhalb der Parkgrenzen in Konflikt mit Rinderzüchtern. Wie

konnten sie sich so stark vermehren? Bisonforscher Valerius Geist schreibt in seinem Buch «Buffalo Nation» (S. 121), ursprünglich sei Yellowstone eher ein Randgebiet in der Verbreitung der Büffel gewesen; historisch gesehen hätten hier immer nur kleine Herden geweidet. Als in Yellowstone jedoch mehr und mehr Straßen und Wege im Winter für den Autoverkehr vom dicken Schnee freigeräumt wurden, habe das auch den Bisons geholfen (ebd., S. 130). Die Straßen erlaubten es ihnen nun, ganz einfach den Ort zu wechseln, wenn sie an einer Stelle nicht mehr genug Nahrung fanden. Daher starben nicht mehr so viele im Winter – und konnten sich vermehren. Zwar reißen die Wölfe in Yellowstone auch immer wieder Bisons, doch finden sie genug andere Beutetiere, die einfacher zu erlegen sind als die wehrhaften Büffel. Zu Zeiten der Millionen zählenden Bisonherden, so Valerius Geist (ebd., S. 63), seien die riesige Verbände immer von großen Wolfsrotten begleitet gewesen – manchmal siebzig Tiere in einem Rudel, denen es in der Masse wohl leichter gefallen ist, die starken Büffel zu überwältigen (meist liegt die Rudelgröße bei fünf bis zwölf Wölfen).

51 https://wilderness-society.org/wolfpacks-manage-disease-outbreaks/?fbclid=IwAR0dTeLUJxarE4McCygHSP0IXqet0fALgBVgnEeN57my17xo-gYXrDEKYp94, abgerufen am 16.11.2020. Die Klassische Schweinepest ist nicht zu verwechseln mit der Afrikanischen Schweinepest, die sich seit 2007 von Georgien aus nach Europa verbreitet und 2020 Deutschland erreicht hat.

52 James Estes u. a., «Trophic Downgrading of Planet Earth», in: Science 333, 6040 (2011), S. 301–306, http://biology.unm.edu/PIBBS/Files/Estes_2.pdf, abgerufen am 16.11.2020.

53 https://www.newscientist.com/article/dn11495-us-shellfish-industry-destroyed-by-shark-fishing/, abgerufen am 16.11.2020; Julia Baum u. a., «Collapse and Conservation of Shark Populations in the Northwest Atlantic», in: Science 299, 5605 (2003), S. 389–392, https://science.sciencemag.org/content/299/5605/389, abgerufen am 28.11.2020.

54 Ripple u. a., «Status and Ecological Effects of the World's Largest Carnivores».

55 Immerhin hatte Tim Flannery dabei eine neue Spezies entdeckt – und der Wurm wurde nach ihm *Bertiella flanneryi* genannt.

56 Alle drei Beispiele aus: Robin M. Overstreet, «Presidential Address: Flavor Buds and Other Delights», in: The Journal of Parasitology 89, 6 (2004), S. 1093–1107.

57 Pieter Johnson u. a., «When parasites become prey: Ecological and epidemiological significance of eating parasites», in: Trends in Ecology & Evolution 25, 6 (2010), S. 362–371.
58 Aspöck / Walochnik, «Die Parasiten des Menschen aus der Sicht der Koevolution», S. 181.
59 Andrew Dobson u. a., «Homage to Linnaeus: How many parasites? How many hosts?», in: Proceedings of the National Academy of Sciences of the United States of America 105, Supplement 1 (2008), S. 11 482–11 489, https://www.pnas.org/content/105/Supplement_1/11482, abgerufen am 16.11.2020.
60 https://www.nsf.gov/news/news_summ.jsp?cntn_id=111924, abgerufen am 16.11.2020; Armand Kuris u. a., «Ecosystem energetic implications of parasite and free-living biomass in three estuaries», in: Nature 454 (2008), S. 515–518.
61 https://www.newscientist.com/article/mg24432540-500-parasites-are-going-extinct-in-droves-and-we-should-be-very-worried/, abgerufen am 16.11.2020.
62 Takuya Saton, «Nematomorph parasites indirectly alter the food web and ecosystem function of streams through behavioral manipulation of their cricket hosts», in: Ecology Letters 15, 8 (2012), S. 786–793.
63 Mark E. Torchin / Kevin D. Lafferty / Armand M. Kuris, «Release from Parasites as Natural Enemies: Increased Performance of a Globally Introduced Marine Crab», in: Biological Invasions 3 (2001), S. 333–345; Mark E. Torchin u. a., «Introduced species and their missing parasites», in: Nature 421 (2003), S. 628–630.
64 Ähnliche Abfolgen haben wir schon beim Guineawurm gesehen, wo die erste Larve im Hüpferlingkrebschen heranreift und nur darauf wartet, dass der Hüpferling von einem Menschen beim Trinken von Wasser verschluckt wird.
65 https://www.news.ucsb.edu/2006/012151/study-shows-parasites-form-thread-food-webs, abgerufen am 11.11.2020.
66 https://www.newscientist.com/article/mg24432540-500-parasites-are-going-extinct-in-droves-and-we-should-be-very-worried/, abgerufen am 16.11.2020.
67 Dobson u. a., «Homage to Linnaeus: How many parasites? How many hosts?».
68 https://www.wissenschaft.de/allgemein/was-heisst-eigentlich-gesund/;

https://www.euro.who.int/de/media-centre/sections/press-releases/2013/03/new-who-report-reveals-unequal-improvements-in-health-in-europe-and-calls-for-measurement-of-well-being-as-marker-of-progress, beide abgerufen am 16.11.2020.

69 Robert Costanza / Michael Mageau, «What is a healthy ecosystem?», in: Aquatic Ecology 33 (1999), S. 105–115.

70 https://www.newscientist.com/article/mg24432540-500-parasites-are-going-extinct-in-droves-and-we-should-be-very-worried/, abgerufen am 16.11.2020.

71 Das Gedankenspiel geht im Kern zurück auf «Strange and Beautiful» aus der «Planet Earth»-Serie der BBC (http://www.bbc.com/earth/story/20150127-what-if-all-the-pests-vanished, abgerufen am 16.11.2020), und wurde weiter ausgebaut von Chelsea Wood und Pieter Johnson, «A world without parasites: exploring the hidden ecology of infection», in: Frontiers in Ecology and Environment 13, 8 (2015), S. 425–434.

72 https://taz.de/Ein-Pilz-zerstoert-Bananenstauden/!5620918/, abgerufen am 16.11.2020.

73 Kees van Oers u. a., «Anthelminthic treatment negatively affects chick survival in the Eurasian Oystercatcher Haematopus ostralegus», in: Ibis 144, 3 (2002), S. 509–551.

74 https://blogs.scientificamerican.com/expeditions/you-wanted-to-know-what-is-this-virus-that-infects-the-phytoplankton-part-one/, abgerufen am 16.11.2020.

75 Heute vom Chimpanzee Sanctuary & Wildlife Conservation Trust (CSWCT) betrieben, https://ngambaisland.org/, abgerufen am 16.11.2020.

76 Die Auffangstation auf Ngamba ist kein klassisches Artenschutzprojekt, sondern soll den zum Teil schwer traumatisierten Menschenaffen ein möglichst schimpansengerechtes Leben bieten. Kritiker werfen solchen Einrichtungen vor, sich vor allem um Individuen zu kümmern, aber nichts zum Arterhalt beizutragen. Denn der begrenzte Platz auf der Insel macht meist eine Geburtenkontrolle nötig. Wäre es nicht sinnvoller, sich für den Schutz freilebender Populationen zu engagieren? Denn Schimpansen sind in ihrem ganzen Verbreitungsgebiet bedroht: Von vielleicht einer Million zu Beginn des 20. Jahrhunderts sind hundertsiebzig- bis höchstens dreihunderttausend übriggeblieben – und wenn es so weitergeht, schrumpfen ihre Bestände in den nächsten Jahrzehnten um zusätzliche achtzig Prozent

(Quelle: https://janegoodall.de/schimpansen/, abgerufen am 16.11.2020). Doch die Menschenaffen auf Ngamba sind Botschafter ihrer Art: Möglichst viele ugandische Kinder und Eltern werden auf die Insel gebracht, um sie – hinter schützendem Zaun – aus nächster Nähe zu erleben, um das Verständnis für die Schimpansen zu fördern und zu erklären, weshalb sie so bedroht sind.

77 98,7 Prozent, um genau zu sein.
78 Julio Mercader u. a., «4,300-Year-old chimpanzee sites and the origins of percussive stone technology», in: Proceedings of the National Academy of Sciences of the United States of America 104, 9 (2007), S. 3043–3048, https://www.pnas.org/content/104/9/3043, abgerufen am 16.11.2020.
79 Christophe Boesch u. a., «Optimisation of nut-cracking with natural hammery by wild chimpanzees», in: Behaviour 83, 3–4 (1983), S. 265–286; Christophe Boesch u. a., «Technical intelligence and culture: Nut cracking in humans and chimpanzees», in: American Journal of Physical Anthropology 163, 2 (2017), S. 339–355.
80 Vittoria Estienne u. a., «Maternal influence on the development of nutcracking skills in the chimpanzees of the Taï forest, Côte d'Ivoire (*Pan troglodytes verus*)», in: American Journal of Primatology 81, 7 (2019), https://www.eva.mpg.de/documents/Wiley-Blackwell/Estienne_Maternal_AmJPhysAnthr_2019_3070221.pdf, abgerufen am 16.11.2020.
81 https://sciencev1.orf.at/news/147188.html, abgerufen am 2.1.2021.
82 Michael Huffman, «Primate Self-Medication, Passive Prevention and Active Treatment. A Brief Review», in: International Journal of Multidisciplinary Studies 3, 2 (2017), S. 1–10; außerdem: https://www.pnas.org/content/111/49/17339 und https://www.nytimes.com/2017/05/18/magazine/the-self-medicating-animal.html, beide abgerufen am 16.11.2020.
83 Sabrina Krief u. a., «Novel Antimalarial Compounds Isolated in a Survey of Self-Medicative Behavior of Wild Chimpanzees in Uganda», in: Antimicrobial agents and chemotherapy 48, 8 (2004), S. 3196–3199.
84 Hjalmar Kühl u. a., «Human impact erodes chimpanzee behavioral diversity», in: Science 363, 6434 (2019), S. 1453–1455, https://science.sciencemag.org/content/363/6434/1453, abgerufen am 28.11.2020.
85 https://www.deutschlandfunk.de/artenschutz-es-sollte-orte-des-kulturellen-erbes-fuer.676.de.html?dram:article_id=443124, abgerufen am 16.11.2020.

86 Volker Arzt beschreibt das, ebenso wie die Schimpansenkriege, im Kapitel «Make love, not war» seines Buches «Kumpel und Komplizen. Warum die Natur auf Partnerschaft setzt», München 2019, S. 351 ff.
87 https://www.spiegel.de/spiegel/print/d-48495971.html, abgerufen am 16.11.2020.
88 Lange wurde übrigens die These diskutiert, ob die Aggressionen der Schimpansen nicht unter dem Einfluss des Menschen entstehen, weil sie zunehmend von uns bedrängt werden. Viele Schimpansenforscher gehen jedoch mittlerweile davon aus, dass solch aggressives Verhalten zum natürlichen Repertoire von *Pan troglodytes* gehört – unabhängig vom Menschen (vgl. Michael L. Wilson u. a., «Lethal aggression in Pan is better explained by adaptive strategies than human impacts», in: Nature 513 (2014), S. 414–417, https://www.nature.com/articles/nature13727, abgerufen am 16.11.2020). Denn solche Konflikte und Tötungsakte wurden an fünfzehn Orten Afrikas beobachtet – auch dort, wo die Schimpansen in hochwertigem, nicht abgeholztem Wald leben, wie im Kibale-Nationalpark Ugandas. Immer wieder fanden Wissenschaftler um den Primatologen Richard Wrangham im Kibale-Nationalpark übel zugerichtete Leichname von Menschenaffen, die bei innerartlichen Kämpfen benachbarter Horden umgebracht wurden. Denn Schimpansen bekämpfen fremde ausgewachsene Artgenossen, die in ihr Territorium eindringen, oft aufs Grausamste. Während jedoch Schimpansenmänner meist das ganze Leben in ihrer Geburtsgruppe verbringen, wechseln Schimpansinnen vor der Pubertät in eine andere Gemeinschaft. Auswildern erwachsener Schimpansen ist in Afrika daher so gut wie unmöglich – allein schon deshalb, weil die meisten potenziellen Gebiete besiedelt sind (über die generelle Arbeit mit den Schimpansen in Kibale gibt folgender Link aktuelle Auskunft: https://kibalechimpanzees.wordpress.com/, abgerufen am 16.11.2020).
89 https://www.nationalgeographic.com/animals/2019/11/chimps-and-people-are-clashing-in-rural-uganda-feature/, abgerufen am 16.11.2020.
90 Das SIV – Simiane Immundefizienzvirus – ruft bei diesen Primaten keine Krankheit hervor, die ähnlich wie Aids ist, wohl weil diese Arten schon lange eine «friedliche Koexistenz» mit dem Virus entwickelt haben, ohne die Immunschwäche auszuprägen.
91 Paul M. Sharp / Beatrice H. Hahn, «Origins of HIV and the AIDS pandemic», in: Cold Spring Harbor perspectives in medicine 1, 1 (2011),

https://www.ncbi.nlm.nih.gov/pmc/articles/PMC3234451/, abgerufen am 28.11.2020.
92 Bis zum Jahr 2015: https://www.bpb.de/nachschlagen/zahlen-und-fakten/globalisierung/52717/aids-epidemie, abgerufen am 16.11.2020.
93 Das Virus, das sich über den Kontakt mit Körperflüssigkeiten wie Blut rasend schnell überträgt, verursacht schwere innere Blutungen, die oft zum Tod führen. Doch anders als bei HIV liegt der Ursprung von Ebola wohl nicht bei den Primaten. Wahrscheinlich bilden in den allermeisten Fällen Fledermäuse oder Flughunde das unauffällige, natürliche Reservoir für die Ebolaviren. Den Flattertieren macht Ebola nicht viel aus – sie scheinen sich schon lange in einem Wirt-Parasit-Verhältnis an das Virus angepasst zu haben. Über ihren Kot kontaminieren sie allerdings Früchte – die Nahrung von Affen oder anderen Tieren, die an den Infektionen sterben. Wenn Jäger wiederum diese Tiere aufsammeln oder selbst schießen, können die Viren auf diesem indirekten Weg zum Menschen gelangen. Der Ebolaausbruch, der nach 2013 in Westafrika über elftausend Menschen das Leben kostete, ließ sich allerdings auf eine einzige direkte Übertragung zurückführen, bei der ein zweijähriger Junge in einem hohlen Baum spielte, in dem Fledermäuse lebten; dabei kam er wohl in Kontakt mit deren Kot oder mit den Tieren selbst. Vgl. https://www.scinexx.de/news/medizin/ursprung-der-ebola-epidemie-identifiziert/; https://www.zeit.de/wissen/gesundheit/2015-12/ebola-who-virus-guinea-sierraleone-epidemie-beendet, beide abgerufen am 16.11.2020.
94 https://www.sciencemag.org/news/2020/05/primatologists-work-keep-great-apes-safe-coronavirus, abgerufen am 16.11.2020; Jacob Negrey u. a., «Simultaneous outbreaks of respiratory disease in wild chimpanzees caused by distinct viruses of human origin» in: Emerging Microbes and Infections 8,1 (2019), S. 139–149.
95 Ebola – wahrscheinlich nicht direkt vom Menschen ausgelöst – hat bereits einige Menschenaffenpopulationen stark dezimiert: So sind zwischen 2002 und 2005 im Lossi-Schutzgebiet der Republik Kongo über fünftausendfünfhundert Gorillas dem Killervirus zum Opfer gefallen – über neunzig Prozent der gesamten Population. Forscher vom Leipziger Max-Planck-Institut für evolutionäre Anthropologie fanden heraus, dass dort das Virus von Gruppe zu Gruppe weitergegeben wurde. Auch die Zahl an Schimpansen in der Region ging während des Seuchenzuges um über achtzig Prozent zurück

(https://www.mpg.de/517072/pressemitteilung20061206, abgerufen am 16.11.2020.
96 https://www.berggorilla.org/de/gorillas/bedrohung-schutz/gefahren/krankheiten/; https://www.bbc.com/news/science-environment-52236493, beide abgerufen am 16.11.2020.

V. UNSERE ZUKUNFT

1 https://www.cartercenter.org/resources/pdfs/news/health_publications/guinea_worm/wrap-up/259.pdf, abgerufen am 16.11.2020.
2 https://www.nature.com/news/dogs-thwart-effort-to-eradicate-guinea-worm-1.19109, abgerufen am 16.11.2020.
3 Mark Eberhard, «The Peculiar Epidemiology of Dracunculiasis in Chad», in: The American Journal of Tropical Medicine and Hygiene 90, 1 (2014), S. 61–70.
4 Robbie Mcdonald u. a., «Ecology of domestic dogs Canis familiaris as an emerging reservoir of Guinea worm Dracunculus medinensis infection», in: PLOS Neglected Tropical Diseases 14, 4 (2020), https://journals.plos.org/plosntds/article?id=10.1371/journal.pntd.0008170, abgerufen am 16.11.2020.
5 https://www.nature.com/articles/d41586-019-02921-w, abgerufen am 16.11.2020.
6 H. Jachmann / P. S. M. Berry / H. Imae, «Tusklessness in African elephants: a future trend», in: African Journal of Ecology 33, 3 (1995), S. 230–235.
7 https://www.nationalgeographic.de/tiere/2018/11/evolution-mehr-elefanten-ohne-stosszaehne-durch-wilderei, abgerufen am 16.11.2020.
8 https://www.newscientist.com/article/mg21028101-900-unnatural-selection-hunting-down-elephants-tusks/, abgerufen am 16.11.2020.
9 Jonathan B. Losos, Glücksfall Mensch. Ist Evolution vorhersagbar?, übersetzt von Sigrid Schmid und Renate Weitbrecht, München 2018, S. 133 ff.
10 https://www.sciencedaily.com/releases/2020/08/200806101750.htm, abgerufen am 16.11.2020.
11 Brendan Epstein u. a., «Rapid evolutionary response to a transmissible cancer in Tasmanian devils», in: Nature communications 7 (2016), https://www.nature.com/articles/ncomms12684, abgerufen am 16.11.2020.

12 Ben C Scheele u. a., «Amphibian fungal panzootic causes catastrophic and ongoing loss of biodiversity», in: Science 363, 6434 (2019), S. 1459–1463, https://science.sciencemag.org/content/363/6434/1459, abgerufen am 16.11.2020.
13 https://www.nationalgeographic.com/animals/2019/03/amphibian-apocalypse-frogs-salamanders-worst-chytrid-fungus/, abgerufen am 16.11.2020.
14 Ebenfalls über den Wildtierhandel wurde aus dem ostasiatischen Raum der Pilz *Batrachochytrium salamandrivorans* nach Europa eingeschleppt, der Schwanzlurche – also Salamander und Molche – befällt. Die 2013 erstmals beschriebene «Salamanderpest» hat schon zu ähnlichen Bestandseinbrüchen in den Niederlanden und Deutschland geführt wie der Froschpilz; Wissenschaftler befürchten eine globale Bedrohung der Schwanzlurche, sollte der Pilz um die Welt verbreitet werden.
15 Jamie Voyles u. a., «Shifts in disease dynamics in a tropical amphibian assemblage are not due to pathogen attenuation», in: Science 359, 6383 (2018), S. 1517–1519, https://science.sciencemag.org/content/359/6383/1517, abgerufen am 16.11.2020. Sowohl die Forschungen am Beutelteufelkrebs als auch die am Froschpilz können zu grundsätzlichen Erkenntnissen der Medizin führen, die auch für den Menschen nützlich sind – wie sich eine Immunantwort gegen Tumore entwickeln kann und wie Seuchenzüge verlaufen und zu einem Ende geführt werden können. Insofern, das hier nur nebenbei, lässt sich auch dies zu den Ökosystemdienstleistungen zählen, von denen wir als Spezies profitieren können.
16 https://www.dw.com/de/hohe-zahl-supererreger-rund-um-indische-pharmafabriken/a-38692900, abgerufen am 16.11.2020.
17 https://www.wissenschaft.de/gesundheit-medizin/resistente-malaria-erreger-auf-dem-vormarsch/; https://www.vfa-bio.de/vb-de/aktuelle-themen/forschung/wie-entwickelt-der-malaria-erreger-resistenzen, beide abgerufen am 16.11.2020.
18 https://www.newscientist.com/article/mg22229660-600-aliens-versus-predators-the-toxic-toad-invasion/, abgerufen am 16.11.2020.
19 https://news.mongabay.com/2008/07/cane-toads-are-killing-crocodiles-in-australia/, abgerufen am 16.11.2020.
20 Ben Phillips / Richard Shine, «An invasive species induces rapid adaptive change in a native predator: Cane toads and black snakes in Australia», in: Proceedings. Biological sciences / The Royal Society 273, 1593

(2006), S. 1545–1550, https://royalsocietypublishing.org/doi/abs/10.1098/rspb.2006.3479, abgerufen am 16.11.2020.

21 https://www.newscientist.com/article/mg21028102-200-unnatural-selection-introducing-invaders/, abgerufen am 16.11.2020.

22 Ella Kelly / Ben Phillips, «Targeted gene flow and rapid adaptation in an endangered marsupial», in: Conservation Biology 33, 1 (2019), S. 112–121.

23 https://www.theguardian.com/environment/2018/jul/28/australia-northern-quoll-endangered-cane-toad, abgerufen am 16.11.2020.

24 Katharine Byrne / Richard Alan Nichols, «Culex pipiens in London Underground tunnels: differentiation between surface and subterranean populations», in: Heredity 82 (1999), S. 7–15, https://www.researchgate.net/publication/13098300_Culex_pipiens_in_London_Underground_tunnels_Differentiation_between_surface_and_subterranean_populations, abgerufen am 28.11.2020; http://www.bbc.com/earth/story/20160323-the-unique-mosquito-that-lives-in-the-london-underground, abgerufen am 16.11.2020.

25 Eine ähnlich schnelle Aufspaltung beobachten Forscher bei der mittelamerikanischen Libelle *Megaloprepus caerulatus*. Das erstaunlich große Fluginsekt – die Flügelspannweite der Männchen kann fast zwanzig Zentimeter betragen – braucht zur Fortpflanzung vor allem Wälder mit vielen wassergefüllten Baumlöchern. Weil diese aber zunehmend abgeholzt werden, zerstückelt sich der Lebensraum der Libellen, sodass die verbliebenen kleinen Populationen sich genetisch schon weit voneinander entfernt haben – man könnte sie derzeit als verschiedene Arten auffassen. Siehe dazu Wiebke Feindt / Ola Fincke / Heike Hadrys, «Still a one species genus? Strong genetic diversification in the world's largest living odonate, the Neotropical damselfly Megaloprepus caerulatus», in: Conservation Genetics 15 (2013), S. 469–481.

26 Matt Davis / Søren Faurby / Jens-Christian Svenning, «Mammal diversity will take millions of years to recover from the current biodiversity crisis», in: Proceedings of the National Academy of Sciences 115, 44 (2018), S. 11 262–11 267.

27 https://www.visitzealandia.com/About/History/A-World-First-Sanctuary, abgerufen am 16.11.2020.

28 Benannt nach jener Kontinentalscholle, auf der Neuseeland und ein paar andere, kleinere Inseln vor über achtzig Millionen Jahren vom Rest der Welt wegdrifteten.

29 https://academic.oup.com/bioscience/article/62/3/220/358397, abgerufen am 16.11.2020.
30 https://onezero.medium.com/a-huge-underwater-electric-fence-is-the-great-lakes-big-hope-against-a-carp-invasion-787da3f35c08; https://www.usgs.gov/faqs/what-are-asian-carp?qt-news_science_products=0#qt-news_science_products, beide abgerufen am 16.11.2020.
31 Tijs Goldschmidt, Darwins Traumsee. Nachrichten von meiner Forschungsreise nach Afrika, übersetzt von Janneke Panders, München 1997, S. 261.
32 Ebd., S. 300.
33 https://www.n-tv.de/panorama/Land-unter-Inseln-verstopfen-Nil-Abfluss-article21795088.html; https://taz.de/Victoriasee-in-Uganda/!5713745/, beide abgerufen am 16.11.2020.
34 Einer Studie zufolge betrugen die durch invasive Arten – Säuger, Vögel, Amphibien und Reptilien, Fische, Gliedertiere wie Insekten und Krebse, Weichtiere, Krankheitserreger für Menschen und Haustiere sowie Pflanzen – entstehenden Kosten für die globale Wirtschaft im Jahr 1998 sogar beinahe anderthalb Billionen Dollar, etwa fünf Prozent des Gesamtvolumens der Weltwirtschaft; siehe David Pimentel u. a., «Economic and environmental threats of alien plant, animal, and microbe invasions», in: Agriculture, Ecosystems & Environment 84, 1 (2001), S. 1–20.
35 https://www.newscientist.com/article/mg18324656-100-the-accidental-rainforest/, abgerufen am 16.11.2020.
36 David M. Wilkinson, «The parable of Green Mountain: Ascension Island, ecosystem construction and ecological fitting», in: Journal of Biogeography 31, 1 (2003), S. 1–4.
37 https://e360.yale.edu/digest/counterpoint_scientists_offer_dissenting_view_on_ascension_island, abgerufen am 16.11.2020.
38 Im Englischen heißen sie *novel ecosystems*. Vgl. auch: Richard J. Hobbs / Eric S. Higgs / Carol M. Hall (Hg.), Novel Ecosystems. Intervening in the New Ecological World Order, Oxford 2013.
39 Emma Marris, «Die ‹neuen› Ökosysteme», in: Spektrum der Wissenschaft, Februar 2010, S. 68 ff.
40 Ebd.
41 https://www.sciencemediacentre.co.nz/2017/01/18/predator-free-nz-what-will-it-take-to-achieve-our-own-moonshot-expert-qa/, abgerufen am 16.11.2020.

42 Beim TEDx-Talk im Jahr 2013 zum Thema ohne Irokesenschnitt: https://youtu.be/rUoSjgZCXhc, abgerufen am 16.11.2020.
43 Errichtet und gefördert vom Schweizer Hansjörg Wyss, der mit seiner Wyss Foundation weltweit viele Naturschutzprojekte unterstützt.
44 Hinter CRISPR – so lautet die Abkürzung für *Clustered Regularly Interspaced Short Palindromic Repeats* – steht ein Abwehrmechanismus mancher Bakterien gegen Viren, von denen sie schon einmal befallen wurden. Dank dieses Systems erkennen sie neue Attacken eindringender Viren und schalten sie mit dem Protein Cas9 aus.
45 https://www.transgen.de/tiere/2660.projekte-genome-editing-nutztiere.html, abgerufen am 16.11.2020.
46 Im Oktober 2020 wurden die Französin Emanuelle Charpentier und die Amerikanerin Jennifer Doudna für die Entdeckung der Genschere mit dem Nobelpreis für Chemie ausgezeichnet – wegen der «enormen Kraft, die uns alle betrifft»; vgl. https://www.tagesschau.de/ausland/chemienobelpreis-2020-101.html, abgerufen am 16.11.2020.
47 https://reviverestore.org/projects/the-great-passenger-pigeon-comeback/progress-to-date/, abgerufen am 16.11.2020.
48 Noch einmal zum Vergleich: Zwischen Mensch und Schimpanse sind es 98,7 Prozent.
49 Über diese Fragen hat Ben Novak 2016 publiziert: «Deciphering the Ecological Impact of the Passenger Pigeon: A Synthesis of Paleogenetics, Paleoecology, Morphology, and Physiology», https://escholarship.org/uc/item/3260s35t, abgerufen am 16.11.2020.
50 R. Higuchi u. a., «DNA sequences from the quagga, an extinct member of the horse family», in: Nature 312 (1984), S. 282–284.
51 https://reviverestore.org/projects/woolly-mammoth/progress/, abgerufen am 16.11.2020.
52 Vgl. dazu das Kapitel «Eine Wildnis gezielt verändern», S. 197 ff.
53 https://www.ted.com/talks/michael_archer_how_we_ll_resurrect_the_gastric_brooding_frog_the_tasmanian_tiger/transcript?language=de, abgerufen am 16.11.2020.
54 Vgl. dazu das Kapitel «II. Unser Handwerkszeug», S. 104.
55 https://www.bmbf.de/de/gibt-es-noch-hoffnung-fuer-das-noerdliche-breitmaulnashorn-8968.html, abgerufen am 16.11.2020.
56 Craig Venter hat 2010 erstmals «künstliches Leben» erzeugt – ein lebens-

fähiges Bakterium mit vollständig künstlich erzeugtem Genom. Seither wurden noch mehr solcher Organismen konstruiert. Siehe dazu Daniel Gibson u. a., «Creation of a Bacterial Cell Controlled by a Chemically Synthesized Genome», in: Science 329, 5987 (2010), S. 52–56, https://science.sciencemag.org/content/329/5987/52, abgerufen am 16.11.2020.
57 Terrence Tumpey u. a., «Characterization of the Reconstructed 1918 Spanish Influenza Pandemic Virus», in: Science 310, 5745 (2005), S. 77–80.
58 https://www.sciencemag.org/news/2017/07/how-canadian-researchers-reconstituted-extinct-poxvirus-100000-using-mail-order-dna; https://thebulletin.org/2020/02/a-biotech-firm-made-a-smallpox-like-virus-on-purpose-nobody-seems-to-care/, beide aufgerufen am 16.11.2020.
59 https://www.sueddeutsche.de/gesundheit/pocken-seuche-aus-dem-baukasten-1.3576102, aufgerufen am 16.11.2020.
60 https://www.spiegel.de/geschichte/30-jahre-retortenbabys-a-947143.html, aufgerufen am 16.11.2020.
61 https://www.derstandard.de/story/2000114715581/chancen-und-risiken-von-gen-manipulation-beim-menschen, aufgerufen am 16.11.2020.
62 Dafür erzeugt man per CRISPR eine Genveränderung im Erbgut und baut dort zusätzlich das CRISPR / Cas-Gensystem selbst ein. Als Folge verändert die Genschere auch die zweite Variante im Genom: Das Werkzeug kopiert sich zusammen mit der neuen, gegen den Chytridpilz schützenden Eigenschaft selbst dorthin, sodass alle Nachkommen das veränderte Merkmal besitzen und es an alle Individuen nachfolgender Generationen weitergeben werden.
63 https://www.nature.com/news/gene-drive-mosquitoes-engineered-to-fight-malaria-1.18858, aufgerufen am 16.11.2020.
64 Antoinette J. Piaggio u. a., «Is It Time for Synthetic Biodiversity Conservation?», in: Trends in Ecology and Evolution 32, 2 (2017), S. 97–107.
65 Hannah A. Grunwald u. a., «Super-Mendelian inheritance mediated by CRISPR-Cas9 in the female mouse germline», in: Nature 566 (2019), S. 105–109; https://research.ncsu.edu/ges/2019/06/workshop-report-gene-drive-mice/, abgerufen am 16.11.2020.
66 https://www.sciencemag.org/news/2020/07/siberia-s-gateway-underworld-grows-record-heat-wave-thaws-permafrost, abgerufen am 16.11.2020.
67 Julian B. Murton u. a., «Preliminary paleoenvironmental analysis of permafrost deposits at Batagaika megaslump, Yana Uplands, northeast Siberia», in: Quaternary Research 87, 2 (2017), S. 314–330.

68 https://siberiantimes.com/science/casestudy/news/cute-first-pictures-of-new-50000-year-old-cave-lion-cub-found-perfectly-preserved-in-permafrost-of-yakutia/; https://arstechnica.com/science/2020/09/beautifully-preserved-cave-bears-emerge-from-siberian-permafrost/, beide abgerufen am 16.11.2020.
69 https://www.nationalgeographic.de/geschichte-und-kultur/jaeger-des-weissen-goldes, abgerufen am 16.11.2020.
70 https://www.eurekalert.org/pub_releases/2020-03/uoe-nm030420.php, abgerufen am 16.11.2020.
71 https://www.spektrum.de/news/dutzende-eisbaeren-belagern-die-sibirische-stadt-belushya-guba/1623750; https://www.bbc.com/news/world-europe-50677161; https://www.spektrum.de/news/dutzende-eisbaeren-belagern-erneut-russische-stadt/1690946; https://siberiantimes.com/other/others/news/polar-bear-invasion-on-novaya-zemlya-as-50-wild-animals-besiege-remote-town-and-chase-people/; https://www.wwf.de/2019/august/rueckkehr-der-eisbaeren/, alle abgerufen am 16.11.2020.
72 Steven H. Ferguson / Jeff Higdon / Elly Chmelnitsky, «The Rise of Killer Whales as a Major Arctic Predator», in: Steven H. Ferguson / Lisa L. Loseto / Mark L. Mallory (Hg.), A Little Less Arctic: Top Predators in the World's Largest Northern Inland Sea, Hudson Bay, Dordrecht 2010, S. 117–136.
73 https://scienceblogs.de/meertext/2018/12/07/klimawandel-in-der-arktis-glueck-fuer-orcas-pech-fuer-belugas-1/3/, abgerufen am 16.11.2020.
74 Nicola Mitchell u. a., «Demographic effects of temperature-dependent sex determination: Will tuatara survive global warming?», in: Global Change Biology 16, 1 (2009), S. 60–72.
75 https://www.nationalgeographic.com/news/2016/06/first-mammal-extinct-climate-change-bramble-cay-melomys/; https://therevelator.org/climate-change-mammal-extinction/, beide abgerufen am 16.11.2020.
76 https://www.wwf.org.au/news/news/2020/new-wwf-report-koalas-suffer-decline-across-fire-grounds#gs.guzzyb, abgerufen am 16.11.2020.
77 https://www.abc.net.au/news/2020-05-26/glossy-black-cockatoos-on-kangaroo-island-recover-after-bushfire/12285656, abgerufen am 16.11.2020.
78 https://www.wwf.org.au/news/blogs/safeguarding-the-kangaroo-island-dunnart#gs.go8yfe, abgerufen am 16.11.2020.
79 https://www.environment.gov.au/biodiversity/bushfire-recovery/priority-animals; https://www.environment.gov.au/system/files/pages/ef3f5ebd-

faec-4c0c-9ea9-b7dfd9446cb1/files/provisional-list-animals-requiring-urgent-management-intervention11feb.pdf, beide abgerufen am 16.11.2020.
80 https://www.sueddeutsche.de/wissen/pyrozaen-wir-muessen-mit-dem-feuer-leben-1.4748575, abgerufen am 16.11.2020.
81 https://www.nature.com/articles/d41586-020-02716-4, abgerufen am 16.11.2020.
82 https://www.nature.com/articles/d41586-020-00508-4, abgerufen am 16.11.2020.
83 https://www.nature.com/articles/d41586-020-02568-y, abgerufen am 16.11.2020.
84 https://weather.com/de-DE/wissen/klima/news/2020-09-23-minus-696-grad-kalte-rekord-auf-gronland; https://www.zdf.de/nachrichten/panorama/38-grad-in-werchojansk-hitzewelle-und-braende-in-sibirien-100.html, beide abgerufen am 16.11.2020.
85 https://www.nature.com/articles/d41586-019-03595-0, abgerufen am 16.11.2020.
86 Anastasia Shatilovich, «Viable Nematodes from Late Pleistocene Permafrost of the Kolyma River Lowland», in: Doklady Biological Sciences 480, 1 (2018), S. 100–102, https://www.smithsonianmag.com/smart-news/ancient-round-worms-allegedly-resurrected-russian-permafrost-180969782/, abgerufen am 16.11.2020.
87 https://www.wienerzeitung.at/nachrichten/wissen/natur/2063352-Alte-Krankheiten-lauern-im-tauenden-Eis.html; https://www.aerztezeitung.de/Panorama/Rueckkehr-alter-Seuchen-durch-tauenden-Permafrostboden-410110.html, beide abgerufen am 16.11.2020.
88 Aus dem Film: «Rentiere auf dünnem Eis» von Henry Mix und Boas Schwarz, Altayfilm 2020.
89 https://www.nature.com/news/giant-virus-resurrected-from-30-000-year-old-ice-1.14801, 28.11.2020.
90 https://www.theatlantic.com/science/archive/2017/11/the-zombie-diseases-of-climate-change/544274/; https://www.smithsonianmag.com/smart-news/microbiologists-keep-finding-giant-viruses-melting-permafrost-180956647/?no-ist; http://www.bbc.com/earth/story/20170504-there-are-diseases-hidden-in-ice-and-they-are-waking-up, alle abgerufen am 16.11.2020.

91 Richard Kock u. a., «Saigas on the brink: Multidisciplinary analysis of the factors influencing mass mortality events», in: Science Advances 4,1 (2018), https://advances.sciencemag.org/content/4/1/eaao2314; https://www.theatlantic.com/science/archive/2018/01/why-did-two-thirds-of-this-weird-antelope-suddenly-drop-dead/550676/, beide abgerufen am 16.11.2020.

92 https://www.spektrum.de/pdf/spektrum-kompakt-moderne-seuchen/1669158; https://www.deutsche-apotheker-zeitung.de/news/artikel/2020/09/11/weitere-infektionen-mit-west-nil-virus-in-deutschland, beide abgerufen am 16.11.2020.

93 Daniel R. Brooks / Eric P. Hoberg / Walter A. Boeger, The Stockholm Paradigm. Climate Change and Emerging Disease, Chicago / London 2019.

94 Zur Geschichte des Kartoffelkäfers: https://www.rgblick.ch/produkte/buchbeitraege/Guettinger_2008_Kartoffelkaefer.pdf, abgerufen am 16.11.2020.

95 Tracey Goldstein u. a., «Phocine Distemper Virus in Northern Sea Otters in the Pacific Ocean, Alaska, USA», in: Emerging Infectious Diseases 15, 6 (2009), S. 925–927; Elizabeth VanWormer u. a., «Viral emergence in marine mammals in the North Pacific may be linked to Arctic sea ice reduction», in: Scientific Reports 9 (2019), https://www.nature.com/articles/s41598-019-51699-4, abgerufen am 16.11.2020.

96 Brooks / Hoberg / Boeger, The Stockholm Paradigm, S. 3.

97 https://www.washingtonpost.com/news/innovations/wp/2015/02/18/the-weird-way-that-climate-change-could-lead-to-new-disease-outbreaks-around-the-world/, abgerufen am 16.11.2020.

98 Brooks / Hoberg / Boeger, The Stockholm Paradigm, S. 21.

99 David Wallace-Wells, Die unbewohnbare Erde. Leben nach der Erderwärmung, übersetzt von Elisabeth Schmalen, München 2019.

100 https://www.kampnagel.de/de/programm/live-reportage, abgerufen am 16.11.2020.

101 Das Zitat, das er ähnlich auf der Veranstaltung brachte, stammt aus der «Frankfurter Allgemeinen Zeitung»: https://www.faz.net/aktuell/feuilleton/buecher/themen/klimawandel-us-journalist-ueber-akute-folgen-fuer-mensch-und-planet-16373407.html, abgerufen am 16.11.2020.

102 https://www.nzz.ch/geschichte/dipesh-chakrabarty-forscher-zum-zeitalter-des-anthropozaens-ld.1454623?reduced=true, abgerufen am 16.11.2020.

103 https://www.iea.org/reports/the-future-of-cooling, abgerufen am 16.11.2020.

ANMERKUNGEN

VI. UNSER NEUES SELBSTBILD ALS ART

1 Aus einem Band der Reihe «Forum für Verantwortung»: Rainer Münz / Albert F. Reiterer, Wie schnell wächst die Zahl der Menschen? Weltbevölkerung und weltweite Migration, Frankfurt am Main 2007, S. 30.
2 Brooks / Hoberg / Boeger, The Stockholm Paradigm, S. 22 f.
3 https://www.nzz.ch/geschichte/dipesh-chakrabarty-forscher-zum-zeitalter-des-anthropozaens-ld.1454623, abgerufen am 18.11.2020.
4 https://www.br.de/radio/bayern2/sendungen/zuendfunk/tc-boyle-amerika-beweget-sich-gefaehrlich-in-richtung-diktatur-100.html, abgerufen am 18.11.2020.
5 https://www.bbc.com/news/world-us-canada-53856776; https://www.the-scientist.com/news-opinion/750-million-gm-mosquitoes-will-be-released-in-the-florida-keys-67855, beide abgerufen am 18.11.2020.
6 Aldous Huxley, Schöne Neue Welt, übersetzt von Herberth Egon Herlitschka, Frankfurt am Main 2000, S. 235.
7 William Balée (Hg.), Advances in Historical Ecology, New York 1998. Darin ein Kapitel von Laura Rival, «Domestication as a Historical and Symbolic Process», S. 232 ff.
8 Erstaunlich übrigens, dass die «futuristischste» Erzählung – jene von Aldous Huxley – die älteste der drei Geschichten ist. Sie stammt aus einer Zeit, in der Umweltzerstörung, die Vernichtung der natürlichen Lebensgrundlagen und das Wissen um den Prozesscharakter in der Ökologie noch nicht so weit waren wie in den Jahren, als die anderen beiden Werke entstanden.
9 Harald Welzer / Klaus Wiegandt (Hg.), Perspektiven einer nachhaltigen Entwicklung. Wie sieht die Welt im Jahr 2050 aus? Frankfurt am Main 2011, S. 7 ff.
10 Ebd., S. 147.
11 Siehe das Kapitel «Aus den Augen, aus dem Sinn – Mauern verdrängen den drohenden Untergang», S. 45 ff.
12 https://www.acclimatise.uk.com/2018/03/29/tokyos-massive-flood-protection-facility-might-not-be-enough-cdue-to-climate-change/, abgerufen am 18.11.2020.
13 https://www.wwf.de/themen-projekte/meere-kuesten/schutz-der-kuesten/mangroven, abgerufen am 18.11.2020.
14 Vgl. Kapitel «Wenn alte Freunde fehlen», S. 35 ff.

ANHANG

ES GIBT NOCH WUNDER AUF DIESER WELT – EIN PERSÖNLICHES NACHWORT

1 Auch die Saola oder *Pseudoryx nghetinhensis* gehört zu den Arten auf der EDGE-Liste: http://www.edgeofexistence.org/species/saola/, abgerufen am 18.11.2020.
2 Lothar Frenz, Riesenkraken und Tigerwölfe. Auf den Spuren mysteriöser Tiere, Berlin 2000.
3 Ebd., S. 11.
4 Frenz, Lonesome George.
5 https://www.theguardian.com/environment/radical-conservation/2017/aug/10/saola-unicorn-vietnam-laos-captive-breeding-asia-conservation, abgerufen am 18.11.2020.
6 Bei diesen Recherchen bin ich auch auf die Internetseite www.isthishowyoufeel.com gestoßen. Anerkannte Wissenschaftler, vor allem Klimaforscher, legen hier ihre professionelle Sachlichkeit ab und erzählen in persönlichen Briefen, was ihre Forschungserkenntnisse mit ihrer Gemütsverfassung anstellen. Darin liegt Trost: Auch in düsteren Augenblicken ist man nicht allein mit solchen Gedanken.
7 Mehr zu den beiden Organisationen unter: https://www.zgap.de/ und https://loki-schmidt-stiftung.de/.
8 Melanie Monroe u. a., «The dynamics underlying avian extinction trajectories forecast a wave of extinctions», in: Biology Letters 15, 12 (2019), https://royalsocietypublishing.org/doi/10.1098/rsbl.2019.0633; https://www.rarebirdalert.co.uk/v2/Content/Conservation_action_has_reduced_bird_extinction_rates_by_40_percent.aspx?s_id=726155267, beide abgerufen am 18.11.2020.
9 Mittlerweile sind noch mehr Gehegekomplexe fertiggestellt worden und weitere geplant. Die Entwicklung der Arche kann unter folgender Website verfolgt werden: https://www.prigenark.com/.
10 Zusammen mit weiteren Tieren aus zwei anderen Institutionen, deren Zuchtgruppen auf die langjährige Aufbauarbeit von Stephan Bulk mit dieser Spezies zurückgehen.

Zum Weiterlesen

Die folgenden Werke kann ich zur vertiefenden Lektüre empfehlen. Einige begleiten mich seit Jahren, manche von Kindesbeinen an. Andere habe ich bewusst vor dem Schreiben dieses Buches gelesen. Nicht alle sind in den Anmerkungen zitiert, aber sie haben meine Gedanken geprägt.

Volker Arzt, *Kumpel und Komplizen. Warum die Natur auf Partnerschaft setzt*, München 2019.
William Balée (Hg.), *Advances in Historical Ecology*, New York 1998.
Christoph Bonneuil / Jean-Baptiste Fressoz, *The Shock of the Anthropocene*, London / New York 2017.
Daniel R. Brooks / Eric P. Hoberg / Walter A. Boeger, *The Stockholm Paradigm. Climate Change and Emerging Disease.* Chicago / London 2019.
Eric Chivian / Aaron Bernstein, *Sustaining Life. How Human Health Depends on Biodiversity*, Oxford 2008.
David Christian, *Big History. Die Geschichte der Welt vom Urknall bis zur Zukunft der Menschheit*, übersetzt von Hainer Kober, München 2018.
Richard Ellis, *Mensch und Wal. Die Geschichte eines ungleichen Kampfes*, übersetzt von Siegfried Schmitz, München 1993.
Wolfgang Engelhardt (Hg.), *Die letzten Oasen der Tierwelt. Mit Zoologen, Wildhütern und Kamerajägern in den Nationalparks der Erde*, Frankfurt am Main 1965.
Lothar Frenz, *Riesenkraken und Tigerwölfe. Auf der Spur mysteriöser Tiere*, Berlin 2000.

Lothar Frenz, *Lonesome George oder Das Verschwinden der Arten*, Berlin 2012.

Lothar Frenz, *Nashörner*, Berlin 2017.

Dave Foreman, *Rewilding North America. A Vision for Conservation in the 21st Century*, Washington, D.C. 2004.

Matthias Glaubrecht, *Das Ende der Evolution. Der Mensch und die Vernichtung der Arten*, München 2019.

Jane Goodall, *Hope for Animals and Their World. How Endangered Species Are Being Rescued from the Brink*, New York / Boston 2011.

Fred Guterl, *The Fate of the Species. Why the Human Race May Cause Its Own Extinction and How We Can Stop It*, New York 2012.

Yuval Noah Harari, *Homo Deus. Eine Geschichte von Morgen*, übersetzt von Andreas Wirthensohn, München 2017.

Yuval Noah Harari, *21 Lektionen für das 21. Jahrhundert*, übersetzt von Andreas Wirthensohn, München 2018.

Ursula Heise, *Nach der Natur. Das Artensterben und die moderne Kultur*, Berlin 2010.

Ursula Heise, *Imagining Extinction. The Cultural Meanings of Endangered Species*, Chicago / London 2016.

Richard J. Hobbs / Eric S. Higgs / Carol M. Hall (Hg.), *Novel Ecosystems. Intervening in the New Ecological World Order*, Oxford 2013.

Fred Kurt, *Naturschutz. Illusion und Wirklichkeit*, Hamburg / Berlin 1982.

Fred Kurt, *Die Gärtner von Eden. Reportagen über das Abenteuer, wilde Tiere zu erforschen und bedrohte Arten zu erhalten*, Hamburg 1991.

Jonathan B. Losos, *Glücksfall Mensch. Ist Evolution vorhersagbar?*, übersetzt von Sigrid Schmidt und Renate Weitbrecht, München 2018.

Jeremy Mallinson, *The Touch of Durrell. A Passion for Animals*, Kibworth 2018.

Charles Mann, *Amerika vor Kolumbus. Die Geschichte eines unentdeckten Kontinents*, übersetzt von Bernd Rullkötter, Reinbek 2016.

Jon Mooallem, *Wild Ones. A Sometimes Dismaying, Weirdly Reassuring Story About Looking at People Looking at Animals in America*, New York 2013.

Fred Pearce, *Die neuen Wilden. Wie es mit fremden Tieren und Pflanzen gelingt, die Natur zu retten*, übersetzt von Gabriele Gockel, München 2016.

Adam Rutherford, *The Book of Humans. The Story of How We Became Us*, London 2018.

Steve Nicholls, *Paradise Found. Nature in America at the Time of Discovery*, Chicago / London 2009.

Vaclav Smil, *The Earth's Biosphere. Evolution, Dynamics and Change*, Cambridge, MA / London 2002.

Vaclav Smil, *Global Catastrophes and Trends. The Next Fifty Years*, Cambridge, MA / London 2012

Vaclav Smil, *Harvesting the Biosphere. What We Have Taken from Nature*, Cambridge, MA / London 2013.

Douglas W. Smith / Gary Ferguson, *Decade of the Wolf. Returning the Wild to Yellowstone*, Guilford 2012.

Jens Soentgen, *Ökologie der Angst*, Berlin 2018.

Beverly Peterson Stearns / Stephen C. Stearns, *Watching, from the Edge of Extinction*, New Haven / London 1999.

Michael Succow / Lebrecht Jeschke / Hans Dieter Knapp, *Naturschutz in Deutschland*, Berlin 2012.

John Terborgh / James A. Estes, *Trophic Cascades. Predators, Prey and the Changing Dynamics of Nature*, Washington, D.C. 2010.

Colin Tudge, *Letzte Zuflucht Zoo. Die Erhaltung bedrohter Arten in Zoologischen Gärten*, übersetzt von Andreas Held, Berlin / Heidelberg / Oxford 1993.

David Wallace-Wells, *Die unbewohnbare Erde. Leben nach der Erderwärmung*, übersetzt von Elisabeth Schmalen, München 2019.

Herbert Wendt, *Auf Noahs Spuren. Die Entdeckung der Tiere*, Hamm 1956.

Edward O. Wilson, *Der Wert der Vielfalt. Die Bedrohung des Artenreichtums und das Überleben des Menschen*, übersetzt von Thorsten Schmidt, München 1995.

Carl Zimmer, *Parasite Rex. Inside the Bizarre World of Nature's Most Dangerous Creatures*, New York 2001.

Für ein Buch dieser Art ungewöhnlich sind folgende Empfehlungen. Einen Biologen interessiert eben auch die eigene Spezies – erst recht, wenn es um die Veränderung unseres Selbstbildes und Verhaltens geht. Da lieferten mir diese Werke viele Gedankenanstöße, weil sie mich auf andere Weise in systemisches Denken, also Beziehungsfragen, einführten.

Lori Gottlieb, *Vielleicht solltest du mal mit jemandem darüber reden*, übersetzt von Elisabeth Liebl, Berlin 2020.

Sheldon B. Kopp, *Triffst du Buddha unterwegs … Psychotherapie und Selbsterfahrung*, übersetzt von Jochen Eggert, Frankfurt am Main 1987.

Augustus Y. Napier / Carl A. Whitaker, *Die Bergers. Beispiel einer erfolgreichen Familientherapie*, übersetzt von Jochen Eggert, Reinbek 1982.

Noam Shpancer, *Der gute Psychologe*, übersetzt von Brigitte Heinrich, München 2011.

Dank

Passen Sie auf sich auf, riet mir Wilhelm Barthlott bei einem Spaziergang durch «seinen» Bonner Botanischen Garten, als ich ihm von meinem nächsten Projekt, diesem Buch, erzählte. Er wolle sich keine Sorgen um mich machen müssen, er kenne so viele, die sich intensiv mit dieser Thematik beschäftigt hätten und dabei zumindest zeitweise in depressive Verstimmungen gefallen seien. Ich sei zuversichtlich, das zu umgehen, beruhigte ich ihn; dank seiner Warnung war ich jedenfalls vorbereitet – und weiß nun nur zu gut, was er meinte.

Dass es in meinem persönlichen «Schreiblockdown» nicht so weit kam, dazu haben Madeleine Bauer, Simon Brunsland, Katrin Dücker-Eckloff, Tobias Emskötter, Christiane Frenz, Ursula Frenz, Anke Gralfs, Rolf Hagedorn, Sinje Hansen, Silke Hauser, Jürgen Henning, Joerg Hensiek, Konrad Hummel, Marion Mück-Raab, Ines Possemeyer, Claudia Sewig, Martin Schäfer, Lothar Schenck, Jenni Tietze, Hans-Peter Weindorf und Roland Wirth auf vielfältige Weise beigetragen: ob mit gespannter Neugier, stetigem Nachfragen nach dem Stand der Dinge; ob mit interessanten und interessierten Fragen, auch mit so manch kritischem Satz, den ich beim Schreiben im Kopf hatte; ob mit ihrer eigenen Sorge um unsere Welt und davon nachklingenden Gedanken; ob mit erweiternden Diskussionen, mit hilfreichen Literaturhinweisen; ob mit aufmunternden Worten, mit kümmernden Signalen und aufbauenden Stärkungen für mich in meiner Abgeschiedenheit. All das war unterstützend.

Mein Verleger Gunnar Schmidt bewies Geduld von der allerersten Idee zu diesem Buch bis zur Umsetzung ein paar Jahre später; Ulrich Wank hielt mir in der Coronazeit den Rücken frei; Sebastian

Wilde hat dieses Buch so sorgfältig lektoriert – unsere gemeinsame Arbeit daran machte wirklich Freude.

Seit vielen Jahren schicken mich Redaktionen in die Welt, allen voran Geo und NDR-Naturfilm/Doclights, und ermöglichen mir, dass ich so vieles erleben kann, was zu mir passt.

Carola und Stephan Bulk sowie Jochen Menner nahmen mich herzlich auf der javanischen Arche an Bord, obwohl ich nicht akut vom Aussterben bedroht war. Renza Saputra ermöglichte mir viele Einblicke in den Alltag der Javaner. Irwan Ahmett bescherte mir einen der vollsten Tage meines Lebens, als er mich in so viele verschiedene Welten des sinkenden Jakartas führte – so auch zu den abgesunkenen Bauten der Kolonialzeit, der bereits vom Meer überfluteten Moschee und den hinter der stetig wachsenden Mauer zur Javasee liegenden ärmsten Fischerslums.

Michael Bohl hat erste Texte ermutigend kommentiert. Von ihm habe ich als Biologe seit seinem Studium der Sozialarbeit gelernt, was systemische Prozesse in der Entwicklung eines Menschen bedeuten und wie viel Heilung in therapeutischen Prozessen liegen mag – für den Einzelnen und für seine Umgebung.

Thierry Aebischer und Raffael Hickisch inspirieren mich mit ähnlich vernetztem, systemisch-analytischem Denken, unglaublichem Fachwissen und Engagement seit unserer Expedition in den Chinko. Gespräche mit beiden sind immer aufs Neue befruchtend, nicht zuletzt, weil es dabei auch stets darum geht, zusammen mit dem Schutz der Natur den Menschen im Hier und Jetzt im Blick zu haben – und das, was er als Spezies kann und was er nicht kann.

Ihnen allen danke ich sehr herzlich.

Erst recht meiner Mutter Marita Frenz – für alles. Und ganz besonders Friedemann Reuter, auf dessen unkorrumpierbares, damit manchmal unbequemes und gerade deshalb förderndes und immer unterstützendes Beiseitestehen Verlass ist. Das tut nun schon seit Jahren gut.

DANK

Gewidmet ist dieses Buch allen Stephan Bulks, Jochen Menners und Roland Wirths dieser Welt, die sich dafür einsetzen, dass unsere Beziehung zu Wangi-Wangi-Brillenvögeln, Maratua-Schamadrosseln, Java-Pustelschweinen und vielen anderen Mitbewohnern wieder in Ordnung kommt.

Bildnachweis

Seite 13: Bettmann; Seite 23, 61, 157, 227, 299, 373, 397: smartboy10 / iStock, Shutterstock; Seite 26 oben: akg-images / World History Archive; unten: Chris Hellier / Alamy Stock Foto; Seite 42: Jochen Menner; Seite 47: Jonas Gratzer / LightRocket / Getty Images; Seite 51: Garry Andrew Lotulung / Pacific Press / LightRocket / Getty Images; Seite 65: MARKA / Alamy Stock Foto; Seite 67: Artepics / Alamy Stock Foto; Seite 71: National Park Service; Seite 79: Scott Carruthers; Seite 88: Ami Vitale / Alamy Stock Foto; Seite 93: Department of Conservation; Seite 103 oben: Scott Stine, Courtesy of Revive & Restore; unten: Kat Woronowicz / ZUMA Press, Inc. / Alamy Stock Foto; Seite 109: Holly D'Oench; Seite 114: ANDREAS PUTRANTO / AFP / Getty Images; Seite 124: Heinvan-Grouw / National Museum of Natural History Naturalis, Leiden; Seite 139: Karim Sahib / AFP / Getty Images; Seite 145: Waldrappteam Conservation & Research, Anne-Gabriela Schmalstieg (Foto); Seite 164: Frieder Salm; Seite 173: Charles Van Schaick / Wisconsin Historical Society / Getty Images; Seite 187: NST / Alamy Stock Foto; Seite 198: Artwork by Mauricio Antón; Seite 213: Thierry Aebischer & Raffael Hickisch, Chinko Nature Reserve, 2012; Seite 222: Thierry Aebischer & Raffael Hickisch, Chinko Nature Reserve, 2012; Seite 236: Greg Brownlee at Neal and Brownlee, LLC; Seite 240: David Chancellor; Seite 253: Richard Herrmann / Minden Pictures; Seite 266: Oswald Huber; Seite 275 oben links: Science Photo Library; oben rechts: Corbis Documentary; unten: Image Source; Seite 289: GREG WOOD / AFP / Getty Images; Seite 305: Jurgen & Christine Sohns; Seite 319: Nerissa McClelland, Illinois Department of Natural Resources; Seite 325: Stuff Limited; Seite 337: Lothar

Frenz; Seite 354: Boas Schwarz, Altayfilm; Seite 357: The Siberian Times; Seite 360: imago images/AAP/David Mariuz; Seite 364: Sowa Sergiusz/Alamy Stock Foto; Seite 382: Aflo Co. Ltd./Alamy Stock Foto; Seite 394: Jochen Menner.